All Voices from the Island

島嶼湧現的聲音

海島核事

反核運動
能源選擇
與一場尚未結束的告別

王舜薇 崔愫欣 著
賴偉傑 主編

目錄

推薦序

我的反核之路

張國龍（臺灣大學物理學系退休教授、前臺灣環境保護聯盟會長）

反核運動在臺灣走了將近四十年，我也已經八十六歲，作為一個反核運動者、一個物理學者，在此和新世代的運動者及年輕人分享一些我的想法。

一九五三年美國總統艾森豪在聯合國大會上，公開呼籲世界上科技先進的國家，應該積極研發原子能的和平用途。美國核工界在賓州西坪港（Shippingport），也開始建造世界上第一座核電廠，並於一九五七年完工且商轉售電。這樣成功的案例，激發了英、法等國的興趣，積極開發不同類型的核能發電廠。沒有能力與技術自行研發的國家，特別是第三世界的小國，就向歐美先進國家購買，核能發電一時成為時尚，各國紛紛搶先興建。第三世界國家會急著興建核電廠，是因為它們發現鈾燃料燃燒後會產生鈽，而把鈽分離出來就可以製造原子彈。

臺灣於一九七〇年開始建造核能一廠，其後核二廠和核三廠也陸續興建完成。核能發電是一個新興的工業，帶來新的風險，這個風險有多大，沒有一個機構曉得如何估算。即使是最早發展核電的美國，也無法評估核災的風險，因此保險公司都不願賣保險給核電廠。為了發展核電，美國國會特別設立《普萊士—安德森法案》(*Price-Anderson Act*)，由政府撥出資金，作為核電廠發生事故時的損失賠償。

我出生於一九三八年，一九六四年赴耶魯大學讀物理學博士班，當時全校大約只有十個臺灣人，大部分都很節儉及害羞，不太與當地的學生或老師交流，雖然我的家境也沒有太多餘裕，但我覺得自己既然都來到美國，就該做在這裡才能做的事，所以每週五我都會找系上的老師同學一起聚餐。這些人其實就是師承愛因斯坦、奧本海默等人的學者，大家都是同一個圈子的人，透過這些私下聚會交流，交換有關核能研究的最新資訊，因此奠基我對核能的理解，也在潛移默化中引導我走上反核之路。

一九七一年回臺灣時，幾乎沒有任何學者在「討論」核能，更遑論辯論，亦或出現今日我們看到的「擁核派」、「反核派」。當時，核工業被塑造為一種高度專業及機密的事情，又是國家重大建設，在戒嚴時期，幾乎無人敢公開反對，或者根本無從反對起。後來我去巴西的巴西利亞大學物理研究所客座，一九七六年回臺，到臺大物理系任教，開始透過課堂討論核能、傳遞反核的訊息，當時每堂課都有「職業學生」來監視，但我認為自己是秉持學術良心在傳遞知識，所以依然繼續做下去。

我不是沒有擔心。那段期間國外發生許多環保人士遭暗殺的事件，其中一人是在等紅綠燈時，遭人從後方推到車道上，被呼嘯而過的車撞擊身亡。得知此事後，很長一段時間我在十字路口等紅綠燈時，一定讓自己離車道遠遠的。日常生活中我可以小心翼翼，但在課堂和街頭上，我仍要講我認為正確的事。我的太太徐慎恕很久以後才說到，那段期間她非常害怕我會被暗殺。我的一位大學同學也提醒我：「反核是擋人財路！」現在的年輕人聽了可能覺得匪夷所思，但在戒嚴時期，的確難保發生「離奇事件」。

在美國時，我發現科學家們都很願意參與公共討論，對國家政策提出見解，但回到臺灣後，我雖提倡反核，卻沒有其他學者來跟我「辯」，那些所謂核工專家，只將蓋核電廠當作是一份工作，沒有深刻思考背後的意義。科學家不關心國家整體發展，只用最簡便的方式在「做學術」，令人灰心。

雖然那時臺灣還沒有反核運動，但民間社會仍然有很豐沛的力量在蠢蠢欲動。左翼的《夏潮》雜誌於一九七六年創刊，創辦人蘇慶黎是我太太的高中同學，我們和這群人，一起討論各種議題，也參與各種社會運動。我認為，街頭抗爭不只是逼政府，也是逼著社會一起來討論。反核被認為是拖垮臺灣社會進步的機會，那我們就好好來討論是否真的如此。

我在好幾場反核遊行及行動中擔任總指揮或總領隊，記得一九九四年立法院的表決，違法把核四八年預算一次編列強行通過，上萬的場外群眾情緒沸騰。有民眾駕小車衝撞立法院周邊拒馬，結果馬上被鎮暴警察爆打帶走。這時群情更激憤，想要衝進封鎖區，但我請一些環盟工作人員和志工手拉手在拒馬鐵絲網的缺口組成人牆，因為封鎖線後是滿滿的鎮暴警察，衝進去只會有更多人被毒打被抓。這個時刻其實相當矛盾，我當然與大家相同，對於當下的狀況相當氣憤，但是作為總指揮，又必須保障大家的安全。安全了，我們才能繼續下一次的運動，反核是一場長期抗戰。

沒有抗爭的時候，我就到地方上跟鄉民講解核電的危害，我的哥哥就住在貢寮，所以我也很瞭解當地的狀況。貢寮有很多漁民，我作為一個物理學者，當然不是去跟他們說反應爐的原理和機制，這個大家聽不懂，而是和他們討論蓋核電廠會如何影響漁民生計，這個大家就有切身的感受，尤其靠海吃飯的人，對於海洋的變化比其他人更加敏感。一九九七年的「反登陸大圍堵」演習行動，漁民們駕駛上百艘漁船開往海上，放火燃燒掛有美日國旗的手製核反應爐模型，這是大家想出的另類抗爭。一些老漁民平時在陸地上走路巍巍顫顫的，一上船，每個都生龍活虎、意氣風發，展現了骨子裡的漁民氣魄與對海洋的情感。

我也曾和張武修老師到蘭嶼採集沙子樣本，拿回本島化驗，發現沙中含有輻射。擁有核電廠的國家，要面臨兩大難題，其一是核廢料的處理，另外是核災的處理。核電廠在世界上運轉了幾十年，仍沒有找到核廢料處理的方法。一般的處理方式，就只將它們存放在廠區內的水池，低階的核廢料以乾式貯存在廠區內。蘭嶼的核廢料貯存場遭當地居民反對後，其後產出的核廢料都放在核電廠的倉庫。至於核電廠，一旦發生事故，目前的處理方式只有一個：疏散。一九七九年的美國三哩島如此，一九八六年的蘇聯車諾比和二〇一一年的日本福島也都是一樣。事故後，這些地方的人，家鄉永遠成為傷心之地。

臺灣的核一廠於二〇一九年停機除役，核二廠於二〇二三年除役，核三廠則預定二〇二五年除役。這些除役電廠必須等待幾十年以上才能拆除，屆時如何安置貯存具有放射線的物料，是一大難題，對地方來說，更是永存的惘惘威脅。

總之，回頭來看，當年興建核電廠是一個錯誤。

推薦序

臺灣與全球反核運動

劉華真（臺灣大學社會學系副教授）

從理解東亞核能發展的角度來說，雖然有許多探討反核運動的期刊論文、碩博論、編著和報章專論，處理長時段歷史發展的專書卻相對少見。就我所知，日韓的首本專著也都是近期才出版，例如安藤丈將在二〇一九年出版的《脫原發的運動史：車諾比、福島，及未來》（脱原発の運動史：チェルノブイリ、福島，そしてこれから，岩波書店），南韓的洪德華（音譯，홍덕화）也在同一年將博士論文改寫出書，《韓國核電的社會技術系統：技術、制度、社會運動的共同構造》（한국 원자력 발전 사회기술체제: 기술, 제도, 사회운동의 공동구성, 한울아카데미）。現在，臺灣也迎來第一本反核運動史的專書。

臺灣的反核運動是一個巨大的集合名詞，它是由關注臺灣核電各種缺失的不同人群，在過去四十年的各個時間點聚合而成。從抵制核電廠興建，到抗議族群歧視的核廢料選址；從抨擊核電監管機構與發電單位隱瞞核安事故，到為受到輻射傷害的電廠工人與一般民眾奔走求援；

從批評「不蓋核電廠就缺電」的誘導式政策宣傳，到反對不計入後端核廢處理費用的核電成本計算方式；從深耕在地的集結行動，到與東亞運動者的跨國結盟。臺灣反核運動的主軸，涉及政府官僚的可究責性，重大公共政策的民眾知情權，能源治理的合理性，以及免於恐懼活在這座海島的基本生存權。

這四十年的臺灣反核運動史，《海島核事》已經從運動者的角度充分詳述。以下我從不同的面向提出兩項對臺灣反核運動與核能政治的觀察。

首先，臺灣的反核運動是二戰後幾波全球性反核浪潮（包含反核電與反核武）的一員。作為先鋒的，是一九五〇年代中期由核子試爆引發日本「百萬簽名和平運動」與英國反對開發核武的「解除核武運動」(Campaign for Nuclear Disarmament)，接踵而來的是一九五〇年代末期到一九七〇年代中期，美國與歐洲科學界人士的吹哨行動，法國、西德反對設置核電廠的地方抗爭，以及奧地利、瑞士、與北歐國家採用公投來決定核電廠的存廢（Falk 1982, chaps 5, 7）。到了一九八〇年代，先是抗議北大西洋公約組織部署潘興二號飛彈（Pershing II），於一九八〇到一九八三年間所掀起的第二波反核武裁軍運動，分別在倫敦、布魯塞爾、波昂、羅馬、巴黎與紐約發動數十萬人參與的反核武抗爭（New York Times 1982; Rochon 1988:5）。與第二波反核武抗爭幾乎同步，菲律賓、澳洲、西德接續爆發第二波大規模的反對核電廠抗爭；短短七年之內發生三哩島（一九七九）與車諾比核災（一九八六），使歐洲與美國的反核電運動進一步擴大蔓延。而臺灣的反核運動就出現在此一階段。作為「後進」(latecomer）的反核運動，在知識、論述、策略上，受益於更早出現的他國反核運動，這也使臺灣的反核運動很早就被編織進跨國的反核網絡，透過跨國團結與聲援，方能對抗由各國政府、核電產業、核工系所、智庫領軍的強大擁核集團。「原子能和平用途」的擁核倡議從一九五〇年代以來就是全球性的，回應的反核運動自然也是全球性的。

再者，放在全球反核浪潮來看，臺灣反核運動是非常特別的案例。相較於東亞的近鄰，日本的反核歷史，始於一九五四年第五福龍丸號船員因核子試爆遭輻射汙染，進而催生反核武運動；[1]南韓的反核運動則始於反對美軍基地儲存核子武器，欲促成韓半島非核化。然而臺灣政府曾在一九六五到一九八八年間祕密建造原子彈，這幾乎是臺灣公開的祕密，臺灣反核運動卻沒有反核武的面向。除此之外，在三哩島與車諾比兩次核災之間與之後，大量反應爐訂單被取消，全球核電產業陷入停滯，就在這段時間，亞洲成為全球核電成長速度最快的地區，南韓、中國、印度政府都執行野心龐大的核電擴張計畫，毫不誇張地說，亞洲是全球最為擁核的區域；也因此，反核電運動在這個區域一直面對很大的困難。然而，臺灣從一九八五年開始，運轉中核子反應爐的數量就一直維持在六個，直到二〇一八年除役工程啟動，反應爐數量進一步減少。

臺灣的「核電停滯」，要從兩個方面來看。第一，臺灣反核運動在一九八〇年代中後期快速集結核電廠周邊居民、科學界、反對黨、傳播界人士，與當時執政的國民黨、原能會、臺電進行各種交鋒，將核電議題拉升至全國層級的公共議題（而不僅是核電廠、核廢場預定地的地方性與區域性議題）。不同於日、韓、印等國的反核運動長期被擁核集團壓著打，臺灣呈現擁核、反核陣營勢均力敵的長期對抗。第二，臺灣反核運動之所

1. 日本作為全球唯一遭受原子彈攻擊的國家，其戰後的「非核三原則」（不擁有、不生產、不引進核武）與民間輿論也為反核武運動提供養分。

亞洲商轉反應爐數量

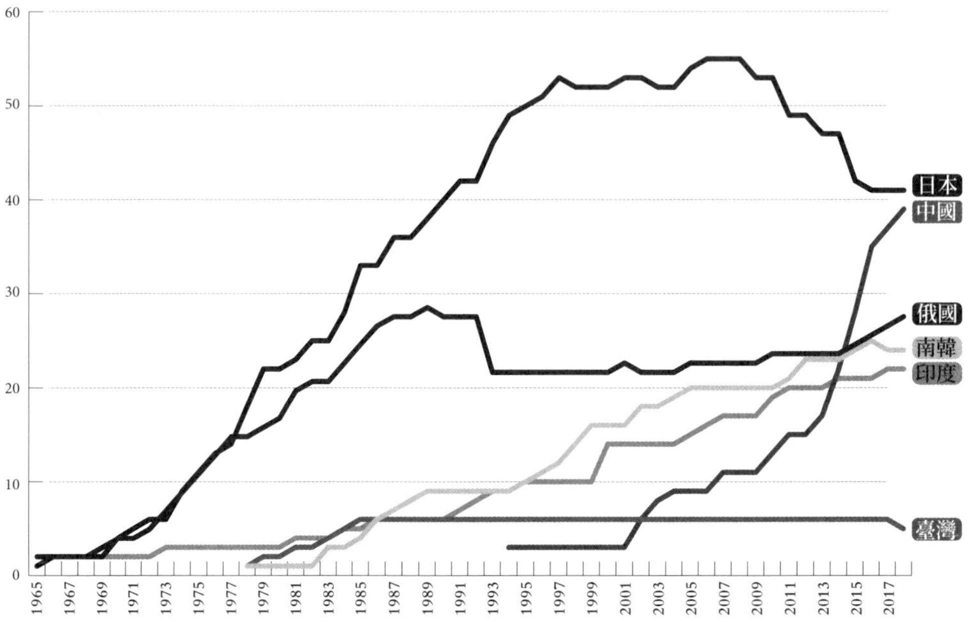

資料來源：臺灣資料來自行政院原子能委員會（https://www.aec.gov.tw/），他國資料來自國際原子能總署（https://cnpp.iaea.org/pages/index.htm）。各國歷年資料均已扣除於當年度除役的反應爐。

以顯得強勢（相較其他亞洲反核運動），以及之所以能層出不窮地揭露各種核電相關的行政缺漏、弊案、與安全危機，不能單從運動實力的角度來看，更要觀察政府組織、發電單位、研發與人力培育機構所構成的核能開發體制（nuclear regime）之總體樣態。臺灣的核能開發體制從一開始就將人力與財務資源向核武研發傾斜，即使在一九八八年停止核武開發之後，對民用核電的研發與技轉助力仍少。中科院核能研究所始終未能協助臺電進行核電廠核心技術轉移；再以人才培育來說，一九九七到二〇〇七年間，清華核工系所改名，這十年裡臺灣沒有任一以核工冠名的系所，臺灣若要持續使用核電甚至擴張核電，其人力準備是否充足，著實令人懷疑。不甚健全的核能開發體制會滋生弊案與安全風險，自然也不是太令人吃驚的事情。

全球擁核倡議陣營在二十一世紀初期推出新一波「核電＝清潔能源＝氣候變遷解方」的公關宣傳，臺灣近年也似乎趕搭這班列車，新增核電廠、老舊核電廠延役、一縣市一小型核電廠、核融合發電等等美夢宣傳一齣接著一齣，幾乎都快讓人忘了，把美夢堆疊在人力、技術準備不足的地基之上，美夢會破，地基也是會垮的。

參考文獻

[1] Falk, Jim. 1982. *Global Fission: The Battle over Nuclear Power*. London: Oxford University Press.

[2] Montgomery, Paul L. "Throngs Fill Manhattan to Protest Nuclear Weapons." *The New York Times*. June 13, 1982.

[3] Rochon, Thomas R. 1988. *Mobilizing for Peace: the Antinuclear Movements in Western Europe*. Princeton: Princeton University Press.

主編序

反核四十年，我們在運動與歷史中交互蹲跳

賴偉傑

二〇〇〇年核四停建又續建，反核運動遇到重大挫敗，且被簡化成政治對立和經濟問題的提款機。二〇一一年福島核災發生之後，臺灣社會重新關注核能安全議題，但這將近十年的時間差，已經讓很多事情被遺忘或產生資訊落差，更讓視政黨輪替為常態的新世代，以為那大概就是一個「過去吵很久的案子」。因此，綠盟開始思考整理出一個「反核公民讀本」。

《海島核事》由幾個不同世代參與或關注反核運動的夥伴一起合作。正因為夥伴們來自不同世代，成書過程也就成為跨世代間，不斷重複對參與運動及歷史資料的互相學習、確認和辯證。啟動《海島核事》的二〇一三年，二十萬人上街，反核運動迎來另一個波瀾壯闊的歷史機遇，於是我們就像在「參與其中」和「歷史回顧」中交互蹲跳。

想當然耳，「讀本」的撰寫時間愈拉愈長，對內容的想像，也漸漸注入更多使命感。我們認為這本書應該「一次到位」，把整個背景和運動發展的脈絡梳理得更完整，成為較全面的臺

灣反核史。希望讓大家可以整體地看待這個已經被簡化、標籤化、甚至被戲謔化的議題的豐富性。

查找很多資料，再找更多資料；訪談很多人，再訪談更多人。很多材料來自運動參與現場的實際經驗，或是過去未被系統性整理的內部文件。再確認、驗證資訊與脈絡前後梳理，都是挑戰。我們大家的好朋友，也是本書起始作者惠敏，期間經歷罹病、勇敢抗癌、爾後離世，讓我們悲痛不已；夥伴們重新盤整繼續，直到最後完稿，已是十年。也因此，本書將近十年的書寫過程中，同步見證了反核運動的起伏，以及社會中支持與反對力量的拉扯和擺盪。其實反核運動漫長的歷史長河中，很多精采傳聞或推論，因無直接證據，難以成史，忍痛割捨不放入書中；但足以浮現歷史的肌理，包括臺美關係、外交國安糾結、戒嚴下的「規矩」、以及核能王國的專業／封閉／近親繁殖等文化。這些決策傳聞，究竟要如何解密？還有哪些是「機密」？或窮究其「真相」有意義嗎？

相比亞洲其他國家，有人覺得臺灣的反核運動生猛有力，但也有人認為沒有批判與挑戰更深層資本主義核心問題。以時間的斷點切開來，是一次又一次「攻防」或「事件」的組合，然而如果把國內外的社會脈絡、轉折、連動和前因後果加以梳理，就會讀出一個臺灣社會近代史的混合體：可以看到「法律」工具被活用與濫用；可以看到臺灣「民主進程」的淺薄深化交纏；可以看到各種政黨的消長、算計與合縱連橫；可以看到歷史悠久的「認知作戰」；可以看到「世代正義」的定義變遷；可以看到「專業知識」與「常民智慧」間的合作、對抗、矛盾與博弈；可以看到被建構的犧牲小我（偏鄉弱勢）完成大我（拚經濟）的社會制約下完美與內化的犧牲體系；可以看到臺灣在國際社會中，與國防外交經貿處境下被成為籌碼的「既定政策」；更可以看到不想被命定的人民的韌性拚搏。

時至今日，不管你認為反核運動是成功或失敗，或是對核能支持、反對、還是不置可否，甚至對這議題的糾纏感到厭煩，不可否認的，這都是臺灣社會的集體記憶，也是共同資產，以及臺灣近代史重要的篇章。

臺灣反核運動的歷史跨度極大，參與者多元且多樣，每個人以不同的時間長度、投入方式、扮演角色參與其中，我們因為反核而並肩相聚，也和反核有了或淺或深的生命交軌。因此，在編寫這本書的過程中，愈接近完成，我們就愈感焦慮，因為曾經參與和付諸心力的人和故事必須取捨，或可能遺漏，或放不進本書書寫的脈絡，希望曾經參與反核歷史的各位能體諒我們的局限。我們相信，如果從不同的角度下刀，反核的歷史會有另一個豐富的切面值得探究，也期待臺灣有更多的反核史被書寫和發表，眾人一起來記錄這個重要的社會印記。

這近十年的編著過程，在不同的階段，都得到很多協助。除了要感謝眾多的受訪者外，關於這本書討論、編寫的過程中，還有多位朋友，給了很多寶貴的意見、提醒以及鼓勵：包括張國龍、徐慎恕、何榮幸、林瓊華、楊憲宏、李三沖、劉華真等前輩。

還有，我很尊敬的臺大農化系張則周教授。他在退休前後，十幾年來都開設一門「生命與人」通識課，其中總有一堂課，會帶著修課學生坐巴士從臺大來到東北角，進行一天的「東北角的美麗與哀愁」課外教學。每年一次，張教授通常找我們同行，一路解說大臺北盆地地理、淡水河系歷史，到濱海右轉基隆八斗子，經過瑞芳、水湳洞、龍洞，到貢寮的澳底福隆，也會隨車講述我們參與反核的人與事，以及路邊經過的媽祖廟和相鄰的龐然大物核四廠。定點下車時，吹吹海風，聞聞海味，看看灣岬沙灘，也聽貢寮鄉民說說這幾十年來的人心起伏和地方變遷。傍晚回臺北前，會安排在漁港邊堤岸上，和自救會長輩聊聊、交換意見。這個一年一會，隨著每年外在社會情勢氛圍的改變，表明支持核四和反對核四的同學人數消消長長。自救會的長輩不會訴諸悲情，也不會拜託大家一定要反核，常常是說，「你們可以不關心貢寮沒關係，但希望你們可以多多關心自己家鄉面臨的問題。」

同學們面對東北角真實的人與土地後，也許依舊沒有答案，甚至有了更多疑問，但在知識、資訊、理論之外，大概打開了新的視野。有不少年輕學生會焦急地問鄉親，「那缺電怎麼辦？經濟發展怎麼辦？」「你能保證再生能源都沒問題？」這時，我會幫著地方鄉親開玩笑地反問：「大家為何對政府與財團如此寬容，對在地居民如此苛刻？」

落日餘暉，核四廠和山、海、堤岸上這一幕，以及眾人同框這一刻，應該也是我們想完成這本書的初衷。

一九八七年，臺灣解嚴，也開始有第一次反核運動。一九九九年，原能會核准核四建照；二〇一一年，發生福島核災。這些重要時間點，都是兔年。二〇二三年又是兔年，反核史書終於出版。

第一部

臺灣核電的前世今生：一九四五至一九八六

文字 王舜薇

柯金源攝

序幕

一九八八年一月十三日晚間，電視新聞突然插播快報：總統蔣經國逝世。接下來的三天，電視從彩色變成黑白，所有娛樂節目暫停播放，換上總統遺照。兩天後的一月十五日，就在舉國上下哀悼領袖的氣氛中，一群美國人闖入了桃園龍潭的中山科學院核能研究所（中科院核研所），帶著圖資，循線直搗關鍵實驗室，將「臺灣研究反應爐」（Taiwan Research Reactor, TRR）的重水抽走，並將設施灌入水泥漿封閉。[1]

到訪的這群美國人來頭不小，有來自國際原子能總署（International Atomic Energy Agency, IAEA）、美國核能管制委員會（Nuclear Regulatory Commission, NRC）、中央情報局（Central Intelligence Agency, CIA）的代表。他們突然到訪的幾天前，時任核研所副所長的陸軍上校張憲義在辦公桌上留下一封辭呈，自此再也沒來上班。張憲義在辭呈中表達自己的出走導因於對政府上層核武政策的不滿，他提及應該「保持臺美對禁止核武擴散的共識」，並擔心黨外力量如民進黨的崛起，會有軍事強人濫用核武。[2]

1. 賀立維，《核彈MIT：一個尚未結束的故事》（新北市：我們出版，二〇一五），頁一〇四。
2. 陳儀深訪問，彭孟濤、簡佳慧整理，《核彈！間諜？CIA：張憲義訪問紀錄》（新北市：遠足文化，二〇一六），頁八九。

張憲義下落不明以及美國人在中科院的「抄家」行動，涉及軍情機密，並未馬上被公眾所知，直至兩個月後，民進黨立委吳淑珍、余政憲等人在立法院質詢中逼問，參謀總長兼中科院長郝柏村、原子能委員會（原能會）主委閻振興才證實，四十五歲的張憲義，已經在一九八八年一月九日由美國中情局安排，攜家帶眷前往美國，逾假未歸。

軍方的調查報告認定張憲義是「棄職逃亡」。抵美後，他在華府國會山莊的祕密聽證會向美方「指證」（張自己的用語是「簡報」）中科院暗中研發核武、且頗有進展，驚動了美國總統雷根。沒過多久，美方的核子代表團就抵臺，勒令核研所拆除一切與核武相關設施，且要求將貯存槽中的六百九十九支用過核燃料棒（spent nuclear fuel）運回美國，不容許任何含鈽-239（Pu-239）成分的核武原料存在臺灣。[3] 時任美國在臺辦事處臺北辦事處處長丁大衛（David Dean）也在雷根總統指示下與蔣經國的繼任者李登輝會面，要求新政府簽署切結，承諾臺灣不再發展核武，交換美國政府對新總統的支持。[4]

張憲義的棄職赴美，讓兩蔣時代以來在臺灣發展近三十年的核武計畫全面曝光，也走向終結。新聞延燒數月，終究雲淡風輕，但事情的真相仍留下諸多疑點。為什麼美國不願意臺灣製造核武？為什麼中科院要祕密進行？為什麼和平的前提是「擁有核武製造能力」？在當時，唯一能確定的是，臺灣喪失核武關鍵設備與受列管的原料，不再具有製造核武器的能力，也澆熄了蔣氏政府一度想要讓核工業鏈邁向

3. David Albright & Corey Gay, "Taiwan: Nuclear nightmare averted", *Bulletin of the Atomic Scientists*, 54.1 (1998): 54-60.
4. 郝柏村，《八年參謀總長日記》下冊（臺北：天下文化，二〇〇〇），頁一二七〇至一二七一。

國產化的期盼。

這些機密內幕，原本應該與民生扯不上關係，然而另一個跟核武一脈相承的東西，讓事情微妙地牽引在一起。一九八八年是臺灣社會在解脫政治、言論和思想禁錮後迎來的大騷動時刻，壓抑已久的社會力蓬勃噴發。就在張憲義準備祕密潛逃美國的前後，有一群人決定組織起來，對抗另一項與核武系出同源的科技物——核電廠。經歷過那個時代的人並沒有料到，這其中的轉折、起伏、偶然與巧合，穿插國內外核災難帶來的意外間奏，將會逐步累積成解嚴後臺灣歷時最久的社會運動，持續至今。

講述核能在臺灣的歷程，並不是一件簡單的事情。冠以「和平用途」之名的核能發電廠，卻諷刺地經常需要扮演核武的掩護，也使得這項戰爭的副產品有著複雜面貌：有時以經濟救命丹、能源新希望之姿出現，有時成為「獨裁」的代名詞，被憤怒的口號和高舉的拳頭包圍；一些人覺得它乾淨、理性，提供大量便宜電力，有不容質疑的價值，一些人覺得它理性的外表，包裹著瘋狂本質，威脅海島的生存安全。在諸多意料之外，核電廠慢慢走向它在臺灣的獨特命運。

故事要先從戰爭開始說起。

1-1 從原子彈到核電廠

「如果核戰爭發生，我們的敵人不會是中國、美國，或甚至彼此，我們的敵人會是地球本身。」[5]

——阿蘭達蒂・洛伊（Arundhati Roy）

人類的原子時代始於一片沙漠。一九四五年七月十六日，「三位一體」（Trinity）[6]核試爆在美國新墨西哥州洛斯阿拉莫斯（Los Alamos）沙漠，炸開乾熱荒漠底下豐碩的生物根系，巨大的能量在百萬分之一秒內改變了世界。

這是十九世紀末至二十世紀初的核子物理學大破大立的成果。科學家無意間發現鐳、釙、原子裂變、提出相對論，發展核分裂（nuclear fission）技術，成功合成「鈽」（plutonium）元素。原子彈與雷達的使用，讓第二次世界大戰有「物理學家的戰爭」之稱。[7]

5. Arundhati Roy, *The End of Imagination* (Chicago, Illinois: Haymarket Books, 2016).
6. 人類史上首次核試爆的代稱，是曼哈頓計畫（Manhattan Project）的一部分。
7. 艾傑頓（David Edgerton）著，李尚仁譯，《老科技的全球史》（新北市：左岸文化，二〇一六），頁二三七。

一九四五年八月，兩顆原子彈「小男孩」（Little Boy）與「胖子」（Fat Man）相繼於三天內，在日本廣島、長崎上空引爆，高量輻射與爆炸使近三十萬人瞬間死亡，日本投降，第二次世界大戰終結，這是世人熟知的歷史。戰爭是核子武器的最佳實驗室和廣告，蕈狀雲影像將原子彈的威力和可能性傳播到全球，從此定下核彈威力的測量基準。

二戰結束，另一場戰爭隨即開始。一九四九年，蘇聯在哈薩克賽米巴拉金斯克（Semipalatinsk）成功試爆自製的鈽彈RDS-1（據說是竊取美國的機密情報），向世人宣告擁有製造核武的能力，美、蘇進入長達四十多年的冷戰對峙。美國為首的資本主義陣營，對抗蘇聯為首的共產陣營，雙方未曾正式交戰，卻以心理戰與資訊戰為競賽內容。

「核威懾」（nuclear deterrence）是這場競賽要達成的效果，主要手法為宣傳恐懼與展示核武器軍備實力，告訴對方，「我有原子彈，別想惹我。」投放日本的兩顆原子彈就有這種效果，警告敵方不要輕舉妄動，否則核子武器將使全世界同歸於盡。戰爭史學家驚嘆，光是設想這種戰爭的恐怖就足以確保戰爭不會發生。[8]

「相互保證毀滅」（Mutual Assured Destruction）是這場核試爆競賽的「運動家精神」。因為隨時需要猜忌敵方的軍備實力，於是更加投入武器發展，甚至可能（希望只是可能）想先發制人而造成核子大戰與地球末日，結果愈來愈接近其英文簡寫M.A.D.（瘋狂）——誰能掌控巨大能量，誰就能掌控世界。人類的武器從石頭一路演化成核武，目的也許改變不多，差別是後者是心理武器，不論使用與否，對人性和自然都是挑釁。

核武器能瞬間使大量生命死亡，這個驚心動魄的事實，讓世界就此分成兩半：支

8. 基根（John Keegan）著，林華譯，《戰爭史》（新北市：廣場出版，二〇一七）。

持核武與反對核武，儘管兩者都認爲自己是和平主義者。一方認為具備製造核武能力，用「核威懾」嚇阻敵方，是和平的基礎；另一方則催生了解除核武運動（nuclear disarmament），其中許多人也將對核科技的質疑延伸到核能發電。後者常常被貶為反對新科技的盧德分子。[9]

冷戰下的核威懾

不過對於太平洋島國而言，核威懾不是心理戰，而是真正的肉搏戰。美、蘇兩國競相投入資源研發核武器，在距離決策核心很遠的地方進行試爆——「試」有一種科學的、實驗的、無害的、客觀的氣息，但核武試爆是惡意行為，汙染各種生物的家和賴以維生的空氣與水。

一九五四年，美國在太平洋馬紹爾群島鄰近的比基尼環礁海域（Bikini Atoll）執行「喝采城堡」（Castle Bravo）行動，試爆威力比起廣島原子彈大上千倍的氫彈，結果爆炸強度和輻射落塵範圍超過美方預期。日本籍漁船「第五福龍丸」剛好航經附近海域，但對核試爆毫不知情。以海魚為食、以海水洗澡的二十二名船員，受到輻射落塵嚴重汙染，引發日本國內激烈的反核運動。

至於馬紹爾人，除了家鄉的地名「比基尼」被性感泳裝奪取之外（馬紹爾語Bikini意為「椰子的表面」），自從一九四六年美國在比基尼環礁進行一連串核試爆以來，就無

9. 「盧德分子」是英語Luddite英譯，原指十九世紀工業革命中反對紡織工業使用新機器取代人力，採用毀壞機器行動的抗爭者。後來延伸指反對新科技取代舊科技的人。

法安穩地住在自己的土地上。離比基尼環礁一百五十公里的另一個島嶼朗格拉普環礁（Rongelap Atoll），由於位處下風，在「喝采」引爆後遭受大量雪片般的輻射落塵，水、食物、土地迅速被汙染，居民也陸續出現掉髮、皮膚灼傷的症狀。但美軍僅在隔天派人赴島採集樣本，隨即匆匆離去，沒有任何疏散島民的計畫，往後三十年也沒有進行清除輻射汙染的工作，美國科學家甚至說「這些島民將可以為人體承受輻射實驗提供珍貴資料」。[10]

飽受癌症、病變與後代畸形之苦的朗格拉普島民，總算在國際綠色和平組織的援助下，於一九八五年遷離受汙之地。直到二〇〇〇年，獨立後的馬紹爾共和國向美國國會提出正式請願，要求損害賠償和徹底清除核汙染，至今程序仍在進行中。馬紹爾人要跟輻射汙染告別，還要等待很久。

蘇聯從一九四九年首度試爆原子彈後，又在賽米巴拉金斯克繼續進行四百五十六次核試爆，[11]包括威力巨大的氫彈，直到一九八九年才停止。這片哈薩克東北部的廣袤乾草原距離最近的城鎮約一百二十公里，風與重力還能把輻射塵帶往更遠的地方。四十年的核試爆期，粗估有一百五十萬人受曝輻射塵下，留給當地偏高的癌症、心血管疾病患病率，以及試爆基地中多達數萬噸的高放射性核廢料與鈽。[12]雖然停止試爆已經超過三十年，獨立後的哈薩克也宣布成為非核武國家，但要跟輻射汙染告別，還要等待很久。

馬紹爾與賽米巴拉金斯克只是一九五〇年代核威懾前線戰場的其中兩處，

10. Green Peace, “Rongelap: The Exodus Project,” Green Peace, July 4, 1985, https://www.greenpeace.org/usa/victories/rongelap-the-exodus-project/.

11. 其中包括一九四九至一九六三年之間進行的一百一十次地面或高空試爆，一九六三年《禁止在大氣層、太空和水下進行核試驗條約》簽署後均為地下試爆。

12. Wudan Yan, “In the shadows of nuclear sins,” *Nature* 568(2019): 22-24, https://www.nature.com/articles/d41586-019-01034-8.

其他必須被記住的地名，還有法國和英國的核試爆主要地點：法屬玻里尼西亞群島、阿爾及利亞、薩摩亞、澳洲。當然，還有美國自家的內華達試爆場。它們是科技進步的黑暗面。

冷戰對峙在一九六二年十月達到高峰。美國在義大利與土耳其部署導彈飛彈，蘇聯不甘示弱，也在最接近美國本土的共產陣地古巴部署飛彈，以反制美國，雙方持續較勁，引爆持續一個多月的古巴飛彈危機，第三次世界大戰幾乎是一觸即發。為了緩和軍備競賽與平息公眾焦慮，美蘇之間試圖節制。一九六三年，蘇聯、英國和美國在莫斯科簽署《禁止在大氣層、太空和水下進行核試驗條約》(*Partial Nuclear Test Ban Treaty*, PTBT)，禁止除了在地下外的一切核武器試驗，避免造成地球大氣中過量的放射性塵埃。該條約的意義是，美、蘇、英在大氣與海洋進行十多年核武試爆之後，禁止別人做同樣的事。不過中共並不買帳，反對簽署這個他們認為有利美、蘇核壟斷的國際協約。

隔年，中共在新疆羅布泊（Lop Nur）成功試爆了第一枚原子彈，使用純度最高的鈾-235（U-235）製成的「內爆式核彈」，技術先進，且超前成功，跌破美國眼鏡；一九六六年的試爆，中國端出殺傷力更強大的氫彈。

一九六八年的《核不擴散條約》(*Treaty on the Non-Proliferation of Nuclear Weapons*)，將簽署條約國分為核武國家和無核武國家，已有核武的國家剛好是五個聯合國常任理事國：美、蘇、英、法、中，這五國必須承諾不會輸出核武技術與設備給無核武國家，僅能進行「平民使用」的核設施輸出，防止核擴散；無核武國家則不得製造核武器，只能接受「平民使用」的核設施輸入。

這樣的規則，等於繼續讓核武技術掌握在少數大國手裡，亦即它們才有嚇唬別人的權力。該條約決定了核競賽玩家的階序，印度、巴基斯坦、巴西等國都認為這是不平等條約，拒絕加入。

蔣氏政權的核武欲望

一直在戒嚴時期「準戰爭狀態」中的臺灣，一度也想進入核威懾的賽場。

兩蔣時代的核武發展歷程，跟臺灣的國際處境變化息息相關，特別是與美國的關係。一九四九年，國民黨政府撤退至臺灣，與中國共產黨領導的中華人民共和國相隔臺灣海峽分立分治，兩邊的政權皆期待武力統一海峽兩岸，展開軍備、工業競爭。隔年的韓戰改變了東亞局勢，屬於「自由陣營」的臺灣因位處「第一島鏈」的重要戰略位置，被美國納入羽翼之下。

美國與臺灣在一九五四年簽下《中美共同防禦條約》，由美軍協防臺灣本島與金馬，表面上是維繫區域安全，但實際上已讓國民黨流亡政權的「反攻大陸」口號停留於精神喊話，而不具有實質可能。臺灣地位持續未定與懸置，才是美國樂見的狀況，符合美國在遠東軍事部署的利益。

一九五八年臺海危機發生，美國一度考慮以核武對付中共，對包括臺灣在內的亞洲主要盟邦發展核武抱持鼓勵態度，以制衡中共的軍事力量。[13] 一九六〇年代初期，美軍

13. 林孝庭，《臺海・冷戰・蔣介石：解密檔案中消失的臺灣史一九四八－一九八八》（臺北市：聯經出版，二〇一五），頁三〇八。

曾經借重臺灣空軍黑貓中隊的高空偵查行動，掌握中共核武設施地點情報；甚至曾在臺南空軍基地部署能夠攜帶四至五萬噸核子彈頭的「鬥牛士」（Matador）飛彈，[14] 建立核武防衛系統，不過載具、核彈皆由美軍管理，臺灣軍方僅負責營區安全，無法實際掌控核武器。

在反攻大陸的欲望之下，蔣介石一直懷有核武大略，盼有朝一日研發精良飛彈。一九六三年起，蔣介石派國防部次長唐君鉑參與國際原子能總署年會，趁機接觸以色列原子能委員會主席柏格曼（Ernst David Bergmann），之後多次邀請柏格曼來臺交流擔任顧問，傳授核武技術給臺灣。[15] 一九六四年中共成功試爆核武器，對蔣介石而言刺激不小，讓他堅信，無論國內外情勢如何改變，必須發展核武才能與對岸政權抗衡。

一九六七年，蔣介石邀請旅美的物理學者吳大猷返臺研議，籌備「新竹計畫」，寄望吳大猷可以助核武發展一臂之力。吳大猷同意核能科技和培育人才的重要性，然而他認為，研發核武所需的財力、人力、建設等，對於基礎建設還不足的臺灣而言，是一筆過度龐大的支出，勢必造成沉重負擔，因此反對此項計畫。[16]

新竹計畫最後未獲吳大猷支持，一九六九年改以「桃園計畫」重新出發。桃園計畫的重點是透過柏格曼引介，向加拿大國營原子能公司（AECL）採購一座小型重水式反應爐（heavy water reactor），[17] 取名為「臺灣研究反應爐」（TRR），

14. 艾里曼（Bruce A. Elleman）著，吳潤璿譯，《看不見的屏障：決定臺灣命運的第七艦隊》（新北市：八旗文化，二〇一七），頁一〇八。
15. 王丰，〈以色列核彈之父祕助蔣介石發展核武內情〉，《亞洲週刊》，二〇一〇年四月十八日。
16. 吳大猷，〈我國「核能」政策史的一個補注〉，《傳記文學》第五十二卷第五期，一九八八年五月。
17. 印度也向加拿大購買同型重水反應爐提煉鈽，並於一九七四年成功首度試爆原子彈。

作為核研所教學和研究使用。另外在桃園楊梅青山還建造了一座鈽燃料化學實驗室，研究核能技術。

「重水」是一氧化二氘（D_2O）的俗稱，作用為中子慢化劑（neutron moderator），讓核燃料所產生的中子減速，以進行更多原子核分裂。相較於常用在核電廠的「輕水反應爐」，重水反應爐的核燃料利用率更高，用過的核燃料，可提煉出更多核武器原料。臺灣研究反應爐在一九七三年四月達到臨界運轉，[18]意味著核連鎖反應開始作用，顯示臺灣逐步具備提煉高純度濃縮鈾的能力。

不過這個時候，美國開始對臺灣的核武意圖提高警覺。前面提到，美國曾經支持臺灣發展核能研究，臺美雙方甚至一度討論要共同摧毀中共的核武設施。但在一九六〇年代中期中國與蘇聯關係開始交惡後，美國對中共的態度逐漸轉向友好。一九六九年尼克森（R. Nixon）出任美國總統，試圖與中共建立正常外交關係；一九七二年他訪問中國，簽署《上海公報》，承認中共「一個中國」原則，為兩岸關係投下變數。

在這樣的局勢轉變下，美國降低對臺灣的軍事協助，對臺灣發展核武的態度，擺盪在暗助與暗阻之間，也讓蔣介石意識到必須提高臺灣的國防能力，迂迴嘗試各種管道以研發核武。

18. David Albright & Corey Gay, "Taiwan: Nuclear nightmare averted," *Bulletin of the Atomic Scientists*, 54.1 (1998): 54-60.

1-2 神祕的火

核武器始終是用來嚇阻，而非使用的邏輯，[19]這種恐怖平衡讓戰爭與核試爆的故事聽起來凶狠，為了緩和肅殺的氣氛，促成接納與購買，有一套計畫跳出來移轉公眾注意力，這個計畫叫作「和平」。

一九四六年，美國總統杜魯門（H. Truman）簽署《原子能法案》，美國國會設立「原子能委員會」，接掌原屬於軍方的核能掌控權，未受國會管控的「曼哈頓計畫」階段性結束。然而原子能委員會仍然有高度軍方色彩。

一九五三年十二月八日，美國總統艾森豪（D. Eisenhower）在聯合國發表〈原子能的和平用途〉（Atoms for Peace）演說。他向全球宣告，原子能不僅可用於毀滅性武器，還可以發電，依照原子彈核裂變原理興建的核電廠，將提供用之不竭的巨大能量，可取代化石燃料作為未來的新能源，特別是能為資源匱乏的地方提供充足的電力，讓原子能

19. 艾傑頓（David Edgerton）著，李尚仁譯，《老科技的全球史》，頁二五三。

這種神奇的力量「投入生命而非死亡」。[20]

Atoms for Peace，這一句聽起來柔軟、明亮的口號，提醒世人「該是時候忘記可怕的蕈狀雲了」，不僅為原子彈洗白，還宣告整套核子相關知識、技術和商業輸出計畫的開始，在美國的監督管控下通行到自由國度。一九五七年，國際原子能總署在中立國奧地利的維也納成立；迪士尼公司推出寓教於樂的影片《我們的原子朋友》(*Our Friend the Atom*)，介紹這項神奇的能量，把原子能形容為窮苦漁夫無意中撿到神祕神燈所釋放出的精靈，搖身變成可以擁抱、可以一同歡笑的夥伴。

原子能「和平」用途

然而核電廠當然不能擁抱也不能一同歡笑。核電廠是原子彈的衍生科技，都利用「核分裂」技術產生能量，使用鈾（Uranium）作為燃料。核電廠的科技其實不複雜，內部如同一個大茶壺，用核燃料煮沸水產生蒸氣，推動汽機渦輪機輸出電力。跟煤、油等燃料不同的是，核燃料棒續航力強，一至兩年才需更換一次。

核電廠運轉後產生的核廢料，經由再處理（reprocessing）可以提煉出鈽-239，累積到一定量後，就是核武器原料的儲備力。雖然鈽-239相對於鈾-235而言等級較差，可靠度與威力都不如，但擁有核電廠，就代表有機會悄悄踏上製造核武的路徑。

擁有核武的國家紛紛在一九五〇年代中期啟用首批商業核電廠。一九五六年，英國

20. 艾森豪總統演講全文，見國際原子能總署（IAEA）網頁，https://www.iaea.org/about/history/atoms-for-peace-speech。

科爾德霍爾（Calder Hall）核電廠開始運轉，為世界第一個達商業規模的核電廠，由四個六十百萬瓦（MW）的反應爐組成。美國賓州的西坪港（Shippingport）核電廠則在一九五七年開始運轉，由艾森豪總統親自揭幕。

一九六〇年代末期，美國總統尼克森極力擁護擴充核能發電，稱在二十一世紀前，美國本土要興建一千座核電廠，由貝泰集團（Bechtel Corporation）承攬過半數的工程。貝泰發跡於二十世紀初期，從建造鐵路、公路起家，到參與水壩、煉油廠等巨型公共建設計畫，逐步成為全美最大的建設公司。

貝泰集團憑藉綿密的政治網絡，說服尼克森開放民間商業機構生產、銷售核燃料，甚至包括製造氫彈的鈽，從原料到建廠，打造完整的核電生產線。如貝泰集團這般政商關係緊密、參與項目橫跨軍事與工業、並透過國會遊說介入政府決策的「軍工複合體」(Military-Industrial Complex) 巨獸，從此遊走於美國本土、中東及亞洲各軍事政治戰場。日後在臺灣核電廠的參與者名單上，也會繼續看到這個名字。

培育本土原子能人才與基礎設施

將本質是戰爭的事物，換上和平的名稱，仍擺脫不了源自戰爭的血統。美國為了鞏固其在東亞的戰略利益，極力在盟邦國家推廣核能的和平用途，亦即民生領域用途，包括農業、生物醫療、能源等。

核能開發並非有資本即可參與的自由市場。美國政府先與輸入國的政府簽訂相關民用核能協約，才能進行買賣交易。一九五五年七月，駐美大使顧維鈞與美國國務院簽訂《中美合作研究原子能和平用途協定》，同年行政院成立原子能委員會，由教育部管轄，第一任原能會主委由教育部長張其昀兼任，初期著重原子能人才培訓和基礎研究的建立，教育部必須配合籌設原子科學教研機構，以培育基礎人才，而這個大任最終落在臺灣新竹復校的清華大學。一九五六年九月，清大「原子科學研究所」招考首屆研究生，是清大率先成立的系所，草創初期，校舍空間尚不完備，必須暫借臺灣大學的教室上課。諾貝爾化學獎得主李遠哲，在一九五九年入讀原子科學所放射化學組，成為第四屆畢業生。

美國原子能委員會提供技術和資金，協助臺灣設計與建造一座「研究型」核子反應爐，就是一九五八年起在清大原子科學研究所建造的研究型輕水反應爐，是清大最先開工建造的校內設施，也是東亞首座核反應爐，英文名稱簡寫為THOR（Tsing Hua Open-pool Reactor），一九六一年達到臨界運轉。美國提供核子燃料濃縮鈾-235，作為反應爐初期及補充的燃料，但重量與濃度都有限制，且燃料耗盡需要補充時，須將用過核燃料退回美國，受美方管制，並二十四小時受到原能會與國際原子能總署的攝影監控。[21]

THOR從一九六五年開始生產十四種同位素，提供醫療使用，例如用於治療甲狀腺亢進（甲狀腺腫大）患者的碘-131，除了供給國內醫院，也輸出至東南亞。THOR至今仍運轉中，提供研究與醫療照射相關服務。

軍用核武相關的人才培訓則由國防部主導。一九六二年，隸屬國防部的中正理工學院

21. 黃均銘編，《原子能與清華》（新竹市：國立清華大學出版社，二〇一一）。

成立，硬體設備受到美國援助，張憲義就在這一年入讀中正理工學院物理系。一九六四年，清大大學部成立核子工程學系並展開首屆招生，大三的張憲義與中正理工學院物理系同學集體轉校至該系就讀。「雖然沒有明講『核武』這兩個字，但是我們始終明白，發展核武是成立核工系最終目標。」[22]

一九六六年，已正式由蔣經國執掌的國防部，也開始籌備位在桃園龍潭的中山科學研究院，國防部常務次長唐君鉑負責籌設並擔任首任院長，下設核能、火箭、電子三個研究作業組。一九六八年，原子能委員會成立核能研究所，並委託中科院運作。

翻開地圖，包括國防部陸軍總部、機械兵部旅、輕航空旅等軍事基地以及核研所、中科院，均集中落腳於龍潭，臺地地形居高臨下，又接近首都，可扮演防衛作用，且鄰近的省道臺三線從日治時期以來，就具備戰備道路的潛在功能，[23]從空間關係可看出軍事區位的重要性。

相較於研發核武是無法說破的隱藏議程，民用核電的開發在表面具有滿足能源需求和產業發展的正當性。一九六八年，行政院通過「臺灣地區能源發展原則」，將核能、火力列為基載電力，每年提撥一百億元預算進行電源開發，政府的能源政策開始強調核能發電的重要性；隔年十一月，行政院核定核能政策，指出將「發展核能和平用途」，日治時期以來仰賴水力、火力的電源結構將面臨改變。

一九六八年臺灣電力公司開設第一屆核能訓練班，三十多位學員在清大接受四個月到一年的預備教育，學習基礎原子能知識，再赴美國受訓，這個培訓模式持續了十年，

22. 陳儀深訪問，彭孟濤、簡佳慧整理，《核彈！間諜？CIA：張憲義訪問紀錄》，頁五〇。
23. 參考陳世慧等，《臺灣脈動：省道的逐夢與築路》（臺北：經典雜誌，二〇〇八）。

核一到核三廠的建廠與營運初期幹部，大多經過臺電核能訓練班的洗禮。[24]

臺電並未置外於核武器與核能發電一體兩面的關係中。一九六〇年代的臺電總經理朱書麟曾與核研所一同前往以色列交流；一九六五年，當核電廠展開選址時，朱書麟曾請託美國專家協助尋找其他廠址，但因未清楚說明用途，最後遭到美方拒絕協助。[25]

從一九五五到一九六〇年代中期開始積極投入核武研發，國民黨政府打造一連串包括政策、研發、教育、產業的「核能開發體制」(nuclear regime)，核武研發與民用核電雙軌並行。社會學者劉華真的研究指出，在威權時代，這些計畫不必受到公眾與議會監督，只由一小群官僚與科學家規劃執行。而臺灣在兩岸軍力失衡且缺乏安全保證的條件下，重核武輕核電，將大量人力、經費投入核武研發，排擠了核電部門的研究人力與預算，也無法打造核電內需市場、帶動技術轉移、產業化與核工系所的擴張。[26]這樣的權重失衡，限制了臺灣本土核工業的發展，也對往後反核運動的效應與體制應對力道產生影響。

自由中國核武夢碎

從一九七〇年代初期起，臺灣在國際政治地位搖擺不定的狀態、來自海峽對岸的軍事威脅，持續影響著蔣家政權發展核武以具備核威懾能力的動機。一九七二

24. 黃均銘編，《原子能與清華》。
25. 林孝庭，《臺海・冷戰・蔣介石：解密檔案中消失的臺灣史 一九四八—一九八八》，頁三二二至三二四。
26. 劉華真，〈因核而生？臺灣與南韓的核能開發體制（1960s-1990s）〉，《臺灣社會學》第四十四期，二〇二二年十二月。

年，臺灣被逐出聯合國，美國與臺灣重新簽訂《臺美核能和平利用合作協定》，並持續透過臺灣人士作為間諜，嚴密掌握臺灣軍方動向與核武企圖的各種情資、滲透相關單位，讓臺灣政府對外洽購核子技術和設備處處受阻。

值得注意的是，這時正逢臺灣核電廠開始興建期，對外洽談核子技術與設備輸入，往往都由臺電公司出面，以發電和研究為名來遮掩核武意圖。一九七二年，臺電原欲向西德採購一座核廢料再處理工廠，由於已超出發電需求，欲掌握提煉鈽技術的意圖明顯，消息被美方掌握後，西德遭到美國施壓禁售，最後採購案並未成立。

學者林孝庭根據臺美外交資料與解密文件，發現美國為阻撓臺灣發展核武技術，曾經兩度出手關閉中科院的重水反應爐，第一次大動作阻撓在一九七六年，這時候的蔣經國已是行政院長，掌有更多實權。臺電公司透過祕密管道，向荷蘭、比利時洽購核燃料再處理技術的消息，被美國中情局掌握，美國核子專家在例行檢查中，也發現核研所重水反應爐的五百多克鈽不翼而飛，且青山的鈽實驗室有進行鈽提煉工作的跡象，結果《華盛頓郵報》竟然在頭版大幅報導臺灣祕密發展核武器，讓蔣經國備受壓力，並相當惱怒。

隔年，新上任的美國總統卡特（J. Carter）宣示裁減核武，一九七八年蔣經國擔任總統後，也公開承諾「有核武能力，但不會製造武器」，給美國一個交代。然而國際原子能總署專家來臺例行視察後，又掌握更多重水反應爐不正常運作的證據，美國遂嚴正要求國民黨政府關閉重水反應爐和化學實驗室，直到承諾遵守美方規定、使用低濃縮鈾後，才得以重新運作。[27]

27. 林孝庭，《臺海・冷戰・蔣介石：解密檔案中消失的臺灣史一九四八－一九八八》，頁三四〇至三四四。

不過後來的發展顯示蔣經國並未因此放棄核武。一九七九年臺美斷交後，美國第七艦隊結束臺海協防，臺灣開始「國際地位風雨飄搖」的時期，蔣經國在一九八一年將中科院改為隸屬軍令系統，由參謀總長郝柏村兼任院長，再次啟動與擴編核武計畫。[28]國民黨政府繼續積極以商業用途為名，與多國進行核能技術交流，例如一九八〇年初曾與南非合作引入鈾礦原料與雷射提煉濃縮鈾技術，盼自有技術能擺脫對美國的濃縮鈾依賴。當時的南非因實施種族隔離政策，受到國際制裁，國民黨卻與南非合作，讓美國相當不安。

美國第二次出手，就是一九八八年張憲義棄職赴美之後，導致臺灣核武計畫全面中止。張憲義自陳，約莫一九八二年左右才被美國中情局找上，扮演間諜提供中科院內部情報。據他的說法，一九八六年是臺灣「踩到美國紅線」的關鍵時間點，因為欲向英國採購飛彈投射力相關的敏感設備，加上中科院研發小型原子彈也有相當進展，中情局決定出重手。最後的結局就是張憲義棄職出走美國，並揭露中科院核武研發內幕，[29]在美國要求遵守《核不擴散條約》的前提下，臺灣只能就範，關閉核研所重水反應爐和化學實驗室。

核電站上臺灣能源舞臺

核武發展的真實情況究竟如何，畢竟只存在祕密文件與國家高層的腦袋中，公眾能

28. 引自劉華真，〈因核而生？臺灣與南韓的核能開發體制（1960s-1990s）〉，頁二四。
29. 林孝庭，《蔣經國的臺灣時代》（新北市：遠足文化，二〇二一），頁一四二至一四四。

窺見一二的，只有平地而起的核電廠。一九七一年底，核一廠取得建廠許可，為了籌措建造經費，臺電總經理陳蘭皋數度親赴美國，向世界銀行和美國進出口銀行借貸八千多萬美金，[30]以採購美國製造的核電廠，陳蘭皋因此被美國進出口銀行總裁讚譽為「世界上最會借錢的人」。[31]核電廠的營運結構也由黨國機制主導：發電、輸電、配電由國營的臺電公司獨占；承造廠商則出現熟悉的名字：貝泰公司。

貝泰與國民黨黨營的「中興工程科技研究發展基金會」合作成立「泰興工程顧問公司」，獨攬工程，其下龐雜的人力需求，再分包給國軍退除役官兵輔導委員會主持的勞務服務中心，勞務服務中心又發包給往來密切的公司，包括由榮工處與臺電福利互助委員會合組的「榮福公司」，這些大包商再層層轉包給小包商，僱用臨時人力。

核電廠啟建時，臺灣進入工業發展時期，用電需求節節上升，壟斷臺灣電力供輸配系統的臺電，面臨了新挑戰。一九七三年因中東戰爭，全球遭遇第一次石油危機，同年行政院長蔣經國公布「十大建設」計畫，數年間，包括南北高速公路、大煉油廠、大煉鋼廠、水庫、港口、機場等基礎設施動工，擔負拉升經濟成長的大任，核一廠正是負責供給能源的重點設施。

一九七〇年代的國民黨政府，面對變動不斷的世界情勢以及石油危機，試圖提升經濟力和國力，讓社會大眾忘卻一九五、六〇年代的政治高壓氛圍。戰爭撕裂人們，巨大的電力系統和看不見的輸配電網，卻又將社會生活織成一張共享之網。

放射線的強大能量可以穿透人體，看到骨頭、內臟，然而核能科技得以運作的條

30. 〈臺電開發電源決向美國貸款〉，《中央社》，一九七〇年七月二十七日。
31. 葉耿漢，〈臺電總經理陳蘭皋的美譽：世界上最能借錢的人　國際金融界對我經濟前途深具信心　馬拉松貸款交涉長達一百一十四天〉，《聯合報》第三版，一九七五年二月九日。

件，是掩蓋和機密。「你不可能知道所有事情」，這是核能作為一種科技物的本質，不論是製造原子彈的工程師與科學家、鈽原料工廠的女工、核子潛艦的水兵、核能電廠的運轉人員、或者一般的電力使用者，人人略知部分，卻無從掌握全貌。

這也難怪核電落腳臺灣的故事，得從邊緣之地開始說起。

1-3 家離核電廠那麼近[32]

「我們需要電力的迫切性，遠超過那些所謂核能先進國家——至若那些試爆核彈之舉，更不可同日而語了，對於我們而言，經濟建設也是政治建設，也是軍事建設；對於我們而言，任何建設絕非錦上添花，而是求存的措施，當導遊先生指著那個龐大的鐵蓋子，說是下面不久將發出百萬千瓦的電流，我們的祝福包含著一股複雜的期盼。」

顏元叔，〈經濟建設參觀雜感之一　濛濛細雨赴金山〉，《聯合報》副刊，一九七五年三月三日

學者顏元叔在參觀完建造中的核電廠後，於報端抒發對核能發電「複雜的期盼」。為何複雜？或許是「原子能」交織了各種抽象的想像，超越人們經驗的尺度：一方面代

32. 本節標題借自江櫻梅投書〈家離核電廠那麼近：一位金山人的無奈〉，《報導者》，二〇一八年八月三日，https://www.twreporter.org/a/opinion-living-near-nuclear-power-plants。

表不可見的大量電力，一方面暗示了戰爭、恐懼和死亡，既光明又黑暗，無法以純粹樂觀的眼光面對。

核電廠畢竟不是想像的空中城堡，這複雜的期盼，得落實在具體且適合的地點：必須地質堅固、交通便達，且距人口密集的城市須有適當距離。一九六五年起，臺電開始在臺灣各地找尋適合的廠址，聘請美國工程顧問來臺履勘，陸續選定臺北縣石門鄉、萬里鄉（今新北市石門區、萬里區），與屏東縣恆春鎮為核一、核二、核三廠址，北部兩座，南部一座，每座電廠各有兩部機組，分據島嶼頭與尾。由於核能發電會製造大量廢熱，也必須臨近大型水體，以便隨時取得冷卻水源為反應爐降溫，因此廠址都是靠海鄉鎮。

在環境影響評估制度還未建立的年代，開發單位選址完成，幾乎就成定案，沒有額外的審核與公開討論。一九七一年底，石門鄉核一廠取得建廠許可，一九七七年十一月的報紙頭版標題歡呼：「我國發電進入核能時代」，[33]宣告第一座核能機組開始運轉發電。萬里鄉核二廠、恆春鎮核三廠也在接下來幾年內陸續動工並投入運轉，直至一九八五年核三廠兩部機組加入運轉後，南北六部機組全數到位。

核一廠工程開始後，從政府到民間，對於核電皆投以殷殷期盼，媒體不時報導工程進度超前、邀請核工專家撰文，介紹各種核電相關專有名詞，並大力讚揚國家科技的進步、有助於減緩油價上漲壓力。報紙評論強調，「核一的安裝操作均由國人承當、我國已能技術自立」，甚至泰國以及當時仍為共產國家的阿爾及利亞，都想跟臺電購買核電廠設計。[34]雖然仍有零星從國外傳來的核電廠輻射外洩報導，例如一九七九年的美國三

33. 秦鳳棲，〈我國發電進入核能時代〉，《中國時報》第二版，一九七七年十一月十五日。

34. 秦鳳棲，〈我國發電進入核能時代〉。

哩島（Three Mile Island）事件，但總體而言，媒體對核電的風險總是輕描淡寫，更信心十足地認為，有國外案例在先，未來臺灣必定能用科學創新，避免重蹈覆轍。

在創新進步的宏偉敘事底下，某些人的「失去」被隱沒。在還沒搞清楚為何核電廠要蓋在「遠離人口密集的城市」之前，電廠鄰近的居民只知道，他們將要放棄世代傳承的生活空間。

為了電廠搬家去

原籍福建汀州武平縣的練氏家族曾經有祖傳預言，家族到了在臺灣第十代的「開」字輩，可能會遭遇重大開局、面臨劇烈變動。[35]只是預言並沒有提到，帶來開局、最終讓家族離散的主要力量，是問世僅二十年的科技物。

這支姓氏稀有的客家族群，十八世紀末渡海來臺灣開墾。練氏家族在臺灣世居兩百多年的「阿里磅」是一個靠海的溪谷平原，位在臺灣本島最北端的石門鄉東側，谷地周圍被山嶺環繞，一面向海，隱蔽性渾然天成。貫穿聚落的阿里磅溪發源自大屯火山群中的竹子山北北峰，由南至北蜿蜒流淌，向東注入海。

雖然住在海岸，但練氏家族從事漁業的人並不多，多數人利用有限的溪谷土地耕作梯田、種植茶樹，石門氣候多雨多霧，加上土壤有機質含量豐富、排水良好，適合種茶，是北臺灣少見的茶鄉，所栽種的「硬枝紅心」品種茶樹，焙製出風味獨特的阿里磅紅茶，曾

35. 洪馨蘭，《臺灣北海岸客家 阿里磅練氏族譜與地方社會》（新北市：客家委員會，二〇二二），頁三七九。

是日治時代外銷名產。邊緣與獨特，反映在家族歷史，也反映於風土。

戰後，阿里磅改名為「乾華」，行政上屬於乾華村（今乾華里）。工業化的力道，開始把人從鄉村拉往都會區，務農為主的生活和既有的家族關係面臨改變。但更大的推力，在核一廠選址於此後猛然到來。

一九六八年，基隆港務局的工程隊前來乾華村進行地質鑽探，多數居民還不知道究竟要做什麼工程，以為要建設港口，直到一九七〇年蔣介石總統前來視察電廠水文站興建狀況之後，才逐漸知道是要蓋核能電廠。也就在這時候，臺電開始向乾華村的練氏家族，與東側的小坑溪谷居民徵購電廠用地。劃設範圍、面積、決定金額，居民的生活逐步被化約成統計數字。

「那時候都不會有什麼抗爭，大家很規矩，徵收就徵收。」當地居民練樹木說。[36] 公然反對，在戒嚴年代並不可能，最多只能議論價格。經過一番爭論，最後臺電以公告地價加上四成的價格徵收，地上農作物例如竹子、果樹等則額外補償。因為地上物補償金額高於土地價格，還一度造成居民搶種亂象。[37]

臺電徵收約兩百公頃練氏家族土地，整地工程徹底改變既有的溪谷平原地貌。三合院聚落拆除、茶園剷平、水田填高，練氏宗祠、福德宮、乾華國小都得搬家，讓位給核反應爐、汽機廠房、專用道路、油槽、開關場與變電所。乾華溪谷與小坑溪谷中間隔的丘陵，以「乾華隧道」打通連結，原名阿里磅溪的乾華溪，也配合工程需求改道、拉直，成為電廠的水源與排水通道。

36. 引自洪馨蘭，《臺灣北海岸客家 阿里磅練氏族譜與地方社會》，頁三七五。
37. 洪馨蘭，《臺灣北海岸客家 阿里磅練氏族譜與地方社會》，頁三七七。

短短數年內，地景劇烈變化，練家從此四散，五百多人遷出谷地。部分居民向臺電購地，移居電廠後山的茂林社區，更多人分散遷移至鄰近的北海岸鄉鎮，遍及石門、老梅、金山、萬里、淡水、基隆與臺北。至今全臺灣姓「練」的人家不過兩百多戶，只在特定日子才回到茂林社區的練氏宗祠，進行祭祀活動。[38]家族離開阿里磅，祖先的傳說變成命運的定局。

金包里變成核電城

其實北海岸一帶的人對於突如其來的劇變並不陌生。一八六七年十二月十八日發生「基隆大地震」，引發外海超過十五公尺的大海嘯，《淡水廳志》記錄災難導致「山傾地裂、海水暴漲」，數百人溺斃，[39]影響遍及金包里堡涵蓋的萬里、金山、石門，位處核心的金山市街幾乎全毀。

萬、金、石三鄉，古稱「基包里社」，與臺北盆地相隔大屯火山系。漢人依據此地平埔族語「豐收」(Kippare) 之音而命名，後來曾誤傳此地有金礦，又改名「金包里」。[40]清代行政區劃為金包里堡，聚落之間有山區古道可連通，生活圈接近。

距離核一廠只有十五公里的核二廠，選址在萬里鄉國聖村，也就是說整個大金包里區域，就包含了兩座核電廠。以戰後的行政區分來看，核一廠選址石門，核二廠在萬里，各自蓋在兩鄉的邊陲，中間人口最密集的金山鄉，剛好被兩座核電廠一

38. 洪馨蘭，《臺灣北海岸客家　阿里磅練氏族譜與地方社會》，頁三七六。
39. 吳祚任，〈一六六一年起之十次臺灣歷史海嘯紀錄〉，中央大學水文與海洋科學研究所，二〇一二，http://tsunami.ihs.ncu.edu.tw/tsunami/history.htm。
40. 詹素娟，《金山鄉志 歷史篇》(臺北縣：金山鄉公所，二〇一〇)。

北一南包夾。過往金包里先民經由魚路古道，向山另一邊的臺北提供漁獲、硫磺，現在則是透過高壓電塔提供電力。

萬里國聖村是一個漁業、礦業並存的複合聚落，相傳鄭成功的部將在此開墾，「國姓」與「國聖」臺語發音相同，而有此地名。[41]最靠近村子的海灣「國聖灣」有綿延數公里的金黃沙灘，在金山岬與野柳岬之間鑲了一道漂亮的弧度。站在灣澳底，北海岸地標「燭臺雙嶼」、野柳奇石群一左一右，盡收眼底。

沙灘灣岬海天一色，曾吸引駐臺美軍來此遊玩。國聖村頂寮海灘在一九五、六〇年代是聯勤美軍俱樂部的「麥考利營地」(McCauley Camp)，不少美國士兵從臺灣北部的派駐點或者戰火方興的越南來此度假，衝浪、辦派對，[42]還有一些金山人來此工作，賺取高額薪水，並練習英文。當時本地教師月薪僅六百元，在麥考利營地工作月薪則高達一千一百元。[43]除了營地員工，在地居民不被允許進入美軍營地度假遊樂，過的是辛苦生活。

「大家的工作多半是在沙灘上牽罟捕魚，很多人還會去煤礦場打工，收入才夠養家。」何坤雙手在虛空中比畫，試圖回憶不再存在的家鄉空間。家族世居國聖，到他已經是第七代。跟多數村民一樣，何家也得捕魚兼打工。何坤雖然成績優秀、考上金山初中狀元，但為了家計無法升學，進入萬里崁腳的中福煤礦場工作。更多鄉人則就近在國聖村的金德豐煤礦工作，直至核二廠到來。

美軍走了，換成美國製的核電廠進駐。緊接在核一廠徵地後不久，臺電啟動核

41. 《萬里鄉志》(臺北縣：萬里鄉公所，一九九七)。

42. 麥考利營地照片與資料參考 Taipei Air Station，https://taipeiairstation.blogspot.com/2009/06/drive-to-camp-mccauley.html。

43. 參考金山高中退休教師江櫻梅所提供之訪談資料。

二用地徵收作業，要求居民在一九七四年完成搬遷。突然要離開家鄉談何容易？何坤及其他居民代表試著跟臺電談判，希望至少能用相同面積的土地來交換，但未獲同意，只依照徵收面積，給付草率的補償金。最後連村長、村民代表都放棄爭論，拿著一戶二十萬的補償離去，平民百姓的何坤，只能拿到七萬多元的補償金。「本來不想領錢的，」他有點賭氣地說，「不過真的沒辦法，小孩還小。」

蜂窩沒了蜂后，村民只能自保四散。在不宜搬遷的農曆七月，何家夫妻帶著四個年幼孩子，跟幾戶還尋覓不著新住所的村民，一起住進萬里的一間學校，一戶人家一間教室，就這樣住了兩、三年，艱辛度日。國聖村民搬遷後一年多，臺電才在十公里外的萬里市區蓋集合式住宅「成功新邨」，部分居民購屋搬遷到此，但補償金不足以購買一戶要價二十多萬元的新房，許多人甚至必須要回到國聖村，進入已成為核二廠的老家打工，從事清潔、搬運、廚工、雜役，賺取薪資維生。

一九七八年國聖村廢村，沒有遷走的是神與逝者。國聖公墓仍面向大海，主祀周倉將軍的國聖「仁和宮」，仍靜靜守候在國聖後山，緊鄰核二廠的高聳圍牆外。[44] 回來祭祀、拜神，成為搬走的村民與消失的國聖村之間最後的連繫。

圍牆裡面到底有什麼？後來金包里的人才明白，圍牆太高了，愈是靠近電廠，愈是什麼都看不到，仰頭僅見水泥高牆罩頂，除非站遠一點眺望，才能一窺呆板、無煙、無味的核反應爐。

44. 國聖仁和宮建於一八九二年，主祀周倉爺。核二建廠初期，主神像曾移至野柳港附近新建的野柳仁和宮供奉，不過後來周倉爺仍指示回到國聖村的原仁和宮。

三貂灣的訪客們

因電廠而必須搬家的人雖不情願，卻無法張揚反對，只能期盼核電廠帶來工作機會與經濟發展。對於北海岸鄉村而言，「十大建設在我家」聽來就是「我們要發達了」的同義詞，石門、萬里鄉公所以盛大的舞龍舞獅陣仗，熱烈歡迎核電廠工程進駐。戒嚴年代資訊封閉，更不要說有「公民參與」的機制，一般民眾難以得知核電廠的真實風險與全貌。從核一到核三，大抵都在「順境」之下完成選址和建廠。

其實，在最初的計畫中，臺電本來曾經打算將核一廠蓋在臺灣最東端的貢寮鄉「鹽寮」。在外國顧問眼中，鹽寮岩盤最堅固、地下水位不高、可開挖較深固定反應爐，集各種優良條件於一身。即便鹽寮附近有一條活動斷層「山腳斷層」，但因為距離廠址達三十五公里，臺電專家的評估是，「應不造成影響」。[45]

雖然廠址優良獲專家肯定，但一九七〇年代初期，通往東北角的濱海公路尚未開通，交通不方便，不利於工程，因此先行拍板在石門建造核一廠。

除了交通因素，來自地方的阻力，也讓核一廠無法在第一時間於貢寮順利落腳。傳出核一廠可能會蓋在貢寮的風聲後，彼時的貢寮鄉長洪進添積極反對。受日本教育的洪進添在青少年時期就熟知廣島、長崎原爆的威力和慘劇，因此當聽聞「原子能發電廠」可能會來貢寮設廠，他打從心底質疑。「原子彈可怕」的敘事也在貢寮漁民間廣為流傳，塑造了對核電廠的負面想像。

45.《述說龍門：核四，我們的故事》(臺北市：臺灣電力股份有限公司，二〇一八)，頁七至二四。

一九六八年，貢寮鄉代表會通過提案，全會反對興建核能電廠。臺電雖多次到鄉公所和鄉代會遊說溝通，但與地方頭人的意見分歧過大，最後只好先行撤案。[46]這是核電廠在貢寮碰到的第一次挫敗。

到了一九七八年，核四廠啟動選址，鹽寮仍舊在臺電的名單上，重新成為候選廠址，而且是首選，得分勝過其他入選的桃園觀音、彰化臺西、臺東大武等地，這時交通不便的問題已獲解決。因應蘇澳港擴建，臺二線濱海公路[47]於一九七九年全線拓通，連帶使前往東北角海濱的交通大幅改善。因此在規劃核四廠時，信心滿滿的臺電又繼續向經濟部提報鹽寮為建議廠址，也在貢寮鄉內的雙溪河、石碇溪設置水文觀測站，並開始購買土地，積極進行先期準備作業。

貢寮坐落於龍洞岬、三貂角兩突出岬角間的三貂灣，灣澳形狀宛若人的左手背虎口，按捺風浪，迎接過各式各樣的訪客。千萬年以來的地殼運動，加上風浪、雨水經年累月侵蝕不同岩質，造就東北角崎嶇岩岸多處天然港灣，是許多族群登陸臺灣的入口。

許久以前，一艘來自「Sansai」的小船，捕魚迷失於無垠海面，漂流至陌生小島，上岸的「洩底灣」，據說就是今日的三貂灣。漂流上岸的人，成為臺灣北部平埔族原住民——凱達格蘭族的祖先。[48]十八世紀末，福建漳州人吳沙在三貂建立根據地後，率領兩千多名漢人進入蘭陽平原開墾。「吳沙開蘭」，給原居的噶瑪蘭族帶來翻天覆地的變化。

46. 參考陳建志，〈政治轉型中的社會運動策略與自主性：以貢寮反核四運動為例〉（東吳大學政治學系碩士論文，二〇〇六）。

47. 起自臺北縣淡水鎮端的關渡大橋，迄至宜蘭縣蘇澳鎮，別稱「北部濱海公路」，其中淡水至金山路段稱為淡金公路；金山至基隆市路段稱基金公路。

48. 伊能嘉矩著，楊南郡譯，《平埔族調查旅行：伊能嘉矩〈臺灣通信〉選集》（臺北市：遠流出版，二〇一二）。

三貂灣也曾有過客。一六二六年五月，西班牙人從島嶼東隅準備登陸，船員見島上一山聳立，以「San Diego」喚之，後來這個發音由漢人轉化為「三貂」，成為流傳至今的地名。西班牙人認為海角發展不易，未多停留，由此往北推進，占領基隆、淡水，展開殖民北臺灣歷程，直到一六四二年被荷蘭人趕走。

清領時代，現今貢寮、雙溪北部等區域才納進官方治理，劃為「三貂堡」，世居此地多時的凱達格蘭族部落，被漢人統稱為「三貂社」或「山朝社」，涵蓋現在的南子吝到福隆等各村落。

一八九五年甲午戰敗，殖民者來了。臺灣遭到清朝依《馬關條約》割讓給日本。當年五月二十九日，日本北白川宮能久親王率領近衛師團大軍，從沖繩抵達三貂灣澳底部「澳底」，登陸臺灣。日軍登陸後，在沙灘上紮營設指揮部，接續從北到南瓦解臺灣各地的反抗勢力，開啟日治時代。

若更精確定位，日軍上岸的濱海地帶就是「鹽寮」，這片沙灘往北為澳底庄、往西北靠山處為丹里庄。清代道光年間，福建詔安吳氏在這片林投茂密的濱海沙洲地帶設鹽館，從事賣鹽與曬鹽，因而命名鹽寮。[49]

作為殖民地登陸點，鹽寮對日本而言別具紀念意義，隔年在上岸點豎立了「澳底御上陸紀念碑」，由總督府指定為重要史蹟，據說當地學生每年都要遊行至此參拜高喊「天皇萬歲！」；[50]五十年後，國民黨政權接管臺灣，有民眾將日本人的紀念碑搗毀，變成荒墟一片。一九七五年，適逢臺灣「光復」三十週年，原地豎立起新的「鹽寮抗日紀念碑」，

49. 唐羽，《貢寮鄉志》上冊（臺北縣：貢寮鄉公所，二〇〇四），頁二二四。
50. 吳松明，《丹裡的肖像》（新北市：我們出版，二〇一四），頁一二三。

即使貢寮其實根本沒有任何抗日行動。設置紀念碑的貢寮鄉長，正是反對核一廠來貢寮設廠的洪進添。[51]

距離日軍登陸近百年後，核四廠計畫準備要讓兩座來自日本的核電機組，從鹽寮海灘登陸上岸。潮起潮落，族群來去，歷史層層疊加，「鹽寮」這個地名，又要再度經歷意義的大翻轉。

反骨漁村

一九八〇年，行政院與原能會正式拍板在鹽寮興建核四，徵地範圍包含海濱向山延伸、大部分舊稱「丹裡」的範圍。[52]在貢寮漁會活動中心開了一次簡短的說明會後，一九八一年六月，鄉公所舉辦徵地協調說明會，召集地主，說明核電廠即將進駐。多數居民一開始並不知道臺電購地的真正用途，也不清楚核電廠如何運作。

「徵收一公頃土地，只賠給地主三十萬，太便宜了。」一九三五年出生，當時是貢寮鄉代表會一員的和美村民賴文成說。臺電以低於市價甚多的價格徵收，讓許多住戶措手不及。被徵收的人大概有一半搬去外地，有些則是遷往鄰近澳底其他地方購屋居住，部分不願遷走的住戶，則遭到強制拆房驅離的命運。

徵地的過程跟乾華村、國聖村有相似故事。在澳底開理髮店的吳幸雄回憶，「有些居民不願意，臺電就直接把錢打到對方戶頭裡，逼人同意，最後只好自行搬家，那

51. 鹽寮抗日紀念碑拓本，文化部國家文化記憶庫，https://memory.culture.tw/Home/Detail?Id=107000022640&IndexCode=MOCCOLLECTIONS。
52. 丹裡的範圍大致包括今日貢寮鄉龍門里、仁里里、美豐里部分區域。

時是戒嚴時代，沒人作頭抗議，除了心內艱苦，也不能說什麼。」一九八二年，行政院正式核准徵收一千兩百多筆土地，共四百八十公頃，兩年後完成徵收程序。

心內艱苦，除了對價不均，更因為這裡是耕耘兩百多年、有豐富家族故事的土地。在澳底成長的文史工作者吳杉榮細數，他的家族祖先在一七七六年跟隨吳沙從福建渡海來臺，先落腳八堵，與平埔族做生意（番割），後來到三貂的丹裡耕作，並與凱達格蘭族通婚，落地生根。

「丹裡」據說在當地讀音更貼近「丹內」，「丹」是平埔語「大型聚落」之意。聚落內有石碇溪、雙溪河流經過，土地富饒、背山面海、耕作條件優良。地方老照片中，可見牛車耕田、一家老小列隊幫忙割稻的景象。澳底居民吳惠君自幼在石碇溪中游聚落「過溪仔」成長，這裡曾種植地瓜、水稻、芭樂，孩提記憶是在沙地上烤地瓜、去鄰村偷金棗來吃，還有鹽寮長滿穗花棋盤腳的大樹。[53]

直至一九八〇年代，共計有十三個吳姓家族長居於此，其中十一個與吳沙有親戚關係，奠下安居之所。但這一切都將成為過往雲煙，讓位給國家建設，徵地之後，「丹裡」變成地圖上找不到、只存於記憶和口述中的老地名了。

《貢寮鄉志》形容貢寮鄉「位在蝸角，卻具要衝」，也許是地理與地景特徵，形塑了此地之人不容易妥協的性格，讓貢寮相較乾華村、國聖村，有著不太一樣的故事。

在核四土地徵收之前，貢寮曾經發生過幾件事情，讓鄉民對國民黨當權的政府持負面觀感。首先是「強拆九孔池事件」。貢寮水質優良，又有發達的海蝕平臺地形可開闢人工

53. 參考自吳惠君，《懷念的故鄉．澳底》（臺北縣：自行出版，二〇〇三）。

池，相當適合發展經濟價值更高的九孔養殖。[54]一九七〇年代中期起，臺北縣政府與貢寮鄉漁會紛紛鼓勵轉作養殖，漁民多以借貸或者標會方式，籌措興建九孔池的高額資金。因為九孔碩大肥美、投資報酬率高，不久即可回本。據臺北縣統計，一九八〇年代初期，貢寮鄉登記從事養殖業的單位高達三百七十三個。[55]

九孔養殖的獲利優渥，吸引漁民投入，不料到了一九八二年左右，中央政府卻以九孔池破壞生態景觀、侵占國土為由，大舉強拆九孔池，許多漁民不僅血本無歸，甚至吃上官司，數百人遭到起訴。整件事情根本就是地方政府先鼓勵，後來又被中央政府取締，結果最倒楣的是漁民。「那時如果爸爸被抓去關，媽媽就必須一個人養家活口，所以全家人都恨死國民黨了，貢寮鄉挺民進黨的種子，就是這樣來的。」貢寮漁民吳順良說。[56]一九八〇年代中期，貢寮九孔養殖業因取締而迅速沒落，至一九八六年登記有案的養殖單位僅剩下五個。

除此之外，同時期貢寮村、雙玉村被自來水管理處劃入水源特定區，農民私有地不得任意伐木、轉利用；一九八四年，政府以保護景觀為由，設立「東北角海岸風景特定區」，[57]是全臺灣第一個國家級風景區，範圍北起瑞芳、南至宜蘭頭城鎮，涵蓋貢寮鄉絕大部分地區，居民的土地利用，房屋整建的高度、材質、外觀都受到嚴格限制，民怨時有所聞。

公權力的手，將這塊依山傍海的寶地抓得愈來愈緊，水源特定區、東北角海岸風景特定區和核四，被當地居民戲稱為「貢寮三害」，看似冠冕堂皇的國家建設，

54. 楊貴三、葉志杰，《福爾摩沙地形誌》（臺中市：晨星出版，二〇二〇）。
55. 參考自鄭淑麗，〈社會運動與地方社區變遷：以貢寮鄉反核四為例〉。
56. 轉引自崔愫欣，〈貢寮生與死——貢寮的反核運動紀錄〉（世新大學社會發展研究所碩士論文，二〇〇〇）。
57. 二〇〇七年起更名為「東北角暨宜蘭海岸國家風景特定區」。

卻是弊大於利。[58] 貢寮鄉民對國民黨心生反感、對黨外傾向支持，反映在往後地方選舉的結果上，也開啟長達數十年反核運動的量子糾纏。

58. 鄭淑麗，〈社會運動與地方社區變遷：以貢寮鄉反核四為例〉。

1-4 核事故點燃騷動

地球的另一端，有些人開始對核電廠感到不安。美國賓州哈里斯堡密德鎮（Middletown, Harrisburg）的一萬多名居民在短短一個月內，從安分守己的老百姓，變成抗爭人士。一九七九年三月二十八日凌晨四時，距離密德鎮僅約四公里的三哩島核電廠二號機組的控制室突然警鈴大作，值班人員先發現冷卻供水汞跳機，後來又發現反應爐洩壓閥未關，導致冷卻水洩漏流出，讓爐心持續升溫。

然而廠內人員並未即時察覺爐心冷卻異常，已經出現部分熔毀（meltdown），直到晚間七時仍持續運轉，最終造成二號機毀損和輻射外洩汙染，釀成美國商業核電廠史上最嚴重的事故。出事的機組才剛運轉不過三個月。

三哩島其實是一個南北長、東西窄的河中島，與流經賓州內陸的薩斯奎哈納河（Susquehanna River）下游河道平行。四座四十層樓高、冒著白色蒸氣的梯形柱狀冷卻塔，讓三哩島看起來彷彿航行中的軍艦甲板。從鎮上任何位置往西邊看，幾乎都可以看到這四座線條優雅的白色高塔，有時隨著傍晚的霞光，還會在水波瀲灩的薩斯奎哈納河面上留下美麗的倒影。

密德鎮居民原本對核電廠的想法無所謂好，也無所謂壞，他們早已習慣發展過程中各種必須接受的「不得不」。密德鎮曾經以煤炭、鋼鐵為主要產業，一度興盛又轉為蕭條。一九六八年核電廠開始興建後，高聳突出的冷卻塔成為這裡的地標，是進步和安穩的象徵。一九五七至一九七九年，美國建設了七十二座核電機組，度過兩波全球石油危機，當加油站不時掛出「汽油售罄」的牌子，核能作為能源救星的形象更為明顯。

不過突如其來的事故讓這一切蒙上陰影。核電廠投入運轉僅二十多年，還不足以完整評估這項科技的風險，電廠人員面對從未遇過的緊急故障，一時束手無策，不僅操作誤判，一再延宕處置時間，運轉電廠的大都會艾迪森公司（Metropolitan Edison Company）對外的說明也刻意避重就輕。賓州政府在得不到確實訊息的狀況下，只能發布莫衷一是的資訊，讓居民無所適從，一下子叫居民待在家中緊閉門窗，一下子廣播叫大家打開門窗。直到事故後第三天，賓州政府才意識到有輻射外洩的嚴重情形，發布停課、停班與宵禁令，建議電廠半徑二十英里以內的居民緊急疏散。這些延宕與不確定都讓居民在未知中感到恐慌。

三哩島事故為全球核工業蒙上陰影

諷刺的是，事故發生前十二天，一部以核子外洩為背景的驚悚電影《中國症候群》（*The China Syndrome*，臺譯《大特寫》）才剛剛上映，片名借自美國核子物理學家拉布（Ralph Lapp）於一九七一年首先使用的「中國症候群」一詞，形容核子反應爐熔毀的威力，可以熔毀地球表面，甚至穿透地心到中國。

電影中的科學家告訴記者，核子災難「可以讓賓州這麼大的地方永不適人居」，剛好三哩島事故就發生在賓州，銀幕內外的巧合令人不寒而慄。雖然核能業者大力批評電影過度誇大，但三哩島事故的發生讓他們啞口無言。媒體不斷問官員，「中國症候群」會不會發生在三哩島？電影的戲劇性情節，加上媒體推波助瀾，現實與虛構混淆，反而讓資訊傳遞更為混亂。

身為核子工程技術專家的美國總統卡特[59]在三哩島事發後四天抵達電廠視察，除了安撫民心，也為了在全球石油危機時期穩住核能產業。然而無色、無味的輻射帶來恐慌，人為操作疏失和官僚處理的荒謬，引起人們對核電的不信任。民間組織「三哩島警戒」(TMI Alert)，抨擊私營電力公司只想發電獲利，卻隱瞞輕忽事故。

事故發生三天後，歐洲許多國家的反核運動迅速集結，西德聚集了三至五萬人遊行，反對即將興建的核電廠及核廢貯存場，丹麥、瑞士、法國、瑞典、義大利，甚至蘇聯都有大規模的反核示威。密德鎮與哈里斯堡居民在五月集結走上賓州大道，抗議政府與電力公司罔顧人命，隊伍中有許多從未上街頭抗議的家庭主婦。美國各地發動數波反核遊行，從華府到紐約，高達二十萬人走上街頭，連《中國症候群》女主角珍・芳達（Jane Fonda）也現身華府遊行，掀起高潮。媒體熱烈報導、名人效應和討論，讓三哩島成為第一件捲動社會輿論的核能事故。

其實美國的反核聲浪從一九七〇年代中期就開始，全球經濟不景氣加上民眾對核安

59. 卡特總統曾在美國海軍核子潛艇服役。一九五二年，時年二十八歲的卡特在加拿大安大略省參與搶救一座部分爐心熔毀的NRX研究型核子反應爐。

的質疑，已大幅減緩了機組增加的速度。三哩島事故半年後，總統特別調查委員會報告出爐，指出將全面提高核電廠的安全標準和執行更嚴格的審查機制，因此核管會只能暫停核發新核電廠的建築執照。

對此，卡特總統在報告出爐後的聲明說，「核電在美國應該是能源選擇的最後手段」(In this country, nuclear is an energy source of last resort.)，應該加強節能與能源選項多元化開發，但話鋒一轉仍強調，「我們不能關上核能的大門」。[60]一九七九年伊朗爆發革命，曝露出美國對中東原油依賴的程度，將會降低國家能源安全，核電仍是不能放棄的重要基礎。

三哩島事故是美國與歐洲能源政策的轉捩點。在美國本土，核管會停止了所有新執照和建設許可的申請，打斷新機組的建造與運轉申請計畫，也擊碎美國前總統尼克森在一九七〇年代初宣稱要建造一千座核電廠的期待，一百三十多座計畫中或者建造中的核電廠遭取消或中斷。三哩島事故也重創全球核工業，核電廠業者對於拓展新市場更為急迫，亞洲，成為他們瞄準的目標之一。

國際原子能總署（IAEA）訂立的國際核能事件分級表，[61]將三哩島事故評為第五級「具有重大影響的意外事故」。雖然美國核管會稱三哩島事故並未造成傷亡與損害居民健康，但事故後續可說是餘波未平：損失核電廠新訂單的貝泰公司，承包到三哩島核電廠清汙工程的合約生意，但卻被吹哨者

60. Jimmy Carter , "President's Commission on the Accident at Three Mile Island Remarks Announcing Actions in Response to the Commission's Report," The American Presidency Project, December 7, 1979, https://www.presidency.ucsb.edu/documents/presidents-commission-the-accident-three-mile-island-remarks-announcing-actions-response.

61. 國際原子能總署（IAEA）訂立國際核能事件分級表（簡稱INES），以說明、溝通核電廠事件（包括核物質處理和運送過程中可能發生的意外）的災害等級。從零到七共分為八個等級，每一個等級的嚴重度都是前一級的十倍。零級為無安全危害，七級為最嚴重。

踢爆工程現場使用有安全疑慮的起重機。

二號機組在事故發生後停用，後續因損壞過於嚴重無法修復，永久關閉，清理與除役成為另一門生意，多年來轉手過多家企業，最近的消息是，除役工作預計在二〇三七年完成。未受損的一號機組則在事故後暫停運轉，至一九八五年才在當地居民的反對抗議聲中重啟，並持續運轉至二〇一九年停機除役，後續的清理、除汙與除役，預計要到二〇七九年才能完成。密德鎮居民想跟核電完全告別，還要等待很久。

知識分子的科技反思

一九七九年的世界與臺灣都是多事之秋。這一年起，臺灣與美國正式斷交，年初發生「橋頭事件」，引爆了年底的「美麗島事件」，[62]黨外反對運動持續挑戰國民黨；臺中縣大雅鄉惠明盲校發生駭人的食用油三氯聯苯集體中毒事件，引發食安風暴，也催生了「消費者文教基金會」，這一年中，核一廠兩部機組均開始投入運轉，外在環境動盪，加上三哩島事故，許多人對核能的質疑從這時候開始。特別是幾位從海外歸國的年輕學者，扮演啟蒙的重要角色。

一九三八年出生的物理學者張國龍是基隆七堵人，家族與核四預定地貢寮頗有淵源。一九七一年，張國龍剛從美國耶魯大學拿到博士學位返回臺灣，半年後母親病逝。駕車在北海岸一帶幫母親尋找墓地的過程中，他留意到秀麗的陽明山腳下，

62. 美麗島事件，或稱高雄事件，一九七九年十二月十日的國際人權日以《美麗島》雜誌社成員為核心的黨外運動人士，組織群眾遊行及演講，訴求民主與自由，終結黨禁和戒嚴。期間引爆警民衝突，事件後，警備總部大舉逮捕黨外人士，並進行軍事審判，史稱「美麗島大審」。

工程車進出絡繹不絕，正在開挖整地，興建「龐然大物」。小心查證知道是核電廠後，隱隱覺得不安。[63]

那陣子他的父親與患氣喘的大哥，也剛好移居彼時「沒有公路、沒有觀光客和餐廳、也沒有汙染」的貢寮鄉澳底村休養，張國龍與太太徐慎恕每個週末去探望父兄，順道與澳底漁民交朋友，當時地方上就不斷傳聞，澳底火炎山腳下的土地和沙灘，要被政府徵收去蓋電廠。張國龍想起在北海岸看到的核一、核二廠工地，暗自為貢寮漁民擔心起來。不論是蓋火力或者核能電廠，冷卻系統都會排放廢熱至海洋中，且核電廠的熱效應又低於火力電廠，廢熱更多，又有輻射汙染風險。若蓋了電廠，漁民生計難道不會受影響？

「核子分裂的原理皆然，不過，百分之一秒內釋放全部能量的是原子彈，而一年的時間慢慢釋放能量的就是核電廠。」在美國研究高能物理學的張國龍，看到知名物理學家愛因斯坦與曼哈頓計畫首席科學家奧本海默，對於製造原子彈表達強烈後悔與反省，心中有所警惕，也讓他對核分裂原理製造出強大殺人武器感到不安，認為「美國用核武器霸凌全世界」。三哩島事件的後續效應更對他造成衝擊。一九八〇年代張國龍曾旅居英國一年做研究，看到英國人走上街頭遊行反核電，覺得非常奇怪，一個積極在開發核電的國家，人民居然反核電？

為了理解核能，他翻遍圖書館資料，找到物理界知名月刊《今日物理》(*Physics Today*)專刊報導三哩島事件，在左翼黨外雜誌《夏潮》工作的徐慎恕，負責把英文報導翻譯成中文登載。一九七六年創刊的《夏潮》，因創辦人兼總編輯蘇慶黎邀集張國龍、林俊義等人

63. 蔡慧琳，《君子鬥士：張國龍》(臺北市：大村，一九九七)，頁六至七。

撰寫反核論述，關鍵地成為反核運動集結平臺。從德國帶回民主人權思維、時常為《夏潮》撰文的律師尤清，也因此與張國龍結交，其後尤清擔任監察委員及臺北縣長期間，由張國龍幫他「補課」，充分理解核能。

張國龍的反核主張讓許多學界友人不解，但他對於環保理念有所固執。相較於當時的黨外運動聚焦於言論自由、解除戒嚴等政治議題，張國龍與徐慎恕的社會參與，從一開始便有意識地聚焦在環境議題上，因為「環境一旦被破壞就永遠無法彌補」。兩人在住家舉辦聚會，讓環保人士、進步運動者、左傾知識分子交流討論，不少人透過張家的聚會，認識核能背後複雜的政經結構和輻射汙染風險，也驚訝地發現張家還在念小學的獨子，居然已經可以侃侃而談各層面的反核論述。

戒嚴期間在聚會、公開演講牽涉敏感議題，都必須冒上遭取締的風險，張國龍在臺大的課堂經常受到情治單位監控，以掌握是否有煽動學生的言論。甚至曾收到企圖將他趕出臺大的黑函攻擊，父親也遭到情治單位騷擾，被告誡「叫你兒子好好教書就好，不要管閒事」。

至於最先為文疾呼重視核能問題、結果最終惹上政治麻煩的，是東海大學生物系教授林俊義。一九七五年回國任教沒多久，因與建築大師漢寶德在《中國時報》筆戰而小有名氣，[64]也以筆名為《夏潮》撰稿，直到一九七九年《夏潮》被國民黨勒令停刊。不過這反而更刺激他的寫作動力，因為讀書人手無寸鐵，唯有筆桿。

「抱一個核子反應爐一天一夜，比抱兩個女人睡一晚，得到的輻射還要少。」這是三哩

64. 林俊義與漢寶德對《文明的躍升：人類文明發展史》(*The Ascent of Man*) 一書，有截然不同的見解。

島核事故後，臺電董事長陳蘭皋為核電廠輻射安全性護航的發言。[65]林俊義看到這段發言，三十多年後仍忘不了那時的感受：「逼出我心底深處的噁心。」

不安分的科學家

林俊義也是一九三八年生，從求學階段就不太安分。臺大外文系畢業後赴美留學，卻在年近三十歲毅然轉行，改習生態學這門「顛覆的學科」，從細讀美國文學經典小說《憤怒的葡萄》，轉為研究非洲變色龍的生殖策略。他用不到兩年就修完生態學的大學部、碩士課程，善盡天賦和努力。

拿到博士後，他又再度不安分，改變了「絕不回臺灣」的留學初衷。那個年代，許多留美學人在拿到學位後續留美國，追求更好的發展出路，但林俊義讀到教育心理學者裴瑞（William G. Perry）所說：「人一定要有獻身的地方和工作」之後，決定服膺「生物地域主義」，選擇回臺任教，想要透過生態學教育來顛覆這個社會。[66]

在美國期間正值一九六〇年代反戰、社會運動風潮，刺激他反思「科技是否一定造福人類？」，加上摯友的親人從事核工業，最後卻因胃癌早逝，林俊義對核電產生不小質疑，陳蘭皋離譜的發言，則讓他決定不吐不快。這時他正巧結識《臺灣日報》記者王世勛，無處可發的怒氣，遇上一位有新聞敏感度的記者，點燃了引信。「林俊義挑戰臺電、辯論核能電廠」，王世勛把林俊義的意見寫成新聞，斗大的標題登上了《臺灣日報》

65. 〈臺電董事長陳蘭皋妙喻 抱核子爐比抱女人安全〉，《聯合報》第三版，一九八〇十二月一日。
66. 林俊義，《活出淋漓盡致的生命：林俊義回憶錄》（臺北市：玉山社，二〇一四），頁二二五至二二八。

頭版，這是第一次有人在媒體上公然反對政府的核電政策。

林俊義回憶，報導刊出後，就接到國民黨人士來電，約他在臺電公司見面，於是隻身前往位於臺北和平東路的臺電總管理處[67]赴約，結果臺電員工居然在道路兩旁鼓掌夾道歡迎，對他來說是「受不了的虛偽」。

臺電高層試圖以「核電有經濟重要性」說詞來安撫林俊義，但他一點也不客氣地指出，臺灣發展核電不是經濟因素，也非能源問題，而是為了發展原子彈，因美國發現臺灣的核武發展企圖，才阻止臺灣成為另一個核武國家。

有人看他不順眼，但也有人歡迎異議聲音，政大教授尉天驄便介紹他認識立法委員胡秋原。在「萬年國會」時代的胡秋原，接受了林俊義的看法，甚至允諾旗下媒體《中華雜誌》讓他刊載質疑核電問題的文章。在這之前，臺灣的報章雜誌上關於核電的「負面」報導，只有一九七四年四月號《讀者文摘》刊登的一篇翻譯文章〈可怕的核子廢料的問題〉，探討國外核廢料處理困境。[68]

反核是為了反獨裁

一九七九年六月，林俊義以「何能」為筆名在《中華雜誌》發表〈核能發電的再思考〉，從核廢料、核災風險、核電不經濟等角度，完整表達他的反核論述。幾天後，《中華雜誌》接到來自原能會、署名「呂應鐘」的回應文章〈「何能」何能談核能？〉，駁斥

67. 一九四五至一九八二年的臺電總管理處辦公室舊址，後遷入位於羅斯福路的臺電大樓。今為臺電核火工程處。
68. 洪田浚、黃立禾編，〈國內反核文章索引〉，收於《新環境月刊》第十七期，一九八七年五月，頁一九至二一。

生態學者不是專家，沒有能耐談核能。[69]

林俊義不甘示弱地炮火回擊：「哪有一個讀書人會說別人讀生態學，其他就可以什麼都不懂？這種人把知識看成什麼？知識愈廣愈好，為什麼還有人限制自己懂更多呢？那是你自己不讀書，變成專業的奴才了。」連清大校長沈君山都被拉下水，「清華大學校長沈君山是物理學家，那沈君山就不應當會下棋了？」

以核能是高度專業為由，否定非核能專業者的論述和話語權，幾乎是之後三十餘年來擁核派一貫的態度。氣不過的林俊義開始發揮學者拚勁寫文章，也幫民意代表黃順興等人寫質詢稿、提供質詢素材，多產的程度令學術同行側目。他寫核電問題，著重政治經濟分析，批評科技至上主義，也特別批判美國以和平用途理由，輸出核電至第三世界國家，並壟斷市場。

時任清大核能工程研究所所長的楊覺民看了這些辯論文章後，希望核工教授能夠聽聽林俊義的意見，便邀請他到該所談臺灣核能安全。不過才進了清大，還沒接近核工所，林俊義便被幾百位臺電員工包圍，阻擋他進入，楊覺民只好挺身解圍，「是我請他來的耶，你們這樣太沒禮貌了。」但進了講堂，臺電員工仍嘩啦啦地吵雜，就是不讓林俊義說話，最後並未順利演講。「傲慢」，是他對臺電的評語。

林俊義認為，批評時政、談環保生態或核能，「都是做學術，不是做社會運動，可是心裡很清楚，環保就是政治運動。」一九八二年，臺大校園發生「陳文成命案」，學術圈瀰漫白色恐怖氣氛，留美學者噤若寒蟬。林俊義談環保議題，表面上並未直接碰觸政治禁忌，

69. 林俊義，《反核是為了反獨裁》（臺北市：自立晚報，一九八九）。

不過筆桿搖得急，一直受到警備總司令部關注，身邊也三不五時出現「干擾」。

一九八四年他終究踩到了紅線，在《自立晚報》專欄發表的一篇〈政治的邪靈〉，提到「毛澤東才是民族的救星」，結果惹上麻煩。警總的審查不識上下文脈絡含義，不但查禁當天報紙，還逼迫林俊義「實質放逐」，必須離開臺灣，林俊義只好帶著全家赴美國，滯留三年無法回臺，直到一九八七年解嚴後才得以回國。

回國後他下筆更凶，批評「國民黨是一個反人民的政府」，把多年來發表的核能文章集結成《反核是為了反獨裁》一書，分析獨裁有三種：政治獨裁、科技獨裁與專家獨裁，除了批評黨國體制，也批評臺電、原能會所代表的科技與專家獨裁。因為犀利明確，「反核是為了反獨裁」成為往後反核運動重要口號之一，卻在政黨輪替後招致誤解。

民意代表的體制內反叛

知識分子發難，啟動了反核討論，體制內的民意代表在這個階段也發揮關鍵作用。社會學者劉華真爬梳研究一九七九至一九八五年的《立法院公報》，發現此時期因為增額立委加入立法院，立法院組成趨向多元，[70]不論國民黨籍或者黨外立委，都頻繁質詢核能議題，讓「反核」一開始就成為全國性議題。[71]其中一位重炮立委是黃順興。

70. 一九七二至一九九二年國會全面改選之前，第一屆立法委員總共經歷六次增額選舉。參考中央選舉委員會，https://web.cec.gov.tw/central/cms/elec_hist/21228。

71. 劉華真，〈臺灣反核運動的開端：一九七九—一九八六〉，收錄於張翰璧、楊昊主編，《進步與正義的時代：蕭新煌教授與亞洲的新臺灣》(新北市：巨流圖書，二〇二〇)。

黃順興生於一九二三年，彰化埔心人，留學日本，當立委之前曾任臺東縣長、縣議員，政治傾向「統派」，非常關注臺灣各地公害汙染問題，創辦臺灣第一本具政治分析企圖的環保雜誌《生活與環境》。三哩島事件發生之後，他在立法院以林俊義的文章為本進行質詢，要求臺電提出核電廠絕對安全的證明，以及如何處理核廢料的方案，並以曾任臺東縣長的身分，要求臺電證實，是否要以蘭嶼作為低放射性廢棄物貯存場？[72]可見蘭嶼作為核廢料貯存場，在當時還不為立法委員所知悉。

一九八〇年二月經建會通過核四計畫後，黃順興首開先聲，在施政總質詢當面挑戰核能政策，針對核廢料、核電廠運轉安全和核電成本提出尖銳批評。一九八五年，心向「祖國」的他移居中國北京，一九八八年當選中華人民共和國第七屆全國人民代表大會委員，曾在全國人大會議公開舉手反對三峽大壩工程，震驚四座，大炮個性在兩岸皆然。他主張環境問題不分國界地域，「大陸的環境與臺灣的生態，當然息息相關。」[73]

這個時期的省議會也扮演傳遞資訊與擴大反核聲音的重要平臺。一九七七年地方公職選舉，有多達二十一位黨外人士當選臺灣省議員，不斷藉由質詢挑戰當時的政治禁忌，讓位於臺中霧峰的省議會成為政治新聞焦點，民眾甚至包車到霧峰旁聽，儼然是現成的黨外政治課。[74]雖然省議員對於國家重大建設僅有建議權，沒有審查預算或決策權，不過省議會中的質詢或討論，對於擴散議題能見度大有助益。

例如資深省議員邱連輝在三哩島核災後不久，就在省議會質詢核能安全議題；蘭

72. 黃順興，〈向行政院質詢三則〉，《美麗島》第一卷第一期，一九七九年八月。
73. 〈專訪黃順興〉，《新環境月刊》第四十一期，一九八九年六月。
74. 胡慧玲，《臺灣之春：解嚴前的臺灣民主運動》（臺北市：春山出版，二〇二〇），頁一〇四。

嶼的董森永、張海嶼牧師，藉由參與省議會神職人員座談，提出對蘭嶼核廢料貯存場的質疑；在立法院積極質詢核電議題的余陳月瑛在當立委之前，也曾經擔任省議員。

媒體報導也加強了議題的傳播與能見度。黨外律師傅朝樞經營的《臺灣日報》發行量高達三十萬份，傳閱者眾，有「中臺灣第一大報」之稱。因為大量報導省議會新聞與省議員的質詢內容，屢屢批判國民黨政策和親政府的《聯合報》、《中國時報》，終究踩到《臺灣省戒嚴期間新聞紙雜誌圖書管制辦法》的紅線——「淆亂視聽，影響民心士氣」、「挑撥政府與人民情感」。「看不下去」的國民黨，指示國防部掌控的「黎明文化」在一九七八年出手收購，更換老闆，報導風格也隨之大轉彎。挑戰禁忌、衝撞、遭禁、再試著突破，大概就是那個時代異議行動的節奏。

1-5 反核運動前奏

一九八〇年代初期的臺灣政治動盪多變，刺激民眾對生活環境的檢視與對不公義的控訴，自力救濟行動烽起。一九七九年起因「臺北地區防洪計畫」建設二重疏洪道，五股洲後村被迫遷村，不願搬遷的村民奔走各行政部門陳情，甚至以喪事為名，拉白布條衝進行政院，開啟自力救濟風潮。一九八五年「十信風暴」違法超貸，導致擠兌潮，數千存款戶一生的積蓄血本無歸，政府的金融治理能力遭到民眾質疑。同一年，臺中縣大里鄉鄉民闖進工廠，抗議三晃農藥廠汙染農地，揭開地方反公害自力救濟運動的序幕，隔年三晃農藥廠正式停業，為國內第一件由民間自力救濟成功的反公害事件，第一個民間反公害團體「臺中縣公害防治協會」於四月掛牌成立。

知識分子也在醞釀集結。張國龍和徐慎恕的家，經常有關心環保議題的各界人士來往穿梭，進行沙龍聚會，例如學者柴松林、馬以工、黃提源，醫師詹益宏、李豐，媒體人楊憲宏、楊渡、李疾、林美挪等人。眾人在多次聚會商議之後，一九八五年成立「新環境雜誌社」，並發行《新環境月刊》，介紹國內外重要環境議題，企圖提升社會的環境意識。

聚會裡有另一位不安分的科學家，統計學者黃提源，同樣經歷過思想的大翻轉。就讀清華大學應用數學研究所時，對同校原子科學所豐厚的研究資源感到羨慕，又剛好家教學生的家長就是清大核工系教授，在耳濡目染下，曾高度認同「原子能的和平用途」。

不過一九七九年黃提源赴英國倫敦大學擔任客座研究員，恰逢倫敦爆發百萬人反核電大遊行，抗議保守派首相柴契爾夫人將興建十二座核電廠的政策，他跟張國龍一樣，想不通為何英國人要反核，就發揮起研究精神，蒐集相關的報章雜誌，回國後在報章發表文章，論述核電可能成為重大危害。[75]張國龍現在都還記得看到黃提源的文章時非常興奮，「原來除了林俊義，還有別人跟我一樣反核」，尋來問去，透過也是數學專業的黃武雄教授，認識了黃提源。

黃提源一九八五年在《自立晚報》發表〈臺灣最大的隱藏性危機——核能電廠〉一文，從統計的角度提醒社會大眾，「雖然反應器發生重大事故的機會很小，但不代表不會發生，或者很久之後才會發生，說不定在很短暫的時間內就發生！」

發表文章前，一九八四年臺灣接連發生三起大型煤礦礦災：土城海山煤礦、三峽海山一坑、瑞芳煤山煤礦，共計二百七十七人死亡，罹難者多數是原住民，震驚社會；同年十二月一個深夜，在印度中部波帕爾（Bhopal）發生的農藥廠氰化物洩漏爆炸事件，造成兩千多人當場死亡，震驚全球，是人類史上單次傷亡最慘重的工業災害事件。趁著社會對礦災、氣爆災難記憶猶新，黃提源疾呼，核災可比礦災，是不定時炸彈，且傷害更大，臺灣地小人稠，又位處地震、火山帶，地理條件更增加核電事故發生風險。

75. 王秀瑛 、陳玉英，〈統計深耕者專訪——黃提源〉，《中國統計學報》第五十一卷第一期，二〇一三年三月一日，頁一至七。

黃提源的文章其實早在三年前就寫好，但被《中國時報》、《聯合報》兩大報拒絕刊登。他也意識到光是投書報章，實質影響力不足，想到自己中學好友的大舅子王清連是立法委員，而且是國民黨籍，具中立形象，於是遊說王清連在立法院揭露核電的危害，藉由立委質詢，提高核四議題在立法院的能見度。

核四預算首度喊停

經建會在提出核四案後，按程序應進行設備招標、提建廠預算讓立法院審議，不過初期行政步調顯得混亂，反覆宣告進度卻又緩建：一度傳出因核四資金籌措困難，考慮將原本要蓋在鹽寮的兩座機組建在金山。[76]

一九八一年核四反應爐第一次招標，法國「法瑪通」公司（Framatome）開價最低，最後卻是由美國「燃燒工程」（Combustion Engineering, CE）以較高價得標；一九八二年首次提出核四興建預算案後，曾有消息指出英、美廠商將分別得標核四的發電機、反應爐等兩項最重要的設備，[77]然而四個月後臺電卻以經濟不景氣、電力供過於求為理由，暫緩動工與招標。

核工業在三哩島核災後低迷，亞洲的新市場如同需緊抓的浮木。核四廠兩座反應爐投資金額約為兩億美金，發電機則為七千萬美金，這對於國際核電廠商而言，是絕對要爭取的大生意，也讓臺灣的核四案在世界核能產業中動見觀瞻。

76.〈臺電資金籌措困難　核四廠將延後施工　第七、八號發電機考慮裝在金山〉，《民生報》第六版，一九八〇年九月六日。

77.〈核四廠兩項設備　英美商可望得標〉，《聯合報》第二版，一九八二年四月一日。

雖然宣布緩建，但臺電仍持續編列整地工程相關預算，一九八四年中，再次呈報核四計畫，並鎖定美國廠商合作，以平衡臺美貿易差，這些消息透露美國不尋常的引響力，讓歐洲廠商相當緊張。[78]不久後，孫運璿腦溢血病倒，俞國華接任行政院長，並在九月立法院會期提出「十四大建設」預算案，總金額一七八四億元的核四計畫名列其中，是臺灣有史以來金額最龐大的公共建設。一九八五年元旦當天，報紙頭版斗大標題宣告：核四預定於一九九三年開始運轉。[79]

這時期立法院內「黨外」陣容更堅強。美麗島事件後，社會對於黨外人士的支持與同情大幅增加，反映在民代選舉。一九八三年的立委增額選舉中，美麗島辯護律師張俊雄、江鵬堅、林義雄的妻子方素敏、余陳月瑛、鄭余鎮等黨外人士，都高票當選進入立法院。

核四計畫的龐大金額引起立委群起質疑其必要性，特別因為核三廠的建廠成本暴增，從最先估計的三百億元，增加到九百億元，核一、核二廠也接連有事故傳聞。一九八五年核三兩部機組都投入運轉後，六部核電機組所發的電力，占臺灣供電比例高達百分之四十，電力過剩，蓋核四的動機讓立委們不解。

除了黨外立委，國民黨立委也紛紛對核電提出質疑，王清連質詢經濟部長徐立德核電成本計算的正確性，以及核廢料的處置困難；後續國民黨立委簡又新在總質詢指出臺電「低估成本、高估效益」，立委們擔心核四會重蹈覆轍，一千七百多億元恐怕是浮濫編列。

78.〈核四廠主要設備擬向美商採購　原得標歐洲廠商感恐慌　紛紛透過不同途徑要求我遵守有關規定〉，《聯合報》第二版，一九八四年五月四日。

79.〈核四廠計劃興建於鹽寮　採用美國最新標準設計　總經費一千七百億施工百月〉，《經濟日報》第一版，一九八五年一月一日。

一九八五年三月，總質詢結束後，鄭余鎮號召其他六位黨外立委聯名緊急質詢，批評建核四是浪費。接著王清連引用黃提源草擬的質詢稿，以「為什麼要反對增建核四廠」提出緊急質詢，五十五位立委聯名連署。緊急質詢指出，核廢料的不確定性、核電有限的經濟效益，都需要行政院再詳加考慮建核四是否必要。[80]五十五位聯名連署的立委中有五十一名國民黨籍立委，王金平、廖福本、劉松藩、鍾榮吉和體育名人紀政等都名列其中，另還有冷彭、葉詠泉兩位中國青年黨立委，以及蘇火勝、蔡勝邦兩位無黨籍立委。[81]國民黨籍立委聯名反對執政當局的政策，可說是空前絕後。

立法院的討論延伸到媒體。「老三臺」臺視、中視、華視，與消基會等五個公益團體舉辦的「消費大眾看核四廠」座談會，讓反核學者專家與臺電、原能會官員同臺辯論六個多小時。《聯合報》主辦的論壇則邀請張國龍、黃提源與臺電、原能會官員展開三個半小時的激辯，隔日以罕見的四分之一版面報導。[82]雖然兩造立場各說各話，但這是第一次在大眾媒體出現完整的核能公共辯論。

在一面倒的反對聲中，五月初俞國華說，「核四案疑慮未澄清前不必急於動工」，宣布計畫暫緩，[83]顯示出體制內的政治菁英反叛發揮效力，但也有可能是因為當時監察院和立法院競相監督批評臺電與經濟部、互相爭奪話語權的結果。[84]無論如何，立委積極反對，讓核四計畫在還未出現任何一場抗

80. 王清連等，〈為什麼要反對增建核四廠〉行政院緊急質詢，《立法院公報》第七十四卷二十九期，一九八五年四月九日，頁一一二，https://ppg.ly.gov.tw/ppg/PublicationOfficialGazettes/download/communique1/final/pdf/lib/7402900.pdf#page=97。

81. 〈五五位立委聯名質詢　建議暫緩建核四廠〉，《經濟日報》第二版，一九八五年四月九日。

82. 〈核四面面觀　學者侃侃談〉，《聯合報》第三版，一九八五年四月二十二日。

83. 〈先盡各種努力與各界溝通　俞揆指示暫緩興建核四　說明我自產能源有限　必須分散能源　強調核能發電的優點　取其清潔經濟〉，《聯合報》第三版，一九八五年五月三日。

爭或遊行之前，就已經循體制內路徑，被暫時擱置，並埋下反核運動的伏筆。

然而執政黨立委集體抵制當局政策相當罕見，長期關注核電議題的記者楊憲宏直呼「難以理解」。[85] 時值臺灣經濟不振、工業發展停滯，「不缺電」的確可能是暫緩的因素，但是否還有其他原因在檯面下左右著核四計畫？

一九八五年三月爆發的「江南案」是可能線索之一。一九八四年十月，筆名「江南」的華裔美籍作家劉宜良，在美國加州遭臺灣竹聯幫分子陳啟禮等人刺殺身亡，他因為寫作《蔣經國傳》，遭到中華民國國防部情報局安排暗殺，背後主使者可能是蔣經國的兒子蔣孝武。

國民黨情治單位在美國本土殺害美國公民，讓美國對國民黨相當憤怒，臺美關係一度緊張，或許影響到雙邊對於核四案的決策。楊憲宏認為，美國可能因為江南案，拒絕提供臺灣核燃料並阻擋核電廠交易案。[86] 也有相反說法認為，蔣經國以取消核四案反制美國，進而造成貝泰公司因損失核四案而大量裁員。國民黨立委提出聯名質詢、促使核四預算停擺的不尋常舉動，可能僅是檯面上被利用的棋子，背後實際主導決定的，仍然是蔣經國。一九八〇年代初期言論逐漸鬆動，臺、美之間關係充滿算計與交換，不同取向的傳聞如同無名火四處燒，難以證實，卻讓歷史的肌理隱然浮現。

84. 劉華真，〈臺灣反核運動的開端：一九七九－一九八六〉，收錄於張翰璧、楊昊主編，《進步與正義的時代：蕭新煌教授與亞洲的新臺灣》。

85. 楊憲宏，〈「反核的政治社會分析」座談紀錄〉，收錄於張國龍、洪田浚、黃立禾編，《天火備忘錄》（臺北市：新環境基金會，一九九四），頁二〇〇至二一四。

86. 楊憲宏，〈「反核的政治社會分析」座談紀錄〉。

核三廠七七事變

政治上的不合理啟人疑竇，不過無論執政黨或黨外立委都力陳核電的負面性，臺電只好持續拜會立委遊說尋求支持、舉辦巡迴講座，企圖消解核安疑慮，希望核四計畫有機會再生。不料一場意外的大火，讓想護航核電的人灰頭土臉。

一九八五年七月七日傍晚，恆春核三鄰近的居民袁瑞雲接到核三廠裡打來的電話，叫她與先生快走，還搞不清楚狀況的夫妻倆，趕緊騎著摩托車帶年幼孩子往外衝，後來才知道是因為核三廠失火了。「鄉公所或臺電根本沒有廣播疏散，都是透過私人關係去傳遞訊息，當時我就有感受到路上的車流量變多，好像大家都要往外逃。後來，臺電員工又都被封口了。」

出事當天是星期日，大雨滂沱，距離核三廠最近的大光里、水泉里、山海里居民都聽到了轟天巨響，看到核三廠內冒出濃煙升天，接著是消防車鳴笛大作、軍車駛入廠區內。前往現場調查的記者馬非白採訪到居民，形容大雨加上不明濃煙，其景有如世界末日，準備攜家逃命，卻又不知應逃向哪裡。[87]

屏東消防隊調動東港、佳冬、萬丹、南州、潮州等鄰近鄉鎮的消防車滅火，甚至與南灣相隔近一百公里的屏東市，也派出消防車來支援。混亂、濃煙、不知所措，是附近居民、媒體記者、消防隊員對當天火災的共同印象，唯有臺電輕描淡寫，事後只簡單說明是因為一號機組汽輪發電機的勵磁機附近起火，兩小時後即告撲滅，汽機及反應器自動停機，機

87. 馬非白，〈核三大火現場調查〉，《亞洲人週刊》第二十四期，一九八五年七月十二日，頁二五至二九。

械與人員都無任何損傷。

臺電在意外一週後開蓋檢查，初步將事故歸因於低壓汽機運轉發生劇烈共振，汽機葉片脫落，引爆氫氣而發生火災。但面對記者的採訪和民代的不斷詢問，臺電願意透露的細節有限，欲釐清真相與實際損失的媒體記者大多碰了一鼻子灰。[88]後續外界才瞭解到現場實況：汽機葉片一次斷掉八片，主軸也因葉片折斷而中心偏移扭動，一片狼籍。但面對外界關心的設備損害程度與損失金額，臺電一律避重就輕，不願證實。

這場被外界稱為「七七事變」的火災，是臺灣第一起「紙包不住火」的核安事故，此前各核電廠雖然都曾傳出運轉事故或工人意外，但這次因為火災，才讓核電廠安全隱憂公諸於世，燒出了臺電營運核電廠的許多弊病。例如火災後大家才知道，核三廠汽輪發電機、勵磁機等設備居然沒有投保「財產損失險」，原因是臺電核能部門認為「絕對不會出問題」，所以不必投保。事故時已經過了保固期，設備廠商美國奇異公司不負擔賠償責任，後果是上百億損失都由納稅人埋單。

不過最讓人氣憤的還是臺電傲慢的態度，作為國營企業，卻認為「細節太專業」不願公布與正視錯誤，把社會大眾擋在知情的門外。戒嚴時代的核電廠，也有戒嚴時代的特質，不論立法委員如何要求公布調查報告、說明事故原因，臺電最後的回答都是「恕難奉告」，半年之後出爐的調查報告也因故「不公開」。如果公眾對核電的印象與知識學習建立在模糊的資訊和臆測，臺電作為科技專業者實難辭其責。

「七七事變」十天後，核三廠二號機居然又發生跳機狀況，一連串荒腔走板的意外

88. 楊憲宏，〈兩個有技術的野蠻人——臺電、奇異——從核三火災看科技人員的私會責任〉，原載於《聯合》月刊一九八五年八月號；轉載自楊憲宏，《受傷的土地》（臺北市：圓神出版，一九八七）。

後，年底「最會借錢」的臺電董事長陳蘭皋，以及總經理朱書麟都屆齡退休，陳蘭皋爾後轉任職於中興工程顧問公司董事長，繼續經手各種國家重大工程，核三火災的善後和責任歸屬自然不了了之。

烏克蘭的小太陽：車諾比核災

立委們擋下核四預算，與其說是反對核電，不如說是反感於臺電層出不窮的弊端、暴增的預算和傲慢的態度。核三廠發生意外不到一年，另一場驚天動地的核災難又再度攫住全世界的目光，這次換成美國的冷戰敵人蘇聯。

一九八六年四月二十六日，午後的《聯合報》報社，記者與編輯們的腎上腺素逐漸高漲，晚上九點，頭版及各版頭條已定，《聯合報》採訪部副主任楊憲宏照例翻閱著外電組揀選的新聞，目光停留在一篇被歸類為「國際趣聞」的文稿：「烏克蘭出事，莫斯科透過鄰近國家得知」，原來瑞典、挪威監測到核電廠環境輻射強度超量、工作人員遭輻射汙染；但調查卻發現，汙染來自一千一百公里外的烏克蘭境內核電廠，疑似有放射性物質外洩，汙染迅速隨著風向擴散到北歐。瑞典政府轉告當時蘇聯首府莫斯科：烏克蘭出事了。

具公共衛生專業背景的楊憲宏，嗅到了這則外電的不尋常。他從同事淘汰掉的大疊新聞紙中，尋找關鍵字「Chernobyl」（車諾比）。一開始也看不出所以然來，直到「core meltdown」一詞躍入眼中，他趕緊提著英文稿找總編輯，告知蘇聯的核電廠發生了「爐心熔毀」。

然而編輯部主管回以茫然的眼神，透露對「爐心熔毀」的陌生，更不要說「銫-137」（Cs-137）、「鍶-90」（Sr-90）等高放射性物質名詞了。楊憲宏決定用最簡白的語言，來解釋這些一般人難以理解的專業現象，傳達出「這是百年才可能發生一次的世紀災難」的緊迫感。總編輯聽了他的說明後，當下決定撤換三版，要求楊憲宏與其他記者趕緊寫出超過萬字的報導。

事故發生地點是烏克蘭北部普里皮亞季（Pripyat）鎮上的車諾比核電廠。電廠中有四座於一九七〇至一九八三年間建造的RBMK-1000反應爐，這是以石墨（graphite）作為慢化劑的核反應爐，只在蘇聯製造與運轉，兼具軍事功能，可提煉武器等級的鈽，反應爐為開放而非密閉式，也沒有厚厚的圍阻體防禦，被西方稱為「蘇聯的特產」。

凌晨一點多，幾名工人進行機械測試，卻因操作不當，使四號機組功率不穩定，後續的處理又引發一連串連鎖反應，結果機組功率瞬間飆高，爐心溫度上升到攝氏四千多度，幾乎逼近太陽的表面溫度，核電廠逐漸變成一個高熱、不可接近的小太陽。曝露空氣中的爐心接觸到氧氣，最終爆炸，大量放射性物質如銫-137、鍶-90噴射而出，藉著高溫、蒸氣衝向高空，隨氣流擴散。[89]

任誰都沒見過這種災難，第一時間趕到現場救火的消防人員，不知道自己曝露在劑量超高的放射性物質中，空氣正準備殺了他們，最後有三十多人在事故後三個月內死於急性輻射症候群，全身皮膚灼傷潰爛、器官敗壞。

消防員不是最大的一群受害者。車諾比核電廠距離烏克蘭首都基輔一百三十公里，

89. 楊憲宏、卓亞雄、蘇蘅，〈核——請神容易送神難 從中國症候群到車諾比爾症候群〉，轉載於楊憲宏，《受傷的土地》。

距離北邊的白俄羅斯（Belarus）卻僅十六公里。電廠爆炸後的輻射塵，隨風往北飄至白俄羅斯東南部的戈梅利州、莫吉廖夫州，成為汙染最嚴重的地方。空氣、水、風隨著時間與空間擴大，變成殺人凶手，三十多萬居民被迫遷離原居地，許多人與動植物的後代出現畸形。

事故原因是機組設計有缺陷，加上人為操作失誤所致。事故八個月後，蘇聯在核電廠外築水泥做成「石棺」，包裹住殘破的四號機組，阻擋放射性物質外洩。三十多年後，石棺已經出現龜裂，還得重製新石棺加強保護，以免高量輻射外洩。要跟輻射汙染告別，還要等待很久。

國際原子能總署將車諾比事故列為最嚴重的第七級核能事故，是史上首次。美國發表聲明，保證事故絕不會在美國本土發生，並指出蘇聯使用的石墨反應爐是落後科技。諷刺的是，三哩島事故發生時，蘇聯也曾嘲弄美國，認為事故不會在蘇聯發生。

其實一九八六年稍早，全世界還目睹了另一場爆炸。車諾比事故前三個月，一月二十八日，美國「挑戰者號太空梭」（Space Shuttle Challenger）在升空七十三秒後爆炸，七名太空人全部罹難，現場影像藉由CNN電視轉播立刻傳送至全球。冷戰是科技發展的驅動力，[90] 而太空和核能，正是冷戰科技的主要競賽項目，卻都在這一年發出極為不祥的訊號。

五年之後，蘇聯解體，冷戰結束。蘇聯末代領導人戈巴契夫說，車諾比核災對於蘇聯的解體變化產生關鍵性影響。新的國界形成，但無形的放射性物質以及輻射惡夢，直

90. Naomi Oreskes and John Krige (edit), *Science and Technology in the Global Cold War* (Cambridge, MA: MIT Press, 2014).

到今日仍未消散。

車諾比的慘劇嚇壞了全世界，讓此時臺灣立法院內編列核四預算的正當性降至谷底。一九八六年五月，總統蔣經國指示暫緩核四，經濟部國營會宣布停止編列核四預算，原能會主委閻振興也表示，「基於科技道德立場」，核四不急於動工，立法院遂在上半年會期後凍結核四預算。

預算喊停、核三火災、車諾比核災，交會成一個偶然的停頓。緩衝的空檔中，更多元的社會力趁隙醞釀集結，臺灣社會和政治環境，也將接著迎來巨大的變化。

第二部

反核運動與代議政治：一九八六至一九九四

文字　王舜薇

吳文通提供

「核子和生命一樣，都是我們還不瞭解，就已經全力去爭取的東西。」我們那一代的人就是這兩句話最好的見證。

——張大春，〈天火備忘錄〉[1]

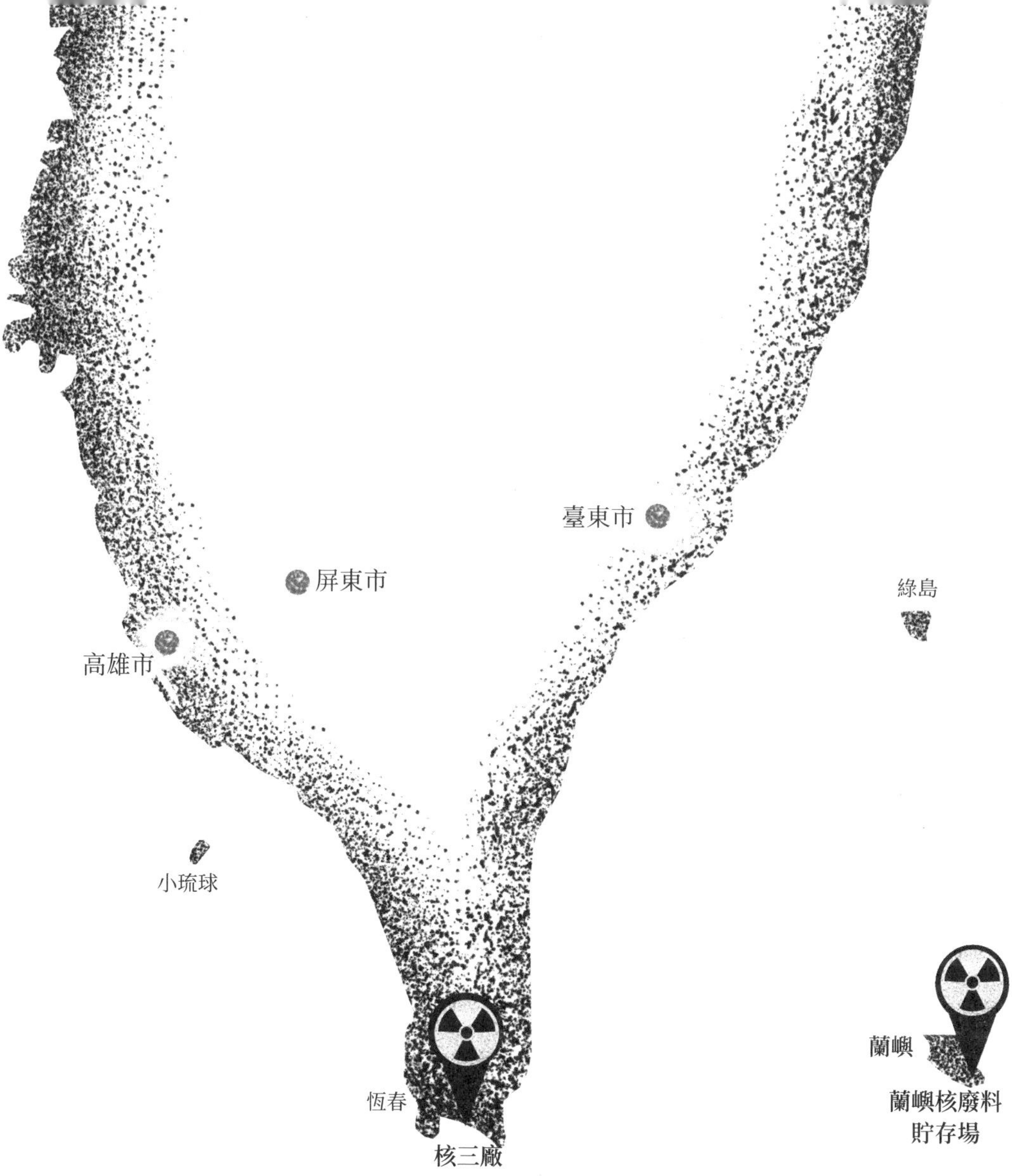
臺東市
屏東市
綠島
高雄市
小琉球
蘭嶼
恆春
蘭嶼核廢料
貯存場
核三廠

2-1 恆春半島、城牆、核三

恆春半島強勁的落山風，壓抑草木生長高度，造就毫不拖泥帶水的地景。從南灣海岸望去，鵝黃色沙灘後方，是起伏劇烈的濱海地形。尖聳的墾丁地標大尖山、形勢渾圓的大山母山，在一望無際的大片草原上比鄰相峙。

歷史與地景一樣變化劇烈。一八七四年牡丹社事件[2]發生後，清廷認知到臺灣的戰略重要性，開始積極治理，在恆春築起城牆守衛，也在南灣海域馬鞍山設置營區。海拔八十三公尺的馬鞍山，在濱海地帶拔地而起，自然成為視野遼闊的制高點。日治時期，馬鞍山建置地下坑道，槍炮孔洞面向海灣，監控巴士海峽，確保這片族群交壤、交戰、交流的地方，不受外力影響。

恆春築起城牆一百年後，另一道圍牆在南灣海域邊築起。出身水泉里的恆春居民張清文記得，圍牆築起的時候他只有十多歲，「鎮長告訴我們是要蓋新的港口。」那時他正準備離開恆春，像多數當地青年一樣，出外就學、打工，沒辦法多想，也沒有足夠的資訊。關於圍牆，沒有溝通，只有耳語。

1. 張大春，〈天火備忘錄〉，收錄於《公寓導遊》（臺北市：時報出版，一九八六）。
2. 牡丹社事件指日本於一八七四年，藉口一八七一年琉球船民被屏東牡丹社原住民殺害而出兵臺灣，從屏東車城登陸。清廷因此展開對臺灣的積極經營。參考文化部大百科全書，https://nrch.culture.tw/twpedia.aspx?id=3590。

一九七七年起，核三廠開始整地興建，馬鞍山劃入核三廠管制區，這座小丘自此被禁錮在電廠範圍中。相較於核一、核二廠的「沸水式」反應爐（Boiling Water Reactor, BWR）隱身於海岸樹林，方形圍阻體看似與一般建築無太大差異，核三廠兩座「壓水式」反應爐（Pressurized Water Reactor, PWR），圓頂外觀彷彿兩個巨大飛彈頭，兩座灰色的圓頂建物從海濱望去一目瞭然，在恆春市中心站在四、五層樓左右的位置也可以清楚望見。

核三廠在圍牆內靜悄悄、神祕地來。幾年後墾丁國家公園在不遠處熱鬧成立，外地觀光客開始湧入這個距離屏東市將近一百公里、距離恆春市中心四公里的村落。原本是小地名的「墾丁」，因為觀光發展，名氣漸漸大過古城「恆春」，部分取代整體，墾丁成為島嶼南隅的代名詞。過去人人口中的「恆春三寶」——瓊麻、洋蔥、港口茶，漸漸為「恆春三害」——墾丁國家公園管理處、核能三廠、三軍基地所取代。

核電廠勞動弊病

一九八五年的核三廠七七火災，曝露出臺電處理事故的無措無序，加上隔年的車諾比核災，對媒體而言是很有吸引力的報導題材，大量黨外雜誌嗅到賣點，紛紛以聳動標題報導，藉機批評政府，質疑核電的文章數量比起以往暴增至少三倍。[3]

《時報新聞周刊》記者楊渡也帶著新聞鼻，南下到核三調查。發現許多公營機構為了有利可圖，紛紛搶食核三廠建廠與營繕工程，透過大量轉包，再層層剝削，最後小包商得

3. 洪田浚、黃立禾編，〈國內反核文章索引〉，收於《新環境月刊》第十七期，一九八七年五月，頁一九至二一。

偷工減料，以掙得蠅頭小利。[4]

例如由國軍退除役官兵輔導委員會主持的北部勞務服務中心，因曾包下核二廠的部分勞務，改名為北部勞務技術服務中心，搶下更多技術工程，南部也立即成立服務中心，在高層關說下承包核三業務。節省施工成本和時間的結果，是連號稱「深度防禦」的圍阻體，都在蓋好不久就發生剝落，雖然有外國顧問建議打掉重做，但後來填填補補居然也安然過關，不僅如此，高價進口安裝的配件機組，竟因施工錯誤而報廢。

層層轉包造成施工品質難以把關，也讓最底層的工人缺乏勞動保障，承受最大工作傷害風險。美國、日本、法國的核電產業，有大量臨時約聘工，流轉在不同核電廠之間打工，在反應爐例行的停機大修期進廠工作。因為只有短期合約，這些臨時工缺乏正式員工的保障和福利，朝不保夕的處境，又被稱為「核電吉普賽」。這個詞來自日本作家崛江邦夫一九七九年發表的同名作品，他臥底進入日本美濱、福島、敦賀等核電廠工作，記錄下核電臨時工人的工作現場和悲慘處境。[5]

會有核電吉普賽，源自於危險而隱密的勞動真相。核電機組每十八個月進行一次停機大修，開蓋更換反應爐中的用過燃料棒，工人在作業過程中曝露在極高的輻射劑量之下，照理只能工作極短時間，否則很快過量受曝。然而在核電廠方縱容之下，加上包商及工人缺少輻射常識，搶修時經常不顧性命超時工作，甚至偷偷將劑量臂章或劑量筆藏起來，掩蓋過量受曝證據，以保有工作。[6]

4. 楊渡，〈瘟疫來自核心　侯清泰〉，原刊於《時報新聞周刊》（一九八六年四月），收錄於張國龍、洪田浚、黃立禾編　，《天火備忘錄》（臺北市：新環境基金會，一九九四），頁一四七至一五三。
5. 川村湊著，劉高力譯，《日本核殤七十年》（杭州：浙江文藝出版社，二〇二一），頁一六四。
6. 張立雁（楊渡），〈核能的神話與鬼話——透視臺灣核電的重重黑幕〉，《夏潮論壇》，一九八六年六月號。

一九八六年，楊渡前往恆春採訪，卻遲遲等不到先前願意受訪的核三廠員工，當時也無手機可以即時聯絡，只能悶悶地在旅館等待。剛好立法院暫停核四預算，因為沒有後續工程要做，已經傳出臺電預備資遣參與核三廠的「核電吉普賽」。不過最後這些面臨失業的工人，還是出現在楊渡面前，擔憂不知道吃了多少「豆子」（輻射劑量「dose」的俗稱）、表達自己的「不甘心」，憤而想抗爭，甚至求助眼前的記者，想知道如何抗爭。

因為採訪及參與過許多社會運動，楊渡有不少抗爭經驗。不久之前，美商杜邦公司申請在彰濱工業區設置二氧化鈦工廠，引起鹿港鎮居民反對。透過遊行、連署與上臺北突襲陳情請願，成功擋下興建案，「鹿港反杜邦」在戒嚴時期突破政治禁忌，是臺灣預防性環保運動的先聲。

楊渡毫不猶豫地答應核三廠工人協助張羅行動。他們列出已知的罹癌名單給楊渡，十三人平均年齡不過才四十四歲左右，肝癌、白血病最多，且多是在高輻射汙染環境中工作過。第一個願意接受採訪的是，因白血病亡故工人侯清泰的太太邱招蘭。她雖勉強應允楊渡採訪，卻相當害怕與猶豫，觀望許久，才決定敞開家門。

據邱招蘭說法，一向健康的侯清泰在一九八四年發病，隔天就陷入昏迷，這之前半年，他已有肚子痛、嘔吐、疲倦、掉髮等症狀，但三十六歲的他不以為意，只當作是小感冒。

昏迷的侯清泰轉入高雄八〇二醫院，醫生會診後發現他肺積水，肝功能喪失，五臟壞了四臟，情況很嚴重。當得知侯清泰在核三廠工作，醫生沉默了。這些症狀與急性輻射症候群極為相似：嘔吐、倦怠、噁心、全身乏力，但醫生只能推測和核電廠工作相關，不願論定。

核三廠內部人員輪班來照護昏迷的侯清泰，同時叮囑邱招蘭不准對外說，也同意若有不測會照顧家屬。昏迷三個月後，侯清泰不治死亡。死亡證書上寫著：白血病。而後，核三廠以侯清泰因病死亡而非殉職之由，拒絕依照撫卹措施給予邱招蘭工作，也拒絕提供侯清泰完整的輻射劑量紀錄表，只提供該年一至五月的資料，其他月分均顯示為「〇」。無論邱招蘭如何陳情，都得不到合理的安排和解釋。

除了侯清泰，核三廠還有三名約聘工人龔興旺、張順吉、董榮吉，他們受僱到核三廠潛水清除進、出水口廢物後，經常出現手腳酸痛或發麻，及頭暈、皮膚異狀，疑似受到過量輻射汙染，一九八四年七至八月間發病後，隔年年初陸續過世。這段期間，南灣海域也發現珊瑚死亡，並出現許多過去從未見過的魚類。核電廠傷害了海域，也傷害了人的肉體，更慘的是這些肉體死亡的真相還被掩蓋。

一九八五年起，臺電陸續資遣數百位核三工人，從頭到尾參與建廠草創的基層契約工人，被迫放棄年資離開公司，他們冒著遭取締風險，集體北上至臺電大樓靜坐抗議。[7]

離譜的火災、勞動職安問題一再發生，讓楊渡認為，除非地方上的人起來抗爭，否則光寫報導無濟於事。跟其他同時代關心社會的記者一樣，他在社會運動的第一線觀察，也替關鍵人物穿針引線，甚至組織社會運動，例如把鹿港反杜邦時做的幻燈片，交給了新竹市議員蔡仁堅，作為街頭演講素材，帶起反李長榮化工運動的氣勢。現在他想借用其他反公害運動經驗，也在恆春放一把反抗的火。

7. 林惠珍，〈臺電大樓就是恥辱的象徵——臺電核三資遣員工靜坐抗議〉，《第一線》第十九期，一九八六年五月二十四日，頁二〇至二一。

從三哩島到南灣

楊渡除了在《時報周刊》[8]任職，也參與《新環境月刊》，協助編務。一九八七年三月，他找來幾位新環境與《人間》雜誌的成員，包括鹿港反杜邦運動領導人李棟樑、張國龍、柴松林、作家陳映真等人，南下恆春助講。有趣的是，助講者名單上，各個政治統獨立場相異。「這些後來有藍的、綠的、紅的，完全不可能在一起的人，當時都在那裡了。」楊渡印象很深。

左翼傾向的《人間》雜誌在一九八五年由陳映真創辦，長期追蹤核三羅癌工人處境，並大力批判美國政府強迫臺灣及其他發展後進國家興建核電廠，以挽救核災後積弱不振的核工業，卻漠視核能安全、規避核廢料處理責任。核三火災後奇異公司不負賠償責任，就是一例。

除了外地講者與學者，恆春的反核行動還獲得在地人士的大力支持。《人間》攝影記者關曉榮曾在恆春國中任教，太太也是該校教師，大方出借學校宿舍讓楊渡等人進駐，作為行動聯絡處；屏東縣立委邱連輝出借宣傳車給他們使用，四處廣播宣傳。「從三哩島到南灣」活動規劃為兩天：一九八七年三月二十七日晚間在恆春國小舉行反核說明會，二十八日上午從恆春市中心遊行到核三廠默禱，下午再回恆春國中辦座談會。[9] 由於時間接近三哩島核災八週年，活動取名「從三哩島到南灣」。

一九三二年生的邱連輝是屏東客家人，從政後擔任過屏東麟洛鄉長、省議員。

8. 創立於一九七八年，原名為《時報雜誌》，一九八六至一九八八年為《時報新聞周刊》，一九八八年至二〇二一年為《時報周刊》。
9. 莊風和，〈反核——從三哩島到南灣——「新環境」在恆春的一場變奏演講會〉，《九十年代》第二期，一九八七年四月三日，頁二四至二九。

一九七六年，核三廠尚未動工之前，他就在省議會質詢核三廠溫排水口對生態的影響和安全問題，後來被國民黨開除。高雄美麗島事件當晚，他在街頭對群眾大談核能安全，因為談論主題未直接涉及政治，事後並未遭逮捕判刑。

敢於直言的風格，建立了「北有許信良、南有邱連輝」的名聲。一九八一年他成為屏東縣史上第一位非國民黨籍的縣長；民進黨成立後，又率先登記為屏東縣第一號黨員，是戒嚴時期在南臺灣令國民黨相當頭痛的人物。[10]

雖然有地方人士出面相挺，但這是恆春首次反核集會，也是第一場在臺北都會以外舉行的反核運動，尚處戒嚴時代，警備總部在活動開始前就阻撓動作頻頻。[11]

二十七日當天下午，楊渡收到警察告知，必須轉移地點到恆春國中，南區警備總司令部還打電話到關曉榮家，指名楊渡出面「協調」，要派車接他去兩個半小時車程的屏東市詳談。這時離晚間七點半的活動只剩下幾小時，楊渡擔心一去就回不來，運動現場將無人指揮，於是請《新環境》主編李疾代表出面，自己留了下來。

地點臨時更改，加上當地民眾還不熟悉這類活動，有所顧忌，活動快開始前，禮堂內的參與者仍寥寥無幾。寫有「全民監督核電廠」、「要孩子、不要核子」、「核電政策是買辦的國民黨與美帝的陰謀」、「別讓臺灣變核子垃圾島」等標語的大字報和白布條，在空蕩蕩的禮堂內晃動。

忐忑拖延半小時後，演講總算開始，不少便衣警察與情治人員混在觀眾中蒐證。楊渡看到一些核三廠的員工壓低帽簷前來，擔心被發現會丟了飯碗，但又想來支持。

10. 不過民進黨執政後，邱連輝改變反核態度，轉為支持核電廠，認為民進黨應該修改反核黨綱。

11. 楊渡，〈反核的背後，關於「貢寮你好嗎？」〉，《苦勞網》，二〇〇五年四月十五日，https://coolloud.org.tw/node/64084。

草木皆兵的氣氛，加上大部分講者說的內容，對居民而言太陌生艱澀，讓會場顯得相當「冷」。

為了熱絡場面，黨外人士姚國建臨機應變，將宣傳車開出場外，在人來人往的恆春夜市附近繞行，擴音器大聲放送反核訊息，吸引民眾聚集圍觀。看到人潮漸多，情治單位與警察神經緊繃，情急下對宣傳車連續開出三張制止單。姚國建直接嗆聲：「我們不可以反核嗎？我們是為了保護大家，為什麼要對付我們？」

大庭廣眾下這一衝突，民眾反而愈聚愈多。恆春國中會場內的主持人陳秀賢聽到風聲，當機立斷停掉恆春國中內的演講，號召眾人拉著布條、標語轉移陣地，到夜市街上直接面對群眾。這時部分參與的人士，因為覺得氣氛過於激進，先行離去，張國龍、李棟樑則勇敢地輪番站上宣傳車，用臺語侃侃而談核電廠對臺灣的危害，以及鹿港反杜邦的經驗。[12]

比起肅穆的學校禮堂，夜市讓人放鬆，也容易激動。民眾也許一時半刻無法瞭解核電是什麼，但罵政府、罵國民黨人人懂得，一旦形成警民對峙局面，同仇敵愾的情緒就來了。直到夜深，演講結束了，人群仍久久不散，還有熱心民眾送來飲料和水果，表達支持。戒嚴時代在街頭談反核，言論與行動的尺度可以到哪裡，沒有人知道。

演講引起的騷動雖平和落幕，但為了保險起見，仍取消隔天遊行到核三的計畫。雖然如此，整個活動已是一大突破。「我們希望這場活動能提醒恆春居民，這裡有個核三廠，會有什麼後果都講了，在這裡播下種子，未來該怎麼對待核三廠，由居民自己決定。」

12. 莊風和，〈反核——從三哩島到南灣——「新環境」在恆春的一場變奏演講會〉。

楊渡說。

至於地方居民的實際反應如何？全程在場的黨外雜誌記者莊風和觀察，活動缺乏充分的事前教育和溝通宣傳，導致演講會場冷清，反映出知識分子心態，用三哩島紀念日作為號召，也缺乏跟在地民眾的連結，如果是辦在「七七事變」核三火災紀念日，說不定能引起更大的共鳴，召喚出更多民眾參與。[13]

一個月後，《新環境》原班人馬再度醞釀上街，這次是貢寮。雖然此時核四預算暫時凍結，但政府並未完全終止核四計畫，隨時可能重啟。相較於核一至核三廠都已運轉、是既定事實，核四廠尚未興建，變數多，必須未雨綢繆，趁機會提高地方民眾的反核意識。

張國龍先在貢寮澳底國小舉辦一場說明會，講解核電的危險，不過也跟恆春相似，地方居民不敢直接入場，僅是遮遮掩掩地在會場周圍偷看。一九八七年四月二十六日，適逢車諾比核災一週年紀念日，張國龍、黃提源等人決定將場面搞大。先在臺北羅斯福路的臺電大樓前集會，發表反核宣言，再搭遊覽車到貢寮，打算從澳底最大的信仰中心仁和宮出發，步行前往核四預定地鹽寮。

澳底距離核四廠址僅隔一條寬三公尺的馬路，是貢寮人口最多的聚落。彰化來的李棟樑、粘錫麟，還有社運人士楊祖珺、盧思岳、作家孟東籬，以及兩年後在鄭南榕告別式上自焚身亡的街頭運動者詹益樺等人，都在遊行隊伍中，[14]頗有「社運前輩來貢寮示範遊行」的意味。

13. 莊風和，〈反核——從三哩島到南灣——「新環境」在恆春的一場變奏演講會〉。

14. 參考綠色小組拍攝的現場紀錄影像，國立臺南大學音像藝術學院臺灣歷史影像資料庫，http://203.71.53.86/FilmQuery.aspx?FilmID=3110。

兩百人的遊行隊伍，拉布條、喊口號，大批鎮暴警察嚴陣以待，臺北縣警察局長姚高橋親自坐鎮監控，在仁和宮外部署數百名警力。協調、折衝之下，最後隊伍僅步行幾百公尺到石碇橋附近，將布條掛在預定地外的圍籬上，就在警方阻止下撤退了。

遊行活動歷時雖短，對鄉民而言卻是極大衝擊。他們不敢走近遊行隊伍、只敢圍觀，或者在家門口觀望，豎起耳朵偷聽宣傳車廣播。但在那之後，許多人開始積極口耳相傳各種核電知識，藉由漁會、宗親會、同鄉聯誼會等各種地方網絡，如同漣漪一圈圈持續擴散。也有人邀請學者進入自家客廳，舉辦小型演講，祕密召集左鄰右舍，一起在家「看電影」，實則觀看翻錄的國外核災報導影片，在娛樂選項不多的當時，有效吸引關注。

解嚴前的反核活動有點像是試水溫，知識分子的宣講和遊行，在居民心中種下質疑的種子，慢慢累積成日後的反抗養分。恆春、貢寮的活動後，一九八七年底，核三廠舉辦臺灣頭一遭大規模的核電廠事故演習，雖然仍被批評行禮如儀，做戲成分居多，但至少等到了政府對社會的回應。這時距離第一座反應爐開始運轉，已屆十年。

臺灣環保聯盟成立

早期的反核街頭運動，可以看到由記者、學者、作家等知識分子主導的特色。他們寫文章、寫報導、提供論述，也身兼組織工作，去地方「放火」傳遞理念。不過光靠知識分子並不夠，若沒有熟悉政治運動的黨外人士參與，在街頭行動中挑戰界線、應對警察、鼓動民眾，運動難以成形。

社會學者何明修分析，解嚴前臺灣環境運動有三種主要角色：知識分子、黨外人士與地方草根民眾，三者互相合作、互補，[15]各地的反公害運動中，經常可看到黨外人士的身影。「黨外」著力於批判國民黨的威權統治、貪腐與專制等政治問題，提倡本土化、臺灣獨立，但這樣的政治目標，不一定就是地方反公害人士的理念，使得兩者在運動主導權和話語權上，時有緊張關係。[16]

一九八七年七月十五日，臺灣解嚴，醞釀多時的民間力量蓄勢待發，集體請願、上街抗議事件急遽增加。根據警政署的資料，一九八七年有高達一千八百多次群眾活動，比前一年增長五成以上。[17]來自政治、環境、勞工、生計各種領域的自力救濟運動數量，也在一九八七年顯著倍增。[18]

蓬勃的社會力當然不是一夕傾巢而出。前一年的九月二十八日，民主進步黨突破禁忌正式組黨，原先叫作「黨外」的反對力量，成為有名字的黨。吸納各領域社會運動力量和訴求，成為民進黨立黨的基礎之一，其中也包括反對核電與核武。民進黨黨綱明文宣示：第六十四條「反對新設核能發電機組，積極開發替代能源，限期關閉現有核電廠」、六十五條「加強現有核電廠安全與管理，提高核電工作人員的素質，核廢料撤出蘭嶼」。

民進黨大膽組黨，起了身先士卒的作用，鼓舞社會各層面突破禁忌、

15. 何明修，〈臺灣環境運動的開端：專家學者、黨外、草根（一九八〇—一九八六）〉，《臺灣社會學》第二期，二〇〇一年十二月一日，頁九一至一六二。
16. 例如臺中大里反三晃農藥工廠事件中，主要組織者是偏國民黨的當地教師黃登時，與另一位參與者、民進黨籍廖永來時有衝突。參考何明修，〈臺灣環境運動的開端：專家學者、黨外、草根（一九八〇—一九八六）〉。
17. 引自張茂桂，《社會運動與政治轉化》（臺北市：業強出版，一九九四），頁一二。
18. 張茂桂，《民國七十年代臺灣地區「自力救濟」事件之研究》（行政院研究發展考核委員會，一九九二），頁一二五。

敢於踏出組織的第一步。一九八七年十一月一日成立的「臺灣環境保護聯盟」（簡稱環保聯盟、環盟），是解嚴後關心環境運動的知識分子的正式集結。[19]在環盟成立之前，跟環境保護相關的立案組織，有著重食品衛生與消費者權益的「消費者文教基金會」（一九八〇）、著重生態保育的「中華民國自然生態保育協會」（一九八二）等。不過相較前兩者的溫和主張，解嚴後成立的環盟標榜「知識的、草根的、行動的」，更強調社會行動介入環境政策。

環保聯盟創會會長施信民出身彰化鹿港鎮，外祖父陳百川是鹿港的名醫與書法家，在中山路開設「百川醫院」。陳百川熱心公共事務，也重視教育，家裡的大書房收藏國內外各種書籍和報紙，包括被國民黨政府列為禁書的馬克思、魯迅著作。少年時代的施信民在彰化市上學，寒暑假回鹿港外祖父家，總是在書房流連忘返，沉浸在精神食糧中。

外祖父的身教和閱讀是引子，讓施信民萌發對社會的關懷，而身體經驗則讓他把關懷焦點放在環境汙染。一九六五年王永慶、王永在創辦的臺灣化學纖維公司（臺化），在彰化市設廠，念中學的施信民，目睹童年時代戲水玩耍的清澈河川漸漸汙濁、空氣變差，在汙染的第一現場，對環境與經濟發展之間的衝突心有戚戚。

自小學業成績極為優秀的施信民順利保送臺灣大學土木系，後來改念化學工程，藉由閱讀國外期刊，接觸工業化汙染防治、環境監管等議題，對比之下，當時的臺灣缺乏嚴格的環保法規制度，加強施信民往環保領域深造的決心。

施信民喜歡畫畫寫生，參加美術社，因此認識太太曹愛蘭，兩人於一九七二年赴美國

19. 施信民主編，《臺灣環保運動史料彙編》（臺北縣：國史館，二〇〇六）。

德州留學，也攜手參與社會運動一輩子。留學期間，施信民熱心投入臺灣同鄉會活動，擔任同鄉會會長，舉辦各種聯誼會、讀書會、球類活動，也經歷第一次能源危機所引發的社會辯論和環境運動，開始思考核能使用與否的問題。

一九七九年拿到學位後，施信民沒有跟當時多數留學生一樣，續留美國尋求穩定教職或研究工作，而是選擇回臺灣，希望投入社會改革，在臺大化工系任教的同時，一邊參與張國龍舉辦的環保沙龍，以及新環境雜誌社的運作，開始認識核電議題和反公害運動。後來在臺大教授黃武雄引介下，施信民參與臺大學生的反杜邦訪調團，回到家鄉鹿港，首度在街頭對公眾演講，與黨外政治連結。

創立環保聯盟的機緣，是一九八六年在美國聖地牙哥大學舉辦的一場「人、科技與環境」研討會。主辦方「北美洲臺灣人教授協會」的部分成員，在美國成立「國際環保協會」，關注臺灣環境議題。在會中，眾人討論到臺塑公司欲在宜蘭利澤工業區開發六輕的消息，[20]商議要為此組織一個全國性團體，以便廣泛串連抵制，得到現場參與者的共識。

當時被列入黑名單而留滯美國的林俊義，也參與這次會議，他對小十歲的施信民說，「交給你們年輕人吧！」同場參加的還有翁金珠、戴振耀、蔡仁堅、林美挪、李棟樑、李界木等政運、社運人士，眾人一致覆議。於是當年還不到四十歲的施信民，扛下環保聯盟創會會長的大任，回臺灣後到各地召開籌備會議。

環盟成立初始，民進黨新潮流系參與甚深。新潮流大老邱義仁，帶著當時還就讀臺

20. 一九八六年，經濟部開放第六套輕油裂解廠（簡稱六輕）民營，曾規劃於宜蘭五結、桃園觀音設廠，均遭當地居民反對，最後於一九九一年至雲林離島工業區落腳。

大環境工程研究所的林錫耀來找施信民，推薦林錫耀負責執行工作，而後由兩位新潮流系成員廖永來、林錫耀分任環盟首任總幹事與副總幹事。

新潮流在民進黨派系中，與社會運動的關係最深，其部分主要成員來自一九八三年成立的「黨外編輯作家聯誼會」（簡稱編聯會）。創會會長林濁水說，編聯會主張民主運動不能只綁在議會，應該串連社會力量，進入街頭，並下鄉組訓，直接組織或參與社會運動。[21] 一九八六年的國慶日，編聯會曾在臺電大樓前發動街頭反核聚眾活動。[22]

環盟的立案過程還有一段故事。本來準備到內政部以「臺灣環境保護聯盟」登記成立全國性團體，卻被告知正式立案名稱只能用「中華民國」，不能使用「臺灣」。但對於施信民等人而言，「臺灣」代表整體的生態區域、環境保護的地理目標，不得妥協。

最後為了祕書處運作，以便辦理勞健保等行政事務，不得不先以「臺灣環境雜誌社」之名，在新聞局登記。[23] 直到一九九六年民進黨陳水扁選上臺北市長，才在臺北市政府登記為「臺北市臺灣環境保護聯盟」；二〇〇〇年民進黨執政中央後，得以在內政部正式登記為「臺灣環境保護聯盟」。[24] 一個環境組織想正式使用理想的名稱，竟然在解嚴之後花了十三年才達成。

環盟主要成員多為大學教授，組織架構除了祕書處、理監事群之外，也有僅限學者參與的學術委員會，強調用專業參與環境議題，藉以避免過度政

21. 陳儀深主訪，〈林濁水訪問紀錄〉，收錄於《從建黨到執政：民進黨相關人物訪問紀錄》（臺北市：玉山社，二〇一三），頁一六一至一六二。

22. 〈慶祝國慶日 關閉核電廠〉，《領先新聞週刊》第三十期，一九八六年十月，頁三六至三七。

23. 戒嚴時代人民團體組織受限，因此在新聞局登記「雜誌社」、發行刊物是常見的組織操作方式。例如婦女新知基金會，一九八二年成立時登記為「婦女新知雜誌社」。

24. 林冠妙，〈二〇〇〇年臺灣政黨輪替後社會運動團體之轉型：以臺灣環境保護聯盟（TEPU）為例〉（臺灣師範大學政治學研究所碩士論文，二〇〇八）。

治化的色彩，吸引科學相關領域的學者加入，其中包括一九八九年回臺的資工學者高成炎。高成炎在一九七〇年代赴美留學期間，積極參與臺獨社團活動，被國民黨列為黑名單，阻撓他回臺任教，只好留在美國就業。[25] 一九八六年任職於美國太空總署（NASA）時，經歷「挑戰者」太空梭爆炸事件與車諾比核災，讓他震懾於科技災難的威力，投入環保與反核運動。[26] 相較於一般學者，高成炎在街頭行動敢衝、敢言、行動力突出的作風，讓「高怪」的外號不脛而走。

隨著各地的反公害與環境汙染抗爭在接下來幾年遍地烽火，各縣市幾乎都成立了環保聯盟的地方分會，形成「臺北總會、地方分會」的格局。地方分會源自各地反公害抗爭組織成員，包括彰化反臺化汙染、宜蘭反六輕、花蓮反水泥東移、臺南反化工廠汙染、高雄反五輕等。

社會運動集結，讓臺電感受到壓力，開始祭出對策。一方面在全國性的電視臺上放送宣導廣告，一方面也在地方舉辦各種康樂活動，並花錢邀請當地村里長、鄉代表出國旅遊，參觀國外核電廠，企圖收服人心。

金山鄉民代表李國昌到四十多歲才第一次出國旅遊，就是一九八七年受臺電招待到日本參訪。臺電透過國民黨在東北角的地方立委吳梓，邀請鄉代表出國，名目是參訪日本東海村核電廠與核能設施，才能申請補助。

李國昌是土生土長金山人，哥哥李國華曾擔任金山鄉長，家族參與地方事務頗為著力。原本對核電廠沒有太多想法的他，去日本參訪時，看到核電廠周圍的社區

25. 朱乃瑩，〈臺大資工教授高成炎憶當年：駐美領事嗆我沒有回臺的自由〉，《沃草》，二〇二三年一月三日，https://watchout.tw/reports/XqXY1WTW2FcWMRkoNoFb。

26. 〈反核不遺餘力　高成炎獲環保終身成就獎〉，《中央社》，二〇一八年四月三日，https://www.cna.com.tw/news/ahel/201804030270.aspx。

民眾享有許多福利，還可以在電力公司出資贊助下，自組監督委員會、進電廠參觀，讓他相當訝異。反觀北海岸兩座電廠運轉了將近十年，居民對電廠情況不甚瞭解。「這樣不對吧？是不是政府『暗崁』（私藏）？我就想這當中可能有問題。」李國昌說。

看到日本完善的回饋制度，李國昌才意識到核電廠可能是「危險的」，更重要的是，日本的社區居民有福利，金山沒有，這更讓他感到不平等。

不只是金山，石門、萬里、恆春等地的地方頭人，也分批獲臺電招待出遊。一九八七年底，蘭嶼的「機場事件」抗爭，就是因為達悟族青年在機場企圖阻止部落長輩接受招待出國參訪，而爆發衝突，揭開蘭嶼反核廢料運動的序幕。

撒錢招待鄉民出遊，反而招致反效果。以隱匿為核心的運作模式，一旦揭起蓋子的一角，就會引發思考，而思考往往引出意想不到的顛覆。李國昌回到金山後，開始聯繫、召集地方頭人舉辦反核說明會，準備籌組北海岸的反核組織。

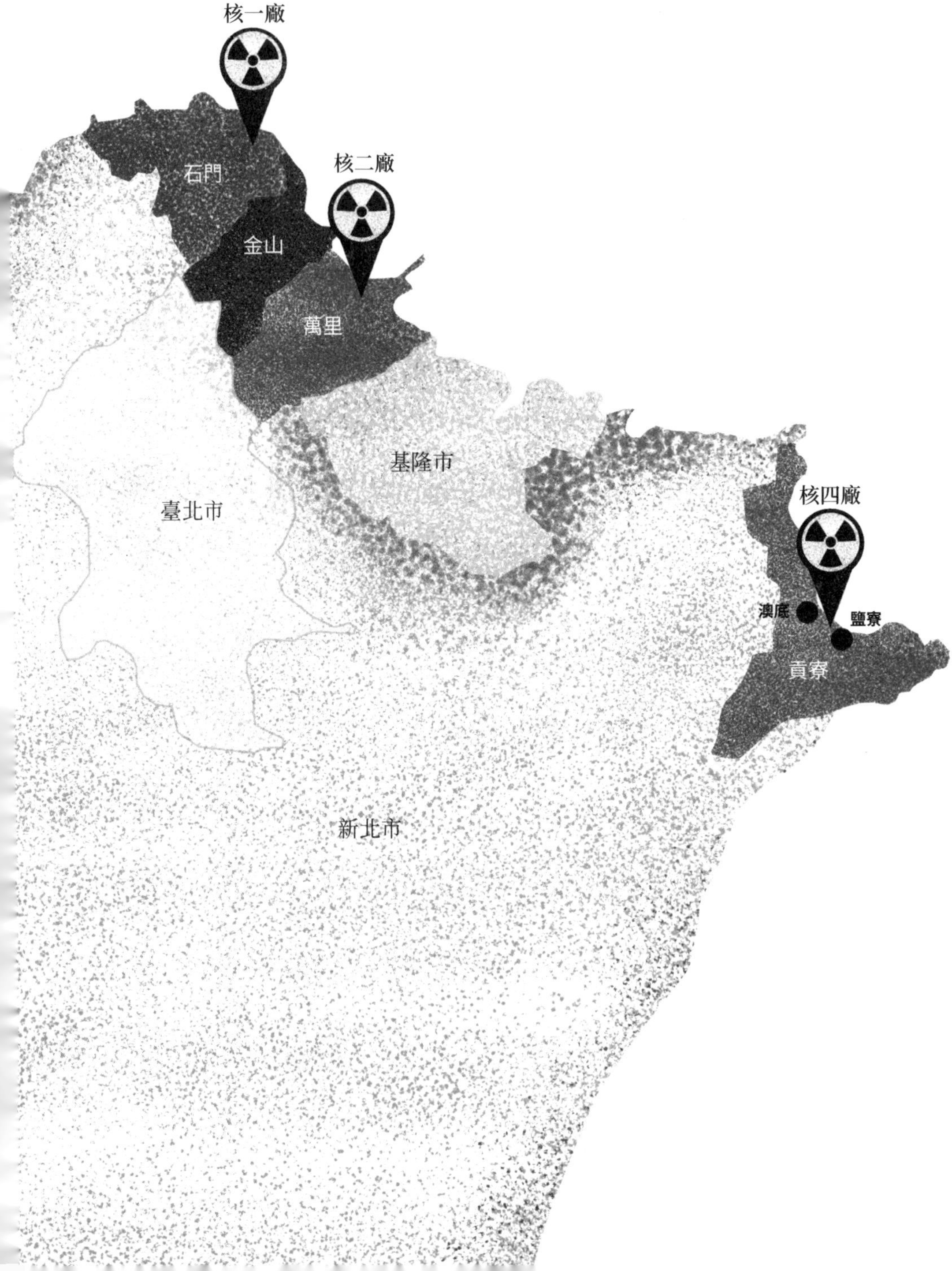
核一廠
石門
核二廠
金山
萬里
基隆市
臺北市
核四廠
澳底
鹽寮
貢寮
新北市

2-2 草根動起來

一九八八，龍年，出生率跟股市一樣飛漲。蔣經國去世、李登輝接任總統，等了四十年，終於盼到臺灣人當家，一切都新，遍地可能。剛解嚴，街上到處都是新鮮的事情和新的人：人生大半時間在戒嚴年代度過的中年人、前政治犯、市井小民、青澀的高中生、大學生。有話要說的、想聽別人怎麼說的，全部湧到街上了。農民、原住民、政治受難者，高喊著反對、不要、我愛家鄉、搶救、開放、改選，各種動詞齊飛，愛恨交加。解嚴不代表解密，上街頭，是為了一解心中的疑惑、發洩長年被禁錮的情緒。這些情緒是公共的，也是私人的，一時說不清楚，但都興奮地準備迎接變動。

這一年開始沒多久，環保聯盟召集各地分會、反公害團體、人權團體等三十多個組織，聯名發布〈一九八八反核宣言〉，要求政府撤銷核四計畫、停止擴建蘭嶼核廢料貯存場，並加強既有核電廠的安全措施與汙染管制等，也預告將串連各核電廠地方居民，在春天進行全臺灣反核大集結行動。[27] 地方民眾也在這時候準備發動

27.〈一九八八年反核宣言〉，《臺灣人權》第三期，一九八八年四月。

自己的組織，知識分子叫他們「草根」(grassroot)，雜草蔓生，根系遍布，比起講究知識和理論，他們更生猛與善於適應。

曾經帶頭質疑徵地價格的貢寮鄉代賴文成，已經是鄉代會副主席，常常代表鄉代會向媒體發言。一天，他與吳幸雄、廖明雄、陳慶塘等住在澳底的「換帖兄弟」抬槓，四個男人你一言我一句，聊到臺北來的教授講的核電風險，對核四可能在貢寮興建感到憂心忡忡。

「政府欲砌核四，真濟欲來咱槓仔寮投資的民間企業攏拍算欲徙去捌位，將來影響地方發展啦！（政府要建核四，真正要來我們貢寮投資的民間企業都打算要移去其他地方，將來影響地方發展啦！）」賴文成說。

「核電廠的溫排水會直接到海裡，那麼高的溫度，養魚、養九孔要怎麼辦？拖網漁業不就完蛋了？舊年鹿港彼爿反杜邦反佮真熱鬧，若無，咱嘛來組自救會？（去年鹿港那邊反杜邦反得好熱鬧，不然，我們也來組自救會？）」陳慶塘突然興奮起來。

相較於賴文成是民意代表、陳慶塘是豪爽大氣的討海人與雜貨店老闆，開理髮店的吳幸雄，以及經營西藥房的廖明雄，就比較沉默寡言，不過，對於大哥們登高一呼，兩人雖然沒有跟著大發議論，卻暗自摩拳擦掌，盤算著組自救會可能需要的準備工作。

他們組織的動機並非無中生有，而是有前例可循。鹿港反杜邦運動激發愛鄉土之情，後續成立彰化縣公害防治協會；一九八七年，新竹水源里居民因無法忍受鄰近的李長榮化工廠長期汙染社區農田和水源，發動圍廠抗爭，堵住工廠大門，不讓原料進入廠區生產，一群高齡農民竟然持續抗爭了七個多月。反李長榮化工廠抗爭告一段落後，居民自救團體組成新竹市公害防治協會，開展更組織化的行動，持續關注地方的環境汙染事件。

一九八八年二月，適逢年度國營事業預算審查，臺電再度提報核四計畫，希望六月前能獲准興建，核四計畫已暫停兩年，此時又提出，傳聞是美國以續建核四，換取國際對於李登輝接任中華民國總統的支持和承認，這讓組自救會集結表達訴求更顯急迫。

為慎重起見，幾位幹部特地前往臺北環盟總會請益成立大會事宜，環盟副總幹事林錫耀建議鄉民要整合地方，才能有效表達意見。在此之前，多由鄉代會出面代表貢寮鄉民發言，但從鹿港反杜邦的例子，實有必要成立專門關注反核議題的組織，才能夠蓄積能量。

於是賴文成、陳慶塘號召更多貢寮人，預定在三月六日正式成立「鹽寮反核自救會」，並推派年約六十歲的連大慶擔任首屆會長、賴文成為副會長。出身澳底的連大慶，早年擔任過鄉代表，從事海產批發、養殖九孔，除了有地方聲望之外，也是少數敢站出來帶頭表達反核的人。為了避免讓反核議題落入貢寮既有的地方政治派系格局，刻意由兩位分屬新派、舊派[28]的人物擔任正副會長，形成跨派系一同為反核努力的格局。

獲知貢寮可能要成立反核自救會的臺電使出對策，想先發制人，提前於三月一日在澳底國小舉辦「合理用電宣導會」，邀請所有村鄰長、鄉民參加。臺電人員在會中只宣導「用電安全」，隻字未提核四。禮堂舞臺上，簇新的電冰箱、洗衣機、電風扇等家用電器一字排開，琳瑯滿目，供民眾摸彩，氣氛歡欣和樂。

然而隔天，貢寮人卻從報紙上看到標題：「貢寮人贊成興建核四，只有百分之五的人反對」，才知道前一天的「合理用電宣導」根本別有居心，出席活動竟然上了臺電的當，

28. 貢寮地方政治派系有新、舊派之分，將於下節詳述。

這下引發群情激憤。

臺電以為給一點好處鄉民就會乖，結果反倒是粗劣扭曲實情的行徑，逼得鄉民不反不行。這跟招待民眾出國去旅遊，卻未收預期成效，反而引起質疑，似乎是異曲同工。

原本賴文成等人還擔心沒有人要來參加自救會成立大會，結果一九八八年三月六日舉行的大會，竟湧進一千五百人參與，盛況空前。前一年教授們下鄉演講時，大家還只敢偷偷遠觀，裹足不前，這時已不可同日而語。會中決議，為了向臺電抗議不實放話，六天後的三月十二日，要發動第一次自主示威。

燃燒的月曆

「來來來，一人一本，當作金紙來燒，抗議臺電把這塊土地占去了。」三月十二日，澳底仁和宮廣場，男女老幼手上都拿著一本臺電在過年之前發的月曆，首任自救會長連大慶背著沉重的麥克風音箱，衣服別上「鹽寮反核自救會」的標章，準備整隊上路。

「今日，阮作伙佇媽祖頭前共同來祈禱：仁和宮天上聖母，開宮以來三百年，給地方保佑，後代子孫的幸福，咱虔誠跟媽祖祈禱，感謝再感謝。」

向媽祖三鞠躬後，上千名群眾拉著落款「拒絕臺電賄絡」、「我愛鹽寮不要核四」兩條字跡端正的白布條，還有「反核四」、「救人類」的手舉牌，起步從仁和宮遊行到五百公尺外的核四預定地。此時警察早已嚴陣以待，將圍定廠區的欄杆以鐵絲網層層密封，但群眾並不退懼。

連大慶指揮大家到鐵絲網前的空地，年幼的孩子被吩咐站在隊伍前排，捻香遙拜，並點燃手上的月曆。易燃的月曆立即成為熊熊火堆，更多的月曆又立刻加入行列。燒月曆，就是燒掉「臺電給的東西」，儀式性十足，現場的居民無不感染一股不願輕易妥協的強大士氣，舉起手高喊「反核勝利，萬歲！萬歲！萬萬歲！」

連大慶等自救會幹部連番上陣發言，誓言絕不被臺電收買，也有北海岸金山的民眾前來聲援，特別呼籲貢寮漁民要注意核電廠對漁業的影響。過去幾年，貢寮漁民不斷聽到北海岸漁民抱怨漁獲量減少，認為跟核電廠汙染有關。

漁民的焦慮，江春和與陳慶塘最知道。江春和生於一九三七年，家族世代從事漁業，初中二年級輟學從漁，後來成立近海漁業公司，擔任「長生號」船長。一九八〇年代他曾經營九孔養殖池，被控竊占未登錄國土，遭判四個月，緩刑三年；後來因為出海糾紛，被判一年兩個月徒刑，在地方上被政府單位視為難搞分子。

比江春和年長兩歲的陳慶塘是農家子弟，先祖在貢寮山區的雞母嶺務農。陳慶塘的父親曾在九份採金，累積財產後舉家遷至澳底，經營商店之外也捕魚，然而最後經商不善，不到五十歲積勞成疾病逝。當時年僅十多歲的陳慶塘只好輟學幫助家計，協助寡母擺攤賣水果，並押送魚貨、挑魚鮮，從事許多捕魚雜役，最終擁有自己的船。[29]母親過世後，陳慶塘開設「陳慶塘商店」，兼營水果店與釣具行，準備頤養天年時，卻遇上反核運動開始。

鹽寮反核自救會慢慢成為地方訊息中心和行動總部。解嚴初期，公家行政系統與資源仍然牢牢掌控在國民黨手中，自救會幹部靠著滾雪球般的人情網絡，用最土的方式串連：

29. 唐羽，《貢寮鄉志》下冊（臺北縣：貢寮鄉公所，二〇〇四），頁七〇四至七〇六。

打電話、拉關係、發傳單，在各村找出動力較高的人布點動員、自掏腰包募款。很快的，上街抗議成為他們日常生活的一部分。

反核抗議之春

一九八八年是報禁、黨禁開放的第一年，《聯合晚報》、《中時晚報》相繼創刊，媒體市場競爭漸趨炙烈，每天下午出刊的晚報頭版更是兵家必爭之地，媒體對過去深藏在核電廠的內幕起了監督作用。貢寮人燒月曆點燃行動火把的同一天，全臺灣的人也從報紙上讀到了一些令人不安的訊息。

一九八八年三月初，立委趙少康在立法院提出「核一廠輻射粉塵空浮飄到臺北盆地」質詢，並找到在核一廠工作六年的臺電工程師詹如意，開記者會揭露核一廠的「冷凝舊管去汙作業」有重大疏失，這是第一次有核電廠的高階技術人員公開披露作業問題。[30] 詹如意控訴，冷凝管除汙作業的輻射汙染和工作區域的石綿粉塵，致使他的心包膜長了肉芽囊腫瘤，形成肺部和心臟病變。

對「詹如意事件」充滿疑問的《聯合晚報》記者方儉除了訪問當事人，還親身前往核一廠要求查看，發現處理直接與爐心接觸、具高度放射汙染風險的冷凝管，竟然就在廠區中一座石綿瓦和塑膠浪板建成的破陋工作棚裡進行去汙作業，除汙人員將更換下的冷凝銅管以藥劑反覆沖洗、用砂輪機磨除銅管上的放射線物質，產生的汙水幾乎是稀釋後就直接

30. 方儉，《核能馬戲團》（臺北：唐山出版，一九九一）。

排放至旁邊的露天小溪。冷凝管上的輻射強度高達二、三百萬dpm，[31]遠高於理論上的四、五萬dpm，卻草率處理，這種情形已嚴重違反《國際核子管制條例》。啟人疑竇的是，高放射汙染的銅管甚至有近半「失蹤」。

方儉追蹤發現，這些放射性銅管疑似被當作「廢鐵」變賣流入市面，去向不明，背後似乎涉及人謀不臧獲利，但臺電高層面對他的提問總是矢口否認。失蹤的不只是核廢料。在詹如意事件公諸於世後幾天，方儉又接獲匿名人士爆料，指核一廠的「保健物理日誌」竟然不翼而飛，裡頭記載了核一廠在一九八六年一月時，因為廠內測出超量輻射背景值而疏散員工的「大撤退」事件。

原來，臺電為了打破核電廠連續運轉不停機的世界紀錄，讓核一廠二號機從一九八五年二月到隔年三月，連續運轉四一八天，還因此獲得設備商美國奇異公司頒發獎狀，至於核一廠給員工的獎勵，則是每人一只皮夾。

然而，長期連續運轉讓氣閥與管線承受不住，造成隔離閥破裂，導致輻射氣體微粒大量湧出而形成「空浮」，增加人體吸入輻射物質的風險。

一九八五年九月至十月，核一廠靠近大門的主警衛室附近，曾經連續五十六天測到超標的累積空浮劑量，超過八百五十毫侖目，[32]遠超過法定一般人每年最多五百毫侖目的劑量。然而核一廠員工撤退了，核一廠附近的民眾卻沒有接獲任何疏散通知，曝露在難以察覺的輻射風險中。

方儉敏銳地將核一空浮與美國三哩島事件中飽受批評的延遲空浮疏散扣連起來，

31. dpm是「每分鐘衰變數」(disintergrations per minute)的簡寫，表示放射源每分鐘內放射活動絕對強度的計數單位。

32. 侖目(rem)早期輻射劑量單位的一種。1侖目 = 0.01西弗 =10毫西弗 =10000微西弗。

在報導中警告核電廠人為疏失帶來的災難，更抨擊原子能委員會「一邊監督核安、一邊要發展核電」的矛盾角色。[33]

金山鄉代李國昌也從報紙上讀到這些令人不安的訊息，他悉心剪報留存，並跟幾位金山在地意見領袖李華國、范正堂、許炎廷，討論著如何在金山「起義」。前不久開始，環保聯盟的教授們不時會到金山來提供意見、建議如何寫文宣的內容。讓李國昌印象深刻的是，張國龍教授來金山拜訪的時候，總是堅持不願意吃這邊的海鮮。

一九八八年三月二十六日，就在核一、核二廠落腳北海岸十年後，金山舉行了第一次反核街頭遊行。上千位民眾從溫泉育樂中心出發，在小雨中沿著金山最熱鬧的中山路行進，一路上都有參加民眾施放鞭炮，震天價響彷彿春節過年，不一樣的是，男女老幼頭上均綁著「反核」的黃色布條。跟核電廠當了十年鄰居，金山農民發現農作物長不好，水稻與蔬菜收成都減少，對核電廠的諸般疑問，都在這時爆發。[34]

跟去年楊渡在恆春辦活動的遭遇一樣，李國昌也遭警總「約談」、「關心」，「我們就說只是反對核電，沒有其他議題。」耐心溝通，才讓警總放行。

鄉民暱稱「HSIN將」（日語）、時年五十五歲的許炎廷是遊行帶頭者之一。許炎廷的祖父許海亮在日治時期是地方仕紳，戰後曾任縣參議員與金山鄉長，卻疑似因為得罪國民黨軍人，於二二八事件過後被強行帶走，從此下落不明，許家也因此家道中落。許炎廷當時正就讀臺北工業學校化學科，住在臺北延平北路永樂座附近，目睹二二八當下警民衝突的動盪、學校也被迫停課。[35]

33. 方儉，《核能馬戲團》。

34. 顏匯增撰文、鍾俊陞攝影，〈尋找反核運動的意義〉，《人間》第三十二期，一九八八年六月，頁一一八至一三五。

無法完成學業的許炎廷曾經捕魚、挖煤礦、開計程車為生。祖父失蹤遇害，加上目睹過二二八，讓他對世道相當不平，更積極參與黨外運動。「我最看不慣臺電的作風，不是用欺的、就是用瞞的！」許炎廷對《人間》雜誌記者說。他閱讀日本作家山崎豐子的小說《兩個祖國》，得知核能的嚴重性，後來還陸續從日文雜誌獲得核能學問。前一年恆春的核三廠演習時，他也南下關注，跑去聽邱連輝演講。[36]

家世背景各異、動念反核理由也不盡相同的人們，為了同一座核電廠聚集起來，金山遊行後的隔天，貢寮澳底、恆春也接續舉辦遊行；近一個月後，環保聯盟召集第一波在臺北市大規模的反核活動，連續數天在立法院開記者會、到臺電大樓前禁食靜坐，最後以上千人從中正紀念堂遊行至臺電大樓作結。貢寮、金山、恆春、蘭嶼，還有來自西德的綠黨國會議員漢娜洛・賽波爾（Hannalore Saibold），都一起走上臺北街頭。[37]

這是反核運動第一個從北到南聯合發聲的春天。三月二十八日的三哩島事件、四月二十二日地球日、四月二十六日車諾比事件紀念日，成為每年例行的行動時間點。只是所有人當時都沒有想到的是，隨著每年春天立法院開議審查核四預算，這個抗議之春，還要延續好幾十年。

反核運動漸趨組織化，地方自救會也被環盟納入成員名單，增加代表性。一九八九年，環盟在貢寮成立「東北角分會」、北海岸成立「萬金石分會」，由反核自救會會長同時擔任環盟分會會長，代表前往臺北總會列席重要會議。相較環盟其他

35. 吳文星、游重義，〈許炎廷先生訪問紀錄〉，中央研究院近代史研究所，《口述歷史》第四期，一九九三年二月，頁二四九至二五四。
36. 顏匯增撰文、鍾俊陞攝影，〈尋找反核運動的意義〉。
37. 施信民主編，《臺灣環保運動史料彙編》。

各個地方分會以縣市為單位，東北角、萬金石分會，是唯二因為特定議題和地理區而成立的分會。反核議題在環境運動中的重要性由此可見。

缺電焦慮成為核四盟友

反對的號角響起，預算遭到凍結而停擺的核四計畫，也準備重整旗鼓。現在它多了一個盟友：「缺電」。

「缺乏」的原因，有時候是供給端源頭缺乏，有時是中間的輸送與分配出了問題，有時則是需求端增加太多、太快，導致供應量不足應付。

依照《電業法》規定，經濟部每年必須依照經濟成長率，評估電力供需。電力供應可靠度的指標「備用容量率」以「一年」為單位，備用容量率愈高，表示供電系統的儲備電力愈充裕可靠、能應對緊急狀況。但備用容量率太高，也代表電力過剩、供電成本過高。因此備用容量率不能太低，也不能太高，必須符合政府依據產業、人口、電價等因素所訂出的標準。[38]

一九八〇年代以來，臺灣產業從勞力密集的加工出口產業，漸漸轉向電子、資訊、機械等技術密集產業。剛啟用的新竹科學園區號稱「臺灣矽谷」，成為產業當紅焦點，也是耗能熱區。幾乎占整體工業部門一半以上的用電，遠高於服務業與住宅。「經濟發展需要消耗大量電力」漸漸成為大眾認知。

38. 與備用容量率不同，「備轉容量率」以「一天」為單位，指當天發電量與備用電量的比例，為評斷當日電力是否充裕的指標。

一九八〇年行政院提出核四計畫的同時，還曾規劃在雲林台西設置核五廠，並預計在二〇〇〇年前於全臺設置二十六部核電機組，以因應可能不斷成長的用電需求。雖然因核四遭遇抗爭，核五計畫終究只聞其聲而未成形，但「蓋核電」成為「缺電解方」，或者「不蓋核四」就與「缺電」畫上等號的思考模式，逐漸變成迷思與信仰。

其實用電需求並非持續直線成長，而是隨著許多內外部因素不斷浮動。一九八二年曾一度因全球經濟不景氣、電力過剩而暫緩核四計畫。但到了一九八六年之後，缺電的焦慮再度被請上政策辯論的舞臺。退休後轉任職中興顧問公司的前臺電董事長陳蘭皋，在核四預算暫時凍結之後，繼續為核電說項。他特地面陳時任行政院經建會主委趙耀東，認為電力將在未來數年因經濟發展、用電需求大幅成長而告吃緊。[39]趙耀東也在《遠見》雜誌舉辦的座談會上表示，為了經濟發展和用電需求，「核能廠不能不建」，之所以會引起反對，是臺電唯我獨尊的做法引起的後果。這番說詞有別於幾年前他擔任經濟部長時的態度。

一九八八年，一波缺電的擔憂又再度白熱化，備用容量率直線下降，臺電內部評估在三年內有缺電、限電危機，並認為主因是經濟成長帶來的用電成長，以及反對電廠建設的地方運動對電源開發形成的阻礙。[40]

當時臺電蓋電廠的確處處受阻礙，不只是核電廠：一九八一年政府原核定建設蘇澳火力電廠，受到宜蘭縣反對，於是在一九八六年規劃臺中火力發電廠，後者於一九九二年開始商轉；一九八八年高雄梓官鄉興達火力電廠正在新建五號機組，但遭當地

39.〈三年後將有缺電之苦　陳蘭皋請經建會注意〉，《中央社》，一九八六年七月二十六日。
40. 宋珮，〈明年起缺電機率　料將迅速惡化　八十年最為嚴重　探討原因有三〉，《聯合報》第十一版，一九八八年六月三日。

漁民以船隻圍堵，抗議興達電廠自一九八二年運轉以來，向海洋拋置大量廢煤灰，影響漁民生計，要求臺電賠償。[41]一百多艘漁船的抗議行動，使興達電廠不得不降載發電數日。因中風已退出政治圈、擔任總統府資政的孫運璿跳出來呼籲社會大眾「勿忘缺電苦」，「不能因憂慮環保或安全等技術問題而減緩新電源的開發」。[42]

然而「缺電」的成因僅是發電不夠，以至於蓋新電廠就是唯一解方嗎？其實電力系統包含發電、輸電、配電等多個複雜環節，電力從發電廠出來後，還會經過電網傳輸，最後才會到用戶端，因此電網的效率與強韌度也會影響供電，電力怎麼輸送、輸送得順暢與否，也會影響用戶端，並不是只有發電端最重要。

經濟學者許志義、鄭欽龍先後在報紙投書指出，大型電廠機組跳脫導致的電力短缺，與運轉和維護品質有關，而區域用電量增加，也可能因為配電系統無法負荷而停電，這些「系統因素」都會對供電造成影響，而不是僅僅增加源頭供電量就可以解決。但政府一味把缺電問題扣連到前端電源不足，有誤導民眾之嫌。[43]學者建議，提升各機組調度的靈活、減少既有機組故障，才是治本的解決之道。[44]

雖然導正視聽的努力並不少見，但電力經濟的專有名詞多且複雜，簡化傳播的結果，就是讓「缺電」這面捍衛核電的盾牌，不斷在虛空中揮舞，加強了

41.〈圍堵興達火力發電廠　集結漁船增至百十艘　揚言三天解決否則還要擋路〉，《聯合報》第十五版，一九八八年十月十一日。

42.〈孫運璿籲勿忘缺電苦　開發新電源刻不容緩〉，《經濟日報》第二版，一九八八年五月二日。

43. 許志義，〈缺電，真那麼可怕嗎？民眾對電力不足問題應有的認識〉，《聯合報》第四版，一九八八年八月十五日。

44. 鄭欽龍，〈從缺電論核四廠應否興建〉，《中國時報》第六版，一九八九年四月十日。

「不蓋核電就缺電」的錯誤印象，使問題癥結日益模糊，甚至讓「要發展」還是「要安全」形成壁壘分明的對峙。

2-3 核四捲土重來

經過一九八八年的街頭串連誓師，以及環保聯盟持續的宣傳、組織，深入校園培力，走上街頭反核的人年年增加，核電議題也正式進入選舉領域。一九八九年底的縣市長與立委選舉，是解嚴後第一次大型地方選舉，競選活動、政見發表，都成為表達的場域。民進黨推派立委尤清競選臺北縣長，他在選前不但明確表達反核，更向貢寮人承諾，會把被徵收的核四預定地返還給原所有者。

貢寮鄉民對剛崛起不久的民進黨寄望頗深，期盼能對反核四帶來助力，自救會幹部一人捐一萬元，資助尤清選舉。一般民眾也戮力相挺，「真濟老歲仔足挺（很多老人家非常支持），口袋裡只有皺巴巴的三百塊，卻掏了兩百出來捐錢，在旁邊看，也會被他們的熱情感染，」鹽寮反核自救會幹部吳文通印象非常深刻。

藉由選舉，意見表達有了施力點。國民黨臺北縣立委吳梓在立法院發言「不反對核四廠」，惹得貢寮鄉民大怒，前往立法院與吳梓的服務處抗議，發表公開信「擁核，就讓他落選！」顯然對核電的態度，成為鄉民選舉投票的判準。[45]

縣市長選舉結果揭曉，民進黨一舉拿下六個縣的執政權，[46] 尤清如願當選，成為

45. 胡文輝，〈反核人士找上立院　吳梓呼冤否認擁核〉，《聯合報》第四版，一九八九年三月十八日。
46. 臺北縣、宜蘭縣、新竹縣、彰化縣、屏東縣、高雄縣。

四十年來首位非國民黨籍的臺北縣長，蘇貞昌也當選屏東縣長，振奮反核運動的士氣，特別是尤清當選，代表反核者拿到政治權力，可以藉由行政程序牽制核四。

尤清上任後，延攬黨外運動時期就結識的張國龍為機要祕書，並試圖追查核四土地問題。他提出，依照《土地法》第二一九條，若土地徵收一年未使用，即應以徵收地價讓原所有人購回，這樣的策略，是要使核四廠無地可建，以達到杯葛之效。

然而這在實務上並不容易，文化大學法律系副教授林信和在《新環境月刊》為文指出，二一九條的適用範圍非常嚴格，加上中央政府的核電政策，要以此法條收回核四預定地的機率，微乎其微。[47]返還土地的策略終告失敗。

一九九〇年五月，總統李登輝為安定政局、避免國民黨外省派系奪權，指派軍人出身的郝柏村擔任行政院長，引發反對黨與民間強烈不滿，萬人走上街頭「反對軍人干政」，卻無法改變郝柏村就任後對爭議性重大開發案的強硬態度。郝柏村上任後公開喊話要讓延宕已久的五輕、六輕重新回到議程上，一方面南下夜宿高雄後勁柔性喊話，一方面祭出狠招，將反五輕人士視為「環保流氓」進行列管。因地方抗爭而延宕三年的五輕，終究舉行動工，換來一紙二十五年遷廠承諾。

不只是五輕，仍在停滯狀態的核四，也隨著前一段時間的缺電疑慮，漸漸被推上輿論的檯面。郝柏村公開在媒體上信誓旦旦指出，「核四一定要蓋。」臺電也不斷對外放消息，指出建核四和擴建核二，是解決電源配比和降低發電成本的最佳方案。

一九九〇年底，核四列入國家六年經濟建設計畫，正式「敗部復活」。[48]

47. 林信和，〈談核四用地「收回」問題〉，《新環境月刊》第四十九期，一九九〇年二月，頁六至七。
48. 盧謀全，〈核四敗部復活　決列入國建六年計畫〉，《中國時報》頭版，一九九〇年十一月十四日。

運動白熱化

嘿　你有聽人在講　係勒核能四廠欲砌囉
貢寮的居民是真反對　但是政府講別睬他們
嘿　有聽人在講嘸　係勒核能四廠欲砌囉
聽人說輻射線真恐怖　但是臺電講沒關係
他們說為了經濟的發展　你們小小的犧牲是算什麼
他們說為著大家欲好過　你們幾條的生命是沒價值

陳柏偉〈核能四廠欲砌囉〉

玩樂團的文化大學學生陳柏偉人生第一次在街頭運動場合唱歌，就是在臺電大樓前的反核抗議。沒有去過貢寮的他，參考環保聯盟的宣傳手冊，想像貢寮居民對核四的質問，把詞填進自己的一首歌裡。在同一個場合，他也聽到歌手朱頭皮（朱約信），唱了一首反核歌曲：「是怎樣／三個核電廠還不夠／彼夭壽臺電／閣作第四個親晟／那個他馬的臺電還要蓋第四座核電廠」。[49] 用一把吉他唱歌，就能夠改變群眾運動現場的氣氛，加強對於議題的認同，讓他印象深刻。

陳柏偉上大學的時候，正值解嚴後的學運狂飆時期。一九九〇年三月十六日，要求政

49. 陳柏偉，〈創造性的怨忿——一位性侵受害者的主體化追尋〉（輔仁大學心理學系博士論文，二〇二一）。

治改革的大學生發起「野百合學運」，抗議國民大會代表修改《動員戡亂時期臨時條款》企圖延長任期。上千位學生聚集中正紀念堂廣場抗議，提出解散國民大會、廢除臨時條款、召開國是會議、政經改革時間表等四大訴求，對國民黨政府來臺後從未改選的國會表達憤怒。學運迫使總統李登輝承諾改革，廢除《動員戡亂時期臨時條款》，並在兩年後進行國會全面改選。

運動結束後，許多參與學生繼續轉進各校學生社團，社運、左翼人士也積極接觸校園組織，藉由讀書會、營隊吸納成員，拓展能量。

環保聯盟總會於初創時期，成立環盟「學生會」，總部位於臺北溫州街的地緣之故，吸納不少臺大學生參與，暑期舉辦校際營隊，邀請各校環保社團參加，並組成跨校的「反核學生工作隊」，至東北角下鄉訪調、舉辦核電校園公投、連署等活動。環保聯盟各地分會也全部動起來，跟當地的大學社團、社會團體結合，宣傳核電危害，為接下來的抗爭動員準備。

一九九一年初，臺電再度向行政院呈送核四計畫，並將核四環境影響評估報告送交原能會審查。中央政府強硬明確的態度，激起地方政府的反制。臺北縣長尤清稱將依照《建築法》拆除核四廠內未取得縣府建照的工房、倉庫等，然而，中央政府亦有對策，藉由定義核四為「特種建築」，直接由內政部核發臺電建照，跳過地方政府監督，以護航核四工程。

環境影響評估審查過程，引發地方與中央之間的角力戰。照理而言，環評應由專責單位環保署負責審查，然而當時《環境影響評估法》尚未立法，要到一九九四年才有法源依據，因此這時的原能會可自行籌組審查小組。雖然臺北縣府曾質疑審查委員組成的公平性，另外號召專家籌組委員會，提出迥異於官方說法的論點，評估核四帶來的影響。[50]

臺北縣政府頻頻出招，臺電也有策略應對。一九九一年二月，臺電委託中華徵信所進行核四民調，結果呈現兩極化：六成的臺灣民眾贊成興建核四，五成贊成蓋在貢寮，但同樣的問題若問貢寮居民，則有高達七成七反對，顯示大眾雖然普遍支持興建電廠，卻排斥蓋在自家旁邊。[51] 同時間，《聯合報》也做了電話民調，除了贊成和反對的比例差距不大，調查還顯示，贊成蓋核電廠的人，未必願意核電廠蓋在家附近，且多數人希望以全民表決方式決定核電廠興建，至於支持核電的理由則以「擔心缺電」為壓倒性多數。[52]

這種「不要放在我家後院」(Not In My Backyard) 的「鄰避」(NIMBY) 情結，對於地狹人稠、又處於民主轉型期的臺灣而言，是興建嫌惡性公共設施過程中不可避免的衝突引線。

眼看新一波核四興建與否的決戰點就要到來，一九九一年的街頭很熱鬧。五月的反核遊行人數暴增到兩萬人，是反核運動第一次破萬人的街頭行動，環保聯盟提出口號「告別核電、節約能源」，除了回應官方極力營造的缺電警訊，也試圖提醒大眾，必須從節能去思考能源結構。

一九九一年九月二十四日，原能會突然宣布通過核四環評審查，認為臺電所做的核四改善計畫符合法規，因此有條件同意核四興建。然而原能會逕自發布報告，讓多位審查委員非常訝異，也感到不受尊重。

50. 此委員會完成一份《核四再評估》報告，與二〇〇〇年的「核四計畫再評估委員會」不同。

51. 吳媛華，〈中華徵信所問卷調查結果公布　只要不在我家後院　六成受訪人贊成建核四　百分之五十一民眾贊成蓋在貢寮鄉　而貢寮人逾七成反對〉，《聯合報》第六版，一九九一年五月十二日。

52. 聯合報系民意調查中心，〈受訪者：再不建核能廠　電就不夠用了〉，《聯合報》第六版，一九九一年五月十一日。

貢寮悲劇：一〇〇三事件

「幹！這根本是黑箱作業！」鹽寮反核自救會的辦公室裡，被環盟總會派到貢寮駐地進行反核組織工作的高清南忿忿不平大罵。他出身臺南，因為參與長老教會的城鄉宣教工作，[53]接受非暴力抗爭訓練，接觸臺灣各地社運現場，進入環保聯盟擔任志工，而後成為東北角分會的工作人員。

這時的自救會長是沉穩的江春和，他聽了之後眉頭深鎖：「按呢袂使，咱絕對愛保衛阮的鄉土，將大門給伊圍起來。（這樣不行，我們絕對要保衛我們的鄉土，把大門圍起來。）」於是眾人決議，在核四預定地前長期抗戰。一九九一年九月二十五日，自救會於核四預定地大門前的空地上搭起「核四告別式」棚架，還做了匾額，四邊掛上白布，表達為核四「送終」。這番舉動讓臺電人員看不下去，找來警察威嚇，企圖拆除。自救會以棚架搭設空地仍為私人土地為理由，堅決不拆，最後與警方達成「不擴建也不拆棚架」的協議，在棚內靜坐抗議。

非暴力抗議進行了一週，遇上颱風來襲，臨時的棚架在漸漸增強的風中搖搖欲墜。自救會成員本來要前往修補，但臺電人員卻藉口稱棚架是「違建」，要求警方處理。十月三日早晨，有澳底居民經過核四預定地門口，發現棚架已遭到突襲拆除，打電話給會長江春和通風報信。

江春和獲知消息後趕緊前去與警方理論，要求臺電人員出面解決卻未獲理會。這

53. 城鄉宣教工作（Urban Rural Mission，簡稱URM），為解嚴前後由臺灣長老教會提倡的非暴力抗爭訓練，針對婦女、勞工、學生、原住民等對象，傳授爭取權利的社會行動手法。一九八八年拉倒吳鳳銅像事件、一九九一年廢除《刑法》一百條等行動皆有URM成員參與。

時核四廠區內突然有大批警察傾巢而出，將貢寮鄉民團團圍住，甚至出手推擠、毆打，這時才發現，早就有數百名警察進駐廠內待命，看到更多貢寮鄉民聞聲趕至，大批保警在門口拿著盾牌一字排開阻擋民眾前進。鄉民們內心鬱積已久對於國家的憤怒瞬間爆發，開始叫罵爭執、丟擲石頭，一臺藍色廂型車也在這時趕到現場。

人愈聚愈多，蔓延到濱海公路上。趁著保警與人群紛紛走避的空隙，原本停在大門外的藍色廂型車突然往前，穿越抗議民眾和警察，突破封鎖線進入廠區。警察用警棍、石塊擊打車子，車窗玻璃碎成蜘蛛網狀，驚慌中司機正要倒車，但在混亂中車子被推倒，不幸壓住一名警察。[54][55]眾人大吃一驚，連忙上前拉人，將受傷警察送往瑞芳礦工醫院。

一場意外來得又急又亂，怎麼發生的？當場沒有人說得清楚。幾個小時後，有人慌慌張張從警局回報消息：二十一歲警察楊朝景，因為傷勢過重，不幸死亡。

聽到出人命，自救會幹部都亂了陣腳。「警方先不守承諾，拆我們的棚架，大家才群情激憤起鬨，怎麼會出事？」驚魂未定的江春和、高清南等人連忙趕往臺北市溫州街的環盟總會辦公室，想跟教授們商討應對策略，還在澳底的其他自救會幹部則鳥獸散，各自先找地方躲藏。

警察調閱現場錄影畫面追查，原以為駕車者是車主高清南，但後來才發現，開車衝進廠區的，是二十六歲的外地人林順源。他是陳慶塘的兒子陳世男當兵時的同袍，老家在南部，退伍後準備去跑遠洋漁船，依當時規定，需經過半年的安全調

54. 陳婉真，〈回顧三十年前一場反核悲劇〉，《優傳媒》，二〇二一年十月六日，https://umedia.world/news_details.php?n=202110051854353336。

55. 〈貢寮一〇〇三事件三十週年　環團籲莫忘歷史、公投終結核四〉，《公民行動影音紀錄資料庫》，二〇二一年九月二十五日，https://www.civilmedia.tw/archives/104880。

查、等待基隆港出海的許可通知才能出國，所以先借宿澳底陳世男家，閒來無事到自救會幫忙。那天早上他跟著高清南到核四門口，也許被現場對立氣氛影響，一時激憤而開車往前，慌亂加上車窗遭砸、視線不清，竟釀成大禍。

自救會才成立第三年，缺乏群眾抗爭的經驗，也不知道抗爭現場要有指揮系統避免失控，但對於警察而言，這是正中下懷，剛好可以順勢指控反核者為「暴民」。同年（一九九一）社會上另一件重大爭議是「廢除刑法一百條」運動，源自於五月九日發生的「獨立臺灣會事件」：四位參與臺獨讀書會與散發臺獨文宣的人士廖偉程、陳正然、王秀惠、林銀福遭以違反《懲治叛亂條例》逮捕，最重可判處唯一死刑，引起譁然。聲援被捕者的大規模靜坐、罷課、夜宿臺北車站持續了數十天，讓五月十七日的立法院在群眾壓力下，決議三讀廢除《懲治叛亂條例》。

但是廖偉程等人仍遭以《刑法》第一百條起訴，若因此法條遭控顛覆政府及內亂罪，首謀最重可判處無期徒刑，對於言論自由仍然是打壓。為了避免反政府人士動輒因言論而入罪，法律學者林山田和民進黨人士組成「一百行動聯盟」打算升高抗爭強度，在十月十日國慶日當天，抵制總統府前的閱兵大典。[56]

自救會也有人去臺北參加廢除刑法一百條行動，可能因此被警察鎖定為重點監視組織，在敏感時刻，貢寮的反核行動被扣連上臺北的反內亂罪行動，因此廠區內早已部署大量警察，自救會電話也被監聽多時。

警方循線追查，先在溫州街環盟辦公室逮捕江春和等人，並朝向「預謀犯案」方向偵

56. 文化部臺灣大百科全書「刑法第一百條修正案」，https://nrch.culture.tw/twpedia.aspx?id=3893。

辦。經過媒體報導，「反核人士殺警」的消息傳遍全臺，報紙頭版詮釋為「解嚴之後，第一宗群眾暴力導致警察死亡的事件」。內政部長吳伯雄、新聞局長胡志強等政治高層，紛紛公開譴責貢寮人是「暴力分子」。原本以抗議政策不公為出發點的靜坐陳情，因一起偶發意外，讓整場行動失焦，貢寮人發動反核抗爭的動機，就這樣被「暴民」標籤覆蓋淹沒。

在現場採訪的《自立晚報》記者邱家宜反思，如果只是以暴力盲動來抹黑整個反核的企圖和論述，並將整體決策和警民衝突的責任，全部轉嫁至社運團體，「恐會模糊問題的癥結，失去以溝通來解決問題的機會，並預支往後更多的社會成本。」[57]

四處躲避多天之後，林順源、吳文通等人在環盟提供的律師協助下，主動向警局投案。經過數月審理，林順源被依殺人罪嫌判處無期徒刑，車主高清南遭判六年徒刑，江春和、陳世男、吳文通等人，被判處五至九個月不等刑期。

肇事者林順源和主要幹部遭到刑罰，大挫運動士氣。一〇〇三事件後，警察密集出入澳底各家戶搜索、詢問、盤查，也有自救會成員家屬接到恐嚇電話，使得地方上人心惶惶，江春和的兒子在事件之後，回到貢寮陪伴受驚的母親。「那時候澳底街上看不到任何一個男人，鹽寮人飽受警察胡亂來家裡搜索和跟蹤監控之苦，彷若戒嚴時期，陷入白色恐怖狀態。」

事發後，鹽寮反核自救會舉行追思活動，從澳底遊行到核四預定地，再到鹽寮公園前，圍著一個核電廠模型，由佛教人士誦經後，參加者將手中的菊花丟向該模型，堆積成塚，象徵結束核電廠。自救會發出聲明：「反核並非鹽寮人的特質，而是臺灣島國全民的責任，

57. 邱家宜，〈貢寮悲劇採訪手記〉，收錄於廖彬良編，《臺灣反核實錄》（臺北市：前衛出版，一九九一）。

請不要遺棄我們，更別讓我們孤軍奮戰，終至不起。」並重申：「事件是偶發事件，真相未明之前，不應把責任全推給反核民眾。臺電毀棄當初與自救會的約定，拆除棚架，才導致不幸事件。反核立場並不改變。」

對於貢寮人而言，反核運動也許是從一〇〇三事件開始的。它丟出了沉重的提問：國家政策與官員築起銅牆鐵壁，拒絕與民溝通，但在第一線面對面碰撞的抗爭者與警察，才是承擔風險的主體，純粹就衝突的表象而指控抗爭者為暴民，是否公平？這個提問綿延了整個反核運動。

2-4 反核攪動代議政治

一〇〇三事件重挫反核運動，長達半年多的約談、監聽造成的寒蟬效應，讓自救會短時間內不敢再升高運動強度。

中央政府也因此開始部署更為細緻的地方溝通，派出國營會副主委張子源三度到訪貢寮、瑞芳、平溪三鄉，與地方人士會面，企圖展現誠意。有別於過去一廂情願地給予鄉民好處，這是核四計畫啟動以來，跟在地居民接觸最高層級的政府官員。

核四的行政流程在行政院長郝柏村指示下加速前進，從原能會、國營會到經濟部審查，一路順利過關。一九九二年二月，行政院院會通過恢復核四計畫，正式進入程序；五月，行政院行文立法院，要求「解凍」核四預算，經濟部長蕭萬長赴立法院報告，欲入內旁聽的民眾被阻擋在門外。面對中央的堅決意志，臺北縣長尤清對外揚言，若真的要動工建核四，會「出動國民兵」阻止，政治血拚味十足。

在年底選舉的壓力下，國民黨立委只能遵循黨主席李登輝的旨意，全力護航核四案。由十五名委員組成的立院預算委員會，在僅有廖福本、蕭金蘭、史振茂、趙振鵬、沈智慧、王素筠等六位立委到場草率表決後，恢復總金額高達一千七百億的核四預算動支。

臺電公司一方面積極準備各項發包施工，另一方面將「核四籌備處」更名為「龍門施工處」，以鄰近的龍門村為名，避免「四」不吉祥的臺語諧音。自救會在核四預定地外懸掛「恨」字布條，表達對預算解凍的不滿。

國會全面改選、民主政治的開放，為受挫的反核運動打開另一扇機會之窗。「擁核，就予伊選無著啦！（擁核，就讓他選不上啦！）」新上任的自救會長陳慶塘，站在宣傳車上對著麥克風高喊。十多輛吉普車與小發財車組成的車隊跟在後面，在十二月凜冽的東北季風中，浩浩蕩蕩開過澳底街道。核四預算解凍後，自救會將希望放在即將到來的立委選舉，決定要支持公開承諾反核的民進黨候選人，替他們在地方拉票。這場國會全面改選，是一九九〇年三月野百合學運後一連串政治改革的目標之一。

車隊行經龍門施工處前，陳慶塘指揮大家停駐。「來！布條拿出來，正手擽起來，咱無愛核四砌佇遮，逐家作伙抗議啦！（來！布條拿出來，右手舉起來，我們不要核四蓋在這裡，大家一起抗議啦！）」瞬時，十多輛車喇叭聲大作，響徹濱海公路，隨風翻騰的大布條上寫著：「疼惜鄉土、支持反核的民進黨」，熱切期盼將反核列入黨綱的民進黨，能夠順利進入國會，成為反核運動的助力。

經過一〇〇三事件的陰影之後，一個不尋常的面孔——澳底仁和宮媽祖，開始在自救會抗議隊伍中，扮演安定人心的重要角色。自救會成立之初，常藉由每年農曆三月的媽祖誕辰遶境宣傳反核理念、消解官方和民眾對反抗活動的疑慮。百年歷史的仁和宮是東北角規模最宏偉的媽祖廟，鼎盛香火象徵著媽祖對濱海漁民的保佑與社區的團結力量，這份團結也轉移到對社會運動的支持。[58]

媽祖誕辰遶境還替自救會帶來物質基礎。去臺北抗議，要租音響、遊覽車，要買便當和飲用水，一趟街頭行動就要花好幾萬元，若違反《集遊法》還得繳罰款，這些金錢都來自貢寮人自發捐獻。每年迎媽祖的時候，自救會有專屬陣頭，舉著反核旗子，放募款箱讓鄉民捐錢，在自救會總管財務的吳幸雄記得，每一次大概可以募得五十萬元，凸顯出地方對反核運動的普遍認同。

更重要的是，有人曾被媽祖託夢，自救會也曾經到仁和宮擲筊詢問媽祖，核四的「前途」如何，得到媽祖回覆：「核四會砌，但是袂運轉（核四會蓋好，但不會運轉）。」仁和宮媽祖成了不言而喻的精神領袖，維繫著鄉民對反核的綿長信心。

新國會帶來政治機會

選舉結果揭曉，長達四十多年未改選的國會，終於順利選出一批新的立法委員，自救會推薦的盧修一、周伯倫、陳婉真、黃煌雄等人都順利當選。對於一年多來處於低迷的反核方來說，這彷彿一劑強心針。

首先是新科民進黨立委們於一九九三年二月上任後，就履行對貢寮人的承諾，成功提案要求重新審查核四預算解凍案。意識到必須對後續立法院內議案表決形成民意壓力，包括環保、婦女、社福、文化與宗教組織在內等反核人士與團體共同成立的「關切

58. 張珣等，《臺灣民眾信仰中的兩性海神：海神媽祖與海神蘇王爺的當代變革與敘事》（臺北市：前衛出版，二〇一九），頁一四二至一四四。

核能危害委員會」，積極遊說立委、官員，並且發動電視辯論等行動，炒熱輿論。對貢寮人而言，戰場從傷心的核四預定地，正式移到四十公里外的立法院。

另一方面，在野黨力量的顯著成長，增加制衡國民黨的機會。民進黨得票率首度突破三成，席次大幅成長到三分之一；相較之下，國民黨席次雖仍占多數，但得票率相較上一次增額選舉，下滑到五成三。

此外，國民黨內暗潮洶湧的內鬥與分流，使未來的國會生態添加變數。一九八八年蔣經國逝世之後，國民黨內部發生主流派（本土）、非主流派（外省）之間的權力鬥爭。一九八九年，國民黨立委趙少康等人發起次級問政組織「新國民黨連線」，挑戰主流派當道的黨中央，表面上主張改造黨內日益嚴重的金權化與腐敗問題，但實際卻是為了爭奪資源與權力。一九九〇年國民黨臨中全會發生「二月政爭」，[59]最後鞏固了李登輝在國民黨的權力，卻也引發非主流派的不滿與出走。

一九九二年底，包括辭去環保署長、財政部長職位的趙少康與王建煊在內的多位新國民黨連線成員參選立委，紛紛高票當選。加上其他小黨、無黨籍在席次上也有所斬獲，這些外圍勢力集結起來成為關鍵少數，對執政的國民黨形成莫大壓力。

果然，入主立法院之後的新國民黨連線成員，屢在陽光法案、高鐵預算等議案上與黨中央唱反調，向民進黨靠攏。一九九三年八月，新國民黨連線正式脫離國民黨，宣告成立「新黨」，立法院從兩黨變成三黨格局，意味著未來的預算議案表決中，在野黨能夠發揮合縱連橫的攻防策略，牽制國民黨。在執政高層方面，郝柏村也因為國民黨內部

59. 一九九〇年國民大會選舉總統，李登輝選擇李元簇擔任副手，引發非主流派不滿，後者欲推派林洋港、蔣緯國搭擋競選，導致黨內政爭風波。最後李登輝當選總統、任命郝柏村為行政院長以取代李煥，政爭落幕。

分裂而失勢下臺，由本土派的連戰接掌行政院。

「環團」走向多元異質

政黨因權力分歧漸趨多元複雜，社運組織也不斷變動更新，隨著解嚴後蓬勃的社會運動，開始出現不同的組織模式。一九九二年九月「環保聯盟臺北分會」的成立，象徵「反核團體」不再是鐵板一塊。

環盟總會以學者、教授為主體，運動模式多以政治遊說、去各地演講、開公聽會為主，核心的學術委員會只限學者參與，年輕的祕書處人員，像是教授的研究助理，單純執行決策。在一些思想偏左、強調「跟底層站在一起」的學運分子眼裡，這樣的作風，菁英氣息重了點。

剛從臺大城鄉與建築研究所畢業的林正修是其中代表。作為野百合學運要角之一，林正修大學時代參與臺大學運社團「大學新聞社」，接壤解嚴前後蓬勃的社會力，自陳很早以前就認識到核電與核武、國防糾纏不清的關聯，加上核電對臺灣而言沒有產業本土化的可能性，這些是他反核的主要理由。

「為了要核武，而硬要用你不懂的核電，這不只是技術、科技的依賴，某個程度也是colony（殖民）了。」林正修說。

至於美國出手阻撓臺灣製造核武、卻企圖輸入核電，背後則涉及西太平洋島鏈的反共部署。「美國也在『幫北京看著臺灣』，允諾臺灣不會發展核武。」林正修所抱持的「反核」，含括反核電、反核武、反國民黨與反美國，這在當時「親美反共」的民主運動中，是很少被重視的左翼論述。

除了對環境議題的認識缺乏地緣政治思考，讓當年的學運分子對環盟總會產生反感的，恐怕還是上對下的權力關係，不僅是組織內部，也包括總會與地方自救會的連結。「總會都是叫自救會來臺北開會，或者下鄉去就好像去巡視一樣。」林正修抱怨。他跟當時其他年輕的學運分子主張，「社會運動」不是只有開記者會、寫新聞稿、憑藉知識權威代言地方，必須下鄉跟地方民眾相處生活，才能瞭解基層的真實狀況。

一九九二年九月，一群參與左翼讀書會的環盟成員林正修、林志傒、簡淑慧、蔡萬吉、康惟壤、鍾維達、邱襄陵、黃國良等人發起成立環保聯盟「臺北分會」，以類似民進黨新潮流派系參與社運的方式，推選具聲望的淡江大學教授張正修擔任會長，林正修擔任首任總幹事，祕書處則成為培養幹部的基地。[60]

臺北分會除了反核之外，特別聚焦關注臺北縣的環境爭議，凸顯臺北縣承擔臺北市發展所產生的汙染矛盾，並主張不能迴避第一線的衝突。例如一九九三年國慶日前夕，為了抗議臺北捷運工程將大量廢土丟棄在五股垃圾山，臺北分會號召數百人發起「除廢土行動」，在五股疏洪道集結，將三輛小貨車滿載的廢土運往當時位於長安西路的臺北市政府門口傾倒，[61]這件事也讓林正修人生頭一遭被控違反《集會遊行法》。

「把地方民氣聚集起來後，要去撞擊體制，但很多學院中的知識分子有太多個人考量與風險評估、擔心被學校找麻煩。」社運現場「衝還是不衝」的辯論，後來也成

60. 林恕暉，〈一九九〇年代的左翼媒體——《群眾》雜誌及《群眾之聲》電臺之個案研究〉（中國文化大學新聞學系碩士論文，二〇一七）。
61. 張怡文，〈臺北縣市廢土大戰再度引爆〉，《自立早報》，一九九三年十月十日。

為地方自救會、社運組織、民進黨三方關係開始產生微妙變化的引信。

臺北分會關注的議題還有追查輻射屋、反林口垃圾掩埋場、石門尖鹿村高爾夫球場等，無不尖銳凸顯臺灣歷經數十載經濟高速發展的後遺症。林正修自詡是「有政治覺悟」的環境工作者，搞環運是志業，而不只是環保團體的祕書處雇員。分會需自籌財源，幾個月發不出薪水是常態，分會人員之間則情感緊密，共同租屋居住，如同學運社團的校外版。

除了運動路線的差異，另立招牌當然也有世代之間較勁的意味。「分會就是比較衝、比較野。我們念文化的，沒有顯赫學歷或者淵源，不像是總會學生會成員多數都是臺大的，跟教授根本像是父子。」畢業後第一份工作就在臺北分會當專職、出身文化大學「土豆社」的包玉文笑說。年輕人有壓力，不像大學教授有良好的頭銜與資源，作為初出茅廬的環運工作者，必須要想辦法證明實力給地方自救會看，「讓他們知道你可以做什麼、可以帶什麼資源進去，」也是土豆社和臺北分會成員的林志侯說。分會跟總會的關係，可以說是既聯合又競爭。

差不多同一時期，被國民黨列為黑名單而流亡美國的左翼運動人士張金策回到臺灣，創辦主張「為小市民工農階級發聲」的《群眾》雜誌，開始發展左翼運動組織，拉攏許多臺北分會成員，例如《群眾》幹部簡淑慧也擔任臺北分會副會長，兩邊人馬可說是高度重疊、相互支援。

大量的街頭巡迴演講、在雜誌發表文章，是《群眾》訓練幹部的方式，不少左翼運動分子藉此練兵，在火車站、公共場合擺一個箱子、拿一支擴音器，就開始跟人來人往的民眾談勞工、國家、政治、統獨、階級、環保議題。一九九五年，《群眾》成立地下電臺「群眾之聲」，利用渲染力更大的廣播電臺，號召民眾參與街頭運動。

總會與臺北分會的分流，象徵一九九〇年代初期社運團體的世代、路線與權力之爭，以及在政治主張、行動方向以及與地方自救會關係的差異。年輕人反抗權威是天性，也體現在社會運動領域。

除了環保團體開始多元化，其他領域的社運組織，也豐富了反核運動的面貌。例如新環境雜誌社的婦女志工團，於一九八七年初選擇自主發展，成立「新環境主婦聯盟」，後於一九八九年轉型為「主婦聯盟環境保護基金會」，關注領域結合性別與環境。她們以女性角度關心環境，重視垃圾分類、食品安全等民生議題。臺灣人權促進會、人本教育基金會則從人權、教育的角度論述反核。反核運動匯集了各方能量，是社會運動的最大公約數。

混亂的立法院表決

組織的板塊位移與世代競合，並不影響反核作為環保運動的「無上律令」，反核牽涉國家機密，政治風險比起其他反公害環保運動更高。是當時最具號召力的社會運動之一。

一九九三年的春天到夏天，正值立法院審查預算會期，一百六十一名立委將要決定核四預算是否正式解凍重啟。環保聯盟不論總會、分會或地方自救會，一律傾力動員，聚集在立法院外施壓。

反核四的在野黨人士大舉進入國會看似轉機，但國民黨立委人數仍然占有六成以上的絕對優勢，要翻轉既定政策局面，依然不容易，唯有製造更多的反核壓力，挑起輿論話題，讓立委們無法只遵從黨意、忽視選民意見，才有可能使凍結預算提案獲得過半數立委支持，達到停建核四的目標。

策略擬定，貢寮人的抗爭行事曆隨著立法院議事日程一一填滿，往往清晨就搭上遊覽車，沿著臺二線風塵僕僕一路北上。關鍵時刻，他們慎重將媽祖請到立法院一起監督立委，提醒政治人物，舉頭三尺有神明。

三月二十六日，十五輛遊覽車載了六百多人，拉著「停止核四招標、撤銷核四計畫」布條，在立法院前面靜坐。當天有翁金珠、陳婉真、謝長廷等五十四位立委，針對前一年預算委員會草率通過解凍核四預算一案要求重審。經過朝野協商，主席王金平裁示交由經濟、預算、內政三個委員會併同一九九四年度預算處理，還有翻盤機會，讓場外的反核團體與貢寮人士氣大振。

五月三十日，隨著重審預算議程漸漸逼近，反核團體發起「五三〇反核大遊行」，除了貢寮人與反核團體、學者之外，還有陳哲男、王世雄、蔡中涵、蔡貴聰等非民進黨籍的立委也加入，顯示反核的支持基礎逐漸擴大。為了形成更大的遊說壓力，環保聯盟號召學者進駐立法院，更頻繁地舉辦說明會、造勢活動、靜坐，企圖在六月底的議案表決之前將聲勢拉到最高。

六月二十一日，立法院經濟、預算、內政聯席委員會審查預算重新凍結的提案。聯席委員會，顧名思義就是兩個或者兩個以上的委員會共同審查議案，依照立法院議事規則，開會時由其中一委員會擔任主席，其他聯席委員會共同享有出席、發言、表決等權利。

會議中，擁核、反核兩派立委針鋒相對，占有人數優勢的國民黨「奧步」頻出，先是擔任主席的陳璽安在沒有清點人數、也未朗讀票數的混亂中逕行表決，後來因為程序不完備，決定二十三日下午重新記名表決。

反核方也不甘示弱。民進黨立委陳婉真建議由貢寮鄉親請示一下仁和宮媽祖，願不願意一起到議場內監督？擲筊結果，得到一正一反、表達同意的「聖杯」，於是綁著「反核救臺灣」黃色布條的媽祖和國姓爺兩尊神像，由立委帶進聯席審議的會場主席臺後方「監督立委，讓他們良心發現」。這是國會史上頭一遭。

六月二十三日，聯席審查加入國防委員會，由於國民黨人數占絕對優勢，為了讓解凍案有機會進入全院聯席審查，民進黨立委仍然進行杯葛。現場瀰漫著緊繃的氣氛，自救會決定拉高強度，貢寮鄉民除了再度請出媽祖，甚至在即將進行表決時，靜坐立法院大門口、一人一針製作血書，送進議場，表達凍結核四預算的強烈意志。

「否決核四，全院審查！」在推擠混亂中，反核人士攻其不備，衝破警方封鎖線，帶著媽祖像衝上立法院群賢樓九樓的會議室。七月九日，全院聯席審查，這次不只是媽祖與國姓爺，貢寮鄉神明總出動，包括三山國王、天公、包公、三太子也跟著自救會到立法院外坐鎮監督，鄉內神明出巡。陳慶塘激動地說，「請來眾神明，要處罰擁核的立委、庇護反核的立委！」

就在立法院沸沸揚揚之際，核四預定地旁的民眾也沒有置身事外。廖明雄拍下陳慶塘商店，在審查日拉下鐵門，貼上斗大的「罷市」海報，漁民也將漁船停泊於港口不出海，表達抗議。

不過，國民黨興建核四態度仍然堅定，縱然部分黨內立委持不同意見，最終反對重審核四的一方，仍以七十六票對五十七票獲勝，杯葛行動失敗，核四預算正式解凍，這個會期的反核戰役只能暫告段落。

雖然翻案失敗，但自救會並沒有氣餒，反而認為就票數來看，已經成功影響部分國民黨與新黨立委轉向反核，後面仍有立法關卡可以施力。江春和對記者說，「立院表現雖然令人失望，但並不絕望，今後反核的路還很長。」

民主制度逐步健全，將反核戰場從地方拉到國會，迫使貢寮人在東北角和臺北市之間奔波。信仰與保護鄉土的信念，持撐起監督立委的力道，然而，這樣的力道也得面對更複雜的政治算計。

核電議題攪動政治醬缸

雖然最終未能扭轉立法院情勢，但貢寮民眾展現的抗爭行動與強烈的反核意向，正在影響既有的政治路徑。進入民主化時代，選民最大，為了選票，「民意」成為有意角逐首長、民代職位的人無法忽視的關鍵，特別是跟貢寮有直接地緣關係的候選人。

在總席次的絕對優勢下，臺北縣的十一名國民黨立委於預算動支案表決時的意向頗耐人尋味。除了洪秀柱、詹裕仁投下贊成動支，其他有三人投下反對票、兩人棄權，另外四人則未投票，消極或者積極地未跟隨黨中央的步調，顯然選區的反核民意壓力牽動著立委的盤算。

在野的民進黨則將表決失利歸咎於立委席次劣勢，此後更順水推舟，不斷調度停建核四為選舉籌碼，兌換選民的支持。一九九三年底的臺北縣長選舉，尋求連任的尤清自然繼續高喊反核，貢寮民眾也成立後援會力挺。

另一方面，國民黨推出的候選人蔡勝邦也不敢依隨黨意擁核，甚至公開質疑臺電有所缺失，要求行政院在取得民眾共識之前必須凍結核四預算。結果尤清在貢寮獲得六成七的選票，連任縣長成功。

在地方議員和鎮長選舉，反核也成為各黨派候選人政見的最大公約數，跟貢寮劃分在同一選區的平溪、瑞芳、雙溪議員與鄉鎮長候選人，不論黨籍，都表態反對核四，不敢在這個議題上節外生枝。至於一九九四年初的貢寮鄉長選舉，則彷彿一場茶壺裡的風暴，衝擊原有地方政治結構。

貢寮地方派系與鄉長選舉

貢寮地方政治派系，分成「舊派」（或稱「老派」）、「新派」，這樣劃分淵源於戰後貢寮的鄉代與鄉長選舉。彼時基礎建設尚缺乏，有意角逐民代的人，以承諾鄉里建設漁港、大型橋梁號召支持，訴求相異的候選人遂各自拉攏人脈布建樁腳。[62]漸漸的，隨著選舉競爭激烈，權力、利益共生圈隨之而生，地方開始分派結盟，以代表人物的年齡高低之別，產生了舊派、新派。

以地理位置來看貢寮的政治版圖，澳底村以舊派居多，福隆村、貢寮村以新派人馬占優勢。「新派」跟國民黨走得比較近，「舊派」跟黨外力量合作較多。但在解嚴之前，由

62 鄭淑麗，〈社會運動與地方社區變遷：以貢寮鄉反核四為例〉。

於國民黨仍把持資源分配權力，地方派系儘管各張旗幟，活動力仍普遍受到壓抑。直至一九八〇年代初期的強拆九孔池事件爭議後，國民黨在貢寮的支持度下降，並具體反映在往後地方選舉的得票率上。

隨著民主化浪潮，黨外力量在貢寮也漸漸冒頭。一九八八年籌組鹽寮反核自救會的時候，發起人以澳底居民為主，舊派居多，然而，為了讓反核理念能夠超越地方派系，成為共同努力的目標，他們刻意拉攏新舊兩派成員，共同在自救會擔任幹部，甚至讓新派的成員連大慶擔任第一屆會長。

直至一九九三年底的鄉長選舉，自救會意識到必須在體制內取得更多政治資源，替反核製造有利條件，於是決定推派人出來競選鄉長。考量避免派系鬥爭，模糊反核訴求，人選必須是跟既有地方派系無關的外來者。眾人曾經一度勸進張國龍，但最後決定由民進黨籍的政治工作者廖彬良出來參選。

廖彬良，一九五八年出生，曾任職中央標準局，一九八八年放棄穩定工作，擔任環保聯盟總會祕書長，進而踏進政治圈，擔任民進黨立委陳婉真的國會助理。廖彬良競選的時候主打「拒絕買票」，有別以往地方人士選舉時習慣的綁樁、動員、配票，他在自救會和環保聯盟的協助下，一村接著一村舉辦小型演講會，讓鄉民認識這個外來者。

他的競選對手是年輕的國民黨籍貢寮子弟趙國棟，一九六三年出生，因擔任鄉代會副主席的父親遭人殺害，而參與鄉代補選子代父職。進入地方政壇後，身為新派人馬，加上父親的名聲，掌握許多既有資源，角逐鄉長占有優勢。不過，雖是國民黨籍，但他在政見發表會中也試圖以反核言詞打動選民，稱其當選後將盡力說服黨籍立委封殺核四，且要邀請張國龍擔任反核四顧問。

最後，趙國棟以三百八十二票的些微之差擊敗廖彬良，當選貢寮鄉長，隨後宣布成立「貢寮反核環保促進會」，表明另立自救會以外的組織分庭抗禮。

雖然廖彬良沒能當選，但是他在選戰中採取的策略，滾動了各村里的反核力量，讓貢寮人看到「不買票也能得票」。地方的政治習慣因此一役，漸漸有所改變和啟蒙：不以利益和綁樁為唯一手段，純粹依靠理念動員與選舉，並非不可能。

2-5 公投：分裂或者民主實驗？

一九七八年，奧地利茲威騰村（Zwentendorf）透過全球第一個核電公投，否決了一項已建成核電廠的運轉計畫，寫下全球反核運動的先例。[63]

民意代表選舉是「代議民主」，「公民投票」則是「直接民主」的手段，在重大爭議發生時以投票化解僵局，以彌補代議制度的不足。公投的目的在於反映多數公民對於特定政策的意見，因此各國的公投法制度多半為簡單多數決，亦即以投票有效票數過半為標準。

臺灣雖然在解嚴後進行了國會改選，卻遲未有直接民主的機制，舉辦公投缺乏法律依據。部分在野黨與社運人士將公投視為運動策略，用一人一票，展現動員力和意見強度。[64]

63. 周孟謙譯，〈奧地利人民拒絕核能的故事：茲威騰村，一段真實而獨特的歷史，一座永不運轉的核電廠〉，《苦勞網》，二〇一三年三月十五日，https://www.coolloud.org.tw/node/73266。
64. 民進黨人士蔡同榮於一九九〇年創辦「公民投票促進會」，推動《公投法》立法。〈公民投票法大事記〉，《中央社》，二〇一七年十二月十二日，http://www.cna.com.tw/news/firstnews/201712120167-1.aspx。

以地方公投主張意見

一九九〇年五月，反對五輕建廠而持續抗爭的高雄後勁，因內部意見分化，當地自救會舉行臺灣社運史上第一次民間自行辦理的地方公民投票。原本政府和主管機關中油都未看好當地居民的投票熱度，最後卻衝出六六%的投票率，反對五輕比率出乎意料之外達六〇・八%，但因當時公投尚未有法律地位，對實際政策不造成影響，幾個月之後五輕仍然動工。[65]

雖沒有法源，公民投票實質上是意志與共識的展現。在貢寮鄉舉辦地方公投表達反核民意的想法，一直在各路人馬心中醞釀。臺電多次對外發布「貢寮人都贊成核四」的偏頗民調結果，讓地方民眾相當不滿，也不信任臺電的民意調查。一九八九年，環保聯盟東北角分會揭露臺電在貢寮進行的民調因為遭受抵制，只成功訪問到兩百零一位民眾，但其結果卻變成政府決策和宣傳的依據，並不公允。[66]

一九九一年，中興大學經濟系教授王塗發於《自立晚報》發表評論，主張核四爭議應以「兩層次公民投票」處理：第一階段先由核電廠址三十公里範圍內、受影響最劇的住民進行公投，第二階段為全國公投，[67]兩階段皆同意通過，才能興建核四。也就是說，最靠近電廠的住民必須多數同意興建後，再交由全國選民決定，避免地方民眾的意志屈服於全國多數選民。

鄉長選舉時，廖彬良、趙國棟都將「舉辦地方公投」列為重要政見，強調核四

65. 徐乙仁，〈後勁反五輕與地方公投〉，《打狗高雄》，二〇一五年九月一日，http://takao.tw/five-light-anti-houjin-and-local-referendu/。
66. 廖彬良，《臺灣反核實錄》（臺北市：前衛，一九九三）。
67. 王塗發，〈兩層次公民票決論〉，《自立晚報》讀者投書，一九九一年二月二十日。

興建與否，應優先由貢寮決定。趙國棟選上鄉長後，環保聯盟正副會長張國龍、高成炎即前往拜會，要求兌現舉辦公投的承諾。

然而自救會對於這場地方公投並不是打從一開始就完全贊成。擔任自救會公投工作小組召集人的澳底國小教師徐新福認為，「在東北角分會裡就產生兩種意見，一種認為這是現任鄉長趙國棟操控的政治噱頭，何必去為他扛轎？一種認為既然趙某也反核，何不借力使力，把支持他的反核勢力也拱出來，壯大反核的聲勢？」[68]

在自救會眼裡，趙國棟是搭著反核運動的便車獲取鄉長位置，而舉辦公投，讓他和反核環保促進會獲得了上任後第一個舞臺，不論結果贏輸，對他都是利多，若反核方獲勝，趙在地方可以得到好名聲，如果輸了，也就順勢推動國民黨建核四政策，兩面皆討好。

不過，雖然對公投有疑慮，但在核四環評通過、預算解凍，漸漸失去行政程序中對抗的著力點之後，藉由公投展現地方反核意志，似乎是勢在必行。

經過鄉公所跟縣府爭取後，舉辦公投的想法終於得以在一九九四年五月二十二日實現。跟後勁民眾自立舉辦的公投不同，貢寮核四公投由鄉公所主辦，並獲臺北縣政府的行政資源支持，所需經費約二百萬元，其中九十七萬由縣府撥款。而將公民投票列為基本主張的民進黨，也動員北部四個縣市地方黨部，全力支持宣傳公投，這場民主實驗，吸引了全國的目光。

68. 徐新福，〈五二二核四公民投票側記〉，《臺灣環境》第七十二期，一九九四年六月，頁一三至一五。

貢寮鄉自辦核四公投

確定公投舉辦日期之後，「不能輸」的高昂情緒，讓環盟與自救會卯足全勁，投票前半個月，臺北調來的戰車，在貢寮全鄉上山下海舉辦說明會，宣傳投票時間與公投意義。為了跟年邁、部分不識字的民眾解釋，在「是否同意興建核能四廠？」的選票上要「蓋哪一邊」，環保聯盟組成「教授觀察團」，教鄉民把印章蓋在「三個字」的那一欄，亦即「不同意」上面。學生們編了一句順口溜：「做人正正、頓正爿」，意指做人要端正、（選票）要蓋右邊那一格（不同意）。

按照公投舉辦的原則，正、反方代表應在投票前，透過公開說明會與辯論會，宣傳支持或不支持興建核四的理由。然而理應為核四辯護的臺電，卻行文貢寮鄉公所，表明因公投沒有法律效力，所以不參加公開辯論，也不派人說明政見。臺電只是挨家挨戶發送宣傳品，重申反對舉辦公投的理由是，電力建設是提供全臺使用，不應該只由貢寮居民投票決定。

投票前兩天，為了激勵鄉民投票，自救會舉行「迎神遶境、公投反核」遊行，請出十一個村的廟宇神明，包括前一年在立法院外坐鎮的媽祖、鄭成功、三山國王、關聖帝君，一起繞行鄉境，保佑公投順利進行，隊伍並前往大門深鎖的核四廠址前，要求臺電在神明前發誓不買票，不過諸神當然沒有得到回應。

公部門也動作連連，在媒體上鞏固蓋核四的正當性。投票前一天，經濟部長江丙坤公布蓋洛普民調結果，聲稱全國有六成民眾贊成興建核四，基於用電需求，不該只由貢寮人投票決定。

投票當天是晴朗的週日，一大早貢寮、福隆火車站和臺灣客運、基隆客運站就擠進返鄉投票的人潮，濱海公路也出現返鄉車潮，電話動員外地遊子回鄉投票策略奏效，早上到下午，貢寮鄉民在十六個投開票所投下「沒有候選人的一票」。

投票結果出爐，一萬一〇七位具投票資格的貢寮鄉民中，投票率高達五成八，只比鄉長選舉略低，「不同意」核四廠興建，獲得九六．一二%的壓倒性票數，全鄉沸騰，鳴炮舞獅。

五六六九張反對票展現的強勁力道，躍上各大報紙頭版，總算讓貢寮人用具體數據，打破臺電在一九八八年所宣稱「百分之九十九的貢寮人都贊成核四」的說法，呼應總統李登輝說的「主權在民」。

貢寮鄉代將投票結果送到立法院，各團體也乘勝追擊：自救會發出請願書，要求凍結接下來即將審查的核四預算；環保聯盟到國大臨時會，要求將非核條款納入憲法、宣布臺灣為非核國家；反核學生會到美國在臺協會抗議傾銷核電廠，要求將核廢料運回美國。

蔡同榮、周伯倫等民進黨立委指出，雖然投票沒有法律效力，但是公投結果是約束政府的道義力量，臺電應該重視民意、暫停施工，而立法院應該加速公投立法的程序，待公投具法律效力後舉行正式投票，如果民意贊同核四，再繼續興建。

臺灣歷次「核四地方公投」結果

日期	公投名稱	投票率(%)	反對核四(%)
一九九四年五月二十二日	貢寮核四公投案	58.36	96.12
一九九四年十一月二十七日	臺北縣核四公投案	18.5	89
一九九六年三月二十三日	臺北市核四公投案	58	54
一九九八年十二月五日	宜蘭核四公投案	44	64

（皆於二〇〇三年《公投法》立法前舉辦，無法律效力。參考資料：臺灣環境保護聯盟，〈臺灣反核運動大事記〉，https://tepu.org.tw/?p=10243。）

挾帶公投勝利的氣勢，反核團體在一週後的五月二十九日，舉辦全國反核大遊行，總共三萬人走上街頭，光是貢寮就動員了兩千人，創下參與人數的新紀錄。教改、勞工組織都加入，展現過去六年運動的串連能量。榮譽召集人李鎮源是醫學背景的中研院院士，[69]臺北縣長尤清擔任副召集人，頗有抬出權威向主政者喊話之意。遊行從臺大校門口出發，途經臺電大樓、繞行市區六小時，且模擬核災若發生，大臺北地區數百萬人逃生的情境。

一個小插曲是，民進黨籍的汐止鎮長廖學廣號召北縣九鄉鎮，發起「要褲子、不要核子」行動，由內褲廠商贊助產品，廣徵民眾拿出家中舊的女用內褲兌換，掛在臺電大樓表達抗議。「要褲子、不要核子」改寫自毛澤東在冷戰期間發展原子武器強化國防的口號「寧要核子、不要褲子」。

廖學廣得意洋洋的創意，反被臺電挑出來批評是汙衊女性，顯然他們也有些失憶，忘記了前董事長陳蘭皋十幾年前「抱反應爐比抱女人安全」的發言。不過社運團體也沒給廖學廣好臉色，婦女新知董事李元貞投書報章，批評廖學廣性別歧視。[70]顯然不論立場是反核或擁核，男性無聊當有趣的開玩笑，在具備性別意識的眼光中，都是丟人現眼，不知分寸。

69. 李鎮源曾領導成立主張廢除《刑法》第一百條「一百行動聯盟」，以及創立「醫界聯盟」，號召醫學專業者以行動關注人權議題並參與社會運動。

70 李元貞，〈反核不要性別歧視〉，《中國時報》，一九九四年五月二十九日。

立法院一次編列八年核四預算

前一年解凍的核四預算，等待立法院正式編列。雖然有媒體預測，地方公投展現的強韌民意，可能使預算遭到刪減，但這樣樂觀的想法，要面對的是執政黨嚴密的防守策略。

依據《預算法》規定，國營事業預算必須每年送立法院審議核定。不過，反核運動讓經濟部警覺，未來幾年的核四預算若逐年送審，勢必每年都得面對抗議，拖延預算到位，因此經濟部次長楊世緘提議，乾脆以「特別預算」的方式一次編足，免除年年都要跟抗爭方對峙的後患。

經濟部長江丙坤雖然曾對一次送審表達疑慮，但為了順利推展核四工程，最終國民黨中央仍決定，在臺電八十四年度（一九九五年）預算中，將核島區工程、核燃料、汽輪發電機和第二階段的顧問服務費全數編入，等於除當年度外，接下來七個年度的預算也全數列入，總計一一二五億元。

然而依照當年的《預算法》第七十五條，[71]特別預算的編列，限定於五種情形：（一）國防緊急設施或戰爭；（二）國家經濟上重大變故；（三）重大災變；（四）緊急重大工程；（五）不定期或數年一次之重大政事。核四預算是否屬之？是朝野爭論的重點。況且依法特別預算也需每年編列送審，執政黨取巧一次編足，自然成為在野黨炮轟的焦點。

在「扳倒一黨獨大」的政治劇本裡，爭議是不可或缺的戲碼。一九九四年上半會期的立法院，除了核四預算攻防爭吵不休之外，國民黨欲發放敬老津貼是否為變相利益輸送，

71. 因法規修正，同一條規定為現行《預算法》第八十三條。

以及《全民健保法》初審的勞資保費比例，[72]都是朝野爭辯的主題，立法院外不時上演靜坐、堵路、抗議。反對為大，衝了再說。

當然，對於貢寮人而言，沒有什麼比阻止核四興建更重要，前一年夏天數百人頻繁動員到立法院的場景又重演一次。六月二十三日，立法院聯席委員會審查核四預算，場內場外都在吵架，上午由民進黨立委劉文慶擔任主席、下午由國民黨施台生擔任主席，竟各自作成「退回預算」與「通過預算」雙包決議案，同時送院會二讀。

六月三十日，全院聯席審查，經濟部動員臺電工會成員一千八百多人，與千餘位反核群眾隔街叫罵對峙，還有七、八百輛反核的全民計程車，在地下電臺號召下，到場助陣，場面混亂，自救會也有多人受傷濺血。

為了確保黨內齊心不跑票，李登輝在表決前夕宴請所有黨籍立委，重申核四對國家發展的重要性，穩定軍心。七月十二日審議開始前，立法院裡外部署了上千名警力，還出動空中警察隊的「海豚式」直升機，在立法院上方三百公尺處盤旋巡邏，深怕街頭群眾引起衝突暴動。

立法院外眾聲喧譁，除了環保聯盟主導的「臺灣反核行動聯盟」、再度請出媽祖護駕的鹽寮反核自救會，還有上千位自發而來的民眾，包括激進的「臺灣建國運動組織」（簡稱臺建組織）。然而，到了下午，接近最後表決時刻，街頭卻愈來愈失控，不但有民眾駕車衝撞立法院拒馬，甚至有人在景福門前丟擲汽油彈，駕車衝撞總統府，瞬間拉高衝突張力。

72. 國民黨版的健保勞資負擔比例是四比六。

伴隨提姆颱風造成的停電，三讀表決出爐，民進黨與新黨加起來的表決票數，終究不敵國民黨人數，國民黨除了趙永清與李顯榮，全數投下贊成票，一九九四年夏天，核四預算正式通過。

時事熱潮也燒到了七月初的大學聯考，作文題目「論汙染」，對照過往多是論述倫理價值、仍有些許八股氣息的題目，多了政治味，不少考生從解嚴前後反公害運動或者核四議題切入。

這是代議民主飆速起步的階段，民代選舉與街頭運動，層層推升起政治熱情與騷動，在臺灣大街小巷擴散。選舉、助選、投票，構成意見表達的主要形式，也成為最直接的庶民參政管道。

林義雄發起核四公投「苦行」

同時期在立法院外，受到全國矚目的，還有民進黨前省議員林義雄發起的要求核四公投行動。一九九四年七月十二日，正當核四預算三讀審查的朝野決戰如火如荼進行時，林義雄同步在立法院門口展開禁食、禁語，目標是喚起大眾注意，募集十萬份公投連署書，讓核四爭端訴諸全國性公投解決。

或許是因為戒嚴時代的林家血案，林義雄作為政治受迫害者的形象與人格情操，在社會大眾心中烙下鮮明印記，禁食行動召喚不少人響應連署。五天後的七月十七日，十萬份簽名順利募集完成，禁食宣告停止。公投連署凝聚反核的社會力量，也收納群眾對於國民黨讓核四預算強渡關山的憤怒情緒。

挾著十萬連署氣勢，林義雄在當年九月，召集宗教、環保團體人士，宣布成立「核四公投促進會」，主張「用公民投票決定應否興建核四，來喚醒臺灣人民的主人意識、培養臺灣人民行使主人權利的能力」，並率隊展開長達三十五天的環島千里苦行。核四公投促進會以身穿白衣、頭戴斗笠、靜默不語行走的隊伍，展現推動全國公投的堅定態度，開創政治社會運動的嶄新樣貌。

但公投真的是一張適合現況的民主好牌嗎？全國性公民投票固然是「人民作主」理念的實踐方式，對於住在核四旁的貢寮人而言，這樣的策略是否妥當？

在社會大眾尚未充分瞭解、討論核電問題之前，就貿然舉辦全國公投，很容易被掌握宣傳資源優勢的擁核政黨操弄，這樣對反核相當不利。核四興建與否，影響最劇烈的應該是在地人的生活，是否應以三十公里逃生圈內居民的意見為優先，而不是由全國兩千三百萬人來決定貢寮一萬兩千人的命運？全國公投對地處偏遠、人口稀少的貢寮來說並不公平，倘若輸了，就算貢寮自行舉辦的全鄉公投有高達九成反核，已充分展現核電廠周遭居民的意見，卻仍必須「少數服從多數」，無力扭轉全國公投的結果。

然而環保聯盟和林義雄的目標始終是全國公投，核電廠址旁居民的焦慮，並非核四公投促進會解決的重點，以核四為議題，推動公投等制度的立法與變革、達成「人民作主」的理念，甚至進一步去推動獨立公投或者國家定位公投，才是他們的優先目標。促進會後續又投入立委席次減半、單一選區兩票制等修法倡議，並且持續鼓吹舉辦全國核四公投。理念與目標的差異，讓核四公投促進會與鹽寮反核自救會漸行漸遠。

隨著核四爭議的持續，林義雄在一九九四至二〇〇三年間，總共發動三次環島苦行，倡議全國核四公投，最長一次更長達九個月。苦行所捲動的媒體關注，讓「公投」成為反核陣營最受矚目的策略。[73]

罷免立委與北縣核四公投

公投之外，同時期另一個提高政治壓力的反核策略是「罷免立委」。罕有人知的是，臺灣自治史上第一位被罷免的民代，就在貢寮鄉：一九八七年十二月，貢寮鄉第十三屆代表會主席江東木，因為派系糾紛，遭到地方居民連署罷免。[74]

一九九四年的罷免擁核立委策略，最初是由民眾call in進環保聯盟地下電臺的節目所提議，並得到熱烈回響，由環保聯盟出動大量行政人力資源，募集連署簽名造冊，鎖定罷免四位國民黨籍臺北縣立委：林志嘉、洪秀柱、韓國瑜、詹裕仁。

第一階段所需的四千位提議人很快就募集完成，其中有半數為貢寮居民。七月中立法院通過核四預算後，立刻送交中選會進行提議，並在兩個月內完成第二階段五萬人連署提案。十月底，臺北縣選委會宣布罷免案正式成立，決議於十一月底舉辦投票。這是臺灣政治史上第一次發動罷免立委。

但另一方面，國民黨也發起「反罷免」，針對民進黨立委盧修一、陳婉真、周

73 二〇〇三年《公民投票法》終於立法完成，但成案與通過門檻限制重重，公民提案難以成功，遭議為「鳥籠公投法」。林義雄於二〇一四年四月再度發動「無限期禁食」行動，主張修改《公投法》，讓核四爭議得以公投解決。《公投法》後續於二〇一七年、二〇一九年兩度修正通過，調整成案與通過門檻。後續章節將再詳述。

74. 鄭淑麗，〈社會運動與地方社區變遷：以貢寮鄉反核四為例〉。

伯倫、黃煌雄提出罷免連署。除此之外，還有別的「奧步」反制。

在罷免案達到提議、連署的成案門檻後，國民黨擔心罷免最後會通過，竟由總統李登輝主導，在中央強行修改《選舉罷免法》，提高罷免案各項門檻，包括將罷免通過投票人數從三分之一提高到二分之一，增加通過困難度，並且規定罷免投票不得與其他選舉合併舉行，避免投票率提高，增加通過機率。此舉讓這項罷免案，必須適用新的通過人數門檻。一九九四年十一月二十七日，在北高市長、省長選舉前一週，臺北縣舉行擁核立委罷免投票，搭配縣府自辦的核四公投一併舉行。

其實對反核陣營而言，北縣公投和罷免立委是「互為表裡」的策略戰術：因根據當時的《選罷法》第八十六條第三項規定，「罷免投票」依法不能進行宣傳活動，[75]所以策略上用「宣傳公投」來夾帶；另一方面，公投尚未有法源依據，所以端出有法源依據的「罷免」為投票標的，藉由「投票」動員，來傳達反核意見。環盟因此喊出口號「公投反核四，罷免作主人」。

然而，在國民黨以行政權抵制，與宣傳過於倉促的情況下，臺北縣民對公投瞭解有限，導致最後的投票率只有一八・五%。策略上滿足了「人民作主」的訴求，但以結果而論，低投票率卻落入擁核方指控反核缺乏社會支持度的口實。

雖然核四預算失守，但鹽寮反核自救會在立法院混戰後，更積極參與地方政治。一九九四年七月十六日，村里長、鄉民代表選舉，自救會推薦的人選超過半數，並順利拿下鄉代會主席、副主席。

75. 根據一九九四年《公職人員選舉罷免法》第八十六條第三項，罷免案之進行，除徵求連署之必要活動外，不得有罷免或阻止罷免之宣傳活動。此項法條後已於二〇一五年修正。

民進黨也一步步進逼政治權力中心。一九九四年十二月三日，首屆臺北、高雄兩直轄市長選舉與省長選舉同時舉行，象徵民主選舉的又一新篇章。聲勢扶搖直上的立委陳水扁，代表民進黨參選，依恃泛藍陣營持續分裂，陳水扁最後以近四成四之票數，擊敗新黨趙少康、國民黨黃大洲當選，民進黨終於進占首善之地。

主張「不反對核電、但反核四」的新黨，作為牽制兩大黨力量的「關鍵少數」，格局則愈來愈明顯。一九九五年第三屆立法委員選舉中，國民黨得票率跌破五成，席次比起上一屆大幅減低，僅勉強過半；前一年在臺北市長選舉中，得票高於國民黨的新黨則大有斬獲，一舉拿下二十一席。民、新兩個在野黨相加，在席次上終於能與國民黨抗衡，確立了立法院三黨鼎立的時代來臨，在足以跟國民黨抗衡的情況下，為反核議題的槓桿兩端，增加了新動力。而選舉、罷免、公投、參政等政治策略，都在反核運動中站上實兵操練的舞臺。

第三部

回守地方：一九九四至一九九九

文字　王舜薇

——廖明雄攝

3-1 咱的所在

「也不要把反核看成多偉大，好像貢寮的人對核能有多瞭解。其實一開始最主要的信念就是，『我佇遮生活，遮係咱的所在』（我在這生活，這是我的地方），所以反核。」鹽寮反核自救會成員吳文通說。

吳文通童年在瑞芳猴硐山區度過，父親、兄長都在當時東北角與基隆興盛的煤礦坑工作。猴硐煤礦從日治時期開挖，鄰近的大、小粗坑曾有金礦熱潮，吸引懷淘金夢的人們前來。童年時代，吳文通目睹過幾次慘烈的大型煤礦災難，罹難者屍體橫陳坑外，村里氣氛哀戚，是忘不了的畫面。

令他記憶深刻還有經常出現的日本人。「他們來猴硐國小拜訪、捐款，以及去至今遺存的猴硐神社參拜，後來知道，都是日治時代礦場株式會社的職員。很多是臺灣出生的『灣生』，對自己待過的地方非常念舊。」

這些印象在年幼的吳文通心中留下一種朦朧的感受，或許也隱隱影響日後參與反核的動機。深山裡的孩子，原本應與政治無關，然而家族中流傳一則故事：日治時代就在基隆港工作的姨丈，不幸於二二八事件中遭國民黨軍隊無差別槍殺死亡，因而家裡如同那個年代的許多臺灣人家庭，避諱談論政治。

不敢談，但有瞭解的渴望。初中畢業後，吳文通透過函授學習通訊、電氣，當兵時進入政治作戰單位，為了勤務需求、瞭解敵情，要讀毛語錄、毛澤東思想等禁書，以掌握大陸情勢，意外讓他接觸到社會主義思想。「臺灣少數可以合法閱讀毛澤東的單位就是我們，還偷偷帶回家看，當時覺得好刺激，」他笑說。通訊兵吳文通，不知道自己往後參與反核運動，常常需要判斷政治情勢、擘劃對策，軍中所學，成為養分。

退伍後，他先在臺北萬華的「賊仔市」（贓貨市場）做電器買賣，但漸漸對於都會生活的快節奏與競爭感到厭倦，又回到瑞芳家鄉打算做生意。想起小時候因為三叔在貢寮開造船廠，經常到貢寮海邊玩耍，對海天一色的絕景留下深刻印象，嚮往在山海之間生活，於是動念落腳貢寮，「剛搬來時濱海公路還沒開通，九孔池也還沒開始發展，一切都很美。」

除了得天獨厚的地理，三貂、鼻頭有雷達站，澳底則是日本人登陸之處，因此三貂灣一帶長期處於軍事管制的狀態，留下未受到太多人工介入的原始美景，直到一九八〇年代後公路開通、大力發展觀光，地景才漸漸改變。

吳文通最初經營的電器行，就開在澳底國小正對面，是臺電和反核學者下鄉開說明會的第一排搖滾區。這個被社會主義思想啟蒙的年輕人當然也止不住好奇，前往一探究竟，進而跟著連大慶等前輩一起討論各種行動。

鹽寮自救會剛成立時，多數成員都是年長漁民，一九五五年出生的吳文通才三十歲出頭，可說是最年輕的一員。身為外地人，為何投入反核？除了不願天然美景遭破壞，他自我詮釋是個性使然。

「我感覺（反核）這件事情是對的，就會去做，不會去想後果。如果講究個人發展和利益的話，就不可能來貢寮定居，在臺北隨便混都比較好。就是因為不適應臺北的生活，所以搬來這邊、生意罔做。」也許因為年輕，參與得深、但也旁觀者清。「老一輩的漁民，對地方的感情真的很深，早期出去討海，一定要團結合作，先有人出去找魚，再一起來捕，在海上是利益共同體。他們聽聞金山那邊在核電廠來了之後，魚獲量一直在變少、影響收入，就有所警惕，才會堅持反對。」

地方感情與切身利益結合，形塑了獨特的堅持。「如果反核晚三十年才開始，多半人都外移到都會工作、對家鄉認同感不高，反核的力量也就不可能凝聚。」貢寮人對土地與海洋的情感，深深影響運動的樣貌，也感動了這個年輕的外地人，義無反顧地投身。「咱的地方」到底應該是什麼樣的地方？他持續以行動找自己的答案。

核四廠址有凱達格蘭族遺址

一九九四年炎夏，當立法院正為了預算問題爭吵不休時，一支由文史工作者、考古學者和立法委員組成的勘查隊伍，穿梭在核四廠後方工地的桂竹林中。這片山域舊稱「番仔山」，據傳曾是凱達格蘭族的作戰指揮部。

勘查隊伍發現一個無字碑墓塚，以及一棵高大的山橄欖樹，還有類似煉鐵、燒陶窯、鐵渣之類的生活遺跡。此前不久，隊伍成員之一的考古學者劉益昌才剛參與搶救八里十三行遺址，在他眼中，核四廠址內的這些物件與遺跡，與北海岸其他平埔族遺址樣貌類似，可能是解答北臺灣整體平埔族文化謎題的線索之一。[1]然而也僅僅是「可能」與推測。核四廠址多年前早已進行整地覆土、剷除丘陵坡腳，文化層被擾亂，難以精確判讀，只有仍舊屹立的山橄欖樹，能夠確定是凱達格蘭族的「族樹」。

帶領隊伍的凱達格蘭族後裔林勝義、潘火炎在此之前已奔走多時，不斷跟民代陳情、開公聽會，在媒體前陳列凱達格蘭族曾經生活在核四預定地的證據，希望「保存文化資產」的呼籲，能夠擋下國家重大建設。

林勝義等人的呼籲有研究為佐證：一九八二年，臺電與原能會曾經委託中研院進行「第四核能發電廠附近陸上之生態調查研究」，指出貢寮龍門村曾經是凱達格蘭族三貂社的生活領域，緊鄰的雙溪河出海口一帶，是其活動範圍與重要漁場。更早之前，日治時期人類學者伊能嘉矩根據三貂社的口傳歷史考據：凱達格蘭族祖先從叫作Sanasai的地方，漂流到北部海岸唯一的沙岸地形「洩底灣」（也就是三貂灣）上岸避難，並留下定居。[2]

凱達格蘭族人登陸之後，建立了三貂社，所繁衍的子孫開枝散葉到北臺灣各地，包括今日的桃園、臺北、基隆一帶，都是凱達格蘭族的主要聚集地，直到清代閩南漢人移民進入之後，才漸漸被漢人勢力取代。凱達格蘭族多以漁獵維生，並不擅長耕作，

1. 陳板，〈凱達格蘭・賀袓・核四〉，《山海文化雙月刊》第七期，一九九四年十一月。
2. 伊能嘉矩著，楊南郡譯，《平埔族調查旅行：伊能嘉矩《臺灣通信》選集》（臺北市：遠流出版，二〇一二）。
3. 楊南郡，《尋訪月亮的腳印》（臺中市：晨星出版，二〇一六）。

歷史上一再受到外來者挑戰。[3]清代以來，先是頻遭海盜侵擾，接著是漢人強勢進駐拓墾，凱達格蘭族走避到雙溪河對岸的「新社」，原居的舊社由漳州漢人取而代之，成為強勢族群。

吳沙開蘭後不久病逝，葬在澳底，墳墓面向礁溪，顯示心向蘭陽平原。現今的貢寮新社有一座小廟「山西祠」，不明所以的人可能以為跟中國山西省有關，但實際上這是Sanasai的音譯，紀念凱達格蘭族祖先的發源地。

地名蘊藏一地歷史。「貢寮」源自凱達格蘭的巴賽語稱捕獵山豬、野鹿的陷阱「Kona」，發音近似閩南語的「槓仔」，族人常在陷阱旁邊搭設獵寮以守候獵物，因此漢人將該地稱為「槓仔寮」。直到日治時期，「槓仔寮」更名為「貢寮庄」，成為行政庄名。戰後，行政區改劃分為「貢寮鄉」。[4]

如今東北角仍有許多源自凱達格蘭語的地名，例如暖暖、萊萊、隆隆、磅磅仔（瑞濱）等疊字地名，戶外攀岩聖地「龍洞」其實跟龍無關，清代嘉慶年間已有記載為「撈洞」，日治時期之後才改為龍洞，也有一說是平埔語Na-down（「水洞」之意）的發音。

雖然凱達格蘭族在東北角處處留下痕跡，但缺乏完整全面的研究分析，前述的中研院研究僅在核四廠區附近調查，並未深入廠址；一九九一年核四計畫重啟時進行的環境影響評估，仍沒有針對廣達四百八十公頃的核四廠區挖掘探勘，報告中也僅聊備一格提及有遺址存在的可能性。在沒有《文化資產保存法》的年代，開發單位對於歷史文化的輕視，無法多加約束。

4. 唐羽，《貢寮鄉誌》（臺北縣：貢寮鄉公所，二〇〇四）。

保存遺址的呼籲，讓土地數百年來曾上演的族群故事，暫時停駐在世人的想像中，但終究未能成為運動中的主旋律。劉益昌在勘查報告中嘆息，雖然核四主體尚未施工，但全面整地，已導致遺址破碎、喪失環境脈絡。「考古遺址或其他類型史蹟為一種無法複製的文化基因，因此這種損失，也是一種無法恢復的損失。」[5]

在野合作　廢核四決議闖關成功

文化是無形價值，損失難以計算，但對於土地上即將要蓋的工程而言，時間與金錢都得錙銖必較。一九九四年立法院通過核四預算後，臺電展開最重要的核島區工程與核燃料採購案的招標作業，核島區的設備採購採「統包」(turnkey)，由單一統包商在建廠過程中從頭到尾把關工程施作方法與流程，並依照規範，將核電廠複雜的各個系統完工並整合，再交付運轉單位。

招標吸引了美商西屋和瑞典商艾波比集團（ＡＢＢ）旗下的燃燒工程（Combustion Engineering）參與投標並進行比價，結果兩家廠商出價都超過法定底價兩成以上，依法宣告廢標。在時間壓力之下，為了盡快完成招標、施工，臺電將原本的核島區改採「分包」方式，將系統分區進行設備採購，後續再由石威顧問公司(Stone and Webster) 進行系統間的整合。[6]石威公司亦為二次大戰時期參與曼哈頓計畫園區的建築承包商之一，核電廠承作經驗有限，卻以低價搶標。[7]

5. 陳板，〈凱達格蘭・霄裡・核四〉。
6. 臺電公司，核四資訊公開網，https://lungmen-info.taipower.com.tw/TC/pages.aspx?mid=61。
7. 王美珍，〈臺電：我們是負責任的工程師，大家要多點信心〉，《遠見》第三一八期，二〇一二年十一月二十八日，https://www.gvm.com.tw/article/17499。

原本在統包標案中放棄投標的美商奇異公司，因為臺電改為分區分包而捲土重來，順利在一九九六年五月取得核反應爐標案，得標的兩座所謂「進步型沸水式反應爐」(Advanced Boiling Water Reactor，簡稱ABWR)，交給日本東芝、日立公司製造，汽渦輪機則由三菱公司得標，介面整合由石威公司負責，底定核四廠「美日混血」的組成。

核島區逕行開標之前，立法院正上演「停建核四決議」的另一幕政治大戰。民進黨不分區立委張俊宏在一九九六年上半年會期的五月領銜提案「廢止所有核能電廠興建計畫」，先是利用民進黨擔任程序委員會主席時，有技巧地將此案排入院會討論，輪番由黨籍立委上陣，強調核四的安全風險與不確定性，再策動部分國民黨立委跑票、或者不出席投票。

環保聯盟和自救會都認為這是核四翻案的最佳機會。一九九六年五月二十四日，「撤銷興建核四」案在立法院會表決，院會內朝野兩派紛紛使出拖延策略互相牽制，場外照例是鹽寮反核自救會動員鄉內數百人，許多漁民停駛漁船、搭上遊覽車，集結於立法院外，希望這是「最後一次」上街抗議。

院會最終投票結果，民進黨策略奏效，竟順利以七十六比四十二絕對多數，通過「立刻廢止所有核能電廠之興建計畫，刻正進行之建廠工程應即停工善後，並停止動支任何相關預算且繳回國庫」。決議一出，行政院當然跳腳，旋即提出「覆議」，[8]希望推翻這項決議。

8. 「覆議」和「復議」不同。後者是《立法院議事規則》規定，立院認為法案錯誤或不當，得於二讀或三讀後，於原案表決後、下次院會散會前提出復議，只能由原贊同此案或未曾發言反對此案的立委提出。「覆議」則是《憲法》規定，行政院對立法院三讀通過法案認為窒礙難行時，得移請立院覆議，只要有三分之一以上的立委投票同意，即可推翻立法院決議。

行政院會提出的核四覆議案還需要送立法院會表決，但在野黨杯葛，持續拖延程序，無法在上半年會期結束內排入議程，必須待下半年的會期表決。十月中，立法院開始表決覆議案，然而這時鹽寮反核自救會，漸漸覺得聲稱反核的民進黨，只是形式上演演政治戲碼而已。

原因是，覆議案最後表決，雖然只需要三分之一立委投票通過就能成立，但在正式表決之前還有杯葛空間，民、新兩大在野黨仍有相當機會，阻擋表決案進入院會議程。然而，經過不公開的黨團協商之後，三大黨竟然決定以不記名投票方式表決覆議案。此舉讓反核陣營氣得在立法院外痛罵民進黨「假反核真勾結」，放水讓覆議案進行。

「民進黨真的有認真反核嗎？」雖然成功利用國會組成結構和議事策略，讓廢核四決議送出立法院，但似乎沒有「做足」，貢寮人漸漸覺得，民進黨嘴上談反核理想，實際上卻只是借核四議題操作政治。拿下更多國會席次、進而瞄準更高的權力位置，才是黨務發展重點，已經不復黨外時期與草根社會運動緊密結合、相挺的態度了。當立法院議事表決方酣、得標廠商拿到核島區合約的同時，貢寮人決定離開立法院外的抗議現場，回防死守核四預定地，不讓家鄉受到外人破壞。

反核義勇軍衝進核四廠

幾年來頻繁動員至臺北抗議，讓貢寮人疲累不堪，行政程序陸續底定和預算通過，也讓他們漸漸體認到戰場已不是四十公里外的立法院，要保衛鄉土就得進入貼身肉搏戰。

就在立法院準備表決覆議案之前，一九九六年十月十四日下午三點，在張國龍教授、國大代表簡淑慧等人的見證下，數百名貢寮鄉民手持「你不驚我死，我不驚你無命」、「強行動工，生死相見」布條，在核四預定地大門口，成立「反核義勇軍」，抗議政府不顧貢寮民意，一意孤行核四政策，並大聲宣讀誓言：

貢寮一直是祖先留給咱，也是咱要留給咱子孫的好所在，為了要表達咱捍衛鄉土、誓死反核的堅定決心，我自願為愛鄉護土反核義勇軍，將採取一切可能的手段阻擋核四廠動工，而且一定要將核四廠的興建計畫終結掉，不達目的，絕不終止！

這是五年前一〇〇三事件的慘痛經驗後，地方上首度的大型抗爭。為避免憾事重演，這回自救會、臺北分會幹部都要謹慎得多，宣傳戰車的駕駛也刻意找了個性沉著的分會工作人員擔綱。

東北季風的涼冷將天空蒙上霧灰。原本待義勇軍宣示成立完畢，行動就告結束，沒想到，正當大批人馬準備離開核四大門口，返回自救會辦公室途中，張國龍和簡淑慧卻率領一百多人，突然闖入自救會旁的核四預定廠址側門，直衝廠區、插上反核標語和自救會會旗，喊口號「臺電滾出貢寮！」廠區內的保警見狀，立刻封鎖各出入口，已經闖進去的群眾，被迫滯留在核四預定地內。

原來是部分自救會成員策劃的祕密占領行動！這項突襲保密到家，讓現場保警措手不及。

但占領者顯然組織有序、迅速分工，打算展開長期抗戰，臺北分會的幹部也立刻召集學生前往支援鄉民。

那是一個沒有手機、網路通訊，只用B. B. call的年代，但為了讓新聞媒體可以不斷得到一手消息，避免貢寮成為媒體孤島，重蹈一〇〇三事件被政府抹黑的悲慘經驗，臺北分會幹部把笨重的電腦、螢幕從臺北搬到自救會辦公室，打算不斷地幫地方把最新狀況，以電子新聞稿，用陽春的數據機，持續傳真給媒體記者。

當天是星期六，保警部隊可能沒有上級應變的指示，所以雙方繼續僵持，還下著大雨，群眾及警察都被淋溼了。入夜後氣溫下降，相當溼冷，有些鄉民撿拾廠區內的雜木，剝掉外頭溼掉的樹皮，拿內裡較乾燥的部分，生了一個小火堆取暖，引來對面警察指揮官過來協商關切。在地人對整個廠區熟門熟路，從仁和宮後側及核四交界的圍牆一處縫隙進入，年輕鄉民駐點，成為一輪替的出入口，並提供火把與廠內民眾合作，在廠區草地上插上十數支火把，作為引道通往對峙點，讓外面的鄉民可以進去裡面換班。

「其間傳來消息，裡面有一個阿伯嚷嚷自己肚子很痛，要去醫院，結果真的還有救護車開進去廠區，但車子出來後到自救會外，他就下車，說其實是肚子餓得受不了，整個晚上的畫面魔幻又寫實，真的很好笑！」在現場的臺北分會幹部賴偉傑回憶。「我們人在外面，竟然還可以進去輪班，後來我們就在新聞稿裡寫說，這件事證明核四廠很容易被外人占領，臺電毫無應變能力，真的很荒謬！」

有了一〇〇三事件的教訓，這次自救會做足事前規畫，布置指揮系統。耗了一整晚，連保警都想湊過來烤火，結果是兩邊都席地而坐，原先白天對峙的雙方，反而被溫暖的火軟化，稍微放鬆聊了起來。

不過抗爭仍在進行，入夜之後氣氛依舊緊張。廠內外民眾裡應外合，一度宣稱要移往濱海公路，以群眾擋路癱瘓交通來施壓，並發動宣傳車到鄉裡街上緊急動員，隨後再度回到側門。後來也有電子媒體抵達現場，經由自救會的「引道」進入場內訪問對峙雙方，讓自救會士氣大振。而徹夜未眠的歷任自救會長召開緊急會議，決定輪流擔任現場總指揮，以掌握狀況並調整體力。

第二天，廠外鄉民重新聚集，鎮暴警察準備強制驅離的消息滿天飛，核四廠為保警訂購的「便當數目」，意外成為警察人數的參考指標。接近中午，貢寮鄉隔壁的雙溪鄉傳來消息，果然核四廠向雙溪訂購了一千個便當，也見廠區內部隊調動頻繁。最後，在群眾衝入核四廠區占據二十四小時後，警方仍以優勢警力四面包抄，強制驅離抗議群眾。

「不出一分鐘的時間，眾人已被押上鎮暴車。在車上，被四個女警團團圍住，彷彿我是會咬人的重犯。後來鎮暴車把我們丟到鹽寮海濱公園，才大剌剌地駛去。有人破口大罵，有人追了上去，我只是呆呆地站著，回想著圍在我前面的女警，指甲修得漂亮，珍珠色的指甲油，因車窗外的光線而閃閃發亮，看了一眼她稚氣的臉龐，應該跟我差不多年紀⋯⋯」[9]在現場聲援抗爭的臺北分會學生吳星螢回憶。占領行動落幕，參與者內心餘波未平。

9. Kilasme，〈六十六年次〉，《臺北環境》第十五期，一九九七年五月，頁二一至三〇。

暫別議會、就地抗爭

「反核義勇軍」占領核四行動對貢寮人的意義是什麼？

行動後三天，立法院會在一九九六年十月十八日進行覆議案表決。雖然迫於群眾壓力，民進黨一度欲毀棄協商結論、拖延投票，然最終仍讓國會多數的國民黨得以在表決占上風，輕鬆以超過三分之一票數，讓覆議案通過，「廢核四」提案遭到撤銷。立院場外連續數天從早到晚都有反核群眾靜坐抗議，十八日獲知投票結果後群起激憤衝撞，但鎮暴警察強勢以警棍、水車清場。從八年預算通過到覆議案，核四在立法院程序中可以說已無逆轉空間，興建核四成為定案，翻盤機會渺茫。

面對這樣的結果，貢寮人當然是憤怒與不滿。臺北分會在覆議案後的聲明中批評，多年來反核運動所累積的社會力量，沒有形成理性而廣泛的討論與反省、以擴大社會大眾對核能的認識，反而變成政治人物鬥爭的籌碼。是否需要核能發電，變成由少數的政客、代表來決定，而不是由人民來決定。[10]

這時期民進黨內部的意見，也漸漸透露脫離群眾路線的意圖。臺海飛彈危機引發社會大眾對兩岸關係的悲觀與憂慮，民進黨開始進行轉型、更新其臺獨論述和務實化兩岸關係走向；一九九六年總統大選落敗後，迫使民進黨調整過去在街頭激進的形象，明確指出要「從訴諸肢體衝突的議會抗爭，轉為就政黨競合的議會問政」，並且以「議會路線為主、群眾運動為輔」。[11]意味著社會運動的目標、街頭民眾的訴求，已經不再是

10.〈暫別議會就地抗爭〉，《臺北環境》第十三期，一九九六年十二月，頁二一。
11. 郭正亮，《民進黨轉型之痛》（臺北市：天下文化，一九九八）。

政黨轉型中的優先考量，而是轉為對焦於體制內路徑，往執政位置邁進。

「你不驚我死、我不驚你無命」生猛口號，除了象徵貢寮人死守家園、不惜犧牲自己與敵方一戰的決心，也凸顯他們對於過去幾年的國會抗爭路線，愈來愈淪於政黨鬥爭的憤怒與失望。另外不滿的情緒則是針對環盟總會與民進黨結盟過深，未將貢寮在地的運動當作重心。

臺北分會的幹部重新思考著社會運動與「地方」的關係，不想再被當成政治動員的工具。有別以往都是由環盟總會作為領頭者角色，召集各團體開反核「擴大會議」，跟自救會組成反核義勇軍從頭到尾並肩作戰的臺北分會，嘗試進行「縮小會議」，主張回防地方，將抗爭重心從臺北市的政治樞紐拉回貢寮。縮小是排除，也是重新凝聚，以自救會、分會的核心幹部為主體，重新對焦「貢寮」在運動中的角色。

重新思考「地方」

「這是運動策略，也是對政治的反省，」賴偉傑說。在臺北老城區長大的他，一九八五年進入清華大學電機系就讀時，《人間》雜誌剛創刊，對報導裡的核三工人罹癌、蘭嶼核廢料、基隆八尺門的都市原住民、鹿港反杜邦等事件印象深刻，也開始對臺灣本土文化產生好奇。

念大四那年，臺灣已解嚴，賴偉傑在新竹念書時見證反李長榮化工園廠抗爭、遠東化纖罷工等運動，深深受到抗爭現場生猛的庶民力量所感動，又正逢政府開始重新評估核四，相關爭議已能從報端得知。

偶然之下，他聽了科學史學者傅大爲在清大開設的一門課「科學社會學」，討論核工專家、反核專家之間的爭執與「科技獨裁」等概念，讓他大為震驚。

「老師舉了一句名言『Experts should be on tap and not on top』，意思是說，專家應該本於其專業提供資源或建議，但不應站在頂端獨斷決策。」他反思自己念的電機系，系上細分為固態組（半導體）、系統組（通訊控制）、電力組，在整個電機知識體系中各有角色與專業，誰可以自稱是「電機專家」？且科學、技術與社會之間複雜的互動，並非純粹「中立且理性」，當一項重大設施攸關社會所有人時，只讓某一領域的專家做決策，是合理的嗎？

退伍後他依循著電機系畢業生的標準出路，先在新竹科學園區工作，利用閒暇時間參加地方雜誌《新竹風》的採訪培訓，走訪城鄉，報導底層民眾的故事，寫過玻璃工和養鴨人家專題。一天下班後，回到租賃的住處，翻看晚報頭條，得知貢寮一〇〇三事件。「讀到新聞內心很激動，也很疑惑，本來覺得反核應該是和平、反戰的運動，為何會搞到出人命？」

賴偉傑於是放棄晉升「科技新貴」的職涯，辭掉竹科工作返回臺北，期盼能更接近議題運動現場，並當個像《人間》雜誌一樣的記者。結果最後雖未能如願獲得記者工作，卻因緣際會進入臺北縣政府，擔任張國龍教授的助理。張國龍當時是臺北縣長尤清的機要祕書和幕僚，賴偉傑協助彙整公文重點、釐清議題，也就近觀摩縣府祕書蔡丁貴、勞工局長郭吉仁、教育局長林玉体等進步派人士的思考和決策過程。

在公務單位第一線處理民眾陳情、接觸大量社會議題，從公民參與社區公園規畫案，賴偉傑認識到社區中多元的利益拉扯。還是社運旁觀者時，習慣對錯分明的「簡單正義」，例如鄉村就是弱勢、開發就是破壞，但實際在第一線看到的狀況往往更為複雜。「反核四也是，地方上人人有不同盤算，而不是表面上『整個貢寮全鄉一起反對』。他們不會只是被動員來臺北抗爭的角色，對於『發展』，有自己的想像。」

在縣府工作之餘，他參加臺北分會的活動和讀書會，接觸野百合世代中「比較左的那一些人」。雖然啟蒙他關注社會公平的《人間》雜誌已經停刊，但「專家憑什麼決定一切？」一直是賴偉傑的關懷，意識到「地方有自己的主體性」，也影響他看待社會運動的價值觀與策略的選擇。

同一句口號「捍衛鄉土」，對於貢寮人、環保聯盟、民進黨而言的意義，可能各自都不相同。因為看到國會遊說為主的路線充滿不確定性與政治人物的算計，轉向「就地抗爭」，才能讓反核運動充滿源泉不斷的活力與可能性。[12]

然而「就地抗爭」的發動者終究要由貢寮人主動擔綱，並將反核義勇軍的士氣轉為監督家門外的核四工程。他們很快發現，魔鬼就藏在細節裡。

12. 賴偉傑，〈告別議會回到地方的回顧與省思〉，《臺北環境》第十九期，一九九八年十月，頁一八至一九。

3-2 別想在我家門外作怪

核四預算塵埃落定後，臺電加快速度推進在貢寮的工程。首先看破臺電手腳的是福隆居民楊貴英。

一九九七年七月，正值東北角風景特定區第二次通盤檢討，省政府住宅都市發展局規劃要拓寬道路。住在福隆車站前的楊貴英，得知自家門前將有部分土地被劃入拓寬範圍，去查閱文件並找省議員周慧瑛陳情，卻不意間發現，臺電也正在進行福隆海域的核四出水口用地與重件碼頭廠區的土地地目變更申請，且有好幾筆土地位於東北角風景區內。[13]「我們這才知道，原來臺電做核四案是『邊走邊打』，根本還未取得用地許可，就逕行施工！」

八月七日，臺電在出水口預定地的貢寮炮臺山腳開工，出動推土機整地，一群貢寮人跑到現場大罵，並揚言要破壞機械、阻止工程，讓備感壓力的承作廠商趕緊連夜將機具運走。當晚楊貴英在自救會跟幹部群說明發現臺電用地違法，更激起大家的不滿，於是一狀告到當時的主管單位——省政府都市計畫委員會。因為臺電的申請案號為三十

13. 呂建蒼，〈反核四運動的另一個開始，從第三十八案談起〉，《臺北環境》第二十期，一九九九年一月，頁八至一一。

八，鄉民遂以「三十八案」稱之。原本以為核四預算通過後已無望翻盤，沒想到白紙黑字的行政程序戰，提供了新的出路。

緊町核四違法施工：三十八案

「三十八案真的是一個巧合，」臺北分會幹事呂建蒼當時經常奔波於臺北及貢寮，跟省議員、立委聯繫取得官方資料，協助楊貴英去瑞芳地政事務所調閱地籍圖、所有權狀，試圖用扎實的證據證明臺電違法施工。

能夠有這樣的敏銳度找到破口，也歸功於幾個月前，自救會在非核亞洲論壇與旅日環境運動者何昭明的安排之下，去日本交流的所見所聞。他們除了前往輸出機組、發電機等設備至臺灣的三家日商——日立、東芝、三菱重工總部門口抗議、呼籲東京市民拒買這三間公司的產品之外，也參與了一場「反對日本輸出核電研討會」，在會中得知在新潟縣卷町一項核電廠計畫，因為反對派居民使出「圖釘戰術」，堅持拒絕町有土地被徵收蓋核電廠，甚至與擁核派纏鬥打官司，結果成功延宕電廠建設。[14]身為參訪團成員的楊貴英謹記在心，沒想到這個策略竟然派上用場。

自救會不辭辛勞前往東北角風景管理處、甚至省政府所在的南投中興新村陳情，要求省政府都市計畫委員會針對核四損壞海岸景觀、剝奪漁業權與水下文化

14. 卷町的核電廠興建計畫於一九七一年提出，引發當地反核、擁核兩派多年對峙。一九九六年八月四日舉辦住民投票，反核派獲得六成票數；另外反核派的町長將核電廠反應爐預定地的町有土地，策略性地賣給反核派居民以阻擋興建，導致擁核派提起對於町長的訴訟。最終擁核派敗訴，投資建設的東北電力公司在二〇〇三年正式宣布放棄卷町的核電廠興建計畫。這是已列入日本國家電源開發基本計畫中的核電廠，首次停建的例子，參考 https://www.jcp.or.jp/akahata/aik2/2003-12-31/03_01.html。

資產等議題審議。一九九七年八月底，上百位鄉民再度前往施工現場拉布條、阻擋工程車和挖土機進入，發起「袋袋相傳為子孫」行動，一人拿一袋土石、廢輪胎，試圖要填平核四出水口，導致出水口工程再度停止。一連串緊迫監督，臺電終於被迫在事件爆發後一個月，在核四預定地召開說明會。這是核四計畫在貢寮提出十多年後，首度面對地方居民的公開說明會。證據在眼前，難以辯駁，臺電承認土地使用違法，並且接受停工指示、繳納罰款。

最後，省都委會決議退回臺電的土地變更申請案，隔年因凍省而接手的內政部都委會又重新討論並現場勘查，在一九九九年一月否決了臺電的土地變更案。後來臺電只好改以全球首創的「潛盾法」，建造海底隧道，往海域施作溫排水出水口，避開破壞地面景觀與土地違法的問題。

歷時一年半的「三十八案」，成功拖延核四工程的進行，讓自救會士氣大振。「其實一開始也是有人質疑這樣沒有用，」楊貴英說。為了打三十八案，她自掏腰包聘請短期助理，花幾個月幫忙蒐集資料。如自救會長陳慶塘所言，「要文攻、武打都內行，才能全面阻止核四興建。」不只是巧合，整個行動因為由居民自發，才得以就近日夜守望工程現場，發揮地方監督的效果，證明了在小細節鍥而不捨，就可能找到突破的機會。「其實地方有很多事情可以做，不是一定要等選舉改朝換代才能改變，」呂建蒼說。對他而言，三十八案是反核四的轉捩點，貢寮鄉民不再只是依賴臺北團體的判斷和被動員抗議，而是能夠真正發揮唯有「在地」才具備的能力。「最重要的，若不是『阿英姐』一直堅持不放棄，我們也不會因此被感動而持續幫忙。」

沙地生根

「我們就住在這邊，不可能眼睜睜地看著核四就這樣蓋。」呂建蒼口中的「阿英姐」楊貴英一邊說，一邊望向福隆與鹽寮之間的海岸線，長達三公里的細粒石英海灘，在陽光下閃閃發亮、散發暖黃光澤，為崎嶇的東北角海岸抹上柔和線條。雙溪河上游的沙粒被風帶來，經年累月堆積成沙灘，河水由西向東與沙灘交會入海，沖積出特殊的河口沙嘴。

楊貴英出生於福隆後山的內隆嶺農家那年，臺灣剛剛脫離日本殖民，東北角到宜蘭一帶已經是觀光勝地，特別是福隆。遊客搭乘一九二四年全線通車的宜蘭線鐵路，從臺北搭火車抵達福隆車站，就可以直接前往一九二六年由鐵道部所設立經營的海濱浴場戲水遊玩。[15]

為何日本人不在有登陸紀念意義的澳底設火車站呢？原本確有此計畫，但因為火車若要從貢寮庄行經澳底，必須繞一個大彎，不符合經濟效益而作罷，[16]因此在三貂灣另一頭、相距三公里的「新澳底」（即福隆）設站，時稱「澳底驛」。[17]

戰後，澳底驛隨著地名恢復而改稱「福隆站」，海濱浴場改由貢寮鄉公所和漁會合資經營，後再轉為臺灣鐵路管理局經營，於一九五七年重新開幕。雖然遊客可搭火車從臺北便利抵達海濱，但東北角各村落受限於地形限制，需要利用徒步、船隻往來才能連繫，工商活動集中於雙溪、福隆、瑞芳等鐵路或縣道樞紐。老一輩的

15. 參考自唐羽，《貢寮鄉志》。
16. 鄭淑麗，〈社會運動與地方社區變遷：以貢寮鄉反核四為例〉。
17. 另有說法是澳底庄民認為鐵路會破壞當地風水而未果。因此，也形成福隆、澳底不同的發展。貢寮鄉內僅有貢寮村、福隆村設火車站。

貢寮人會說，在公路未建設之前，從澳底到福隆，「簡直就跟去高雄一樣遙遠」。

楊貴英在七個孩子裡排行第四，家裡經濟困窘，小時候還差一點要被送養，「但我太醜沒人要啦，」她自嘲。山間孩子，必須扛竹竿、木材、茅草蓆，徒步到山下換取米與油。男孩讀書，女孩得操持家計，直到十歲左右，才陪著弟弟一起下山上學，熬到小學念完已經十六歲，畢業第二天就扛著行李離鄉，再也沒有進過學校。

第一個工作是到貢寮隔壁的雙溪鄉柑腳投靠已出嫁的大姊，在礦場辦公室打雜，跑腿買菸。位於淡蘭古道中心地帶的雙溪，從日治時期發展煤礦業，部分開採煤炭供給瑞芳深澳火力發電廠使用。一九七〇年代是柑腳的礦業極盛期，湧入大量外來礦工，並衍生出各種商販、運輸等經濟活動，繁榮一時，曾有「柑腳城」之稱，直到一九八〇年礦坑關閉而逐漸沒落。

後來，楊貴英又輾轉換了好幾個工作，足跡從雙溪延伸到臺北，從碾米廠會計、水果小販、報社抄寫員、建築工到燒臘店員工，少女歲月就在打工、短暫回鄉、再度離家工作之間往復循環，經歷豐富卻不穩定，在外流離幾年後，是沙灘讓她得以回鄉生根。

當時由臺鐵經營的福隆海水浴場，已是北臺灣最熱門的海域遊憩區，假日時沙灘綻放密密麻麻的彩色陽傘，可提供多達三千個日光浴茶座，周邊餐廳、飯店等設施也一應俱全，許多國營事業及大企業都包團來此員工旅遊，也吸引外國遊客慕名前來。販賣小食、泳具的店一家家開張，商品經濟慢慢從四面八方進入這個小漁村。

不滿二十歲的楊貴英，幸運地進入海水浴場工作，「有客人的時候做服務生，沒有客人的時候當工人。」每年夏天旺季，她穿著鐵路局淘汰的襯衫、A字裙制服，除了替客人奉茶、租借泳具之外，舉凡清潔、油漆、除草、扛油筒搭浮橋等雜事都要經手。然而在海水浴場賺的薪水，仍不足以負擔家計，白天在海水浴場上班，晚上還跟朋友合開冰店，往往顧生意到半夜兩、三點才睡。跟在海水浴場旅館部工作的先生結婚後，孩子接續出生，經濟壓力沒有減緩，只有愈來愈大。

做觀光是靠天吃飯。冬天，東北季風發威，海上來的刺骨強風夾帶著雨水，楊貴英夫妻倆趁著遊客稀少，嘗試其他生意兼差。先是去臺北萬華批襪子、雨鞋等物品在雙溪、瑞芳一帶的市場擺地攤，賣不完就拿回來福隆賣給鄰居，零碼品漸漸累積在家裡，在鄰里間形成固定的生活用品供需圈。

一九七九年，為了配合十大建設之一的蘇澳港聯外交通，臺二線濱海公路完成興修通車，沿海各聚落終於能憑藉公路互相連通，也讓鐵路未及的澳底開始發展觀光。每到夏天，經濱海公路前來鹽寮戲水、著迷於金黃沙灘美景的觀光客，總會順道逗留澳底的海鮮餐廳，大啖在地出產的海魚、龍蝦、九孔。東北角觀光業迎來盛況。

也在這一年，楊貴英夫妻向家人借錢，買下福隆火車站前的店面開雜貨店，從釣具、泳衣到生活必需品都賣。然而賣雜貨容易被賒帳，礙於人情不好跟熟人催討，為了賺取更多現金，腦筋靈活的楊貴英又開始想方設法新的謀生主意。她買了全套燙髮、美髮器具，無師自通，找姊姊和朋友來當模特兒，自己看電視和雜誌參考明星造型，在雜貨店面硬是騰出空間做美髮，從剪髮、燙髮一步步摸索。為了增加收入，她逼自己快快上手，結果出乎意料獲得好評，宜蘭、基隆都有人跑來找她弄頭髮。

經濟狀況逐漸穩定，楊貴英原本以為就此安居樂業，雖然家門外一邊是火車站，一邊是濱海公路，從早到晚都是匡噹匡噹的火車聲，和大貨車與砂石車往來公路運貨的引擎呼嘯，就算裝設氣密窗都擋不了噪音，但終究是慢慢習慣了。沒想到短短幾年後，安定的生活又因為核四而起波折。

放下生意上街去

一九八四年，東北角海岸風景特定區設立，是東北角海岸資源正式觀光化的開始，海水浴場改由風景區管理處接手迄今。公路開通帶來便利，也讓東北角發展更進一步被定位為臺北都會的附屬品，不僅要滿足觀光需求，也要蓋核電廠滿足能源供給。

當反對派的學者、黨外人士開始組織貢寮鄉民集結反核時，離預定廠址較近的澳底，接受資訊較早，率先成立自救會，但消息一直都沒有傳到幾公里外的福隆。

直到某天，楊貴英夫婦前去瑞芳朋友家中聚會，聽到國外回來的友人說起車諾比核災，看到圖片、影片，也聽說核四要蓋在貢寮，她開始好奇：「核能到底是什麼玩意兒？」

只有小學學歷的楊貴英這樣理解核電風險，「輻射跟空氣一樣無色無味，而空氣是無法控制的，只要有危險，就遍地都是，眼睛看不到的才是恐怖。車諾比的輻射一路擴散到歐洲去，如果澳底的核四出事，福隆怎麼可能不受影響？」

身為母親，她的反核理由還加入了對生命的直觀理解，「咱有下一代，不能放它（核四）

在這邊做，要把環境保護好，不要這種惡毒的東西，不然子孫要怎麼辦？」

雖然傳聞和耳語聽多了，但她從未參與過政治、也不敢參與。一直要到陳慶塘、江春和等人來訪，表明想將自救會組織擴展到福隆，但既有地方頭人多屬國民黨，態度反覆，不得其門而入，鄰里關係好的楊貴英毅然跳出來發揮所長：打電話動員福隆的人，跟鹽寮自救會去臺北抗議。

在封閉山間長大，二二八、白色恐怖等敏感議題，都是只知一二、不敢深究，但楊貴英對於國家的說詞不輕易買單。光是電廠提供地方回饋金，就有蹊蹺。「如果核電廠是永續產業，那麼何必要給回饋金呢？如果核電廠真的很乾淨，為何要用機器去換燃料棒？」

打電話動員左鄰右舍，是吃力不討好的辛苦事，要先清楚每家的政治意向、夫妻關係，從頭說明核電和輻射的危害，若上臺北抗議，還要一早挨家挨戶，安排交通不便的人搭車去臺北，「通常要動一個人出來抗議，起碼要打過十通電話才有可能。」身為女性，熱心公共事務、參與社會運動，要承受更多無形壓力。夫妻倆一起去臺北抗議，雜貨店就必須拉下鐵門，無法做生意。「我也擔心如果經濟狀況不好，或者家庭沒顧好、孩子學壞，會被人家說，就是因為出去『痟』（瘋）反核，才會這樣。」閒話從未少過，但她自認行得正。

也許是艱辛多舛的生活歷練，鍛鍊出她的韌性。臺電的人都知道，自救會的「阿英姐」不好惹，她像是扎根海岸沙地的馬鞍藤與林投樹，抗旱、抗鹽、抗風，從山上移動到海邊，再到臺北街頭，無堅不摧。

撤銷漁業權衝擊貢寮漁民

楊貴英打三十八案捍衛土地的同時，貢寮的漁民也在捍衛海。許多不祥的前兆與聽聞，讓他們對核電廠心生排斥。核三廠剛開始運轉沒多久，墾丁潛水教練蔡永春在電廠出水口附近，發現原本五顏六色的珊瑚礁發生白化現象。珊瑚如同海洋裡的熱帶雨林，是許多生物的棲息地和共生聚落，正常的珊瑚會因為共生藻類而呈現各種顏色，若因為海水溫度、光度、鹽分變化等環境因素變遷，例如水溫超過攝氏三十度，藻類就無法生存，導致珊瑚白化。一九八七年墾丁國家公園委託學者監測調查，進一步證實核電廠對海排放冷卻水，很可能就是珊瑚礁白化的主因。[18]

一九九三年七月，金山鄉民范正堂在核二廠出水口，採獲大量脊椎不正常扭曲突起的花身雞魚，因為貌似駝背眼凸、面貌醜陋的布袋戲人物「祕雕」，被戲稱為「祕雕魚」。漁民懷疑，來自核電廠的溫排水或輻射汙染，導致魚群生長畸形。消息引起軒然大波後，環保署委託中研院海洋學者邵廣昭調查畸形魚成因。邵廣昭研究團隊一年後發布報告，後續又進行七年定時監測與實驗後，指出核電廠溫排水的高溫，的確會造成魚類暫時病變，但與輻射汙染無關。[19]

邵廣昭的研究結果並不被反核團體和學者買單，例如公衛學者王榮德就質疑實驗的過程和方法，並不能排除有水溫以外的因素造成畸形。[20]總之，雖然

18. 參考〈墾丁國家公園海域珊瑚白化調查分析〉，https://www.ktnp.gov.tw/News_Content.aspx?n=5900082022C17E11&sms=C3C8C7E3C8A38EF2&s=BCCE2B049ABA2541。
19. 邵廣昭、李恩至，〈核二畸形魚之調查研究〉，《臺電工程月刊》第六三五期，二〇〇一年七月，頁八六至九四。
20. 王榮德，〈回應邵廣昭先生「祕雕魚確係高水溫所造成，非關核汙染」之說〉，《環境資訊電子報》，二〇〇〇年十二月十九日，https://e-info.org.tw/node/12226。

並無輻射汙染危害海洋的直接證據，但看到其他也以漁業為生的核電廠社區發生這種事，讓貢寮人很憂心，特別是魚類畸形，讓他們很快聯想到車諾比核災後基因突變的孩童。海就是討海人的狩獵場與天然冰箱，「沒有魚，不然要吃海水嗎？」他們怒問。

漁民倚賴海洋，核電廠也倚賴海洋。[21]由於核分裂後產生大量廢熱，必須引入循環冷卻水降低爐心溫度，避免熔毀危險，因此電廠進水口每天需要吸取三十萬噸海水，進入系統冷卻核反應爐後，再經由出水口排放回汪洋，排放出的水，相較正常海水溫度高出攝氏七至十二度。[22]

另外，因為核反應爐機組體積龐大，無法以公路運送，需要新闢特定且專用的重件碼頭，讓大型零組件以海運上岸。進出水口與重件碼頭對核電廠的運作至關重要，也勢必將改變海岸生態，排擠其他仰賴這片海域生存的物種。

核電廠不像珊瑚礁，難以容納共生。臺電進行海上與岸邊工程之前，首先要處理的棘手議題，就是取得海域的優先使用權，這意味著要向漁政主管機關申請停止漁會的漁業權經營，範圍包括從澳底到福隆近一百三十七公頃的施工海域，以及九十三公頃的電廠營運用海域。然而，如同三十八案尚未合法取得土地就先行開工，臺電為了加緊進度，在核四預算通過後，還未與漁民談定漁業權補償條件之前，就出動海底鑽探平臺，在炮臺山外海作業。

「鑽探的噪音、震動，把魚群都嚇跑了，對生計影響當然很大！」時年四十出

21. 不只是核電廠，燃煤燃油電廠也需要藉由海水讓電廠降溫，因此火力電廠多半位於海邊，臺電在動工營運前，也必須取得該海域使用權。

22. 郭金泉，〈核電與海洋汙染〉，《看守臺灣》，二〇一三年四月十五日，https://www.taiwanwatch.org.tw/node/925。

頭、在漁民中為年輕世代的吳順良說。貢寮漁民擔憂鑽探作業的干擾與泥沙汙染若長期累積，對海底生態將造成破壞，使底棲漁獲減少。海是漁村家園的重心，臺電侵門踏戶的行為令漁民相當憤怒，多次開漁船出海阻止臺電作業。一場捍衛海洋的戰爭即將上場。

海上義勇軍燃燒美日國旗抗議

十四歲就開始捕魚的吳順良，自稱是貢寮末代漁民。他一九五二年出生，家族是吳沙後代，當過數屆鄉民代表，見證過一九七〇年代貢寮漁業和九孔養殖業最興旺的時期。

三貂灣海域有黑潮流經，加上海底地形複雜多變，不僅近海養殖環境優良，外海深水區漁獲也特別豐饒，石花菜、九孔鮑魚、飛魚卵等海產量，都曾是全臺第一；使用放長線、釣大魚的「延繩釣」漁法捕撈鯊魚，漁獲量也曾經是全臺前五名。

一九八〇年代初期九孔養殖業遭到取締、導致許多漁民血本無歸後，[23]貢寮養殖業大受打擊；同時海峽兩岸走私貿易開始暢旺，獲益比起捕魚更好，因此許多漁民都改行從事遊走法律邊緣的海上交易，捕魚的人漸漸流失了。「漁民給國民黨害死，共產黨來解圍，」吳順良嘲諷。漁業萎縮，過往大船盛況不再，還在從業的漁民，多使用小型動力船隻作業，近岸作業拖釣軟絲，往往是夜晚出海，竟夜捕撈。漁業權若遭撤銷，無法在近岸捕魚，等於宣告生計斷送。

核電廠運轉對海的威脅，漁民自有判斷。吳順良認為，「許多人誤以為北海岸的海水

23. 見第一部1-3〈家離核電廠那麼近〉。

清澈見底、石頭光滑，適合養九孔，其實是因核電廠進水口每天抽大量海水，把魚苗、小魚、微生物都一併抽光了，海中沒有微生物，就缺乏抗體，海草也不會長，所以北海岸九孔長不好、魚也減少很多。」[24]

面對漁民的擔憂，臺電照樣試圖以錢解決，提出一億三千八百多萬的漁業賠償金額，但漁會和自救會達成共識，決心抗拒到底：一九九七年，臺電召開海域工程漁業權說明會，遭到漁民鬧場抵制；兩個多月後，國營會首次在貢寮舉辦補償協調會，開會之前漁會為了防止有人私底下妥協，還召開臨時會，規範漁會代表、理監事不得私下與臺電協議。自此漁會強力杯葛任何官方與臺電的補償協調會，技術性造成流會，就算臺電將補償金提高到一億九千萬，漁會也不承認協調結果。前自救會長江春和說：「這片土地是屬於後代子孫的，我們沒有權力承諾國營會出賣漁業權。」

要能夠抵制談判、發動海上抗爭行動，漁會的團結內聚力至關重要。捕魚獲利龐大、風險也極高，漁民性格剽悍，且深知團體同心協力合作的重要性。[25]貢寮的漁會組織始於日治時代，在地方上有相當影響力。澳底在貢寮鄉中的漁獲量、漁民人數最多，因此一九七六年漁會合併後，貢寮區漁會就設於澳底，擁有超過五千位會員。早期臺灣各地漁會多由國民黨政治系統把持，貢寮也不例外，由國民黨傳統勢力「新派」主導，但一九九〇年代後，因為反核運動的影響，既有的漁會政治結構逐漸鬆動。

在自救會運作下，一九九七年的漁會理監事改選，新、舊派席次比幾乎相當，加強了自救會與漁會的連結，能夠攜手反對政府徵收漁業權。[26]一九九七年九月二十一日，

24. 參考自崔愫欣紀錄，吳順良貢寮營隊講課內容，二〇〇〇年四月二日。

25. 鄭淑麗，〈社會運動與地方社區變遷：以貢寮鄉反核四為例〉。

貢寮漁會和自救會在三貂灣海域進行「九二一反核反登陸圍堵演習」，漁民組成「海上義勇軍」，模擬未來阻擋重大機組從海上「偷渡」進貢寮時的行動。

臺北分會和自救會幹部製作了一臺核反應爐的模型，掛有美、日兩國的國旗，象徵來自兩國的核電廠，由漁船「吉川滿號」拖曳，扮演運送反應爐的假想敵船。在抗爭主船一聲令下，來自貢寮各個漁港共一百一十六艘漁船，包括小型舢舨、小艇到中大型漁船，從四面八方聚集圍堵反應爐模型，並點燃沾油的白布放火焚燒，彷彿抵禦外侮入侵，也證明貢寮漁民有打貼身肉搏戰的硬實力，如果哪一天核四機組要登陸了，就要「玩真的了！」

漁民的不合作抵抗，使得臺電一直無法取得漁會同意，完成漁業權的協調，導致海上施工無法進行。按照原先的工期規畫，核四的兩部機組要在二〇〇三年完工商轉，因此海上工程與核島區工程，最遲都必須在一九九九年夏天動工，特別是海上工程還有季節性限制，必須避開每年十月底到隔年三月的東北季風期。但重件碼頭工程已因為漁民抗爭而停擺一年，臺電相當擔心隨之而來的工程利息損失與運轉延宕。省政府只好使出殺手鐧，以《漁業法》第二十九條中的「公共利益」理由，打算強制撤銷貢寮區漁會的漁業權。[27]

26. 陳建志，〈政治轉型中的社會運動策略與自主性：以貢寮反核四運動為例〉（東吳大學政治系碩士論文，二〇〇六）。

27. 根據《漁業法》第二十九條，漁業權為準物權，準用《民法》不動產物權規定。未補償即撤銷漁業權，形同公然搶奪。

3-3 電力與權力的交纏

反核運動讓漁民必須重新認識自己的家鄉，或者說，要用另一種方式陳述自己習以為常的事物。「沒有珊瑚，魚就不會進來，也就捕不到魚了，」貢寮漁民吳進榮說。珊瑚生態健康，才有魚抓，這對漁民而言是顯而易見的道理，但臺電卻屢次在核四環評與各種報告中說，「這裡沒什麼珊瑚」，霸道地否認三貂灣海域有珍貴的海洋生態。為了反駁臺電，自救會還得竭力證明海域的價值。

翻著海洋生物圖鑑、學者文章，一筆筆記錄，海裡的每一種生物都有名字。臺北分會幹部先是找到臺大動物所教授鄭明修的調查研究，指出東北角海域有一百八十二種珊瑚，還有上百種甲殼、軟體動物、藻類，以及數不清的各類海濱生物，生物多樣性極高。[28]再來為了記錄海洋生態，經環運工作者林長茂協助，找來經驗豐富的潛水員，由吳進榮提供自家船隻，花了三天時間，在核四出水口附近進行海底攝影，在核四出水口預定位置附近發現大片美麗的珊瑚礁，逐一辨識、建檔後，開記者會將影像公諸於世。

28. 鄭明修，《東北角海岸風景特定區自然生態資源調查與監測》（交通部觀光局東北角海岸風景特定區管理處委託調查，一九九四）。

證明了美麗，還要抓出醜陋。澳底石碇溪又稱尖山腳溪，是貢寮境內除雙溪河外，另一條重要溪流，也是凱達格蘭族過去的生活領域，沿岸分布多處遺址，從澳底漁港南邊流經出海。這條尋常的天然野溪先是被劃進核四廠區預定地成為禁臠，又因為重件碼頭工程施作，被迫接受整治，遭臺電截彎取直改成一條水泥化的大排水溝。工程完成後，下游住戶屢逢大雨就淹水，加上臺電任意堆置的工程廢土在雨後形成汙泥流入海域，氣憤的鄉民帶著縣議員進入廠區現勘，對臺電人員破口大罵。

「我們也就陪伴自救會一起用盡辦法，什麼都試，據理力爭，」賴偉傑說。自救會不斷以抵制協商，證明地方的文化、生態價值與揭露臺電違法等策略，不放過家門外被工程影響的任何蛛絲馬跡。草根的努力，凸顯了地方政府的消極。

臺北縣政府對反核意興闌珊

雖然對民進黨已經頗有怨言，但一九九七年的地方縣市長選舉，自救會仍一如往常傾全力支持民進黨候選人蘇貞昌，並高調恭賀當選。然而，一九九八年立委選舉後，在野黨席次無法更上一層樓，國會仍由國民黨占據多數，也意味著核四在立法院幾乎已無翻案可能。

「這時候我們也發覺民進黨對反核的興趣下降，不再有清楚及整體的戰略思考，」吳文通說，「但民進黨現在掌握了臺北縣政府，理應在反核要有所為啊！」他指的是地方政府可以盡量想方設法擋下核四工程的各種行政關卡，也可以有更積極的能源規畫。

臺北分會整理出民進黨執政的臺北縣政府可以「有所為」的方向，包括建議「縣政府核四監督小組」，作為回應地方反核意見的即時及整合窗口，也建議縣府爭取再生及節能產業發展，推行區域節能計畫，以「省下一座核四的用電」，無不都是在提供執政者可以助益於反核的方案。

然而民進黨冷淡的態度，讓自救會心寒。蘇貞昌上任後，自救會曾帶著三十八案前往臺北縣政府陳情，希望縣政府能夠在核四工程監督上多加著力，至少能夠達成拖延工程的效果。「但是接見的副縣長林錫耀卻說，都什麼時候了，還在反核！」吳文通相當氣憤，「當初（指一九八七年林錫耀擔任環保聯盟副總幹事），是他來貢寮叫我們成立自救會的耶！」昔日的民進黨反核戰友，如今態度保守許多。

地方政府不積極阻擋，仍是國民黨執政的中央政府則繼續強力護航核四，幫臺電打通阻礙。一九九九年三月十一日，省政府先是發函貢寮區漁會，撤銷並停止部分專用漁業權，臺電再寄送兩億多元的賠償金支票到漁會，卻遭漁會拒絕收受並且退回支票。

省政府的做法擺明毫無程序正義可言。五百位憤怒的漁民浩浩蕩蕩來到立法院和總統府前，大罵政府「惡霸」。「我們要生活，不是要你的補償！我們要給子孫代代吃，不是只有給我們吃而已！」立法院外，西裝筆挺的農委會漁業署代表，想說明補償方案，遭到漁民厲聲打斷，卻無法改變強制徵收的事實。最後臺電甚至逕自將賠償金支票提存於基隆地方法院，等於沒有取得貢寮區漁會同意，就強迫接受撤銷漁業權。

省政府護航逕行撤銷漁業權，也顯見中央對於核四工程延宕的壓力和必須如期貫徹建廠計畫的態度，無論程序合法與否。果然，在省政府強行撤銷漁業權的六天後，原能會竟然也快速通過臺電的核四建廠執照申請。過往蓋核一到核三只需要建築許可，這次是有史以來第一張核子反應器建廠執照，文號「電器建字第〇〇一號」，讓核四得以進入全面施工階段。

費盡心力要求臺電守法、符合程序，依照體制內的規矩陳情、蒐證，最後卻換來錯愕結果，這口氣怎麼能忍？「必須用血和生命抗爭到底！」憤怒的自救會宣誓。還有什麼政府機關能夠指望呢？現下似乎只剩監察院是最後的把關者了，雖然，自救會對監察院的無力和限制心裡有底。

時間往回推到一九九一年，原能會完成核四兩部機組的環境影響評估。四個月後，臺電申請將核四兩部機組的裝置容量，分別從一百萬瓩提高到一百三十萬瓩，使用完全不同等級的機組，加起來的擴增規模，幾乎等同核一廠一部機組，理應重新做環評審核，然而原能會在臺電提出申請當天就核准變更。

監察院因此在一九九五年糾正包括行政院、經濟部、原能會在內的七個單位。然而糾正案後，原能會並未彌補行政錯誤，反而以核四具重大經濟意義，不應延宕開發時程為理由，不僅通過核四初期安全分析報告，又繼續審查建廠執照，讓臺電透過祕密會議進行專案報告以取得執照。理當監督行政官僚、避免官員濫權的監察院，雖然提出糾正文，但顯然只是徒具形式，並未實質改善漏洞百出的核四程序，也無法扭轉既定政策，反而是自救會緊咬不放的戰術，成功拖延了核四進度。

監察院的無力與限制

「只能絕食了，不然無法引起社會關注。」臺電拿到建照，意味著大規模工程將不可逆，也只能用強度更高的行動表達不滿。一九九九年三月底，反核陣營舉辦大遊行，抗議原能會草率發給臺電建照之外，一群由學生與臺北分會成員組成的「新世代反核青年團」倉促成軍，也前往監察院陳情並發動絕食，要求彈劾懲處原能會官員。從一九八八年起每年三月都沸騰的反核之春，此時竟然走了超過十年。

這場絕食行動的基調是「為監察院加油」，期盼能夠發揮監察院所主張的「獨立行使職權」，守住體制內最後一道防線，對失職的部會和官員提出有效懲處，特別是應該彈劾原能會主委胡錦標。一向是熱血行動派的呂建蒼也是絕食團成員，他無奈地寫下自己的心聲：「『既定政策』已成為臺灣環境、土地苦難的最大魔咒；反核運動已超越原先環境運動的意涵，而成為全面檢視環境正義、社會正義、經濟正義，以及行政權責、監督制衡機制。」[29]

長達六天的絕食行動，有許多社運團體前來聲援，包括當時才剛經歷過激烈抗爭、在陳水扁的廢娼政策下爭取工作權的臺北市公娼。對比反核街頭行動的參與者一年比一年少，頗有邊緣相挺的意義。

監察院最終於四月、五月兩度針對原能會、環保署與行政院通過糾正案，[30] 指責建照審核程序不當、提高裝置容量均不符合行政流程，還措辭強烈地指原能會與臺電

29. 新世代反核青年團，〈環保聯盟臺北分會記呂建蒼絕食聲明〉，二〇二二年七月二十六日，https://www.taiwanwatch.org.tw/issue/nuclear/newNONUK/88032904.htm。

30. 監察院，一九九九年第七十八、七十九號糾正案。

「暗渡陳倉，私相勾串」。糾正文也讓核四使用「進步型沸水反應爐」（ABWR）的疑點浮上檯面。

「進步型沸水式反應爐」是奇異和日立合作設計、由日立所製造的第三代反應爐。相較於核一廠、核二廠的沸水式反應爐（BWR）和核三廠使用的壓水式反應爐（PWR），在全球已有許多運轉案例，ABWR機型除了臺灣核四廠之外，僅在美國、日本取得使用執照，且實際投入運轉的機組數只有四座，全數位於日本。[31]難怪監察院糾正文指出：「各國均無改良式進步型核反應器運轉實績，臺灣電力公司卻好高騖遠，強行採用。」[32]

然而，監察院的糾正案威力，能讓核四停工嗎？兩位負責此案的監察委員馬以工、古登美面對自救會陳情，明白地回應：「我們的權力有極限，叫它（臺電）停下來是行政院的權力，我們沒有這個權力。」[33]監察院只能指出「有錯」，但無法下令「錯了要改」。

於是就算被監察院糾正，臺電在拿到建照後仍然得以加速工程進行。重件碼頭在停擺一年後，又在一九九九年五月一日再度動工。一個多月後，未曾停歇監督的自救會再度請潛水員進行海底攝影，想知道工程對海洋生態的影響，卻發現原本生機盎然的珊瑚礁群，已經被工程產生的砂石、汙泥掩埋成一片灰白，沒有魚類游動，還有珊瑚礁出現白化現象。看到影像的自救會成員感到心痛，如同家門前悉心照料的植栽，被瞬間輾壓毀壞。

31. 曾運轉的ABWR機組為日本柏崎刈羽核電廠第六、第七號機組、志賀核電廠第二號機，以及濱岡核電廠第五號機組，以上機組於二〇一一年福島核災後皆曾暫停運轉。

32. 監察院，一九九九年第七十九號糾正案。

33. 崔愫欣，〈貢寮生與死——貢寮的反核運動紀錄〉（世新大學社會發展研究所碩士論文，二〇〇四）。

貢寮的命運是往海裡去

臺電復工重件碼頭的那天正好是農曆三月十六日，碰上貢寮澳底仁和宮媽祖一年一度出巡，鄉民在沙灘舉辦媽祖過火儀式時，臺電也將挖土機大剌剌開進鹽寮沙灘，在鄉民眼中相當挑釁，礙於慶典當前，只能皺著眉頭默唸媽祖保佑「核四會砌，但是袂運轉」。

媽祖出巡的這一天，按照慣例舉辦遶境全鄉的盛大活動，但今年特別不一樣的是加入了貢寮的國小學童組成的「環保另類陣頭」。小朋友們用九孔、石花、貝殼、漁網當道具，還特製配戴反核標誌的媽祖像，組成「貢寮走燈隊」，提著龍蝦燈、魚仔燈，跟著在地的遶境隊伍在大雨中遊行，熱熱鬧鬧一整天。

這個安排不是突發奇想，而是經過將近一整年的籌備。「政府都說，貢寮蓋核電廠，地方可以拿回饋金、經濟會發展，好像是很大的恩惠、認定貢寮人非接受不可。但若他們堅持不要核電廠，能不能有其他發展可能？」一邊支援自救會的在地抗爭和工程監督，賴偉傑與臺北分會的成員呂建蒼、康世昊、學生成員周東漢、林建宏等，也著手盤點貢寮的文史、地方資源，向文建會申請計畫，辦理社區規畫師課程、籌辦「貢寮的美麗與哀愁」攝影展、說服在地小學教師合作，試圖從社區營造與文化的角度，讓總是高強度的抗爭，找到其他的表達形式。

「東港有燒王船、鹽水有蜂炮、平溪有放天燈，那貢寮有什麼文化特色呢？」臺北分會找來差事劇場團長鍾喬、民俗專家林茂賢等文化工作者跟鄉民一同討論，將反核理念融合進地方宗教和漁村元素，設計出一整套課程。[34] 反核運動進行多年，為媽祖信仰、沙灘、海洋、捕魚增添了不同的意義，已經是地方文化不可忽視的一環。

臺北分會學生成員羅敏儀是走燈隊總召之一，因為參與輔仁大學環保社而開始接觸反核，對鄉民的熱忱印象深刻。自救會長輩幫下鄉辦活動的學生張羅一切，借到一整棟透天厝讓學生幹部住，甚至龍蝦、九孔吃不完。幾個月前因肝癌過世的江春和的家人，也捐出他過去使用的漁網，作為走燈隊的道具素材，頗有傳承的意義。

幾年來將抗爭主戰場拉回貢寮，以拖待變，雖然無法大幅度改變核四推進的事實，卻實質對工程造成阻撓與延宕，也使運動者認知到要用新的眼光看待「地方」，重訪與發掘被鄰避設施所否定的鄉土價值。不只如此，與其他面臨開發爭議的社區交流運動經驗、激盪想法，也是重要的活水來源，高雄縣美濃鎮就是其中之一。

一九九〇年代初期，為了供水給預定蓋在七股溼地的濱南工業區，提供大煉鋼廠和七輕使用，政府計劃興建美濃水庫。由於預定建壩地點距離主要村落太近，美濃居民擔憂安全問題，加上水庫蓋成後將淹沒生態珍貴的黃蝶翠谷，因而掀起全鎮的反水庫運動。這個客家庄數度集結搭乘夜行巴士，北上立法院抗議。「北反核、南反水庫」號稱是當時兩大環保運動，貢寮與美濃雖然一為漁村，一為農村，生產模式和文化截然不同，卻都譜寫出對抗發展主義的故事。

一九九八年十月，鹽寮反核自救會號召四十人，搭上夜行巴士，從東北角南下，風塵僕僕前往島嶼對角線另一端的高雄縣美濃，拜訪反水庫運動最主要的組織「美濃愛鄉協進會」，交換抗爭經驗。[35]「當時美濃反水庫分兩派，一派是衝組，我們講一〇〇三

34.「慈光普照東北角」計畫，https://www.taiwanwatch.org.tw/issue/nuclear/news/dragon01.htm。
35. 劉志堅，〈當反核遇到反水庫的苦戀〉，《臺北環境》第二十期，一九九九年一月，頁二六。

事件，勸他們不要躁進，如果太激動，會對運動有所傷害，」吳文通說。美濃豐沛的客家文化和跨越世代的社區凝聚力，也讓貢寮人印象深刻，體認到有扎實的社區與文化累積，才能傳承運動、面對瞬息萬變的外部局勢，而不會面臨虛化。

一九九九年，當反核團體在監察院外絕食的同時，美濃鄉親在立法院擋下了工程預算，獲得階段性成功，而貢寮則繼續跟進入動工階段的核四「纏鬥」，持續糾舉施工違法證據，臺電不得不再委託學者重新展開出水口海域生態調查，曝露出最初做環境影響評估報告的草率。但在破壞已成事實之下，也只是亡羊補牢。

貢寮的命運是往海裡去，討海人的個性，也似乎對於不確定感有更大的能耐，即使重件碼頭工程已經開始挖沙打樁、堆置消波塊，在六月三十日漁民節當天，三貂灣仍聚集了三百多艘漁船、一千多位漁民，複習兩年前的海上圍堵抗議演練。澳底之外，還有來自基隆、和美、鼻頭、金山的漁民也趕赴現場，岸上、海上相呼應，並再度焚燒掛有美日國旗的反應爐模型，警方還得拉起海上橡膠封鎖線，防止漁民駛船靠近碼頭工地。

電力與權力的交纏

政治途徑無法阻卻核四的狀況下，「回到地方」不是保守，而是基進的行動。歷經幾年與自救會並肩在地方作戰，這時的臺北分會要重新定位運動角色與未來的發展。

「在地方是肉搏戰，跟在地人一起被警察抬，才會變成同一陣線。如果只是在臺北遙控，沒有辦法累積信任感，參與運動的人來來去去，地方上的人都看在眼裡，」呂建蒼說。在核四預算通過、立法院無翻案希望之後，臺北分會堅持在地防守，與環盟總會訴求公投解決，是兩方在運動策略上的主要差異。

賴偉傑記得一個鮮明的場景：一九九九年的監察院絕食。當臺北分會與新世代反核青年團絕食六天，要求監委善盡調查責任、彈劾原能會主委，不遠的立法院門口前，民進黨立委與蔡同榮、沈富雄、高俊明牧師以及環盟教授施信民等人，也在靜坐絕食禁語，訴求《公民投票法》通過立法。對於信仰公投者而言，唯有透過公民投票，才能由人民自決國家統獨、核四存廢等議題。同樣都在政府機關前絕食、同樣訴求反核四，卻有截然不同的政治想像，以及對「民意」迥異的詮釋。

「我們也漸漸感受到，作為一個環保聯盟的地方分會，在資源募集和議題串連上都受到限制。在環保聯盟的同一塊招牌下，運動路線與募款能力卻差異不小，很尷尬。」賴偉傑說。

一九九〇年代後期的環境議題戰場連綿，除了反核，臺北分會也同時在挑戰環保署的「一縣市一焚化爐」政策，杜絕戴奧辛的汙染，並倡議遊說臺北市推動「垃圾費隨袋徵收」，讓垃圾從源頭減量，但這些議題與總會並無合作，甚至也有立場不一的情況。從行政到議題看法都有歧異，若繼續依循原有共享招牌的運作方式，並無助益於組織發展，因此再度分家、獨立門戶成為必然的選擇。擔任臺北分會會長的環境規劃學者李永展說得直接，「如果繼續因為有著共同的名字，而迴避對整體情勢以及議題的判斷和辯論，那麼在對話困難和共識低落下，只有不斷地增加內耗的成本而已。」[36]

臺北分會的主要成員在經過多次徹夜討論後，決定在一九九九年底改組為「綠色公民行動聯盟」（簡稱「綠盟」），脫離「環保聯盟」的大招牌，並寫下「議題結盟、社區串連、公民行動、永續社會」四大箴言，作為綠盟的目標，強調連結，也強調社區和公民行動。

如果說一九九二年「臺北分會」從總會的分家，是反思社運組織的內部民主和對抗父權的叛逆，這次的改名重組則是直接樹立了明確的運動邏輯：同樣以反核為目標，但達成的路徑存在差異和分歧。反核運動進行了十年，伴隨政治與社會的劇烈轉型，足以讓涉事其中的人看清，這場社會運動表面上為了「電力」而辯論與奮戰，其實本質上也是對「權力」的詰問和學習。劃清界線的深層原因是「認清自己是誰」，才能在社運場域上尊重彼此、分進合擊。

36. 李永展、廖億美，〈告別舊世紀，迎接新未來〉，《臺北環境》第二十一期，二〇〇〇年一月。

一九八八年
三月十二日

鹽寮民眾焚燒臺電送的月曆
（廖明雄攝）

一九八八年三月二十六日

鹽寮民眾搭乘遊覽車前去抗議

（廖明雄攝）

一九八八年 三月二十六至二十七日

接近三哩島核災九週年，三十個民間團體聯合在金山、鹽寮、恆春舉行說明會及遊行，聯合提出〈一九八八反核宣言〉。汽球象徵著輻射塵毫無定向。

（廖明雄攝）

一九八八年四月二十四日

首次全國反核大遊行

（廖明雄攝）

一九八八年

反核靜坐。
前排左起為黃武雄、張國龍、施信民、曹愛蘭。
（廖明雄攝）

擁核，就讓他落
台湾環保聯盟東北角分會
89 3 17

一九八九年三月十七日

國民黨籍立委吳梓於立法院表示「不反對核四廠」，引發鄉民抗議表示「擁核，就讓他落選！」

（廖明雄攝）

一九九〇年

鹽寮反核自救會最初設於首任會長連大慶家

（廖明雄攝）

一九九〇年

臺北縣長尤清拜會貢寮

（廖明雄攝）

一九九一年十月二十五日

一〇〇三事件後，環盟舉辦追思及反省活動。

（廖明雄攝）

一九九二年四月二十六日

反核大遊行

（柯金源攝）

一九九三年三月二十日

福隆車站前民進黨候選人的宣傳車

（廖明雄攝）

一九九三年四月二十四日

貢寮澳底仁和宮媽祖與國姓爺到議場內監督核四預算

（廖明雄攝）

一九九三年六月二日

貢寮鄉親們請來媽祖與三山國王，至立法院監督核四預算案審查。

（廖明雄攝）

一九九三年
六月二日

貢寮澳底仁和宮媽祖於立法院前

（廖明雄攝）

一九九三年六月二十一日

福隆居民楊貴英（右一）帶著年幼的女兒到立法院抗議

（廖明雄攝）

一九九三年
六月二十八日

鹽寮反核自救會長陳慶塘
（廖明雄攝）

一九九三年
六月二十八日

核四審查預算，
貢寮人罷市抗議。
（廖明雄攝）

一九九三年

反核大事記者說明會，由左至右為吳順良、廖明雄、趙瑞昌、陳慶塘、江春和、廖彬良、吳文通。

（吳文通提供）

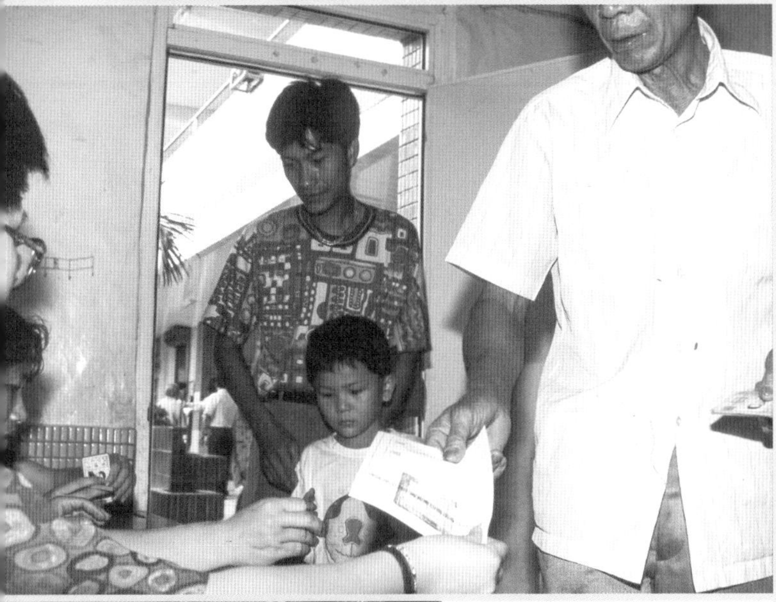

一九九四年 五月二十二日

貢寮鄉核四案地方公投（柯金源攝）

一九九四年
五月二十九日

臺北反核四遊行，上百臺全民計程車聲援。

（廖明雄攝）

一九九四年
六月三十日
核四預算強行表決，
群衆推開立法院大門。
（柯金源攝）

一九九四年

恆春核三廠

（柯金源攝）

一九九六年十月十四日

鹽寮反核自救會與環保聯盟臺北分會發起「反核義勇軍」，占領核四預定地。（柯金源攝）

一九九七年
九月二十一日

模擬核四機組入港時的抵抗——
「反登陸大圍堵」行動。
（廖明雄攝）

一九九七年十二月十日

蘇貞昌當選臺北縣長，向貢寮民眾謝票。

（廖明雄攝）

一九九八年三月五日

臺電向原能會提報金門縣烏坵鄉小坵嶼（烏坵）為低放射性核廢料「優先調查候選場址」，引發地方民眾抗議。

（廖明雄攝）

一九九八年十月

臺北縣貢寮鄉（今新北市貢寮區）核四工地（柯金源攝）

一九九九年三月十六日

媽祖、三山國王、國姓爺被請至立法院捍衛漁業生存權。

（廖明雄攝）

一九九九年六月三十日

貢寮漁會與鹽寮反核自救會於海上焚燒印有美日國旗的核反應爐模型，抗議漁業權受損。（呂建蒼攝）

一九九九年七月十七日

陳水扁與蘇貞昌承諾反核四

（廖明雄攝）

貢寮出身的攝影師廖明雄，跟著自救會到處抗議，記錄反核運動的足跡。（吳文通提供）

二〇〇〇年五月十三日

張國龍於反核遊行中擔任總指揮

（柯金源攝）

第四部

核廢何去何從？

文字 崔愫欣

廖明雄攝

一九八二年，蘭嶼全島有了電力，但同時也陷入黑暗時代，因為這一年是核廢料貯存場完成的一年。用過核子燃料該如何處置，幾乎從核電廠運轉開始，就是無法避免的難解問題。臺灣反核廢運動從一九八〇年代起就與反核運動同時展開，且因核廢場選址多落在偏遠的原鄉部落，而帶有強烈原住民族運動的色彩。這兩股運動力量，也在福島核災後，更進一步匯流。

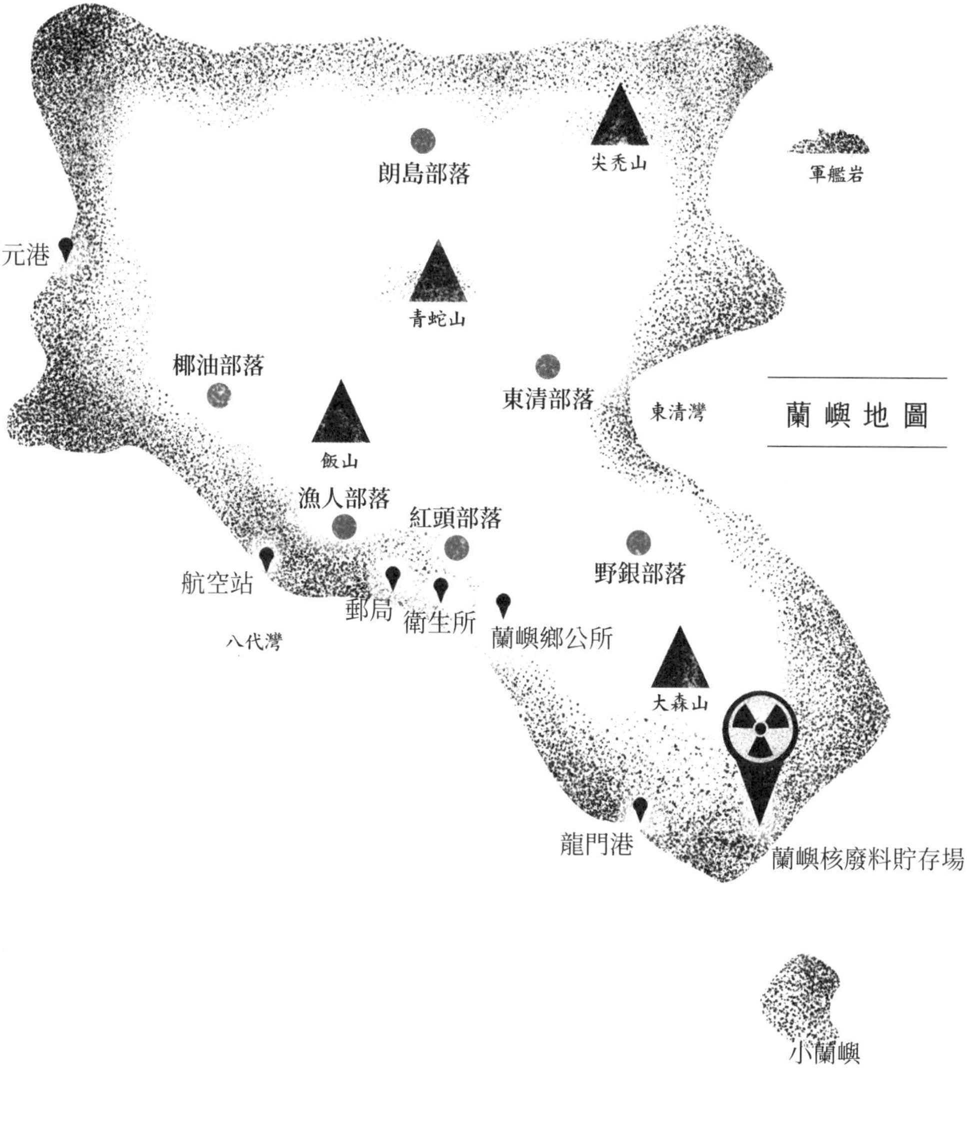

蘭嶼地圖
朗島部落
尖禿山
軍艦岩
開元港
青蛇山
椰油部落
東清部落
東清灣
飯山
漁人部落
紅頭部落
野銀部落
航空站
郵局
衛生所
蘭嶼鄉公所
八代灣
大森山
龍門港
蘭嶼核廢料貯存場
小蘭嶼

4-1 驅逐惡靈——蘭嶼反核廢運動的開始

一九七二年原子能委員會邀請相關單位，討論低強度放射性廢料終極處理方法，提出「廢礦坑貯存」、「深山貯存」或「日軍使用之地下屯兵工事貯存」、「投海」及「離島貯存」等方案。[1] 決議依循當時先進國家做法投海處理，並同時尋找離島貯存地點，原能會召開多次會議討論海拋（由臺大海洋所參與研究評估），與離島貯存（由原能會、核研所參與研究評估）的可能性，將廢棄物拋至深海，以為汙染可隨洋流遠離生活圈。如今看來荒謬，但這的確是一九四〇至一九七〇年代國際核工業處理低放射性核廢料的方式之一。後因國際環保意識抬頭，聯合國於一九七二年通過《防止傾倒廢棄物及其他物質汙染海洋公約》，並於一九七五年生效，[2] 這種便宜行事、不負責任的做法才逐漸式微。原能會決議將海拋計畫暫予保留，認為未來等到國際環境許可，或是放射性衰減消失後再行投海，目前

1. 一九七二年八月九日，原能會召開「低強度放射性廢料終極處理方法會議」，是臺灣第一次正式就放射性廢料處理召開官方與專家會議。
2. 《防止傾倒廢棄物及其他物質汙染海洋公約》(*Convention on the Prevention of Marine Pollution by Dumping of Wastes and Other Matter*)，簡稱《倫敦海拋公約》(*London Convention or LC 72*)，於一九七二年制訂，以管制世界各國傾棄廢棄物於海洋，一九九三年十月俄國在日本海海拋核廢，引起國際軒然大波，促使一個月後倫敦海拋公約諮詢會議經投票多數通過禁止任何種類的核廢海拋，並在一九九四年二月生效。參見Sjöblom, K. L., and Linsley, G. "Sea disposal of radioactive wastes: The London Convention 1972." *IAEA Bulletin* 2 (1994), pp. 12-16.

只有離島貯存才是唯一可行方式，且勘查評估蘭嶼最適當。一九七四年五月十一日，原能會正式展開「蘭嶼計畫」，成立「蘭嶼計畫技術小組」，負責擬定更具體的工程與預算。其後七年間，進行過十一次蘭嶼計畫技術小組會議，一九七九年行政院核准進行施工，直到一九八二年蘭嶼核廢料貯存場第一期工程完工，蘭嶼人都以為是蓋工廠，是政府對蘭嶼未來經濟發展的規畫，以為從此族人不用遠到臺灣工作，可以留在家鄉就業，未曾想過核廢料從此留在蘭嶼。

達悟族[3]稱世居的島嶼為「人之島」，這個位居臺東縣東南外海四十九海浬的小島，在國民黨遷臺後，因布滿野生蘭花而改名為蘭嶼，但半世紀以來它披上「核廢之島」的恐懼陰影。從一九八二年蘭嶼核廢貯存場正式啟用，接收第一批來自核一廠的低階放射性廢棄物，直到一九九六年專門運輸低階核廢的船「電光一號」遭到蘭嶼民眾封港抗議，被迫駛離為止，蘭嶼接收來自臺灣本島的低放射性廢棄物長達十四年的時間，共計有九萬七六七二桶。在檢整重裝之後，目前貯存桶數量為十萬〇二七七桶。蘭嶼這個小島成為整個臺灣發展核能歷史中，除了核電廠區之外，與核廢料纏鬥最久、最深的地區。

反核運動歷年來最有說服力與影響力的口號就是「核廢無解」，也是很多人不支持核電的理由。核廢料到底有解無解？大眾與媒體常常針對核電的存廢進行各種形式的辯論，卻對核工業的副產品——「核廢料」少有涉獵。核廢料正式的稱呼是「放射性廢棄物」，是核工業含有放射性核種的廢棄物，在核工業的核燃料循環產業鏈中，每個階段都會製造數量不等的核廢料。從鈾礦的鑽探、開採、研磨、轉化為鈾濃縮工廠的原料、燃料棒製造，

3. Tao族，本書稱「達悟族」為主，部分特定文件、組織名稱及引文稱「雅美族」。

接著是商用核反應爐的運轉，最終生成為需被貯存或再處理的「用過核子燃料」（高階核廢料），只要核反應爐持續運轉，大量的核廢料就會持續產生。

國際上不同的國家對放射性廢棄物的分類方式略有差異，臺灣在法令上的分類僅為高放射性（高階）與低放射性（低階）廢棄物二類。[4] 低階核廢料的主要來源為核電廠核島區內用過的衣物、工具、廢液、殘渣；此外還有大修、歲修以及核電廠除役後拆除下來的放射性汙染設施；另有少量來自醫療院所、農工學研單位的放射性廢棄物與使用過的輻射源。在臺灣的簡易分類下，低階核廢料雖名為低階，但並不代表沒有危險性，裡面包括高階以下的所有廢棄物，需隔離靜置三百年以上，才能使輻射量降至安全背景值。輻射除了隨時間衰減消失之外，並無其他方式可以消除或是加快其消失速度。在臺灣，這些廢棄物經壓縮、減容或包裝處理後，目前貯存在現有三座核電廠內的核廢料倉庫以及蘭嶼貯存場。

臺灣的核廢料處置，最早可以從一九七四年中央政府以「蘭嶼計畫」選定蘭嶼作為離島暫時貯存核廢料的場所算起，但放在蘭嶼的只有低階核廢料，更棘手的是高階核廢料，也就是核電廠的用過燃料棒，至今仍存放在三座核電廠廠區的燃料池內，跟世界上大多數使用核電的國家一樣，這是核工業的共通難題。當年決策者沒想過，在臺灣找不到高階核廢料最終放置貯存場，不但讓廠區內核廢料爆滿，積存在蘭嶼的低階核廢料也以「暫時貯存」之名，經歷漫長的四十年。

4. 根據《放射性物料管理法》第四條第三項放射性廢棄物定義：具有放射性或受放射性物質汙染之廢棄物，包括備供最終處置之用過核子燃料。《放射性物料管理法施行細則》第四條，放射性廢棄物分類為高放射性廢棄物及低放射性廢棄物。歸納而言，高放射性廢棄物即為備供最終處置之用過核子燃料或其經再處理所產生之萃取殘餘物，其餘的放射性廢棄物皆屬於低放射性廢棄物。

不知名工廠來到蘭嶼

一九七四年，蘭嶼核廢料貯存場計畫確定，希婻・瑪飛洑（Sinan Mavivo，漢名賴美惠）也剛從媽媽的肚子裡出生，這似乎預示她被核廢料牽動的命運。希婻・瑪飛洑，是挺身為蘭嶼發聲的中生代，這個名字的意思是「瑪飛洑的媽媽」，為母則強，她奮戰的身影感染了許多族人。

一九七三年，研究團隊進駐蘭嶼，研擬在這個小島建造核廢料場的可能性。當時原能會和臺電要在這島上做什麼，族人一無所知。希婻・瑪飛洑回憶過去曾聽一位學姐說，讀國中時，老師會帶他們去戶外教學，地點就是正在進行工程的核廢料場，當時島上第一次看到這麼多大型工程機具，大家都很好奇，老師便問工人那是什麼，工人回答：「要蓋大型工廠。」

「當時聽到工廠兩個字可以說是非常高興，」希婻・瑪飛洑說。因為蘭嶼缺乏教育資源，島上的孩子讀完國中後，大多離開家鄉到臺灣從事低階勞力工作，所以他們把這間「工廠」看成是「希望工程」，期待不用再像以前離開家鄉，而能做一份同時改善生活又照顧家裡的工作，對這個工程相當期待。但他們之後發現這跟原本的期待背道而馳，「也許是達悟族的語言裡沒有核廢料這個詞，所以才會認為那是普通的工廠，會給地方帶來就業機會。」既然不知道核電與核廢料是什麼，又如何阻止及反抗？大部分達悟族人在茫然中度過了第一批核廢料進港。

小小的希婻・瑪飛洑也不知道什麼是核廢料。第一批核廢料在一九八二年進駐蘭嶼時，她還在讀國小，全島開始供電，[5]到她讀國中時，一九八七年郭建平（族名夏曼・夫阿原）、夏曼・

藍波安等青年因反核廢而發起抗議行動，[6]看著這些前輩，她懷疑為什麼要反核？畢竟學校老師們都說：「沒有核電，蘭嶼人怎麼會有電用？」她事後回想，「這些反核青年都被族裡的人冠上『亂黨』之名。」

蘭嶼的第一批反核者

東清部落的張海嶼牧師和漁人部落的董森永牧師，是第一批反核廢領導人，在運動開始之前，便透過教會系統集結發聲。他們至今仍是達悟族的意見領袖，只要是攸關達悟族生存權益的問題，就會挺身而出。一九五五年出生的張海嶼回憶，蘭嶼計畫在他就讀玉山神學院期間擬定，當時他以為是鳳梨罐頭工廠，等畢業回到蘭嶼教會工作，計畫已箭在弦上。一九七六年，三臺大怪手在蘭嶼龍門地區登場，榮工處的工程車頻繁進出，山坡夷成平地。

「我們有看到新聞報導，也從一些有良心的政治人物那裡知道，核廢料要放在蘭嶼，我們不知道核廢料是什麼，問了一些人才知道是很毒的東西。不知道怎麼辦。況且，核廢場靠海，」張海嶼說，「不但海草會被汙染、魚會吸收到，汙染也會隨著洋流飄到菲律賓或臺灣，是全面擴散的，而達悟族人會受到比較強的影響。」在達悟族的認知裡，並沒有「核能」這件事，於是他們對族人長輩說這是毒藥，但這種毒在空氣中也在水中，讓人不痛不癢，卻會讓魚變成毒魚，在人身上就會變癌症，「我們會死

5. 在此之前，全島沒有任何電力供應，夜間僅能以煤油燈進行照明，臺灣電力公司於一九七二年開始策劃辦理離島供電，使用柴油發電機組的蘭嶼發電廠於一九八二年七月十五日完工，開始全島供電。
6. 請參考後續章節「 機場事件 」。

掉。我們不反，就是滅族。」

一九八〇年，董森永受邀到省議會參加「宗教團體協助改善山胞生活座談會」，找張海嶼同行，希望藉此向政府提出關於核廢料場的疑問。戒嚴時期，言行都得小心，他們私下詢問原住民族省議員：「我們可不可以提出核廢問題？」他們說可以，才讓董森永和張海嶼放心地在會議上提出：「請考慮核廢料放在蘭嶼的問題。」

「放射性廢料存放在蘭嶼，對蘭嶼居民生活有無影響？可否置於無人居住的小島？如必須存置蘭嶼島時，請關心不良後果，並提出安全說明和保證，以維護島上居民生命財產安全。」這段話的措詞如此小心，也顯得如此無力。

而後，原能會來了一紙公文答覆，強調貯存方式安全性極高（即固化桶裝離島暫貯方式），而且經過多方研究，蘭嶼是最適合的貯存地點。[7] 根據一九八一年《綜合月刊》報導，這項答覆公文說明的是，因為（一）龍門地區山坡地面積約一平方公里以上，大小適中；（二）該區東西兩端有山嶺阻隔島上其他地區，易於管制，且無人居住；（三）龍門地區三面背山，一面向海，有極佳天然屏障，如不幸發生輻射物質外洩，將被洋流帶往太平洋中稀釋，不致影響人類生活環境；（四）全島人數不多，接近放射性物質的人數幾乎等於零，對國民劑量影響最輕；（五）全部行海上運輸，因運輸而增加國民輻射劑量或汙染人類生活可能性最低；（六）未來終極投海處理甚為便利。[8]

7. 原能會、核研所、臺電公司於一九七四年一月完成《蘭嶼離島核廢料儲存可行性研判報告》，報告中以六項理由研判蘭嶼最為適當，呈報行政院。
8. 資料來源引自劉惠敏，〈臺灣憑什麼要蘭嶼承擔核電的代價〉，《上報》，二〇一八年八月二十九日，https://www.upmedia.mg/news_info.php?Type=2&SerialNo=46989。

公文內容，看似說理，實則獨斷，沒有徵詢蘭嶼人的意見，於是也不需顧及蘭嶼人的質疑，畢竟「政府認為這是最好的地點」。但蘭嶼人不能這樣就算了，「我是從教會這邊著手，島上也有人開始抗議。」張海嶼說的是郭建平等年輕人策劃的行動，作為牧師，他循的是教會系統，「我們有信徒嘛，藉由信徒的力量擴散出去。」

一九八二年五月，蘭嶼核廢料貯存場建造完成並啟用，接收第一批一萬零八桶核廢料，承擔臺灣使用核能發電的代價。

朗島部落的郭建平是蘭嶼反核廢運動的著名戰將，也是首先挺身而出的蘭嶼青年之一。他當時就讀玉山神學院，因時常到臺北參加原住民族運動，常和作家陳映真相約在《人間》雜誌社碰面。解嚴之前，陳映真和其所創辦的《人間》雜誌特別著重對勞工、礦工和弱勢族群的報導。在那個年代，民間力量極欲擺脫政治威權控制，《人間》雜誌是喚起原住民族群意識的其中一個媒介。一九八四年，臺灣原住民族權利促進會（簡稱原權會）成立，身為原權會第一批會員的郭建平說，「我們很專注看《人間》雜誌報導分析臺灣原住民族的議題⋯⋯他（陳映真）會告訴我有關核廢料的問題，當時鄰近香港的大亞灣正發展核電，他常去香港，也常到美國去，內華達州有一個核試爆實驗場。」因為陳映真的經驗與知識分享，郭健平稱他為啟蒙者。

郭建平到學校蒐集資料研究核廢，「剛開始材料沒那麼多，因為許多是未公開的、不宜公開的，甚至於它們（政府）不願意公開的⋯⋯它們把蘭嶼當成是無族之地，不把達悟人當人的殖民態度，更遑論說實話。」郭建平一邊蒐集資料，一邊請教臺大物理系教授張國龍等人，最後還向張國龍借了一本廣島核爆受害的書，以及關於車諾比核災的幻燈片，趁著寒暑假回到蘭嶼走訪部落，向族人們解說核廢料對人體、自然環境、海洋魚群和土地土壤的影響。但由於許多名詞不存在於達悟族的語言文化中，常讓郭建平難以轉譯。像這樣不存在達悟文化裡，無聲無形的核廢和輻射傷害，日後就以「惡靈」（Anito）代稱。Anito是達悟文化裡無法解釋的威脅力量。核廢對他們來說，就是這樣的存在。

經由董森永等牧師所帶領的教會力量，以及像郭建平、王榮基、張海嶼、施努來等知識分子的警覺和揭露，蘭嶼人逐漸認識核廢料的威脅。

機場事件與驅逐惡靈遊行[9]

反核廢之聲真正在蘭嶼掀起抗議風浪，是一九八七年十二月七日，郭建平帶頭阻止鄉代、縣議員赴日本考察的「蘭嶼機場事件」。

「當時人在蘭嶼的關曉榮，通知我臺電要收買蘭嶼鄉民代表和議員，到日本假考察真觀光。」記者關曉榮和郭建平之所以結識，是關曉榮讀了郭建平在《中國時報》發表的〈請聽聽我們的聲音〉文章後，直接找上他，坦言想到蘭嶼進行調查。「那時他剛完成基隆八尺門報導，希望前往蘭嶼針對核廢、觀光問題和大船文化進行報導。」而後，關曉榮便在蘭嶼蹲點，也因此發現臺電的收買計畫。

臺電為了安撫達悟族對核廢貯存場的反感和拒絕，便企圖收買民代，讓反核廢運動難以開展。關曉榮打電話到玉山神學院通知郭建平，但被情治單位竊聽，官方早知郭建平要

9. 此節資料來源主要為阿潑對郭建平的訪談。

回來阻止民代出國，因而將出訪時間提前一天，也就是郭建平抵達蘭嶼當天，讓民代們先行離開。事態緊急，關曉榮騎著摩托車繞蘭嶼一圈，將他認識的人都叫到機場。這是郭建平這輩子第一次拿起麥克風。達悟族的文化中，看重長幼尊卑，以下犯上違反文化規矩，「我知道我這樣子做，以晚輩身分不應該講這種話，但我希望你們不要去。」這些民代都是部落長輩，眼前都是孩子和晚輩，在喊話下民代們陸續起身各自回家。但隔天，臺電還是一早將他們從家中接走，到日本參觀。結果雖然一樣，但機場事件已經開出反核廢行動的第一槍。「至少我們第一次對臺電發出怒吼的聲音，在肅殺的年代，警總還沒撤的時候，自主性地對殖民統治者的第一次運動。」郭建平說。

此後，郭建平一邊在部落宣傳核廢問題，一邊做組織工作。在核二、核三廠陸續運轉後，一九八八年政府計劃進行蘭嶼貯存場第二期擴建工程。二月二十日，以郭建平、施努來為首的知識分子，發起「二二〇驅逐惡靈」抗議遊行——這是達悟人歷史上第一次示威遊行。當時情勢太過敏感，沒有人願意出面當召集人，張海嶼牧師只好挺身而出，擔下責任。「總得要有人犧牲，不然推來推去，沒有作為，這個島就沒有明天了。」張海嶼想了想說，那時不知道哪來的膽子，每個蘭嶼反核廢者都抱著必死決心，他還對妻子說如果回不來的話，要好好照顧家裡，幾乎都把最壞的情況想好了。

蘭嶼的二月是東北季風最強的季節，驅逐惡靈遊行在農曆年假召開，好讓更多族人都能參與。郭建平等人開了好多次沙盤推演會議，會議室外都是臺灣來的情治人員和警務人員，於是族人全程使用達悟語，讓警察無計可施。當時才二十七歲的郭建平終於說服部落長老，排除各種分化耳語和恐嚇，號召全蘭嶼的族人參加。從朗島、東清到野銀部落往集合地象鼻岩途中，滿滿都是人，長輩們穿著隆重的禮服、籐盔、籐甲、短禮刀和丁字褲，盛裝卻質樸地參與這場運動。為了不被「殖民政府」欺負，極為愛好和平的達悟人拿起盾與矛，穿起戰衣，同聲驅逐外來的侵略威脅。

不只達悟族人，《人間》雜誌、行動劇場、綠色和平工作室等社會運動者，大年初一清晨六點搭著二十人座的小飛機從松山機場起飛，在一路惡劣的氣候中到達蘭嶼，加入反對行列。郭建平回憶，「那時臺灣許多知識分子和劇場界朋友都來了，例如王墨林、鍾喬、黎煥雄，他們當場畫了很多布偶。」劇場人帶來的藝術展演，加強運動的聲勢和美感：有三具兩人高的大型布偶，以樹枝作柄的抗議牌，盔帽上綁著反核布條，還有煙火、口號和歌聲，伴隨著強風吹嚎、暴雨狂嘯，多年來的憤怒，在這一天爆發。當天也正式以「雅美青年聯誼會暨全體雅美族同胞」與各聲援團體共同發起〈蘭嶼反核宣言——謊言只能說一次〉。

活動結束後，郭建平回到部落開家族會議，一位長輩感嘆說，又到了飛魚返鄉的季節，但他的孩子已經連續三年沒回家，他感到羞恥，依據傳統他沒資格發言，但「反對貯存場這件事不分長幼、不分男女，是每一個達悟族的責任」。長輩說起郭建平這些年輕人的反核廢行動，感到驕傲又擔心。在蘭嶼，長幼尊卑的傳統逐漸不再成為反核行動的約束。

從一九八二年核廢料移入蘭嶼，一九八八年首次反核廢遊行，驅逐惡靈行動持續舉行多年，雖然擋不住陸續運來的核廢料，但至少成功阻擋貯存場原本預計分成六期的擴建計畫。

一九九五年，蘭嶼發起「一人一石」封港行動，企圖封鎖運送核廢料的大船「電光一號」、癱瘓蘭嶼對外交通，隔年成功阻擋電光一號入港，逼使一批核廢料運回金山核二廠存放。郭建平忍不住罵，「以清大核工所為首的蘭嶼計畫，[10]讓達悟族成為祭品的這些人，從來不把達悟當成人的這些專家，決定了達悟族的生生世世。但我們成功擋住了後面的五期工程，也成功讓運輸核廢料的船進不來。」從此，貯存在蘭嶼的核廢料再也沒有增加過。

核廢運動 世代接棒

反核廢運動開始在蘭嶼捲起大浪時，希婻．瑪飛洑和一般蘭嶼青年一樣在臺灣讀高中，也逐漸理解核廢帶來的危機；與此同時，前輩們則組成「雅美旅臺青年聯誼會」，在沒有手機和網路的情況下，克服時間和距離限制，一步一腳印地走動串連。一九九五年，蘭嶼人成功阻擋第二期工程，一九九六年終止臺電繼續運入核廢料。希婻．瑪飛洑就是在此時踏入反核廢運動的行列。

即使因為小島上的團結抗爭，使得核廢料不再輸入，但惡靈仍滯留在人之島上。一九九九年，角逐總統大位的民進黨候選人陳水扁選前承諾，二〇〇二年會將核廢料遷出蘭嶼，但時間到了卻依然沒有進展，憤怒的蘭嶼人決定在二〇〇二年五月一日至四日，發起全島罷工罷課「五一反核大遊行」，包圍核廢貯存場。五月四日，當時的經濟部長林義夫和行政院長游錫堃親赴蘭嶼與達悟族人溝通，達成制定遷場時間表、

10. 臺灣的核能專家主要來自當今的清大核子工程與科學所，擔任政府不同部門的核能決策官僚，例如原能會的技術官僚與臺電的專業人員，往往是師出同門。參考張國暉、蔡友月，〈驅不走達悟惡靈的民主治理夢魘：蘭嶼核廢遷場僵局的政策史分析〉，《臺灣社會研究季刊》第一一五期，二〇二〇年四月。

成立遷場推動委員會、部落社造等六項協議。[11] 二〇〇二年底，陳水扁以總統身分到蘭嶼再次承諾核廢料遷出，強調行政院已成立「蘭嶼貯存場遷場推動委員會」，委員包含鄉長、代表、村長，並已多次開會，努力尋求解決方法。「我們當時就缺簽下白紙黑字。」張海嶼牧師忿忿地說，二〇〇八年政黨輪替後，前朝的承諾因為沒有法制化，曾經辛苦抗爭來的成果通通歸零，讓人痛心。

遷出核廢料殊為不易，面對的第一個關卡就是「要遷到哪裡？」最終處置場址需要選擇適合地點並興建，過去由中央政府自行評選地點，被選中的地方深覺程序不民主、不公開、未獲得當地同意，紛紛起而抗議。一九九六年，臺東縣大武、達仁鄉為核廢料處置候選場址的風聲傳出，地方開始發起抵制行動，形成反核廢運動的另一條戰線。

二〇〇六年《低放射性廢棄物最終處置設施場址設置條例》（簡稱《選址條例》）才在立法院三讀通過，規定應依《公民投票法》，讓地方（縣、市層級）民眾決定是否同意作為低階核廢最終場址。臺電配合《選址條例》重新修訂選址程序，二〇〇七年提出計畫時程，預定將於二〇一一完成選址，並在二〇一六年前完成興建低放核廢料最終處置場。二〇〇八年，經濟部依法進行選址；二〇一二年，經濟部公告「臺東縣達仁鄉」及「金門縣烏坵鄉」兩處為建議候選場址，但臺東縣與金

11. 二〇〇二年五月四日，經濟部長林義夫到蘭嶼當面與達悟族溝通，並與蘭嶼反核自救會達成六項協議包括：（一）經濟部長林義夫代表政府對於未能盡速完成最終處置方案，對蘭嶼達悟族及居民之自然主權、環境權、生存權、人權及永續發展不夠尊重公開道歉；（二）立法保障達悟族在蘭嶼之自然主權及生存權；（三）行政院成立遷場推動委員會，委員會應於一個月內籌組完成，邀請反核自救會代表、公正環保人士、學者專家、經濟部代表、原能會、原民會達悟代表、臺電公司及立法院原住民問政會組成，及早制定遷場時間、場址及檢整、檢測工作推動；（四）一個月內成立蘭嶼社區總體營造委員會，關心當地健康、衣食住行等生活條件及教育文化環境的改善，並在貯存場遷場後確實清除一切輻射汙染物，恢復場區原有自然景觀；（五）政府如未履行協議內容，後果將由政府負責；（六）協議內容列入立法院國會紀錄。相關內容及簽署人名單請參考原能會放射性物料管理局《蘭嶼貯存場遷場規劃報告審查報告》（二〇一七年二月）。

門縣政府皆大力反對，表示不願主動辦理公投，使得選址程序無法進行下去，核廢選址形成僵局。面對外界的指責，臺電將選址失敗歸咎於地方公投程序卡關，認為是地方居民反對，才讓最終處置場懸而未決。

4-2 反核廢運動再起

「蘭嶼是一個高溫多溼的地方，根本不適合放置核廢料，頂多是人煙稀少空曠。當時本來選定蘭嶼，是為了海拋前的暫時貯存，因此這完全不是一個理性專業的政策考量。」希婻．瑪飛洑說。實際上，若要低階核廢料不再有風險，最短也要放置三百年，但一九九四年就發現許多核廢料桶鏽蝕破損。

蘭嶼有著熱帶島嶼的氣候特色，因為多雨，全年相對溼度高達百分之九十，每年從四月中旬至十月間，平均溫度都在攝氏二十八至三十度左右，高溫潮溼又多鹽分，貯存核廢料的鐵桶放置二、三十年後，發生鏽蝕情況，這對貯存安全產生極大隱憂。臺電承諾的遷出時程表，規劃以四年時間完成檢整作業、四年時間進行遷出作業、四年時間現地恢復原狀。[12] 貯存場原先應每十年評估一次是否需要檢整，但拖了多年，臺電終於才在二〇〇七年十二月開始進行為期四年的檢整作業，首次清查存放在壕溝裡二十年的廢料桶，根據其受損程度再做進一步處理，包括對鏽蝕的鐵桶進行除鏽、補漆、防鏽，並將破損鐵

12. 根據監察院委員張武修於二〇一九年八月十九日公布的調查報告指出：「臺電公司於民國九十四年十二月二十二日行政院蘭嶼遷場推動委員會第二屆第二次委員會提出『五五四四』之遷場時程規劃（臺電公司民國九十五年三月十日函復『蘭嶼貯存場遷場時程計畫』細節說明），即低放射性廢棄物最終處置之選址階段五年，處置場施工五年，搬遷廢料需四年，再四年將場址復原，於完成最終處置設施之建置後，隨即辦理蘭嶼貯存遷場作業。」見監察院「一〇八財調〇〇四五調查報告」，https://www.cy.gov.tw/CyBsBoxContent.aspx?n=133&s=6718。

桶中的核廢料，重新裝到鍍鋅鋼材製的重型容器中；已經破碎的核廢料，則需要重新固化，再裝入新的鍍鋅鐵桶中。檢整重裝作業於二〇一一年十一月完成，檢整後共十萬〇二七七桶。

檢整的四年，許多蘭嶼人獲得檢整工作機會，但同時也承擔龐大風險。根據檢整工人的說法，他們沒有防護衣，只有工作衣，「在那裡做又帶回家，跟我們的衣服鞋子一起洗。」希婻·瑪飛洑透過訪談檢整工人，找證人和證據。檢整過程中，發現核廢桶大多鏽蝕、破裂，可能導致輻射粉塵外洩，第一座開蓋檢整的壕溝，裡面四千二百多桶核廢料，甚至沒有一桶是完好的。臺電缺乏核廢料檢整經驗，又急著趕工，未依照完整輻防標準流程進行，檢整工人提供的照片顯示，許多被分類為「破損」的核廢料桶，實際上已經毀損得非常嚴重，其中有許多疑似偷工減料的狀況，例如核廢檢整的處理中心根本沒有充分的負壓、隔絕，不只廠房內的輻射粉塵散發，甚至將核廢料桶直接放置在戶外露天處，造成檢整工人曝露在危險中，並導致輻射外洩。

希婻·瑪飛洑將自己長期親身訪談工人所蒐集的資料當作證據，二〇一二年二月二十日，她公布令人怵目驚心的照片：穿著簡單黃色工作服的作業工人，身在爆開鏽蝕的廢料桶中，而許多廢料化成粉塵飛散其間，灰濛濛成一片。這樣危險的廢料桶，根據臺電說法，「只有」二一二四桶，占二%。新聞報導露出的照片、影片，都可以看得出檢整作業漏洞百出，工人經常需要近距離處理核廢料，甚至徒手處理，照片裡的工人所穿的「防輻衣」，只是一層普通不織布材質，並不能防止直接輻射，只能防止粉塵。現場工人曾表示，工作時通常沒有配帶偵測輻射量的劑量計。

九月二十五日，立法委員鄭麗君公布一段蘭嶼核廢料檢整重裝的影片，其中廢料桶嚴重鏽蝕，而工人在沒有防護下作業，「根本是草菅人命。」她要求原能會主委蔡春鴻調查說明，原能會第一時間指稱那是兩、三年前的「舊照」，早已要求臺電改善。九月二十八日立法院公聽會中，臺北醫學大學公共衛生系張武修教授提出日本學者在蘭嶼進行的輻射檢測結果，有十個採樣點輻射劑量偏高，但這項數據也被原能會駁斥，認為都在法規允許範圍內。十一月七日原能會調查報告出爐，才坦承檢整作業確有疏失，對臺電處以四級違規處分。而九月十九日監察院就已經提案糾正臺電檢整重裝作業，[13]因高汙染區域的負壓隔離系統成效不佳，粉塵飄落地面，經雨水排水道流入環境，沉積於潮間帶，且作業期間疏於督導管理，多項作業不符標準程序，顯有違失。

希婻・瑪飛洑說，「我在追檢整的過程中常常想流淚，我一直懷疑工人身上的輻射劑量超標。」她曾聽過一位檢整工人罹患癌症末期，本來在臺灣就醫，希望在臨終之前回島上，但是家人無法負擔他回蘭嶼的交通費，因為一趟直升機就要六十五萬，還有運輸途中的氧氣費，即使聯繫海巡署，也被推拖拒絕，後來是家屬到富岡碼頭求一個漁民帶他回去，「我當時看到他母親在岸邊流淚，非常難過，那個過程非常當地人很難想像，到底為什麼會這樣？」

13. 二〇一二年九月十九日，監察院高鳳仙委員、趙昌平委員提案糾正：「核電廠已商轉三十餘年，低放射性廢棄物最終處置場址迄未能確定，高達二十餘萬廢料桶仍暫時貯存於蘭嶼貯存場及各核電廠倉庫中，延宕蘭嶼貯存場遷場時程，且對該場檢整重裝作業疏於督管，致有分類不確實、人工核種外洩，以及臺電公司不當高額回借核能後端基金未動用餘額、辦理委託研究計畫涉有球員兼裁判等情，經濟部、原能會及臺電公司確有諸多違失。」見監察院「一〇一財正〇〇三五」字號糾正案，https://www.cy.gov.tw/CyBsBoxContent.aspx?n=133&s=3626。二〇一九年五月八日，監察院張武修委員提案糾正，臺電公司執行蘭嶼貯存場二〇一七至二〇一一年檢整重裝作業之品質管制未盡周全，經濟部、原能會及勞動部監督不周；又臺電公司執行檢整重裝作業期間輻射工作人員全身計測未盡落實，均核有違失。見監察院「一〇八財正〇〇〇八」字號糾正案，https://www.cy.gov.tw/CyBsBoxContent.aspx?n=134&s=6538。

我們和核廢料一起長大　蘭嶼青年行動聯盟

二〇一一年三月的福島核災不只在臺灣本島掀起反核浪潮，在蘭嶼也激起了一波波浪花。

中研院地球科學研究所研究員扈治安在十一月發布的蘭嶼調查報告，顯示疑有輻射外洩問題，[14]報告指出蘭嶼島上多處有人工核種鈷-60和銫-137汙染，這兩年貯存場出海口藻類沉積物，輻射數值比核三廠還高。反核廢運動聲浪再起，只是主力換成下一代的青年，擔任蘭嶼部落文化基金會執行長的希婻·瑪飛狀與理事郭建平召開「輻射外洩真相說明會」，也到各部落開島嶼共識會議，決議二〇一一年底到凱達格蘭大道抗議，隔年二月再次集結全島到龍門港，發動抗爭。

資深教育工作者夏曼·威廉斯（Syamen Womzas，漢名胡龍雄），在島上從教師、主任一路到擔任校長，是蘭嶼出身的第二位校長，恢復族名前人人都稱他胡校長。夏曼·威廉斯過去在當自然科老師時，就曾將核廢料放入教材進行教學，也常與夏曼·藍波安等人來往，參與反核廢的活動。為了參加二〇一二年的反核大遊行，他決定展開一個人的「綠色核殤行腳」，向學校請了假，從屏東大武開始騎自行車，行經佳冬，沿著臺十七線到高雄、臺南、雲林台西、彰化，一路騎到臺北萬華，在臺北因為不太認得路迷路了一下，終於趕上遊行

14. 廖靜蕙，〈透明恐懼來襲　達悟人淚批臺電隱瞞輻射外洩〉，《環境資訊中心》，二〇一一年十二月一日，https://e-info.org.tw/node/72060。臺電自一九九三年七月委託中山大學調查核三廠及蘭嶼貯存場附近海域之水文、水質化學、潮間帶底棲生物、海水及生物體含放射性物質等。一九九五年一月起，由中央研究院地球科學所扈治安實驗室承接，該研究室自一九九九年開始，在蘭嶼貯存場附近測得鈷-60、銫-137及銫-134等核種，各核種之最高活度雖未逾調查基準值，惟蘭嶼貯存場外海岸潮間帶之鈷-60及銫-137逐年增高，除超過銫-137於岸砂環境試樣之調查基準值外，亦較背景值高數十倍。

隊伍。他受邀在遊行舞臺上短講時，看到臺下不少以前教過的蘭嶼學生，強忍情緒，眼眶泛淚，心裡想著，「反核廢這麼多年，到我們的孩子這一代，竟然還要繼續花這麼多精神跟國家去對抗。」因此他決定要盡力去協助與陪伴蘭嶼的年輕人，反核的活動都盡量參加。二〇一三年他被推選為蘭嶼部落文化基金會的董事長，與擔任執行長的希婻・瑪飛洑共同推動工作。為了倡導反核，他在開學前一天，揹著反核旗幟，花六小時跑步環蘭嶼一周，開學日向學生們宣導反核的重要性。他認為臺電將核廢料強行貯放在蘭嶼，學生們應該學會對抗不公義。很多人問他會不會收到上層的壓力？他笑著說，「其實沒有，為自己的族群，該說的話還是會說。」他也曾在臺東縣中小學校長會議上向縣長請命，希望縣府重視族人的心聲，審慎處理核廢料的問題。

生長在紅頭部落的魯邁，因為反核廢，時常與夏曼・藍波安等長輩一起討論。「我曾經看過一本書，關於這些長輩當年反核的故事，上頭照片意氣風發。但這兩年，在遊行中看到他們，多數白髮蒼蒼，我心都酸了。」他想，年輕人應該要接棒了。

早先，讓魯邁動念想做些什麼的，是希婻・瑪飛洑的孤單身影。希婻・瑪飛洑是魯邁在蘭嶼國中的學姐，看著她在新聞畫面中為這個島嶼的危難發聲，他由衷不捨，於是號召蘭嶼國中畢業的學弟們討論如何支持和聲援。「我們和核廢料一起長大，能不能有自己的方式表達？」當時剛好接近二〇一一年底，福島核災方歇，他們靈機一動，決定在核廢場前靜坐跨年，「觀光客都跑到東清部落，我們這些當地年輕人就來核廢場門口倒數。」

蘭嶼的冬天常是強風勁雨，達悟青年們晚上十點冒著風雨來到核廢場前公車站，伴著簡單道具一起靜坐，大桶子代表輻射桶，上頭掛著代表被輻射侵害的傳統主食地瓜葉和芋頭葉。在風雨交加中，他們穿著雨衣默默坐著，還有人僅以塑膠袋避雨。淒寒的氣候連年輕人都捱不住，原本數十個人，只剩十餘個挺到天亮，但日頭浮出海面之時，又有幾個青年從家裡來集合，就這樣待到八點，眾人才離開。

在蘭嶼經營民宿、帶旅客潛水的魯邁，一九七四年出生，是反核廢運動的中生代，因為年紀稍長，能讓其他年輕人信服。同樣高中就離開蘭嶼的他，因活動範圍不會跨到核廢場所在的「青青草原」那頭，小時候對核廢印象懵懵懂懂，倒是國高中時跟隨部落長輩參與驅逐惡靈活動，印象深刻，「當時很壯觀啊，幾乎各部落全部集結。」那一年，是鄉長當總召，族人們穿著傳統服裝，拿著長矛對抗，「可能因為天氣燥熱，那時感覺很暴力，推著拒馬、對著警察叫囂，還有族人氣憤地砸了玻璃。」他第二次參加抗議，就是一九九五年一人一石封港行動。然後就是二〇一一年了。

反核廢運動在一九八〇與一九九〇年代爆發時，現在島嶼的年輕世代都還是孩子，他們的成長過程中，反抗聲音趨於寂靜，直到二〇一一年蘭嶼輻射外洩事件傳出，他們自覺有責任，自掏腰包參與抗議遊行。和早年通訊不便、徒步搞運動的前輩們相比，他們的武器是網路，討論和規劃行動都透過臉書，包含元旦跨年靜坐等大大小小的活動。他們每個月也固定淨灘，希望可以延續能量。他們組成的「蘭嶼青年行動聯盟」（簡稱青盟），並非一個正式立案的組織，囿於每個人都有工作或自己的事要忙，難以扛起核心責任，因此「還不成氣候」魯邁謙遜地說。

紅頭部落的希瑪都布史回想青盟成立的過程，二〇一二年二月二十日，蘭嶼族人召集約六百人，欲集聚於龍門港，舉行驅逐惡靈反核廢行動。前一天媒體記者陸續來島上採訪，需要一個窗口方便聯繫溝通，這群二、三十歲左右的年輕人在行動前一晚的聚會中，挑燈夜戰討論出遊行的訴求、口號及組織名稱。初創期的成員包括魯邁、林正文、林詩嵐，希瑪都布史則是唯一的女生。詢問她為何會參加？主要是因為二〇一一年底在蘭恩文教基金會聽了輻射外洩真相說明會。她過去以為放在蘭嶼的是低階核廢料，應該安全，但看到說明會簡報資料時感到震驚、氣憤，同時也覺得疑惑。深知自己對核廢料、輻射的瞭解不多，需要再做功課，因此開始廣泛學習、吸收關於蘭嶼核廢料的相關資料，也曾去清大上核能輻射相關的課程。

希瑪都布史二十四歲返回家鄉蘭嶼，在公家機關工作，也持續協助青盟的組織工作，包括宣傳與網站建置。這群年輕人搞運動堅持什麼都自己來，不拿長輩的錢、不收贊助、不申請經費，製作布條及抗議往返的交通費都自己出。青盟核心成員約二、三十人而已，連續幾年「組團抗議」，號召族人一起從蘭嶼到臺北參加反核大遊行。希瑪都布史對二〇一七年三月十一日反核遊行印象深刻，在凱道上靜坐，聽著從臺灣各地、甚至遠為了參加遊行而請假暫停工作從蘭嶼自費北上的族人們，輪流講述著自己為什麼願意舟車勞頓前來參與的原因，「換個角度想，或許要感謝核廢料，因為這是第一個能夠跨越蘭嶼六個部落，團結聚集族人對外的公共議題！」希瑪都布史說，「早期的蘭嶼，六個部落因為距離加上交通不便，各部落有各自的傳統領域，也保有獨特的習俗及文化，連語言詞彙、口音也有些許不同，因為做青年組織，才有機會跟其他部落的年輕人成為朋友，對我來說是很珍貴的體驗。」

曾任青盟召集人的林詩嵐主辦過好幾屆的反核盃籃球賽，希望跟年輕人用比較輕鬆的方式聊核廢議題。青盟也曾辦過音樂會，但堅持最久的則是辦了十二年的淨灘活動，最早的淨灘活動是為了連結不同部落的朋友，輪流去六個部落的海岸線撿拾垃圾淨灘，參加者就算沒有定期去也無妨。希瑪都布史說，「很感動的是，堅持撿了幾年下來，已經有族人主動認養清理自己部落的海岸線，來玩的遊客、打工換宿的管家、小幫手們也很樂意參加淨灘，島上的潛水店也開始自己帶客人去淨灘。」其實海漂的垃圾不僅僅是遊客帶來的，檢查垃圾的來源：中國、菲律賓、韓國、日本都有，甚至還撿到過俄羅斯漂來的瓶中信。從二〇一一年開始，每年四到九月氣候較為穩定的觀光季，淨灘活動固定每個月辦一次，除了二〇二一和二〇二二年因為疫情暫停過幾次，至今已持續十二年；青盟成員林正文因為關心小島垃圾爆量，公部門無法消化處理，因此自掏腰包推廣回收廢機油、成立寶特瓶回收站，咖希部灣成為蘭嶼著名的環境教育活動場域。

青盟成員關注的不只是反核，「東清七號地違法開發事件」就是一個案例。

二〇〇九年回來東清部落定居的謝來光，過去在山海雜誌社及原舞者舞團工作時，開始認識臺灣原住民族運動，發覺自己其實不喜歡臺灣本島的環境，更喜歡有山也有海的小島。當蘭嶼的網路開通之後，她決定返鄉，在蘭嶼部落文化基金會工作，也與青盟一起行動。二〇一三年六月，為了興建蘭嶼通勤觀光自行車道改善計畫等工程，蘭嶼鄉公所將屬於「原住民保留地」的東清村七號用地，以國有財產之名無償撥付給水泥業者作為預拌廠使用。此舉引發東清部落一連串抗爭，居民組成「東清七號地自救會」，召開記者會，要求立即暫停一切工程行為。為了阻擋怪手在傳統領域開腸剖肚，自救會輪流留守，居民穿著傳統服裝，頂著烈日守護土地。自救會發言人張海嶼牧師受訪時表示，「蘭嶼只有四

15. 陳佳珣，〈誰的東清七號地〉，《我們的島》，二〇一三年七月一日，https://ourisland.pts.org.tw/content/613。

十八平方公里，還要蓋六百平方公尺的混凝土預拌廠，蘭嶼整個都水泥化了！」「還沒有中華民國前，我們的祖先已經在這裡居住好幾代，這是我們的傳統領域！」

臺東縣政府與蘭嶼鄉公所堅持開發立場，二〇一三年六月，臺東縣警局更派遣六十名警力進入蘭嶼強制執行，[15]這成為抗議核廢料貯存場以外，第二次從臺東派遣警力進入蘭嶼維持秩序的重大事件。當日，在近兩百位居民反對之下，鄉公所與廠商終於決定暫緩施工，後續經由立委協助，臺東縣政府撤銷土地使用，監察院也對此案提出糾正。[16]

擔任東清七號地自救會副主席的謝來光說，回想在蘭嶼成長的過程，從核廢料進來，到後來爆發海砂屋、[17]國家公園[18]等事件，有種一直被欺負、不被理解、不公平的感覺，「這個島嶼怎麼回事？發生了這麼多事件卻不被聽見？為什麼政府都聽不到蘭嶼人的心聲？」與青盟的夥伴們一起守護家園，成功阻擋東清七號地開發之後，謝來光一直思考，為什麼反核廢三十年沒有成功？是島上的問題嗎？她相信只要島上主動團結、沒有私心就一定可以成功，「我從沒有放棄，不相信沒有路，不相信核廢料搬不走！」

16 監察院「一〇二內正〇〇五八」糾正案，https://www.cy.gov.tw/CyBsBoxContent.aspx?n=133&s=3863。

17. 一九六〇至一九八〇年代，政府於蘭嶼興建五六六戶國宅，改變達悟人的居住模式。然而國宅陸續發生水泥掉落、鋼筋外露等情況，後證實為海砂屋。達悟族人發起「雅美族海砂屋自救會」，並於一九九四年獲得每戶四十五萬元賠償。〈雅美族海砂屋自救宣言〉全文可參考：http://itdels.digital.ntu.edu.tw/Item.php?ID=A_0004_0011_0001。

18. 一九七九年，行政院核定「臺灣地區綜合開發計畫」，將蘭嶼規劃為國家公園。然而國家公園規定園區內不可「狩獵動物、捕捉魚類、焚燬草木、引火整地」，將對達悟族人生存造成重大影響，引發反彈與抗議。一九九七年，內政部營建署以「未與當地代表取得共識」為由，暫緩此案。

傷心的蘭嶼 回饋金與汙名

蘭嶼島內的權力結構並不民主，六十或七十歲世代主掌島上事務，公共性事務還是以公職選舉的鄉長、民代為大。臺電在二〇〇一年首次以回饋金名義將二億二千萬匯入蘭嶼鄉公所。儘管蘭嶼人得到一些「賠償」，但也破壞反核廢的團結，有些人因此認為「核廢在蘭嶼沒什麼不好」、「已經習慣了」，分化的耳語在當地居民間流傳。謝來光說，「很多長輩對前景很悲觀，覺得核廢料根本遷不走，其實心中並不是真的贊成核廢料留在蘭嶼。」她感嘆獲得權力者的私心堵住了路，只一味希望很多的建設進來，但帶來蘭嶼的不全然是建設，更包含著隱藏在建設名義背後的浮濫工程與環境破壞。臺電藉由回饋金制度指稱蘭嶼人願意接受核廢料，事實上，以敦親睦鄰為名的公關、政治遊說多年來從沒有停止過，舉凡中秋送月餅、歌唱比賽、獎學金、帶人去核三廠三天兩夜檢查輻射劑量兼旅遊等，[19]手段繁多不及備載，讓小島受到外界很多誤解。

二〇一三年農曆年期間，媒體大肆報導蘭嶼回饋金每人發放高達九萬二千元，是一個大紅包。對於這種說法，希婻．瑪飛洑感到委屈，認為回饋金不僅扭曲族人的價值觀，更加深政府施惠的印象，「外界沒有看到這是我們付出了健康和環境的風險換來的。」在此之前，蘭嶼居民實際上只

19. 臺電為監測蘭嶼居民是否受貯存場檢整作業影響，於二〇〇八年起分批安排蘭嶼居民，赴核三廠進行全身放射性核種計測，截至二〇一七年底，共有四三五六人次完成計測。自二〇一八年起，計測活動改為蘭嶼籃球賽活動時，以門框偵測儀器對現場每位鄉民進行偵測。臺電的計測結果顯示，居民體內均無人工放射性核種。然而，全身計測為國際常用之體內汙染快速計測方法，非法定劑量評定方式，僅是核電廠員工在廠區內的安全檢查作業，並不能取代全身健康檢查與長期追蹤。居民認為臺電此舉僅有形式上的安撫效果。

20. 臺電公司除支付蘭嶼鄉公所每年約兩百多萬的貯存場土地租金及約兩千萬撥付鄉公所用於地方建設及社會福利的回饋金外，自二〇〇〇年後新增二．二億土地配套補償金。每三年補助一次，但因申請人數每年不同，金額會依此調整。

領到三次回饋金，第一次六萬三千元，第二次五萬二千元，第三次則是二〇一三年的九萬二千元。[20] 蘭嶼鄉公所近十年來，以低放射性廢棄物回饋金支應該鄉公共建設比例僅約一%，幾乎全數用於消費性、福利性經常支出，以按人頭方式發放現金補助或津貼，悖離回饋原意，未投入地方基礎建設，遭監察院提出糾正。[21]

三年發放一次的回饋金，換算起來一天連一個便當都不到。「那個罹患癌症的檢整工人回鄉的船費根本不夠。媒體渲染九萬二是大紅包，但是他卻以健康作為代價，在我看來根本是白包。」希婻．瑪飛洑說，「這樣的代價對蘭嶼人來說是痛苦的，不是外人能夠想像的。在這種處境下還要被汙名化，被說拿錢還要反核，真的是很令人傷心，應該要把回饋金更名為『買命錢』。」

達悟作家夏曼．藍波安的作品〈星期一的蘭嶼郵局〉中，描寫族人領取回饋金的情形：

各部落的村辦公處廣播：「我諸多位的祖父祖母們，我諸多位的叔叔阿姨們，我諸多位的哥哥姐姐們，村辦公處報告！村辦公處報告！還沒有可以拿錢的書（存款簿）的人，趕快去工作（辦理存款簿）放一百塊在你的書裡，因為核廢料的錢已經放入你郵局的書了，你們去看看你們的書，看看臺灣政府有沒有騙你們的你勒斃（錢）……但是今天不要去，星期一才去。要變很好，你們，那個你們的肉體（請多保重），我十二指腸的兄弟姐妹們（鄉親們）。」

21. 監察委員李炳南、程仁宏於二〇一三年糾正蘭嶼鄉公所、經濟部、臺電「違規運用回饋金且按人頭發放」。見監察院「一〇二財正〇〇六二」糾正案，https://www.cy.gov.tw/CyBsBoxContent.aspx?n=134&s=3852。

和夏曼・藍波安同樣生長在紅頭部落的魯邁說，回饋金是直接撥款到鄉公所，除了個人領取外，也用在教育文化和社區發展協會上，每個部落每年固定都有兩百萬的回饋金經費，協會辦活動可提計畫申請核銷。「為了核銷這些錢，辦了很多活動，有一次，我們部落竟然用在芋頭田復育上，這讓我感到受不了。」魯邁所處的紅頭部落的芋頭田荒廢了，於是協會申請經費來整理這塊田，他認為實在諷刺，「達悟族原本就是捕魚、種芋頭的民族。」但這一代年輕人國中離家，老人家凋零很快，願意下田的人愈來愈少，於是傳統領域雜草叢生，最後竟然用回饋金來解決這個問題，「只要夠勤奮，達悟族可以用自己的雙手雙腳來維護啊！沒人願意種田，兩年過去還是荒煙蔓草一片。」他大嘆，整個方向都錯了。

魯邁說，過去蘭嶼都是以物易物，對錢沒有概念，如今因為回饋金，老人被錢左右了想法，族人也產生不勞而獲的觀念，降低反核廢的意願，「他們想，反正怎麼樣都不會遷走，那麼回饋金有什麼不好？」

夏曼・藍波安在〈星期一的蘭嶼郵局〉，亦描述回饋金改變族人的現象：

「賠償金多少錢？」

「他們說，三千六萬塊。」老人在地上用石頭壓住三千六萬塊，又對中年男子說：「看看我的書裡有還多少錢？」中年男子看了存款簿回道：

「十三塊還有六百還有四千以及八萬塊。」

「那是正確的數目」，老人說，之後中年男子又遞了一根菸給老人，然後老人用石頭壓住五千元，以五千元為一組，另一組五千元又用石頭壓住，秋日的陽光畢竟是溫暖的，風從郵局北邊吹來，石頭一定的重量只翻起新臺幣紙鈔的角邊，老人總共用十二個石頭壓住紙鈔，用十個手指算，加上兩個腳趾頭，最後一個石頭壓住三千元，說：「沒有錯，臺灣政府理賠的錢，三千六萬塊。」接著老人拿了一千元給夏曼・安睨尼斯，請他快跑到雜貨店買三包長壽菸，保力達兩瓶，還有一罐米酒，還有一百元價值的滷味。在喝酒之前，老人又麻煩夏曼・安睨尼斯說：

「這些五百一千六萬塊我要放在我郵局的書裡，在每週一我會來紅頭部落看看它，一千餘元是我這個月的零用錢。」

「當然，可是我要拿一百元去加油，否則我們怎麼回朗島部落的家？」

「當然」，老人又給了他一百元，說是幫忙存款的仲介費用，夏曼・安睨尼斯很愉快地看了坐在旁邊觀察他們的安洛米恩一眼，眼神傳遞的訊號煞是勝利的表徵。看在安洛米恩的眼裡，就是「劣質的正常人」的表現。郵局在星期一的上午，左右邊的巷道蹲滿許多前來郵局提款存款的族人，安洛米恩一人坐在一旁觀察眾人群像，數位鰥夫圍繞成一個群族，間插些六十五歲以上歲數的祖母級之寡婦，他們都互相觀看彼此間的存款簿，存款簿內的數字讓他們酒足飯飽，臉上曝露滿足感的笑容是他們前輩沒有過的歷史經驗，郵局可以拿錢也可以放錢，多少也降低了他們上山採收地瓜芋頭的辛苦。

郭建平認為，核廢料只是蘭嶼其中一個問題，「達悟現在最大的危機就是每個人都要柴米油鹽，已經被漢化。」傳統經濟生產已經大幅減少，不想種地瓜、芋頭，而是供應水源給民宿賺取一天就可以看到的錢，來換取肚皮溫飽。臺電也可以用更多敦親睦鄰的錢削減當地人的反核情緒。多年過去，商業和經濟的力量，逼使一些達悟族人低頭，蘭嶼看似抗議聲音洪亮，但卻遠遠不如過往。

「他們現在透過回饋金，塞一點點糖給你，再培養抓耙仔到處挑撥離間……這些知識學問不是那麼高的、對土地認識沒那麼深的、愛錢要錢不要命的，就被叫去訓練就業，變成跟我們的族人對立的一方。」張海嶼牧師說起回饋金的「挑撥離間」，嘆了口氣說，「蘭嶼已經那麼少人，還對立？這種教唆分化、以番制番的方式，真是惡劣。」的確也有部分蘭嶼人後來覺得，既然核廢的傷害已經這麼多年，拿錢彌補，比什麼都沒有好。

對蘭嶼反核廢的耳語和質疑，不只來自內部，指責蘭嶼人用電浪費的新聞不時就會在媒體出現。一般人以為蘭嶼居民不需付電費是因為核廢場的回饋金所致，事實上《離島建設條例》中規定，離島居民電費本就有優惠。[22] 張海嶼說，「澎湖是半價，但我們是免費，那是因為核廢料貯存場在我們這裡，因此臺電補助另一半。」一個五千多人的島嶼，僅八百多戶，查詢臺電紀錄，蘭嶼用電量第一大的是衛生所，再來是機場，都不是住家用電，島上很多民宿因為沒辦法登記成營業場所，所以等同住家用電。許多人對「用電不用錢」所形成的資源浪費不免批評，但民宿業者則認為是觀光客愛吹冷氣導致。臺電雖然對蘭嶼居民住宅用電採免費補貼，但營業用電仍須繳電費，並

22.《離島建設條例》第十四條規定：「離島用水、用電，比照臺灣本島平均費率收取，其營運單位因依該項費率收費致產生之合理虧損，由中央目的事業主管機關審核後，編列預算撥補之。但蘭嶼地區住民自用住宅之用電費用應予免收。」

非全部免費。臺電每年對蘭嶼的住宅用電補貼二千萬元，而每年在其他地區的政策性用電補貼或補助就達上百億元。

「我們沒有使用核能發電的好處，我們只有被丟垃圾。」張海嶼說，本島人使用核能發電好處，卻把核廢丟到蘭嶼。關曉榮曾在《蘭嶼報告》中批判，「把臺灣不要的、對臺灣有安全威脅的東西和人，擱置在『距離臺灣愈遠愈好』的意識形態，明白反映中心與邊陲的基礎結構⋯⋯。」

臺灣政府「不要的」，除了核廢料外，還有重刑犯。蘭嶼四千五百公頃面積中，有一六〇公頃屬於退輔會的「蘭嶼農場」，其實就是離島監獄、強迫勞役的管訓農場。一九五五年政府以國防安全為由，徵收蘭嶼土地房舍，興建營房，為的是隔離與禁閉政治犯、軍事犯與重刑犯，並讓他們從事為駐軍煮飯、種菜、養豬、整理環境等勞役。全長四十公里的蘭嶼八十號環島公路，就是這群「犯人」的貢獻。退輔會修建的軍事營房和哨所，分散在蘭嶼環島公路兩旁，一九七九年管訓隊退出蘭嶼後，這些地方大多荒廢，置放漂流木、廢棄汽機車或者羊群。

張海嶼牧師說，「這些土地原本是達悟族所有，但現在如果族人要使用，還要向政府租用，族人在島上僅有土地使用權，而無所有權。」對蘭嶼居民來說，漢人搶奪土地，恣意剝削少數、邊緣的原住民族，始終不變，他們只能一再抗爭，一代接著一代。

4-3 中華民國政府遲來的道歉

二〇一六年，新上任的民進黨總統蔡英文兌現選舉前承諾，於八月一日原住民族日，代表政府向原住民族在臺灣歷史上所受的傷害道歉。國家元首向原住民族道歉的歷史意義，在於政府必須承認過去的錯誤，才能讓整個社會一起走向和解的未來。道歉文中寫到，「當年，政府在雅美族人不知情的情況下，將核廢料存置在蘭嶼。蘭嶼的族人承受核廢料的傷害。為此，我要代表政府向雅美族人道歉。」「針對核廢料貯存在蘭嶼的相關決策經過，提出真相調查報告。在核廢料尚未最終處置之前，給予雅美（達悟）族人適當的補償。」

遠從蘭嶼來到總統府的原住民族代表，是曾任四屆鄉代、一屆議員，橫跨日治與中華民國政府統治，也是多年前反核廢領導人夏本．嘎那恩（Capen Nganaen），他以族語表示，參與總統向原住民族道歉這個歷史時刻，深感榮幸。歷來沒有任何一位總統願意在正式場合，向原住民族道歉，只有蔡英文總統願意這樣做，令他十分感動。談到蘭嶼族人深受核廢料之苦，他希望總統能想辦法讓核廢料遷出蘭嶼。今日是和解與和諧的開始，也希望政府能夠落實道歉的內容，讓彼此相愛，互相幫助，成為真正的一家人。[23]

八月十五日，蔡英文親赴蘭嶼召開座談會，聽取蘭嶼鄉親意見，並要求相關部門針對蘭嶼核廢料貯存場設置決策經過，在半年內提出真相報告。蔡英文造訪當天，蘭嶼部落文化基金會、蘭嶼青年行動聯盟在鄉公所前方等待，由謝來光代表發言，在大雨之中對蔡英文提出〈蘭嶼達悟族共同宣言及聲明〉，[24]這是島上反核廢運動擬定的共同聲明，他們認為當臺電原訂二〇一六年將核廢遷離蘭嶼的承諾再度跳票，總統只是以真相調查迴避蘭嶼達悟族人真正的訴求，核廢不遷出，即沒有所謂的轉型正義。

事實上，臺電原訂二〇一六年核廢遷出蘭嶼的計畫早已無望達成，因核廢選址始終沒有進展，這些問題蘭嶼人也知之甚詳，但不希望因此而延宕，因此〈蘭嶼達悟族共同宣言及聲明〉提出，「蘭嶼核廢遷出與最終處置場選址脫鉤，並將遷場程序法制化，核廢遷場程序另設條例辦理，未依時程遷出則依條例履行賠償」、「政府應以對達悟族最大的尊重與誠意，徹底解決蘭嶼核廢料問題。所謂永久貯存場之選址與建遙遙無期，應立即進行蘭嶼現有全部核廢料回歸臺灣暫存核能發電廠的儲運作業。」

對於「補償」，他們堅決反對現行臺電掩人耳目的輔導金、捐助款、回饋金等，全部由鄉公所主導之回饋金管委會分配管理的方式，而應全數直接匯入「達悟民族信託基金」，交由部落族人組織自主管理。這是為了回應外界始終以回饋金來抹黑、抵銷蘭嶼反核廢的聲音，認為蘭嶼人既然接受回饋金，似乎就應該「忍受」與核廢

23. 總統府新聞稿，〈總統代表政府向原住民族道歉〉，二〇一六年八月一日，https://www.president.gov.tw/news/20603。
24. 林靖豪，〈蔡英文在蘭嶼說了什麼？〉，《焦點事件》，二〇一六年八月十六日，https://eventsinfocus.org/news/903。

料共存。

核廢最終處置場址與核廢遷出蘭嶼計畫脫鉤的訴求，代表即使找不到最終處置場址，也應該盡速研擬遷出蘭嶼的計畫，先運回臺灣的核電廠區內暫存也是一個辦法。蘭嶼反核廢運動者不願再期待空泛的政治承諾，希望推動立法讓遷出時程明確化。因此希婻．瑪飛洑於二〇一六年提交《蘭嶼核料貯存場處理暨補償條例》法案到立法院，然而民進黨黨團未將該法案排入優先議程，移除事宜遲遲未有具體時程與方案。二〇一七年一月，民進黨政府推動《電業法》修法，時代力量、國民黨原住民立委分別提出修正動議，要求在二〇二一年將核廢料遷出蘭嶼，但民進黨團認為，即使立法也不可能在五年內做到，因此投下反對票，未在《電業法》修正案入法。在相關立法政策的推動實踐上，民進黨政府皆無所作為，令達悟族人失望。

二〇一七年八月一日，是蔡英文總統向原住民族道歉滿一週年的日子，蘭嶼青年行動聯盟發起「全島豎旗 核廢遷出蘭嶼」行動，並表示「在核廢未遷出蘭嶼之前，我們拒絕接受道歉！」謝來光呼籲，政府應該成立「蘭嶼核廢遷出小組」，具體規劃遷場時程表。

早上九點，豎旗行動從蘭嶼核廢貯存場集結，呼口號「核廢遷場，還我土地！核廢立即遷出蘭嶼！臺電違法占地！政府帶頭違法！土地永不續租！」，約有五十輛汽機車、近百人，遊行往核廢料貯存場專用碼頭龍門港、鄉公所、機場、開元港口、熱門觀光地點、環島公路、反核盃籃球賽會場、六個部落，一一插上蘭嶼反核廢運動史上第一面「核廢遷出蘭嶼」旗幟，島上有許多店家、居民已先掛上旗幟響應，青盟希望藉此提醒年輕一代，勿忘前輩的反核廢精神。

真相調查、補償、土地租金造成的撕裂

蔡英文總統自二〇一六年向原住民族道歉後，成立「原住民族歷史正義與轉型正義委員會」（簡稱原轉會），以及「蘭嶼核廢料貯存場設置真相調查小組」，二〇一八年七月完成《核廢料蘭嶼貯存場設置真相調查報告書》，[25]調查小組遍查官方文件，沒有證據顯示達悟族人事前知情，以前行政院長蔣經國、孫運璿同意動工的兩份公文為證據，一九七四年決定場址，當時政府徵收土地作為國防設施的軍事用地，以機密為由對達悟族人嚴格保密，只有一九八二年貯存場興建完成，才有國中小校長、鄉長、民代等少數人受邀進去參觀。總統府指出，政府責任確定後，轉型正義要處理的，就是針對人民權益受到損害的部分，給予適當的補償並回復其權益，下一步將由行政院通過特別法，編列預算，補償[26]達悟族人。

二〇一九年十一月，行政院頒布《核廢料蘭嶼貯存場使用原住民保留地損失補償要點》，根據該要點，由經濟部核能發電後端營運基金捐助二十五・五億元的「回溯補償金」及每三年二・二億元的「土地配套補償金」。但政府宣布這項看似善意的政策後，引起達悟族人與反核團體不滿，認為這有「福利殖民」之嫌，是補償、回饋，還是損害賠償？始終牽動蘭嶼最敏感的神經，而官方始終未提出核廢遷出的時間表，更是讓蘭嶼人憤怒。

蘭嶼部落文化基金會召開記者會，抗議補償金的做法並未事前與達悟族人清楚溝

25. 原轉會於二〇一八年十二月二十日公布《核廢料蘭嶼貯存場設置真相調查報告書》，https://www.cip.gov.tw/zh-tw/news/data-list/D365AA6AAFF274D1/2D9680BFECBE80B6255BD48DB382DE5F-info.html。

26. 官方用詞為「補償」，民間則認為是「賠償」。

通，要求退回日前承諾的二十五．五億元補償金，轉作為將核廢遷出蘭嶼的基金。曾在總統府接受道歉的耆老夏本．嘎那恩，也再度來到行政院門前，他說總統一上任就找他當資政，也答應會把遷場的事情放在心上，但沒想到四年來，政府都沒有進展，反而先提出天價補償金，而不見總統兌現遷場的承諾和誠意。他憤怒地說，「我鄭重宣告，我們一毛也不拿！」「請你們把這筆錢用來遷場！」達悟族人將陳情書現場遞交給政務委員林萬億，林萬億表示會轉達總統，但核廢料貯存場遷場另有預算，毋須轉用，也尊重族人意見，將成立以當地居民為主體的基金會來處理補償金。[27]

這一筆補償金的金額到底是怎麼計算的？臺電目前於蘭嶼貯放核廢料之土地，租約早在二〇一四年底到期，鄉公所至今未續租給臺電，因此核廢貯存場目前的使用屬於侵占、竊據之惡意盜用，相關運送作業屬違法行為。而政府原本二〇一六年要將核廢料遷出的承諾已跳票，貯存場土地租約早已逾期。過去青盟要求蘭嶼鄉公所必須堅定立場，拒絕續租，並進行相關法律訴訟程序，以具體作為及行動為達悟族人把關。但實際上臺電仍一直占用，鄉公所也消極以對。這筆二十五．五億元補償金，就是計算蘭嶼貯存場用地自一九七四年至一九九九年間被占用的回溯補償金，以及蘭嶼貯存場土地續租配套補償金。

希婻．瑪飛洑說，在臺北辦完記者會後回蘭嶼，沒想到面對的是島上激烈的爭執，贊成與反對補償金的人形成兩派針鋒相對，贊成派大多是民代、政治頭人，甚至另外發新聞稿對外大力向政府爭取，認為這比鄉公所的預算還要高，可以自由分配在地方建設

27. 梁家瑋，〈二五・五億一毛不拿！　要求核廢料遷出　達悟族人批蔡英文欺騙、選舉操作〉，《焦點事件》，二〇一九十一月二十九日，https://eventsinfocus.org/news/3490。

上，或使大家以為這是可以直接發放給個人的補償金，反對者則被指稱為激進派，是拒絕拿錢、阻礙建設的人。郭建平、夏曼・威廉斯等人召開說明會向族人釐清事實，依法這筆經費未來仍然是成立基金會管理，不能用本金，每年只能以動支孳息為原則，大約七、八百萬而已，可以自主運用的金額不能買動產、不能營利，例如蘭嶼人長期爭取居民專用的交通設備如船舶、飛機都無法購買，其餘用途也跟現有的社會福利重複。而未來這筆基金要怎麼使用？由誰來參與決定？若還是少數人決定，就跟過往的權力結構一樣，只是循島上派系分配資源的模式，對於核廢遷出及地方發展一點幫助都沒有。

儘管這筆「補償金」爭議重重，但仍撥放下來，由「核能發電後端營運基金管理會」循預算程序陳報行政院核定後，捐助成立「財團法人核廢料蘭嶼貯存場使用原住民保留地損失補償基金會」負責管理，專款專用於促進蘭嶼達悟族人福祉事宜。二〇二一年三月三十日，召開第一屆第一次董事會，推選達悟族臺東縣議員黃碧妹擔任董事長，章程中明訂其中二十億元僅動支利息，本金不動支，五・五億元得循程序動支。另土地續租配套補償金則由蘭嶼鄉公所、蘭嶼鄉民代表會循政府預算程序運用，且土地續租配套補償金將發放至蘭嶼貯存場完成遷場為止。

夏曼・威廉斯表示，他可以理解有人贊成、有人反對補償金，他不是要相互指責，而是想要討論對族群的未來有什麼影響。有人很想要這筆錢發展社區，但對於核廢料的傷害不瞭解，只知道國家有一大筆錢。他反對的主要原因是，補償金並未真正審慎思考對於達悟族的影響與危害，只是加深對政府的依賴，讓居民問「下次發回饋金是什麼時候」，而非問「為當地創造的就業機會是什麼」，這無助於養成居民自立，「也許有些人是希望有錢，但我想的是帶來的社會效益或社會效果，如果不會給蘭嶼帶來任何好處，只是合理化延遲遷出的藉口。」夏曼．威廉斯說，為何政府總是要把不好的東西放到原住民族地區，政府應該要照顧少數族群，國家對原住民的照顧不夠，使得原本弱勢的原住民變得更弱勢，喪失反抗的力量，自從投入反核廢運動後，他深刻覺得身為原住民，不應該讓其他原住民再有同樣的遭遇。

蘭嶼的未來

達悟族這四十年來，為了核廢料遷移的問題，大陣仗征戰首都臺北不下十數次。以十年作為一個階段，已跨越四代。他們到臺電大樓前靜坐、到立法院前抗議、參加反核遊行，一次又一次在車水馬龍的臺北街頭發出島嶼戰士的怒吼，像海浪一般嚎嘯，但總是無功而返，少年都已白頭，老人也幾近凋零。

「媒體都忽略蘭嶼人抗爭的辛苦。到臺灣抗議的成本與心力都要付出很多，還有生活上適應的問題。」希婻．瑪飛洑從一九九五年和其他蘭嶼在臺青年組成「旅臺達悟同鄉會」開始，號召達悟族在臺灣組織抗議活動，就負擔很多老人家到臺灣的聯繫工作，幫他們安排食宿等，「其實很多老人家對於臺灣的食物和空氣都不太能適應。」希婻．瑪飛洑當時身兼總務，每天為大家張羅三餐，「從一大早就開始頭大，因為很多人不吃蛋，很多臺灣的東西都不吃，油膩的東西也不碰，達悟人習慣吃傳統的芋頭、地瓜、魚乾等，都是沒有什麼調味的，在都市要到哪裡去找這些東西？所以得找傳統早餐店幫他們準備饅頭。」

「這在反核運動中是很辛苦的事情，也很有趣，反映出文化的不同。很多蘭嶼老人家出外受到款待，吃鰻魚或者田雞，但是他們都不會動筷子，沒有魚鱗的魚也不吃。出外一趟，對他們來說是很辛苦的，吃不好、睡不好又不習慣，但為了反核廢，仍得忍受這些辛苦，這是很多人都沒有看到的面向。」曾因養病而辭掉工作，專心跟著長輩學習務農的希婻・瑪飛洑更瞭解傳統文化，更深刻體認到以達悟族方式生活的人，到漢人社會裡抗爭是多不容易。

蘭嶼的觀光近年蓬勃發展，相應帶來許多環境與生活的難題，如今蘭嶼的年輕人大多從事觀光行業，半年工作，半年休息、旅遊增廣見聞，不用依賴回饋金，也不願意在核廢場工作。對在島上開餐廳、要兼顧家庭與工作的謝來光說，參與反核廢運動占據成長過程中很大一部分，生活是不安的，常會感到不知為何而戰，但一路走來至少還有一群人一起反核廢，已經覺得很值得。「核廢遷出是政治議題，不是技術問題，不可能遷不走，在我們這一代會堅持，下一代如果願意接下來當然好，但那是他們的選擇。」

希瑪都布史已返鄉近二十年，經營一間有六隻貓的小咖啡店，繼續擔任青盟的行政總籌，她認為，「我們仍保持年輕熱血的心，也都還保有想守護自己家鄉的使命感，所以我們會繼續堅持關心島上的公共議題，自己的島嶼自己救！當然還是希望能有承接我們意志的年輕人出來，和我們並肩一起守護自己的家鄉島嶼，而且是經過自己獨立思考過後（自發性的），清楚瞭解自己的定位以及為什麼而戰，這樣才能堅持下去，未來也比較不容易被外界壓力所影響。」

第一代的蘭嶼青年逐漸走向幕後，夏曼・威廉斯身為一個教育者，一路陪伴著年輕人成長，但仍覺得「反核不應該是什麼使命，這樣的使命對族群並不值得，我們的使命應該是文化的傳承！」夏曼・藍波安雖憂心下一代遠離文化、丟失母語，原住民運動的傳承會出現整體性的危機，語言和環境的親密關係就此不見了。但他也樂觀認為，年輕人將帶領老一輩的人繼續往前走，因為他們這些長輩也已經從爸爸媽媽，轉眼變成祖父母了。「年輕人不要害怕，就像捕魚造船，你們不會，可以找老師，向前走吧，我們一定會幫你們，祖靈也會守護你們！」

4-4 核廢選址的重重波折　東臺灣的拒絕

一九八七年，蘭嶼開始反核廢的激烈抗爭，使原能會與臺電向蘭嶼居民承諾遷場計畫，原本預計在一九九六年選定新場址，並於二〇〇〇年啟用。臺電自一九九一年就開始尋找核廢最終處置場址，但進度緩慢且不積極，甚至打算擴建蘭嶼貯存場，雖然後續因抗爭而阻擋擴建計畫，但核廢料仍在一九九六年前持續送進蘭嶼。一九九六年四月二十九日，達悟族人發動激烈的封港行動，將核廢料運輸船「電光一號」擋在龍門碼頭外，船在海面滯留四天後，被迫返航回到核二廠，終結十四年來持續輸送核廢料到蘭嶼的歷史。

「電光一號」駛返核二廠明光碼頭，半夜偷偷卸貨，激起居民反彈，地方民眾認為臺電從未在當地辦過有關核廢料貯存的說明會或取得在地的同意，「難道我們不如原住民理智的抉擇嗎？」於是金山、萬里的居民在五月十九日舉辦圍廠抗爭行動，抗議核廢料運回核二廠。

為了因應不斷新增的核廢料，一九九一年核二廠在廠區內早已興建低階核廢料貯存倉庫，並向所在地臺北縣政府申請使用執照。然而，當時臺北縣首次由民進黨執政，縣長尤清因其反核主張，遲不同意發給臺電使用執照，最後中央政府不得不另闢蹊徑，由行政院將核廢貯存倉庫核定為「特種建築物」，主管機關改為內政部營建署，在一九九六年五月下令臺北縣政府核發使用執照。其實不只蘭嶼被政府片面決定，北海岸居民也不知道家鄉可能變成核廢料永久貯存地，更不知道後續竟然還有一連串為了處理核廢料新增的相關設施，貯放高階核廢料的乾式貯存場、處理低階核廢料的減容中心（焚化爐）陸續興建營運，這些並不在原先建廠的規畫中，用焚化爐焚燒低階核廢料，對環境及人體會造成什麼影響都是未知的，民眾也產生許多疑慮。[28]

一九九九年六月，距離核二廠最近的野柳村居民組成「野柳反核廢料自救會」，發動近五百人前往核二廠要求將核廢料運離，並停止乾式貯存場興建與減容中心的運作。自救會在〈告野柳地區全民同胞書〉[29]中表示，臺電當年在建核二廠時評估此地不宜放置核廢料，卻因為蘭嶼的拒絕，而可能在北海岸永久貯存，他們無法接受，呼籲「親愛的鄉親請勿作為咱後代的罪人」。但是核廢料離開核電廠到底還能去哪裡？誰願意接受？野柳居民在考量抗議口號與訴求時，絞盡腦汁也實在想不出來該怎麼辦，於是在宣傳車上漆了頗有創意的一句口號：「讓核廢料滾到宇宙的盡頭去！」[30]

這些地方上的抗爭行動，並未在新聞上留下太多篇幅，在反核運動歷史中也鮮少被記上一筆，但就像其他許多未被歷史記錄的抗議事件一

28. 二〇二二年九月二十日監察院調查報告，田秋堇委員、趙永清委員調查指出，臺電公司為減少低放射性廢棄物的總量，以焚化爐焚燒三座核電廠所產生的某些類型之低放射性廢棄物，核研所亦接收焚化所內與所外小產源機構產生之可燃低放射性廢棄物，可能引起潛在輻射公共安全疑慮。曾有國外核廢專家指出臺灣目前採用的焚燒法，有產生放射性廢氣逸散及戴奧辛等問題，且體積減少有限，輻射與核種數量仍不會減少，因此有深入調查之必要。參見監察院「一一一財調〇〇二九」調查報告，https://www.cy.gov.tw/CyBsBoxContent.aspx?n=133&s=18005。

29. 〈告野柳地區全民同胞書〉，https://www.taiwanwatch.org.tw/issue/nuclear/news-01/nukeYL00.htm。

30. 〈核電威脅二十年　賠上地方永續發展及觀光資源　野柳居民要核廢料滾到宇宙的盡頭去〉，《苦勞網》，二〇〇〇年十月二十四日，https://www.coolloud.org.tw/node/58094。

樣，在龐大的國家宣傳機器下，只能發出微弱的聲音，成為核電政策下被犧牲的一群人。沒有預先考慮核廢料處理的核電政策，就像是蓋了一棟沒有廁所的房子，廢棄物只能堆放滿出，這在常識上顯得不可思議，而這樣的政策邏輯造成日後選擇核廢料場址的重重波折，更成為難以解決的政治僵局。

選址程序啟動與臺東反核廢運動

核廢料從蘭嶼遷出最重要的條件，就是要找到另一個貯放地點。政府同時在境內、境外尋找「核廢料最終處置場」可能地點。一九九六年，臺電擇定最終場址的承諾到期，尋求境外的核廢處置計畫，北韓政府向臺電提出合作意願，雙方互訪洽談，簽下合約，一九九七年一月二十九日，南韓的環保團體Green Korea到臺電大樓靜坐抗議，反對臺電與北韓簽定輸出核廢料至朝鮮半島密約，國際環保團體綠色和平（Green Peace）也公開譴責。因爭議太大，原能會未發出核廢料輸出許可證，合約停擺多年後，北韓政府甚至擬向臺電提告求償。[31]

監察院施壓要求臺電盡速公布國內候選場址。[32]在監察院的壓力下，原能會要求臺電加快研擬《低放射性核廢料最終處置場址徵選作業要點》，獲選場址將可獲得三十億元回饋金。一九九七年初，臺電提出五個預定地，包括連江

31. 侯柏青，〈核廢料案起糾紛　北韓揚言告臺電〉，《自由時報》，二〇一三年三月二日，https://news.ltn.com.tw/news/focus/paper/658238。
32. 監察院經濟委員會於一九九六年九月間，針對低放射性廢料之最終處置時程延誤，提案糾正臺電公司、直屬主管機關經濟部及監督機關原能會，經監察院經濟委員會一九九六年九月十三日第二屆第五十三次會議審查通過。經濟部對於糾正案曾回覆，臺電公司應於一九九六年底前選出國內低放射性廢料最終處置場之候選場址，並於一九九八年六月底前展開候選場址之地質及環境調查工作。

縣（馬祖）莒光鄉、花蓮縣富里鄉、屏東縣牡丹鄉、臺東縣達仁鄉及金峰鄉，先行發五千萬元同意金。一九九七年十二月，甚至出現新聞報導「臺電核廢料最終場址看好臺東達仁」，並聲稱有七成鄉民同意。[33]風聲傳出後，臺東人發起抵制行動，地方政府在社會壓力下皆不敢申請徵選，陸續撤回同意書，宣告徵選失敗。

一九九八年，臺電另外研擬《低放射性廢料場選址評選辦法》，最後依評選結果，向原能會提報金門縣烏坵鄉小坵嶼（烏坵）為「優先調查候選場址」，並評選出「候補調查候選場址」五處，包括臺東縣達仁鄉南田村、小蘭嶼、澎湖縣東吉嶼、基隆市彭佳嶼和屏東縣牡丹鄉旭海村。

一九九八年三月三十一日，臺灣反核行動聯盟在臺東展開四天三夜的「搶救臺東淨土、莫讓臺東成為核廢縣」行動，在當地牧師、老師、民意代表協助下，一起拜訪臺東市長賴坤成，獲得市長「反對核廢料，並將動員行政資源反對到底」的承諾。當時在環保聯盟臺北分會任職總幹事的呂建蒼，回憶與環保聯盟的臺大資工系教授高成炎、人權運動者梅心怡（Lynn Alan Miles）教授、主婦聯盟祕書長陳曼麗等人一起探訪臺東，遇到受黨政教育、臺電宣傳影響的地方人士質疑：「停電怎麼辦、國家經濟怎麼辦？」、「聽說輻射一點也不危險」、「核廢場在全世界沒發生過問題……只有核電廠才有發生過問題」。

臺灣反核行動聯盟到距達仁鄉十公里的大武鄉舉辦說明會，大武鄉長王政國及鄉代會主席黎世祥皆表示「反對核廢料放在達仁」，他們不相信臺電能妥善處理核廢料，如果核廢料在幾百年的貯存間發生外洩，汙染地下水，將不只是達仁鄉的問題，人口更多的大武

33.〈核廢料場 看中臺東縣達仁鄉〉，《中國時報》，一九九七年十二月六日。

鄉也會受害，「臺東還會有人敢來這裡觀光嗎？」

四月二日，臺灣反核行動聯盟在達仁鄉安朔村舉辦「認識核能廢料與輻射傷害說明會」，多數在地人第一次看到關於輻射傷害的照片、影片及知道核廢場不安全。全球核能發展半世紀以來，已陸續出現慘痛教訓，包括全球核爆受害者、蘇聯車諾比核災，美國核廢場輻射外洩、印度塔拉波（Tarapur）輻射外洩傷害，到臺灣輻射屋、祕雕魚等，呂建蒼總結，「臺灣實在沒有本錢發展核電」，「因為官方一貫的避重就輕、刻意掩飾，導致今日輻射汙染無法停止。」

同日，一群長老教會原住民族牧師及神學院學生，成立「東排灣反核廢料自救會」，希望透過教會系統宣導核廢汙染的問題，組織地方居民。召集人為王成良牧師，副召集人為林正行牧師。臺灣原住民族中，基督徒的比例甚高，部落裡的教會也扮演舉足輕重的角色。成立記者會上，二十五歲的發言人戴明雄（族名Sakinu.tepiq撒依努・得別格）牧師表示，「不再讓臺電對達仁鄉民予取予求，繼續欺騙蹂躪原住民。」而〈東排灣反核廢料自救會成立聲明〉[34]中明確宣告，「這是臺電自蘭嶼事件之後，又一次顯現惡質政府之不當政策……盼臺電取消在臺東排灣族範圍之內設場之意願。」在臺電宣布的數個核廢料場候選場址中，原住民鄉占絕大多數，臺東縣的金峰、達仁兩鄉最受臺電青睞，東排灣反核廢料自救會認為，這是繼蘭嶼之後原住民族再一次面臨滅族的命運。

「核廢料、蘭嶼就是一個很實際的教材，擺在我們前面，」戴明雄說。他於一九九五年取得牧師資格，返回老家太麻里拉勞蘭部落擔任教會牧師，開始投入反核廢運動。

34. 〈東排灣反核廢料自救會成立聲明〉全文，https://www.taiwanwatch.org.tw/issue/nuclear/news-01/nukeDZ03.htm。

他質疑「為什麼原住民就得照單全收？」臺電屬意原住民部落作為候選場址，是「不尊重原住民，非常不友善、不正義的處理方法」，臺電認為原住民部落地廣人稀、民風淳樸，反對聲浪會很小。而對蘭嶼經驗缺乏反省的「漢人政府」，把用在蘭嶼的招式移植到臺東，例如帶當地排灣族原住民前往日本「考察」，祭出天價回饋金給長久缺乏資源的偏鄉。

「我們（原住民）都是被騙長大的，」戴明雄說，「大概所有的原鄉，都受國民黨地方代表施予小惠及籠絡，百分之九十九的地方人都是『忠黨愛國』。」只要出聲反對，就可能被歸類為黨外、或需要被監看的麻煩人物。十八歲的他也曾認為「政府對我們原住民這麼好」，直到大學時參與野百合學運，在中正紀念堂「躺」了十天，被情治單位鎖定為異議分子。一九八八年在玉山神學院求學，開始研究排灣族的語言、文化，關心雛妓、部落權益以及歷史真實性的問題，愈來愈不相信政府。戴明雄回想，神學院期間自己愈來愈有能力尋找資料，常因社會不公不義的事生氣，自此沒有錯過每一次原住民族運動的遊行，包括還我土地、爭生存、反侵占、正名運動，在遊行前線擔任指揮，甚至，得與在第一線擔任鎮暴警察的排灣族表弟面對面。

他認為長老教會給予反核運動養分，從信仰、社會關懷的角度，看到「上帝託付我們管理這個大地的責任」，他試著把過去在街頭的行動與社會認識帶回部落，但並不順利，因為部落裡不管是老一輩或是同輩，百分之九十九點九都是對社會運動有所顧忌的人。經過多年努力，他陸續在部落成立青年會、婦女會、老人會，積極推動文化復振、成立小米產銷班、幫忙鄰近部落文化與產業復興、協助照料原鄉弱勢族群，才逐漸讓族人產生凝聚力。

拖延許久的選址法制化

二〇〇〇年第一次政黨輪替，民進黨把競選期間對原住民族團體允諾的政見——「臺灣政府與原住民新夥伴關係」，如原住民自治、傳統領域的調查、《原住民族基本法》等，逐一落實，但在核廢政策上並沒有實質進展。雖然總統陳水扁曾經承諾「二〇〇二年蘭嶼遷場」，但選址的評估程序仍然停滯不前，面對承諾跳票，蘭嶼人可說是束手無策。二〇〇二年五月二十四日，行政院長游錫堃在立法院向蘭嶼人道歉，並成立「蘭嶼貯存場遷場推動委員會」，二十七位委員中有十一位蘭嶼人，監督遷場工作推動，確認蘭嶼絕不會成為最終處置地點。[35]《低放射性廢棄物最終處置設施場址設置條例》（簡稱《選址條例》）也送請立法院審議，《放射性物料管理法》也於二〇〇二年十二月二十五日經總統明令公布施行，法規中明定，應於施行後一年內提報「低放射性廢棄物最終處置計畫」。

二〇〇三年，臺電依法陳報原能會核備「低放射性廢棄物最終處置計畫書」，二〇〇六年立法院通過《選址條例》，但因前述計畫書所定選址程序與計畫時程，須配合《選址條例》規定程序重新檢討修訂，於是又拖延到二〇〇七年才提出計畫書修訂版，內容中規劃臺電將於二〇一一年完成選址，並在二〇一六年前完成興建最終處置場，低階核廢選址的時間表終於正式出爐。

《選址條例》歷經兩屆立法委員漫長審議，終於通過並公布實施，確立低階

35. 為兌現政府與蘭嶼鄉民的協議核廢料貯存場遷場問題，二〇〇二年成立「行政院蘭嶼貯存場遷場推動委員會」及「行政院蘭嶼社區總體營造委員會」，遷場推動委員會召集人由政務委員葉俊榮兼任，蘭嶼社區總體營造委員會召集人由政務委員陳其南兼任。五月二十九日，遷場推動委員會在行政院召開第一次委員會議，確認未來將依相關原則處理蘭嶼核廢料遷場的問題，包括充分尊重達悟族人自主自治與健康優先、資訊公開透明和經過協商參與、尊嚴補償等。至二〇〇七年八月十四日，期間共舉行七次委員會議。

核廢料最終處置設施選址的法制基礎，臺電及原能會之前累積的選址工作必須重新進行，依法改由經濟部主辦選址作業，成立「處置設施場址選擇小組」（簡稱選址小組），並指定臺電辦理場址調查、安全分析及公眾溝通等工作。依照《選址條例》，選址路徑有二：（一）縣市申請自願設置，必須先經過縣市議會或鄉鎮代表會同意，再經過公告與聽證會，才能申請為「潛在場址」；（二）由經濟部選出「潛在場址」，連同自願縣市潛在場址，從中選出兩個候選場址公告，在三十天內完成地方公投，獲得同意後成為「候選場址」，最後再經過環評、土地開發、水保審查成為「正式場址」。

經濟部召開第一次「選址小組」會議，確認未來選定場址的基本原則，為回饋最終場址所在居民，臺電將從「核能發電後端營運基金」中提撥至少三十億元，孳息全數回饋當地居民。但即使是第一階段的程序也是困難重重，在「處置場選址階段」，場址需要進行調查試驗，臺電通知地方鄉鎮公所，只要同意讓臺電進行水文及地質探勘，即可獲得工程獎勵金三千萬元。

大武、達仁兩鄉財政困窘，全年度算總額不過七千萬元，臺電的獎勵金是極大的誘因。二〇〇六年九月，達仁、大武鄉縣議員蔡義勇正式提案，希望縣府能同意讓臺電探勘，讓獎勵金改善鄉內財政困境。此言一出，被外界質疑為「收買金」，臺東縣議會議長李錦慧則表示，議會曾通過「臺東縣不歡迎核能廢料最終場址」，如果又讓臺電來探勘水文地質，似有失立場，因此將此建議案封殺。

一再失敗的場址徵選

民進黨執政八年後，二〇〇八年國民黨重新取回執政權，選址程序繼續進行。八月，經濟部公告臺東縣達仁鄉、屏東縣牡丹鄉和澎湖縣望安鄉東吉島為「潛在場址」，[36]二〇〇九年三月十七日，場址遴選報告出爐，臺東縣達仁鄉及澎湖縣望安鄉東吉嶼為「建議候選場址」，捨棄了屏東牡丹鄉，原因據報導是「三處潛在場址有二處屬原住民鄉，為免外界誤認經濟部以原住民鄉為目標，因此捨棄屏東牡丹」。在選址作業接連受挫後，二〇一一年經濟部根據《選址條例》，表示經公投選出核廢料場址後，經濟部可由核能發電後端營運基金提撥最高五十億元作為回饋金。

即使祭出高達五十億元的巨大經濟誘因，澎湖縣地方人士從縣長、鄉長到村長均公開表示反對，澎湖生態保育聯盟召集人林長興表示，澎湖的地質景觀獲得國際地質學者認可，有望申請成為世界地質公園，而東吉嶼是地質公園十個景點其中之一，不應在此設立核廢場。澎湖縣政府立場堅定，甚至於二〇〇九年九月將東吉嶼劃為「澎湖南海玄武岩自然保留區」，依《文化資產保存法》規定，保留區禁止改變或破壞其自然狀態。此舉造成「臺東縣達仁鄉」成為唯一候選場址，依《選址條例》規定，需公告兩處以上「建議候選場址」才能繼續程序，因此選址計畫再度宣告失敗。

經濟部於二〇一〇年一月二十六日召開選址小組第十二次會議，經委員決議

36.《選址條例》第三條：「四、潛在場址：指依選址計畫經區域篩選及場址初步調查，所選出符合第四條規定之場址。」第四條：「處置設施場址，不得位於下列地區：一、活動斷層或地質條件足以影響處置設施安全之地區。二、地球化學條件不利於有效抑制放射性核種汙染擴散，並足以影響處置設施安全之地區。三、地表或地下水文條件足以影響處置設施安全之地區。四、高人口密度之地區。五、其他依法不得開發之地區。」

將選址作業退回至潛在場址篩選階段重新辦理，啟動第二次選址。選址小組於二〇一一年九月選出臺東達仁及金門烏坵為潛在場址，二〇一二年七月三日，經濟部公告前述二處為建議候選場址。

金門縣烏坵鄉總面積一．二平方公里，由大坵與小坵嶼組成，行政區劃分為兩個村，一三四戶、七百人設籍，扣除駐軍，常住居民約三、四十人，年輕一代都至外地就學與工作，一個月兩班的軍方交通船，是烏坵唯一對外交通方式。候選場址位於小坵村，包含主島小坵嶼以及鄰近礁石，面積約〇．四二平方公里，屬於軍事管制區，村內沒有自來水，無持續充足的供電，生活相當不便，雖然設籍人口較大坵村為多，但除駐軍以外，實際居住人口僅個位數。

一九九八年，金門縣烏坵鄉小坵嶼被提報為「優先調查候選場址」，這座島嶼的名字才因此登上媒體版面，烏坵鄉民得知後展開多次抗爭。臺電投入七．九四億元進行地質調查，完成可行性研究報告及環境影響評估報告，卻無法通過第一階段環境影響評估。二〇〇二年十月，經濟部可行性研究報告的審查會中，曾有評審委員指出，早期評選場址時學者專家們確曾考慮小坵具備離島及人口稀少之優點，但終因其面積太小、有政治風險，以及港口、天候等不利因素，而未將其列入候選場址。監察院曾提出調查報告，[37]認為烏坵的選址過程有悖歷來評選方式，決策過程顯有欠周。最後在二〇〇八年八月，未通過經濟部選址小組潛在場址票選，並未獲選為潛在場址。

一九六一年生於烏坵的高丹華，組織鄉民到臺電抗議，也成立「烏坵鄉公共事務協

37. 二〇〇九年三月四日，監察委員趙榮耀、李炳南自動調查：烏坵小坵嶼被規劃為國內低階核廢料最終處置場，五年間花費七億八千餘萬元進行地質鑽探，臺電及相關機關有無違失。並提出糾正案。

會」，為家鄉發出不平之鳴；她說，文明世界產生的廢物會想到烏坵，但文明世界的制度，卻遺忘烏坵，烏坵數十年交通不便、醫療不足，政府從未關注。「至今臺電都沒有供應烏坵任何一度電力，卻一度要把核廢料放到這座島上來。」[38]本來以為反對運動成功，烏坵已經被排除在場址選項外，不料，二〇一一年烏坵第二次被列入候選場址，烏坵鄉長陳興坵、鄉代會主席蔡福春隨即表示堅決反對，「必要的時候一定誓死反抗到底。」[39]雖然烏坵距離金門非常遙遠（約七十二海浬），金門也少有人到過烏坵（因為沒有直接的交通工具），但金門縣政府始終都是採取反對核廢料進駐的立場。原定應於二〇一六年三月完成的選址作業，在金門縣政府不願配合辦理地方公投的情況下，陷入膠著。

族群的威脅、回饋金的誘惑

二〇〇五年頒布的《原住民族基本法》第三十一條規定，「政府不得違反原住民族意願，在原住民族地區內存放有害物質。」但這項條文在政治現實中屢受挑戰。戴明雄回憶，當年四度發布選擇場址，每一次都有達仁鄉，「可以說政府對我們『情有獨鍾』」，境外處理「從來都是煙霧彈」，臺電或政府根本就是要原鄉來承擔。為了要更大聲表達反對，屏東與臺東的排灣族集結起來，於二〇〇七年十二月十日在大武鄉舉辦「屏東臺東排灣族反核誓師大會」，當天早上九點開始，一部部遊覽車

38. 孫文臨，〈抗議核廢料、爭取國定古蹟、監督駐軍建設　高丹華要點亮烏坵〉，《環境資訊中心》，二〇一九年九月十八日，https://e-info.org.tw/node/220096。
39. 蔡群生，〈烏坵誓死反對核廢料〉，《金門日報》，二〇一一年四月五日，https://www.kmdn.gov.tw/1117/1271/1272/193970/。

駛進大武鄉，上千人進入舊公路局車站會場（後改建為產業中心），大會向臺灣政府宣示：「所有的排灣族人反對核廢料放在傳統領域」。

「核必如此、危我生存！」戴明雄以族語喊出，當時的口號讓人群起沸騰。不單單是一地，而是一個族群的土地、人民，都因核廢政策受到極大影響。在誓師後，各部落及教會也透過資料、影片發送，培訓反核種子教師，發動更具體的行動方案。然而，三十億回饋金的誘惑，也的確分裂了地方，支持核廢料的鄉民，指責反核派：擋人財路，要推掉「天上掉下來的禮物」。

戴明雄分析，人們當然都想要發展地方建設、創造就業機會、提升在地生活品質，政府卻以丟回饋金給地方，要接受核廢才給你們錢的邏輯，「根本就是莫名其妙！」這是故意挑起族群撕裂，讓反對、贊成者彼此攻擊，也是再次欺負原住民。為什麼核廢料場等嫌惡設施很多設在原鄉？利用原住民生活物質的缺乏，讓人民以為這樣地方才有發展，原鄉所有地方民意代表幾乎都來自國民黨，從小到大的黨政教育，讓原住民更難拒絕「國家」的決策。

當時才二十五歲的戴明雄在教會傳道，面對族人以「擋人財路」、「阻礙地方發展、分裂族人情感」等莫須有罪名指責，也覺得無辜，但也理解族人的態度。他問大家，「那我們拿了三十億元真的就滿足了嗎？」從這個問題出發，「真的說中了他們（支持核者）的心、（他們問）真的可以增加嗎？」戴明雄回說，「不反對當然不會增加。」核廢選址回饋金由三十億增加到五十億，族人發現，回饋金的價碼，不是臺電喊多少就多少，戴明雄也依此與族人討論「我們可不可以、平起平坐在一個談判桌」，將關乎傳統領域的討論，再度提出。

他判斷，就算提出兩百億回饋金，對臺電來說，因為比境外處理還省錢得多，恐怕也會同意。不過，提高回饋金的目的，應該是提升政府決策層級，因為攸關民族存滅，不應僅是地方政府層級，而是國家應該要尊重達仁鄉、尊重排灣族自治政府。也許，支持或反對核廢的過程當中，「不敢說教育政府，也是教育我們族人，在這個過程我們不斷認清更多事實，看清楚未來、特別是民族的未來。」

阿朗壹古道　臺灣最後的海岸線

多麼可怕的想法啊！
你們竟想用五十億元購買這片土地，只為了丟棄你們自己製造出來，卻無法處理的核能廢料；
只為了將那會危害你們生命的有害物質，丟得離你們愈遠愈好；
你們卻不在乎，這裡是原住民族的家園，是我的族人世世代代安身立命的所在。
……
你們在做決定之前問過我的族人嗎？
你們問過大海和海灘嗎？
你們問過青草和小樹嗎？
你們問過溪流和小魚嗎？

你們問過天空和彩虹嗎？
你們問過陽光和小雨嗎？
大自然的一切對我的族人來說，
都是那麼神聖不可侵犯。
……
你們怎麼可以買下太平洋岸溫柔的海風、絢爛的陽光和壯闊的山川？
你們怎麼可以買下部落裡小孩天真無邪的笑靨？
你們怎麼可以買下族人身體的健康和永遠的幸福？
你們怎麼可以買下承載原住民族千年歷史的阿朗壹古道？
你們怎麼可以買下在藍天白雲下自由飛翔的老鷹？
你們怎麼可以買下在浪濤中合唱石鼓天籟的南田石？
……
這是我的家邦，不容你們任意侵犯，
你們沒有資格問我為何拒絕核廢料，因為那是我天生的權利……

——排灣族Ruvaniyaw王室反核廢宣言[40]

海岸線長達一七六公里的臺東縣，最南端、九十公里長的南迴公路，因一望無際的海岸線獲美名。臺東縣達仁鄉南田村是臺東最南端的部落，聚落依海而建，透過「阿朗

40. 引自呂苡榕，〈核廢場選址引爭議　臺東原民：臺電說明會含糊其辭〉，《環境資訊中心》，二〇〇九年六月二十九日，https://e-info.org.tw/node/44509。

壹古道」連接屏東的旭海村，因為環境沒有受到破壞，稀有的臨海植物、原始自然海岸林，被海水沖蝕成圓滑的鵝卵石「南田石」，以及保育類動物，形成陸、海緩衝交會地帶下生物多樣性平衡的生態美景，被讚頌為「臺灣最原始的仙境古道」、「最原始的海岸線」。

二〇〇八年八月，得知達仁鄉被列為潛在場址，在安朔聚集約八十餘人成立「達仁鄉反核廢聯盟」，以集體行動捍衛家園。二〇〇九年三月十七日，達仁鄉南田村被選址小組評選為建議候選場址，安朔村在南田村隔壁，也成為反核廢的前線。[41] 由於安朔村人口外移相當嚴重，部落大多剩下以族語溝通的老人，臺電透過翻譯人員告訴當地人，要將一些「東西」放在達仁鄉，卻沒有告知放什麼，但會有大筆補償金，讓許多族人同意放置「核廢料」。排灣族「大龜文王國」(Ruvaniyaw)王儲伊將・塔伊達，在臺電於達仁鄉舉辦的說明會上詢問臺電人員，「臺東屬地震帶，放置核廢料是否安全？」臺電人員輕視那原住民少年熱切的疑問，反問「你知道什麼是地震帶嗎？」要孩子不要被利用。[42]

與蘭嶼相似，一開始發現核廢料要來家鄉的，是地方的知識青年。還在念師專的潘志華(Alapay Patalaq)與同學，在學校門口擺攤連署，反對核廢料落腳臺東。

潘志華與妻子羅貝雯都是離鄉外出求學再回來臺東定居，參與部落的公共事務，從文化復興、環境運動再到產業發展。如今在安朔村創辦「阿塱壹部落廚坊」的羅貝雯，回想起二〇〇〇年結婚後回到安朔老家，那時的部落一片蕭條冷清，除了南迴公

41. 二〇〇八年八月，經濟部公告臺東縣達仁鄉、屏東縣牡丹鄉和澎湖縣望安鄉東吉島為「潛在場址」，二〇〇九年三月十七日，場址遴選報告出爐，臺東縣達仁鄉及澎湖縣望安鄉東吉嶼為「建議候選場址」。
42. 呂苡榕，〈核廢場選址引爭議　臺東原民：臺電說明會含糊其辭〉。

路旁幾間漢人開設的雜貨店和小吃部算是經濟活動之外，幾乎沒有在地產業可言，也缺乏就業機會，更沒有出外的青壯年人口和資金自城市回流。二〇〇六年，公路局計劃開闢臺二十六線安朔到旭海路段，引起環保團體抗爭，夫妻倆意識到保留臺二十六預定路線上的阿塱壹古道，關係到部落興衰，於是開始參與守護阿塱壹古道運動，二〇〇七年開始投入反核廢運動。[43]

回家鄉安朔教書、參與「原住民基層教師聯盟」的潘世珍、潘志華組織當地青年，挨家挨戶拜訪當地人，告知臺電要放的是核廢料後，當地人才瞭解事情的嚴重性。而臺電承諾的補償金，實際上僅是發給鄉公所，由鄉公所編列預算用於地方經費，並非直接發給居民的補償。然而地方政府與媒體壓下消息，因此部落的反核聲音完全不為外界所知。

二〇〇九年四月八日，臺東縣議會在環保聯盟臺東分會（臺東環盟）的遊說下，替縣民召開一場達仁鄉作為「低放射性廢棄物最終處置設施場建議候選場址」公聽會，有上百人與會。公聽會在臺東並不多見，當地環保人士更說「從來沒碰到過」。會議當天，民眾把會場擠得水洩不通，甚至有環保人士被警察無理由拘留，現場群情激憤。原住民團體和環保團體準備白布條、反核標語齊聚縣議會前抗議「別把臺東人當傻瓜！」；公聽會上，臺東環盟召集人劉烱錫、臺東地質專家姜國彰表示，南田村達瓦溪一帶是很活躍的造山運動地帶，有數條活動斷層經過，根本不符選址依據；地震、山崩導致的地質與建築結構破碎化將難以避免，這些都可能導致核廢料汙染外洩。

43. 謝子涵，〈從反核廢到生態旅遊，臺東縣達仁鄉阿塱壹部落的圓夢計畫〉，《關鍵評論網》，二〇二一年五月十日，https://www.thenewslens.com/article/150891。

達仁鄉連任三屆的資深議員朱連濟、反核代表潘志華，帶著八十多歲的耆老出席反對，指控媒體不實報導達仁鄉民支持核廢料。達仁鄉累積多年的有機農業成果，恐被核廢料壞了名聲，「請臺電不要用核廢料破壞鄉民的和諧」，反對核廢料落腳臺東，也不要會滅子絕孫的五十億元回饋金。臺東縣議會議長李錦慧也表示，臺東目前倚賴的三大產業：觀光、無毒農業與正在發展的海洋深層水，在核廢料的危害下，將全部化為泡影。如果核廢料貯存真如中央保證的這麼安全，乾脆放在用電最多的臺北、高雄，多名議員也極力反對利用地方公投決定核廢場址。

由於《選址條例》中要求，建議候選場址核定後，必須在三十日內於所在縣（市）辦理地方性公民投票，而舉辦地方公投的前提是地方政府必須先制定相關法令，[44]但臺東縣議會兩次否決由縣政府提出的《臺東公民投票自治條例》，以拒絕審議條例的方式，讓地方公投無法進行。無法通過地方公投就不能成為候選場址，經濟部雖一再催促臺東縣政府辦理公投，但縣府以公民投票自治條例尚未制定為由拒絕辦理；金門縣政府雖已制定自治條例，但也強烈反彈，拒絕辦理公投，以此表達反對核廢料進駐的立場。

福島核災讓核廢議題再受關注

二〇一一年三月十一日的東日本大地震，釀成福島核災，是自一九八六年車諾比

44.《公民投票法》第二十六條規定：「公民投票案相關事項，除本法已有規定外，由直轄市、縣（市）以自治條例定之。」雖然《公民投票法》授權地方政府擬訂地方性公投法案，但是各地方政府制定公投自治法的時程不一，有的縣市已經制定，但如雲林、臺東至二〇二三年尚未制定。

核電廠事故以來，全球最嚴重的核能事故，[45]使臺灣再掀起反核聲浪。因福島核災的警示，讓南迴線串連的力量展現出來，集結反美麗灣運動的參與者、臺東音樂人、原民藝術家、長老教會、環保團體等，響應全臺串連，二〇一一年「四三〇反核遊行」當天，同步於臺東市舉辦遊行，六月便成立「臺東廢核．反核廢聯盟」。

當時具有勞工運動經驗，正於南迴線部落從事莫拉克風災重建工作的蘇雅婷，也投入這場全國反核的串連運動，而後數年，臺東廢核．反核廢聯盟常態性運作後，蘇雅婷和郭靜雯分別擔任祕書長和副祕書長。「那些行政、論述爬梳的工作，真的是靠著她們倆，」原住民運動工作者那布（Istanda Husungan Nabu）大力稱讚，而過去總是最後取得資訊、政策風向的臺東社運界，「也因為祕書處，不再落拍。」為了募資聯盟經費，歌手巴奈．庫穗（Panai Kusui）在全臺辦了五十場巡迴音樂會「給孩子一個非核家園」，一場一場說明反核廢的主張。

二〇一三年「全國廢核行動平臺」，在北、中、南、東於四月三十日同一天發起反核大遊行，全臺近二十二萬人上街。東部由臺東廢核．反核廢聯盟響應舉辦「護臺東反核廢大遊行」，號召了千人上街頭，臺東人喊出「乾淨臺東、拒絕受罪」，遊行抗議「臺東縣人口占全臺一％，用電僅占全臺〇．五％，這塊東部淨土卻被迫接受核電廠製造的『核廢大便』！」資源較少的臺東沒有大型宣傳車，巴奈用音樂發聲，與那布一邊走一邊背著核廢桶、小喇叭赤腳宣傳，東排灣聯盟教會的牧師用車隊、大聲公呼喊訴求，部落青年會、中生代在最前線，穿著傳統服飾、以排灣族驅逐惡靈儀式反核廢。蘇雅婷回憶，許多部落

45. 也是第二起在國際核事件分級表中被評為第七級（最嚴重等級）的核電廠事故。

青年第一次參加遊行，青年領袖曾反應遊行前受到當地警察「關切」的壓力，甚至一路尾隨參與反核遊行的遊覽車，要求提供參加反核活動者的名單，以「保護安全」。

「臺東這麼大，真的很遠……」布農族的那布與卑南族的巴奈笑說，居住北臺東山上的他們，在認真投入反核廢運動以前，甚至沒去過臺東最南的南田。年輕時的那布，從《沙郡年紀》[46]、《寂靜的春天》[47]啟蒙，認識環境問題，自學以及跟著原運前輩、長老教會牧師們，體認人權、社會運動及原住民運動的意義。

「以前的我只是想唱歌、當大歌星，」連笑聲都爽朗的巴奈說，因為原舞者（原住民舞團）的歷練，才發現原住民文化正在消亡，引發滅族的焦慮感，「想到我的孩子，大家的孩子很可憐，就更真實。」她認為讓孩子生活在持續開發、只愛錢的時代，「他們的價值觀很迷惘，因為生命中有非常多真正富有的東西，沒有錢可取代。」為了反核，「不愛讀書的我那時候認真把厚厚一大本《低階核廢料選址條例》讀完，不然我好好一個歌手，幹嘛要瞭解毫西弗？」巴奈積極參與狼煙行動、反美麗灣、反核廢行動，「只是很單純地想陪伴淑鈴、Alapay（潘志華）這幾個案主（美麗灣飯店、核廢選址受害者），」因為「我看到他們的痛苦，這痛苦是出自於看到盼望，那個盼望，便是人們應當有的尊嚴……」二〇一六年蔡英文總統當選，應邀於就職典禮表演的巴奈，拿著反核廢毛巾，提醒執政者要盡快回應原住民族的訴求。

46.《沙郡年紀》(*A Sand County Almanac and Other Writings*) 為自然寫作經典，由美國生態學家和環境保護主義者李奧波德 (Aldo Leopold) 於一九四九年所撰寫。

47.《寂靜的春天》(*Silent Spring*) 為美國海洋生物學家瑞秋．卡森 (Rachel Carson) 於一九六二年出版的書，為自然文學經典，促使美國政府於一九七二年禁止農藥DDT使用。

從狼煙行動到反核廢

升狼煙，是原住民族傳統祈禱、宣布訊息、約定時間的重要方式。早期社會，終日不滅的營火，也象徵部落生命維繫。

為傳達原住民族多年來所遭遇的土地、文化問題，二〇〇八年起，各地原住民族部落每年相約於二月二十八日舉辦「狼煙行動」。狼煙裊裊高升、祭告天地和祖靈，宣示不應遺忘對原住民族的種種不公義行為與錯誤政策，不應再有對原住民族權益的侵害，包括未經原住民同意而把有毒廢棄物放置傳統領域。新一波的原運正搭著臺灣的各項公民運動燃起狼煙，包含臺東反美麗灣渡假村的違法環評、卡大地布部落捍衛祖靈反遷葬、日月潭邵族捍衛傳統領域、花蓮靜浦部落反山海劇場、太魯閣銅門部落反抗「觀光霸凌」等，朝向更具部落主體性的方向運作與發展。

「希望部落的孩子們能以自己的文化為傲！」潘志華在學校致力原民文化教育，在部落成立安朔勇士團，也促成當地部落與環保團體共同反核，族人教友以「行軍禱告」方式扛起十字架，繞行安朔部落，再由排灣族耆老帶領下，升狼煙告祭祖靈，宣示「捍衛傳統領域，堅決反對核廢場」。

臺電向地方首長、民代與意見領袖進行遊說，爭取民眾支持，敦親睦鄰工作隊會親自到家裡送禮物、交朋友，循著連署抗議名單到反核者的家裡拜訪，甚至帶鄉親去日本青森旅遊。[48] 巴奈說，在臺東的漢人比原住民更能表態反核廢，因為原住民表態會「傷

48. 旅遊地為日本青森縣六所村核廢料再處理場，日本核電廠用過的燃料棒最後多移至六所村再處理場的冷卻池，目前已屆飽和。原本規劃核燃料再循環計畫，但因高速增殖爐多次重大事故，並未成功。

感情」，部落里鄰居就是親戚，「有人結婚、我們還要坐一起吃喜酒呢。」即便巴奈、那布家門口就掛著大大的反核旗「反核，不再有下一個福島」、黃色的核廢料大桶裝置藝術，鄰居們也都不表示意見，巴奈只有一次不小心聽到隔壁表哥細語「(核廢)本來就不應該放在我們臺東」。

羅貝雯在受訪時表示，「最大的轉捩點是日本三一一福島核災」，在那之後反核的人開始攀升到八成以上，就連曾經到達仁鄉反核廢聯盟成立大會踢館的鄉長也有所轉變。福島核災給日本社會帶來巨大痛苦，也打醒臺灣社會。[49]

一九九〇年代盛行社區總體營造，戴明雄便以部落自主、文化復振為工作目標，但沒有馬上去申請政府補助，因為「有錢反而有紛爭」。一開始是拉勞蘭部落青年會自掏腰包投入文化復振行動，就有很好的發展，且不受政治力量影響，二〇〇六年才開始寫計畫書申請社造經費，也打破地方什麼都要靠政府、民意代表的迷思。

戴明雄、潘志華等人透過原住民運動、反核廢、災區重建及環保運動長出堅定信念：要由地方長出自己的產業與發展，才能不再被補助、賠償等惡質策略分裂族群的團結。

「核廢料解決的方法，絕對不要拿什麼族群來當犧牲品，沒有道理也不正義……即便有五十億(補償、回饋金)，真的會帶來地方發展？其實只是加速人口外流、發展沒有效益的發展，傷害了我們文化傳統及土地……」戴明雄說，這也是為什麼他們要從社區營造發展小米、紅藜等部落產業，因為來自於乾淨的土地、原屬傳統的作物，蘊含豐富的故事

49. 謝子涵，〈從反核廢到生態旅遊，臺東縣達仁鄉阿塱壹部落的圓夢計畫〉。

與文化；他們也希望透過部落農產、觀光休閒的經驗，帶動其他部落，「將發展主導權掌握在我們自己手中。」

年輕時的那布看見極端資本主義、臺灣各地環境問題，不免悲觀地認為「環境保護運動也不過是延緩進程……反正我們的土地、環境終會滅亡」。然而隨著全球化及科技、社會進步，他認為「不一定要去跟大鯨魚爭食」，一個社區、一個部落同樣有能力打造永續的環境生態支持系統，個人、一小群人還是可以真誠分享生命與智慧，並且在民主制度下，「在（一切）還沒有崩壞之際」，嘗試改變。

4-5 核廢難題

「整體來說，它們的毒性——不論是放射性或化學性——都遠比我們至今在美國或其他任何國家所處理過的任何工業原料來得致命。」

一九五九年一月，約翰霍普金斯大學教授 Abel Wolman 在首次針對核廢料議題舉行的美國國會調查之發言

從一九七〇年代十大建設開始推動，政府就不遺餘力宣傳「核能安全無虞、核廢料可處理」等教條式口號，時至今日，核電存廢爭議依然劇烈，無法否認的是，從第一座反應爐開始在臺灣運轉已屆滿四十五年，核廢料卻始終找不到最終處置場的事實。這跟哪個政黨執政並無太大關係，即使是支持核電的國民黨執政縣市，也不可能輕易接受核廢料，這是反核派、擁核派最終都要面對的問題。

二〇一九年三月，臺灣綜合研究院能源政策民意調查報告中，民眾最擔心的是核廢料的

威脅，有四一．二%民眾認為「找不到核廢料最終處置場」是最大隱憂；另有六六%民眾不支持核廢料最終處置場址設置在自己或家人的居住城市。[50]從二〇〇六年通過《選址條例》迄今，候選地點一變再變，核廢處置問題始終停滯不前。放在蘭嶼的僅僅是低階核廢料，就讓政府難以處理，然而真正讓全球都感到棘手的，是高階核廢料。

高階核廢料就是核電廠用過的核燃料棒，雖然燃料棒離開反應爐後，鈾連鎖反應[51]就停止，但當其剛從反應爐退出時，因具有很高的放射性及熱量，必須先貯存於廠內的用過燃料池中冷卻，待其放射性及熱量衰減後，再進行後續處理。通常會放在水池中五至十年（溼式貯存），再移出水池，使用金屬容器貯存（乾式貯存），[52]但這並不是長久之計，因為貯存容器日久也會損壞導致輻射外洩，因此必須找到最終處置場。[53]高階核廢料由於對環境具有潛在的長期輻射危害，約在一百萬年後才能趨於與天然鈾礦自然背景值相當的水平，因此國際上甚至有學者提出高階核廢料最終處置場需要以一百萬年作為安全評估的時間尺度。[54]

燃料棒的使用週期設計約為十二至十八個月，用完後就變成令各國頭痛不已的萬年核廢。核工業早期太過低估核電廠除役與核廢料處置會面臨的艱難挑戰，使得下一代必須付出高昂的環境與社會成本。

50. 潘姿羽，〈臺綜院能源政策民調　民眾不支持核四憂核廢處理〉，《中央社》，二〇一九年三月十一日，https://www.cna.com.tw/news/afe/201903110165.aspx。

51. 核能發電是利用鈾原子核分裂產生的能量，鈾-235原子核進行核分裂連鎖反應時會產生熱能。

52. 乾式貯存的特色是將用過核子燃料置於金屬容器內並填充惰性氣體後加以密封，藉由空氣的自然對流冷卻，外部有混凝土屏蔽護箱來保護金屬容器並降低輻射劑量，此種貯存方式稱為「乾式貯存」。

53. 依據原能會《高放射性廢棄物最終處置及其設施安全管理規則》規定，高放射性廢棄物必須置放在地下三百至一千公尺處與適當地質環境內，與乾貯設施位於地表之地質條件完全不同，且法規對乾貯設施與最終處置場所要求的安全標準亦不同，故乾貯設施不會成為最終處置場。全球至今尚未有成功啟用的高階核廢料最終處置場。

54. 李蘇竣，〈核電爭議再起！美專家：核廢料處理耗時百萬年，根本像「詛咒」〉，《環境資訊中心》，二〇二一年五月二十六日，https://e-info.org.tw/node/231258。

國際原子能總署估計，自民生用核電廠出現以來，一共產生約三十七萬公噸重金屬的「用過核子燃料」，[55]其中約有十二萬公噸經過再處理（reprocess），目前全世界約有二十五萬噸的大量高放射性用過燃料棒，分散在全球十四個國家之中，大多數的用過燃料棒就地放置在反應爐廠區內的冷卻池。[56]

臺灣的高階核廢料至今存放在三座核電廠廠區的燃料池，不但尚未找到最終處置場，甚至在運轉期間因燃料池容量不足而爆滿，臺電只好進行格架密集化、改建水池等作業，以求容納更多的用過燃料棒，此舉被環保團體指稱增加核安風險。甚至核一、核二廠在運轉期限未到，就因為燃料池爆滿而必須提前停機，燃料池容量設計本就不足以容納運轉執照效期四十年所產生的用過燃料棒。

為因應找不到核廢料最終處置場的困境，美國率先發展乾式貯存技術，[57]將在燃料池存放超過五年，且其所產生之熱量可以靠自然對流移除之用過核燃料，存放於乾貯罐內。此技術被美國核能管理委員會（Nuclear Regulatory Commission, NRC）認可並採用，但仍有許多國家存放在燃料池內。臺灣的核電發展參照美國，隨之提出於廠區內規劃興建室外乾式貯存設施，但興建過程、環評、水土保持執照取得並不順利，至今尚未啟用。

55. 核子燃料一般在核反應爐中使用二到三個運轉週期，時間約為十二到十八個月後，就會因效率降低而必須從反應爐中退出更換，這些退出之核子燃料，稱為「用過核子燃料」，或「用過燃料棒」(spent nuclear fuel)。

56.《全球核廢料危機報告》，綠色和平，https://reurl.cc/Wvm5n5。

57. 目前許多核能電廠採用乾式貯存以解決燃料池貯存容量不足的問題，乾式貯存已是國際間普遍採用及成熟的用過燃料貯存技術。美國首座乾式貯存設施運轉在一九八六年開始運轉，並獲核准運轉至二〇四六年。

核廢無解？全球核廢料處理遇上的困難

全球商用核能發電廠運轉至今已超過六十年，綠色和平法國辦公室於二〇一九年一月發布的《全球核廢料危機報告》中指出：

過去六十年來核能發電，已導致一個目前尚無解決方案、但卻需數萬年安全貯存、管理與最終處置的核廢料危機。面對如此大量的核廢料，人們至今尚未找到任何長期解決方案。這包括每個核反應爐都會製造的高放射性燃料棒，至今所有嘗試尋找安全可靠的高階核廢永久處置方案的努力，最後都以失敗告終。

目前國際間認定較為可行的最終處置方法是「深地層處置」，意即在地下深度數百公尺處建造處置場，以地底的岩層作為隔絕屏障，此方法需要穩定的地質結構條件，藉由多重障蔽，存放於地表下三百至一千公尺，避免潛在的風險如腐蝕、物質遷移擴散、地下水侵入、人為破壞等。貯放地點至少要能夠讓高階核廢料隔絕人類生活圈二十萬年以上，低階核廢料則是三百年，因此在地質、環境條件上都非常嚴格。美國有將近十萬公噸的高階核廢料等待處理，現有暫存場都趨於飽和，但尋求最終處置場仍相當困難，美國政府始終無法取得與地方的共識，至今無法選定場址。部分國家如韓國、日本、英國雖已有低階核廢料最終處置場，但也仍未選定高階核廢料場址。

高階核廢料最終處置是全球性難題，超過人類的經驗與時間尺度，如何證明能安全貯放萬年以上？科學技術至今無法解決，加上鄰避情結、程序正義、環境正義、世代正義等爭議，各國選址過程都波折重重，目前只有芬蘭進度最快。芬蘭從一九七〇年代開始研究核廢料處置問題，最終處置場安克羅（Onkalo）選在超過十八億年的古老穩定花崗岩層，選址與興建耗費五十年，[58]其最終處置場已進入最後測試階段，但截至二〇二三年，全球尚未有成功啟用的高階核廢料最終處置場。

不只是選址，核廢料處理成本也遠高出預期，包括核廢料管理，乃至於最終處置的成本負擔都不斷攀升，《全球核廢料危機報告》中指出，「顯而易見的，沒有任何國家可以準確地估算要管理這些核廢料，長達數十年甚至數百年的時間，需要負擔的成本總額到底是多少。即使是近期的成本估算值，在許多國家中都是缺乏的。」

由於高階核廢最終處置目前仍有許多技術上的不確定性，全球多數國家皆尚未提出明確預算，部分國家的預算則是每年節節升高，不同單位估計的數字也有所差異，以法國為例，由法國放射性廢棄物管理專責機構（ANDRA）於二〇〇五年評估的經費為一三四億歐元到一六四億歐元之間，二〇一五年時則增加到三五〇億歐元，但官方於二〇一六年將數字下修至二五〇億元。比利時在二〇一一年評估經費為三十億歐元，目前則增加到八十至一百億歐元。芬蘭目前興建中的最終處置場預計花費三十五億歐元，美國所評估的最終處置經費則為九七〇億歐元，這些巨大的財政負擔最終將無可避免地由一般納稅人來承擔。

58. 辜泳秝，〈高階核廢料最終處置　芬蘭花五十年贏得民眾信任確定地點〉，《中央社》，二〇二三年八月十八日，https://www.cna.com.tw/news/aopl/202308180313.aspx。

高階核廢處置的時程表做得到嗎？

臺灣的核廢料最終處置場選址有兩大法律關卡：高階核廢料欠缺選址條例的法源依據，至今尚未立法；《低放射性廢棄物最終處置設施場址設置條例》目前因地方公投無法舉辦而停擺，凸顯當前核廢料處置方式與程序仍有極大缺漏，過程中的選址條件、流程、如何公開資訊讓公民參與，也都不完備。

臺電公司依《放射性物料管理法》，於二〇〇五年提報《用過核子燃料最終處置計畫書》，[59]經原能會審查後於二〇〇六年七月核定。

臺灣高階核廢處置場以二〇五五年為目標建造完成，從全球三十一個使用核能發電的國家來看，其實並不算晚。各國最終處置計畫時程各有不同，美國為二〇四八年、中國為二〇五〇年、捷克為二〇六五年、南韓為二〇五三年，但臺灣實質上的進度卻極不樂觀。臺電於二〇〇九年提出《我國用過核子燃料最終處置初步技術可行性評估報告》，報告指出目前最適合存放高階核廢料的岩石種類為花崗岩層，主要分布在金馬離島和臺灣本島東部。二〇一七年《我國用過核子燃料最終處置技術可行性評估報告》（簡稱SNFD2017報告），第一階段的工作成果確認臺灣具備潛在處置母岩，後續尚須進行地質調查工作。二〇一八年進入第二階段候選場址評選與核定工作，依規畫時程，預定於二〇三八年擇定處置場址，二〇五五年完成處置場建造。

臺電在進行技術可行性評估時，二〇一二年一度傳出要放在太魯閣國家公園附近

59. 內容分為五個階段：「潛在處置母岩特性調查與評估」（二〇〇五至二〇一七年）、「候選場址評選與核定」（二〇一八至二〇二八年）、「場址詳細調查與試驗」（二〇二九至二〇三八年）、「處置場設計與安全分析評估」（二〇三九至二〇四四年）、「處置場建造」（二〇四五至二〇五五年）。

——同樣是用電極少的小村落，花蓮秀林鄉的和平村，也是太魯閣族的傳統領域。臺電在和平村以挖掘隧道之名，實際上卻進行鑽井探勘地質作業，探勘地點「巴拉岡」位於和平村與宜蘭縣南澳鄉交界處，風聲一傳出，花蓮縣不分政黨的政治人物都高聲反對。二〇一二年四月二十七日，立委高金素梅帶著村民前往鑽探地點封井、立上石碑，臺電總經理李漢申也親自到場道歉，在立法委員、地方民意代表及鄉民見證下完成封井作業。[60]

原能會主委蔡春鴻則解釋，臺電是在秀林鄉的花崗岩質地點建立地質實驗室，以取得技術相關的地質參數及地工技術，目前沒有考慮把秀林鄉作為最終處置場。事實上，這僅是臺電為了最終處置場的地質評估，但即使只是評估，因為擔心遭到反彈，臺電提報原能會通過的「用過核子燃料最終處置計畫」各年度版本中，僅提及「在臺灣東部做地質探查」，不敢公開明確地點、施工內容及期程等詳細資訊，翻開臺電歷年來的工作計畫，多以H區、K區等代號來代表花蓮、金門的探測地點，盡量避免明確寫出地名。

金門烏坵的地質鑽探調查則已經完成，金門「浯江守護聯盟」發起人洪篤欽回憶，金門縣民是在二〇一三年，透過立委質詢，才知道原來臺電在二〇〇一到二〇〇七年間，早已委託工研院在金門打了六口探測井。當年五月十九日，憤怒不安的金門人發起金門史上第一次反核遊行。[61]浯江守護聯盟與臺北同步舉行「反核廢、護臺灣」遊行，包括金門大學、金門高中師生，數百名金門居民為此上街，他們質

60. 游太郎，〈秀林鑽探喊停　臺電總座封井　向族人道歉〉，《自由時報》，二〇一二年四月二十八日，https://news.ltn.com.tw/news/life/paper/579403。

61. 賴品瑀，〈「我愛金門　我反核！」數百民眾上街遊行反核廢〉，《環境資訊中心》，二〇一三年五月二十日，https://-info.org.tw/node/85921。

問，「金門未曾使用過核電，為何需承受臺灣的毒垃圾？」遊行隊伍在風雨中，分別前往城隍廟焚燒訴文、縣府遞交陳情書、臺電金門營業區處遞交抗議書，訴求臺電不論是基於鑽探研究、可行性評估或任何原因，都不可將金門認定為高、低階核廢料貯放地。

目前臺灣現有核電廠都即將屆齡除役，廠區僅能再貯存四十年的核廢，[62]為了避免到期後還是找不到最終處置場，核廢只能存放在核電廠所在地的窘境，原能會參照美國內華達州猶卡山（Yucca Mountain）用過核子燃料處置計畫的失敗經驗，[63]高階核廢料在乾式貯存與最終處置之間，甚至可能必須再多加一個過渡階段，於是要求臺電積極辦理，作為核廢料最終處置前的中繼站，以解決核廢困境。

二〇一七年，原能會審定臺電公司「低放射性廢棄物最終處置計畫『替代／應變方案』之具體實施方案」，[64]要求臺電公司設置「集中式中期貯存場」，將全臺用過的核燃料棒集中至一處，以近地表貯存的方式貯放幾十年到百年，以密集的人力和資源監測貯存安全，等待最終處置場的完成，也可以讓蘭嶼核廢料盡快遷入中期貯存場。但過渡期的集中式中期貯存場選址也缺乏法源依據與社會共識，雖然原能會已於二〇一六年六月發布「集中式放射性廢棄物貯存設施場址規範」，提供經濟部與臺電作為選址作業之客觀標準，但因為沒有正式立法制訂選址程序，只停留在政府部門的討論階段。

62. 依據《放射性物管法施行細則》第二十七條規定：「運轉執照之有效期間，放射性廢棄物處理設施或貯存設施最長為四十年」。

63. 美國於一九八七年規劃內華達州的猶卡山為永久性貯存場，但過程延宕，原預定最快在二〇一七年開放貯存，但能源部在二〇一〇年指出這個規畫案不可行，主因是缺乏足夠政治支持及公眾共識。

64. 臺電提出「回運原產地」與「送至集中式貯存設施」二規劃方案。其中回運原產地是將蘭嶼核廢料運回各自產生地（即核一、二、三廠與核研所）。送至集中式貯存設施為，選定場址並興建一集中式貯存庫，將蘭嶼核廢料運往該處貯放管理。前者面臨地方政府（如新北市、屏東縣政府）的強烈反對。

由於核廢場址的難產與高度政治敏感性，讓選址幾乎沒有進度。無人島或準無人島成為近年臺電積極推動的方案之一，並將其列為中期集中式貯存的潛在地點。二〇一七年媒體報導，臺電調查後選出四個無人島作為高階核廢或是中期貯存候選地，分別在基隆市、金門縣、連江縣與澎湖縣，臺電不願透露四個候選場址地點是否屬實。金門縣環保局長傅豫東表示，金門無人島都是礁盤極小的礁岩群，只能供作軍方打靶，且烏坵與中國距離太近，放置核廢料需考量兩岸政治角力，更為複雜。[65]

臺電也不否認，其實準無人島就是金門縣的烏坵，但烏坵島上尚有人居住，過往臺電列入評估時，也有島上居民表達反對的意見。若選擇以烏坵為核廢置放地，將可能進行強制遷村；此外，在核廢料監管及維護考量上，無人島有人力、資源不足的隱憂。因此無人島或準無人島的方案，其中地方民主程序為何、造成海洋汙染的可能，與能否有密集人力資源管制安全等問題，都還極具爭議。

核廢料再處理、境外處置是可行的嗎？

政府過去曾提議將核廢運送出境，是否真的可行？事實上，國際間從未有前例。從一九七〇年代至今，全球從未有「核廢料送到國外永久貯放」，即使有國家願意接收其他國家的核廢，也因地緣政治、外交爭議、環保抗議等難以成真，放射性廢料跨國運輸行為有環境汙染的風險，目前核廢料都是各國自行處置為原則。

65. 黃力勉等，〈有飛魚漁場小蘭嶼不歡迎　太近人煙金門無人島免談〉，《中時電子報》，二〇一六年三月三日，http://www.chinatimes.com/newspapers/20151023000418-260102。

早年經濟部與臺電曾放出與北韓、中國、馬紹爾、俄羅斯接洽的消息，但因各種因素而陸續受挫，臺電與中國核工團體曾經洽談，但兩岸政治協商複雜，且過程不透明，無法監督。臺電也曾於一九九七年與北韓政府國際商務機構簽約，預定運送六萬桶低階核廢到北韓最終處置場，北韓當時雖已核發輸入許可，但受到國內外環保團體反對，原能會未審查通過輸出，因此並未實行，臺電規劃的各國境外核廢處置計畫都以失敗告終。

二〇一五年，核一廠內的乾式貯存場因安全疑慮無法啟用，經濟部與臺電打算花一一二・五七億元的預算，將核一、核二廠的部分高階核廢料（一千二百束用過燃料棒），送往境外再處理，[66]再處理技術是將用過核子燃料中的鈾、鈽元素，經過再處理程序，回收使用，此案遭到環保團體強烈反對。臺電試圖與法國AREVA公司簽訂高放射性廢棄物再處理合約，但權衡實情，僅是將燃料棒運到法國進行玻璃固化、減少體積，二十年後仍要運回來，且處理後的廢棄物仍帶有高輻射性與長半衰期核種，遭質疑不過是拖延時間，除了付出鉅資請法國處理之外，更無視於法國近來禁止於境內存放來自外國的核廢料及再處理核廢料的規定，[67]最後仍需將再處理後產生的高放射性放棄物運回國內，進行最終處置。再處理方案顯得不切實際且費用高昂，因此在立法院被打了回票。

擁核者對外宣稱「核廢料可透過科技消除，甚至再一次提煉作為下一代核能電廠用的燃料」。然而，國際相關技術從未發展到可行階段，而提煉技術就

66. 臺電公司在二〇一一年二月十七日公告招標「核一、核二廠用過核子燃料小規模國外再處理服務案」，並為此編列高達一一二・五七億元的預算，將一千二百束之用過燃料棒送往境外再處理，因有違反預算法之嫌，立法院經濟委員會朝野立委決議，於核後端基金預算未經立院審議通過前，不得辦理招標，經濟部與臺電在四月一日暫停招標作業，六月十一日黨團協商後決議此案先凍結，交由專案決策小組，三個月後立院決議刪除預算。

67. 根據法國《放射性廢料與物質永續管理相關計畫法》，明文禁止於法國境內存放來自外國的核廢料，以及來自外國經過再處理所產生的核廢料。

是過去核工業一直嘗試卻發展不順利的再處理技術，[68]並不是新的科技，且費用昂貴成效不彰，再處理工廠的運轉風險更勝於核電廠，提煉出來的燃料棒僅能使用於特殊規格的反應爐，因此一直都不是主流處理方式。傳說中「九六%可回收」的核燃料，在法國的實際轉換率是一〇%，[69]不論核能產業鏈再怎麼為「再處理作業」策略辯護，只有法國、英國、俄羅斯、日本使用再處理技術。因為不管有沒有經過提煉回收作業，最終的整體成本花費其實都差不多，不但沒有節省成本，甚至最終將提高廢棄物的總量。因此，大部分國家不採用、放棄再處理這項不成熟、風險又高的技術，如美國、芬蘭、瑞典、瑞士、南韓直接選擇地下深層處置。

民間反核廢運動的嘗試

二〇一三年民間舉辦反核大遊行，除了要求廢止核電之外，也向行政院訴求全面檢討核廢料政策。時任行政院長江宜樺於同年四月三日與抗議代表見面後，除了公開承認第二次選址計畫執行困難，要求相關部會進一步思考替代方案外，也同意建構類似過去遷場委員會的運作機制。

為了回應持續高漲的反核民意，江宜樺啟動「民間與官方核廢處置協商平臺」，邀請民間反核團體與政府共商核廢料處置政策，這是政府首

68. 用過核燃料經再處理後，可提煉出用過核燃料內的鈾與鈽原料，重新製作成MOX（Mixed oxide fuel）燃料，再次放入反應爐內使用。MOX燃料因主要成分為鈽，放射性與能量較傳統核燃料高，若需使用，燃料運送時需使用特殊容器，且反應爐相關設備需進行評估調整及安全分析，並向管制機關提出申請，審查通過後才能使用。且MOX燃料製造費用較全新的傳統核燃料高出許多，再處理產生之高低階放射性廢棄物仍需運回國內進行最終處置，不符經濟效益，目前少有國家採用。

69. 〈傳說中「九六%可回收」的核燃料，在法國的實際轉換率是一〇%〉，《關鍵評論網》，二〇一九年五月二十八日，https://www.thenewslens.com/article/119549。編譯自法國《世界報》（*Le Monde*），原文由Pierre Le Hir與Nabil Wakim所撰，吳俊輝翻譯。

度正面與民間建立的核廢協商機制。民間反核社群提出諸多建議，例如蘭嶼貯存場遷場與選址計畫脫勾，重啟遷場委員會以便讓更多蘭嶼人參與等，但始終未得到官方明確承諾，使得蘭嶼、北海岸（核一、核二廠所在）及恆春（核三廠所在）居民團體和相關環境團體，在二〇一四年四月發表聯合聲明，退出協商平臺。民間團體認為政府沒有誠意解決核廢料問題，只是以會議形式一再拖延。但從另一角度看，官方平臺反而促成民間社會的連結，讓各團體有機會對彼此的處境有所瞭解並尋找解決之道，蘭嶼反核廢運動者與核電廠居民組織的北海岸反核行動聯盟因此有了第一次正式會面，共同討論策略與連結合作。

核廢料處置是跨越數個世代的重大政策，要找出處置方法及場址談何容易，但延宕數十年的核廢處理時程與政策，已經不可再拖，必須開始啟動相關政策規畫與立法。社會對於政策的共識要如何產生？政治大學公共行政系杜文苓教授表示，過去十年來有機會參與幾個核廢論壇公共審議討論會的規畫，受核影響地區的居民們討論熱烈，因為他們實際面對核廢料。杜文苓曾撰文提及，「如果，核廢料真的在技術上可以安安穩穩、毫無顧慮，那麼，何不讓全臺灣依據科學地質地理條件，選出所有『可能安全』的場址，不再以『低人口密度』作為選址標準，而改以用電比例、節電效率等作為選址依據，迫使大家思考用電與承擔核廢的關聯，這是不是一種『共同承擔責任』的制度設計？對於目前無解的核廢問題，解決之根源不完全在技術，正因為還有世代與區域環境不正義的問題，更需要集思廣益、細膩的程序與評估，來找出不會陷入弱弱相殘的解方。」[70]

70. 杜文苓，〈以核不能養綠，臺灣準備「共同承擔」核後果了嗎？〉，《獨立評論》，二〇一八年十一月十五日，https://opinion.cw.com.tw/blog/profile/52/article/7477。

當核電逐漸退場，核廢是反核運動下一步的重點。全國廢核平臺於二〇一六年三月至十月以「核廢處置應具備之條件」、「核廢處置之機制與程序」作為主軸，舉辦「民間核廢論壇」。各地論壇場次邀請當地草根抗爭組織與意見領袖、關注及參與反核廢議題的在地居民參加，分組進行公民討論，蒐集利害相關方的意見，共同面對難解的核廢料問題。共舉辦北海岸、屏東、恆春、高雄、臺南、蘭嶼、臺東、NGO綜合論壇八場，匯集現有核廢料所在地區及選址預定地的居民與團體意見，最後於十月十五日舉辦民間核廢論壇全國總場，依此共識向政府提出核廢政策制定的原則與方向。此次是民間首次以反核運動的角度，自發舉辦審議式討論，提供對於核廢政策的具體建議。

協助「民間核廢論壇」設計、規劃、籌備的學術助力為杜文苓的研究團隊，即使各地區論壇因歷史脈絡不同的緣故，討論的側重面向與產出結論均不同，團隊之一的研究者謝蓓宜指出：「從不同的論壇建議之中仍然可以找出民間共同重視的價值與不信任的源頭，具體可以分成四個方面：對科學知識的不信任、對政府制度的不信任、對環境正義的要求、對公民知情參與及否決權的要求。」[71]

臺大國家發展所副教授張國暉指出，臺灣近三十年來的「低階核廢處置政策」歷史沿革，從專業壟斷、政治介入、民主參與，再加入近年來龐大補助金的利誘原則，看似符合國際主流趨勢，背後卻呈現管制科學科技官僚治理的特色，以形式上的民主來掩蓋缺乏實質科技民主治理精神的缺陷。[72] 核電廠及核廢料貯存地區受輻射風險最

71. 謝蓓宜，《多元社會脈絡下的核廢論述：民間核廢論壇個案分析》（政治大學公共行政系碩士論文，二〇一七年）。
72. 張國暉、蔡友月，〈驅不走達悟惡靈的民主治理夢魘：蘭嶼核廢遷場僵局的政策史分析〉。

大的地方居民，才是最重要的利害關係人，但過去政策制定過程卻被排除在外，一切被簡化為只有專家可發言的技術問題。過去政府曾委託學界舉辦類似審議活動，但卻未被政府機關採納進核廢料政策中，誰才該關注與討論核廢問題？在民間核廢論壇的公民審議中有人提出質疑，「為何從不邀請用電大戶一起審議一起面對？為何不是每一個縣市都舉辦？」位於核電設施周邊的地方居民固然要關注，但使用核電的大眾呢？核廢處理到底是誰的責任？

為何犧牲？為核犧牲？核廢料的犧牲體系

福島核災過後的第三年，在福島出身成長的東京大學哲學系教授高橋哲哉，對自己的家鄉懷有強烈的愧疚感。為什麼在知道蘇聯車諾比事件、日本東海村ＪＣＯ事故等的慘痛教訓下，還讓自己的故鄉去背負如此重大的風險，而自己卻在東京悠哉地享受著福島核電廠所供給的電力呢？他以被犧牲者、得利者雙重身分，縝密省思後寫下《犧牲的體系：福島．沖繩》。[73]

他從福島核電廠與沖繩的美軍基地談起，反省日本核工體系與國家機器、民間社會、受核影響地區之間的關係。為什麼是以福島與沖繩作為思考的起點呢？高橋哲哉認為，這兩個地方正代表在戰後日本被編入國家體制內的兩個犧牲體系，福島的核能事故，曝露出在推展核能政策中所潛藏的「犧牲」；而沖繩普天間的美軍基地問題，則凸顯關於日美安

73. 高橋哲哉著，李依真譯，《犧牲的體系：福島．沖繩》（臺北市：聯經，二〇一四）。

保機制中的「犧牲」。

書中將核能產業喻為「犧牲的體系」，他認為日本使用核能科技之後，對社會造成了四重犧牲，這四重犧牲過往被國家的「絕對安全神話」所包裹而難以得見，但福島核災的發生卻使犧牲的體系昭然若揭。他指出這四重犧牲包括：發生嚴重事故的犧牲，受曝勞工的犧牲，採掘鈾礦伴隨的受輻射曝曬的勞動與環境汙染問題，核廢料造成的犧牲。核電是若沒有這些犧牲就無法運作的體系，而這種將某些人的利益建築在其他人的犧牲之上的「犧牲的體系」，無法從現代憲法的人權原則上獲得正當化，更無法在人道倫理上獲得正當化，基於這些理由，他覺得應該盡快廢除核電。[74]

以臺灣為例，《低放射性廢棄物最終處置設施場址設置條例》第四條與《高放射性廢棄物最終處置及其設施安全管理規則》第四條，均明定不可將處置場址設置於高人口密度區。從法律制定就可以看得出來，正是由於核廢料的特殊性，有高度汙染風險，須要與生物圈保持安全隔離。核電廢棄物的毒性與時間尺度，與其他工業廢棄物大不相同，但這也造成核廢料必須放置在偏遠之地的命運。

人口密度高低在處置場址設定條件中備受爭議，問題在於將都市用電量大的代價放在人口密度低的偏鄉，由當地居民承擔廢棄物的風險，甚至影響原地的生活、生態，這種做法是否合乎公平正義？例如臺東縣人口數為全國一％，用電比例不到全國的〇・五％，全國懼怕的低階核廢建議候選場址卻屢次公告鎖定原住民族所在的達仁鄉南田村，以回饋金換取數百年的輻射汙染權力，用電最少的地區卻得承受全國用電汙染代價，違反城鄉發展

74. 高橋哲哉著，李依真譯，《犧牲的體系：福島・沖繩》，頁三七至六二。

正義及族群正義。

在核廢料處置政策中，屢屢將候選場址選定於原住民族生活區域，聲稱當地地質合乎條件，也符合法律「不可放置在高密度人口區」的規定，但這恐淪為輻射種族主義（radioactive racism）之虞。種種看似客觀公平的衡量條件，並未考量地區偏遠、人口密度低的區域，幾乎都是原住民族的生活領域，在此情況下，每一次的選址都有極高機率落在原鄉，使得原住民族只能不斷進行抗爭。

至今臺灣尚無找到高階與低階核廢最終處置場的場址，不管高階與低階核廢料，大部分仍存放在核一、核二、核三廠內，少部分放置於蘭嶼貯存場。綜上所述，臺灣的核廢料政策也是建立在犧牲的體系上：首先，讓核電廠旁的居民承受兩次犧牲，不但已與核電為鄰四十年，核電除役後，還要繼續跟核廢料共存，只要一日找不到最終處置場，共存的時間就會無限延長。其次，從未使用過核電的蘭嶼，不但是偏遠離島，也是原鄉，加諸其上的是雙重的犧牲與歧視，即使島上一再發動抗爭，也僅能讓核廢料不再增加，即使政府已公開表示蘭嶼只是暫時貯存場，於理於法都應該遷出，但因找不到核廢最終處置場，多年來核廢始終無法遷出蘭嶼，這是核廢難解的結構性問題。

支持繼續發展核電的政治人物，在無法解決核廢料的處置問題前，大談核電廠的延役、重啟，其實一點也不「務實」。現階段核一、核二廠總計有一萬五七七〇束高階核廢料，這些核廢料要何時才能移出仍是未知數。臺灣過去過度樂觀看待所謂的「科學方式」處理核廢料，結局就是核電發展四十多年來，不但低階核廢料處置場選址處處碰壁，也無法處理高階核廢料，甚至沒有「高階核廢料最終處置的選址法制」。臺灣至今尚未有具體可行的核廢政策，核廢料仍然不知何去何從。想要擁抱核電，也該要面對核電的代價。

（本圖輯關曉榮攝影
出自《尊嚴與屈辱・一九八七・一個蘭嶼能掩埋多少「國家機密」》）

一九八七年，
臺電於蘭嶼龍門碼頭裝卸核廢料。
（關曉榮攝）

一九八七年，蘭嶼第一場反核說明會
（關曉榮攝）

一九八七年「機場事件」，達悟族青年郭建平赴機場請求長老們勿上飛機。（關曉榮攝）

一九八七年，達悟族男孩農農在機場抗議事件現場，抱著《原子爆弾の記録》一書。
（關曉榮攝）

一九八八年，
蘭嶼「二二〇驅逐惡靈」反核遊行，
群眾扛著象徵「惡靈」的偶。
(潘小俠攝，潘采辰提供)

一九八八年，蘭嶼「二二〇驅逐惡靈」反核遊行。（關曉榮攝）

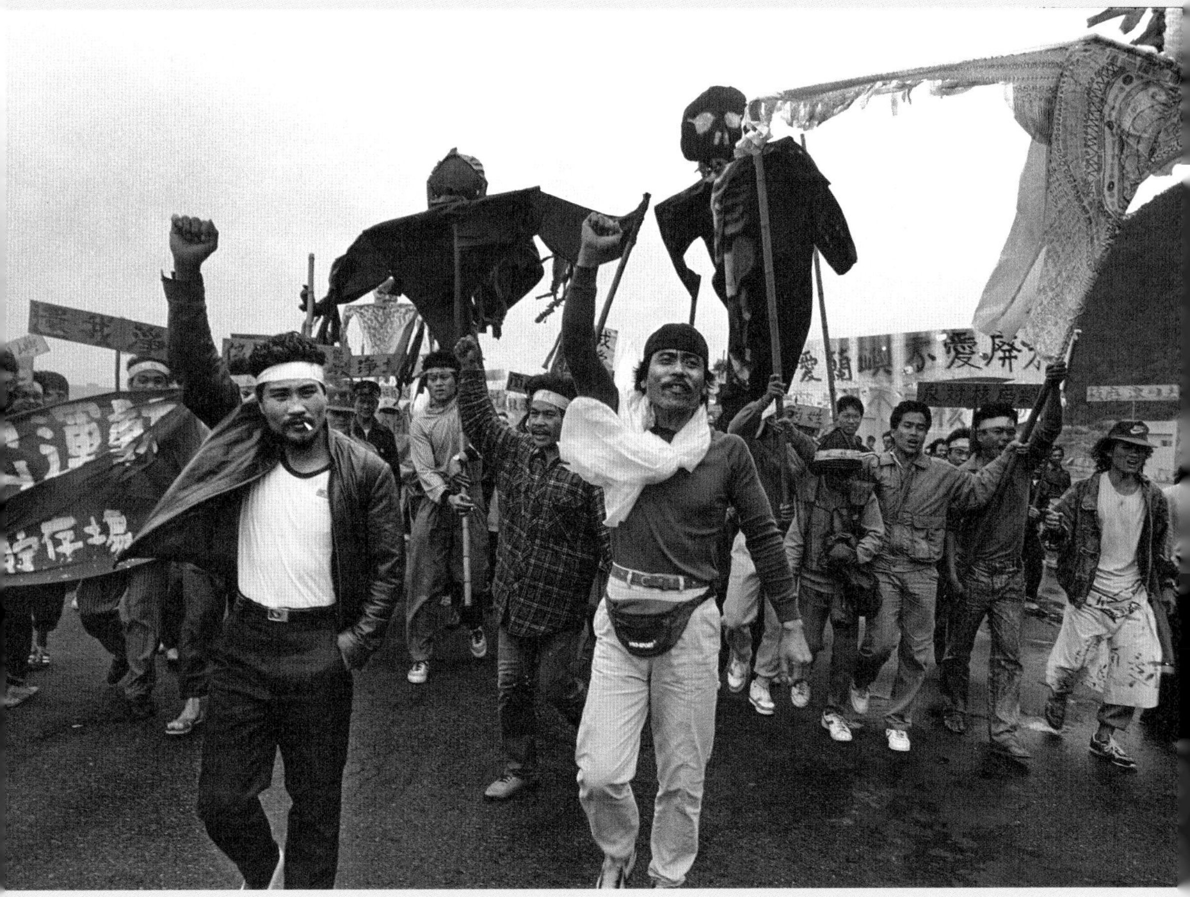

一九八八年，
蘭嶼「二二〇驅逐惡靈」反核遊行，
《人間》雜誌、行動劇場、綠色和平工作室等
社會運動者也來聲援。
（關曉榮攝）

一九八八年，蘭嶼「二二〇驅逐惡靈」反核遊行，郭建平與蘭嶼貯存場場長對峙。（關曉榮攝）

一九九一年，達悟族人著傳統服裝「驅逐惡靈」。（關曉榮攝）

一九九五年，
一人一石封港行動，阻擋核廢料船進港。
（潘小俠攝，潘采辰提供）

一九八八年四月二十二日，
達悟人至臺電大樓抗議，
右圖持麥克風者為達悟族長老夏本・嘎那恩，
左圖持麥克風者為董森永牧師。
（柯金源攝）

一九九八年，東排灣反核廢自救會成立，左一為戴明雄牧師。
（綠色公民行動聯盟提供）

二〇一二年，蘭嶼「二二〇驅逐惡靈」遊行。
（王顥中攝）

上：二〇一二年，「二二〇驅逐惡靈」遊行，希婻·瑪飛洑於蘭嶼貯存場外抗議。
（王顥中攝）

下：二〇一六年，蔡英文訪蘭嶼時，謝來光（Si-ngahephep）向蔡英文總統宣讀〈蘭嶼達悟族共同宣言及聲明〉。（黃瑋隆攝，地球公民基金會提供）

番外篇

身在輻中不知輻
輻射屋汙染事件

文字　王舜薇

你努力賺錢，買了房子，全家搬進新屋，展開新生活。一家大小每天在固定的房間睡覺、在固定的餐桌吃飯、在固定的浴室沐浴如廁。不到幾年後，你與家人開始出現不明所以的病痛：頭暈、皮膚病、疲倦、無故流產、甚至癌症。

怎麼回事？後來你才知道，那些日復一日生活的空間，竟然藏匿著危險——看不見、摸不著、也聞不到，只有儀器警報在虛空裡震天價響，響得讓人頭皮發麻……。

難道，屋子裡有鬼？

從前從前，屋子裡藏了高科技鬼……

一九九二年，正當立法院朝野爭辯核四預算時，臺北市龍江路民生別墅社區的多數居民，第一次知道自己的屋子鬧鬼。這種鬼不會故弄玄虛，不會在夜晚跑出來嚇人，只有在輻射偵測器出場時才現形。

其實，有些人早就知道鬼的存在，只是他們從知道的當下，就開始隱瞞，最後竟然演變成全球第一起民宅輻射汙染事件。

一九八三年一月十四日，一輛載送鋼筋的貨車通過核一廠大門，準備前往核廢料貯存槽工地，車子一經過大門，輻射偵測警報卻大響，淒厲的「嗶！嗶！嗶！」迴盪在廠區，讓人誤以為又是廠內哪裡出了問題。

此前，核一廠曾發生過幾次空浮放射性物質外洩事件，聽到警報聲不免人人驚慌，然而，這時候距離大門兩百公尺外的控制室顯示一切正常，看不出反應爐有什麼異常狀況。

廠內人員反覆推敲觸發警報聲的源頭，排除各種不可能的因素、仔細檢查後，終於發現引發輻射反應警報的罪魁禍首，居然就是剛剛運進廠內的鋼筋！運送的工地承包商與核一廠內部人員才恍然大悟，原來是買到受輻射汙染的鋼筋，這些鋼筋可能在鎔鑄製造的過程中，混入了有放射性的廢料，造成鋼筋分子結構受到汙染、產生對人體有害的游離輻射。[1]測量之後，儀器顯示鋼筋有鈷-60（Co-60）放射性反應、輻射劑量率高達七十微西弗／時（μSv／h），[2]比起核電廠內部高出不少。兩個月後的三月十五日，臺電才告知輻射管制的最高主管機關——原能會輻射防護處（簡稱輻防處），確認核一廠工程包商「雙全營造廠」果然買到了輻射鋼筋。[3]

但輻防處所下的決定只是：這批鋼筋「不作為（核一廠）地基使用」。[4]原能會繼續追查得知，輻射鋼筋的來源，其實是一條上游至下游的供應鏈：賣給雙全營造廠的鋼筋由「金山鐵工廠」製造，金山鐵工廠的鋼材上游來源，則是漢華鋼鐵公司委由嘉山鐵工廠製成。

金山鐵工廠製造的鋼筋，除了被營造廠帶到核一廠，還有一部分賣給「健康營造公司」，用於臺北市天母的中國國際商業銀行新建宿舍工程。原能會前往興建中的工地追查偵測，發現建物的三、四樓有極高輻射劑量率，若要等待衰變至對人體無害的程度，至少十一年無法住人。

該怎麼處理呢？原能會認為，「若公開報導極易引發外界誤傳，影響我國鋼筋外銷，並引起國人對鋼筋安全性的無謂恐懼」，於是請中國商銀與包商以和平方式祕密解決。協商後，決定由健康營造公司、鐵工廠與鋼鐵公司共同出資，拆除具放射性物質的樓層。原能會聲明指出，採取低調做法，是避免當事人相互爭吵，否則「見諸報端，造成更大的不幸」。[5]

建商拆除了新建宿舍，宣稱將廢材與連同剩下其他尚未使用的輻射鋼筋，運往製造商金山鐵工廠位於臺北市石牌的掩埋場，以地下掩埋方式處理。不過原能會繼續清點金山鐵工廠所製造的這批輻汙鋼筋，發現核一廠、中國商銀宿舍建商所購買的鋼筋總重量，與鋼鐵廠提供的整體數字對不起來，懷疑可能還有下落不明的鋼筋，流向他處。

1 游離輻射是由放射性物質、高電壓設備、核反應或恆星等散發出幾種類型的粒子與射線中的任何一種。參考國家環境毒物研究中心條目「游離輻射」。
2 輻射劑量率是以輻射的「強度」與「曝露時間」來計算，較常看到的單位為「微西弗／時」及「毫西弗／年」，一西弗＝一千毫西弗，一毫西弗＝一千微西弗。臺灣天然輻射年平均值為一至二毫西弗。
3 佐藤妮娜，〈臺灣輻射島〉，《新國會》月刊，一九九三年十月，頁七八至八五。
4 王玉麟，《揭發輻射汙染大弊案，輻射汙染白皮書（第一冊）》（自行出版，一九九六）。
5 王玉麟，《揭發輻射汙染大弊案，輻射汙染白皮書（第一冊）》。

這個懷疑在兩年之後出現蛛絲馬跡。一九八五年，臺北市一間「啟元牙科」診所喬遷至龍江路嶄新落成的「民生別墅」社區，申請安裝新診所需要使用的X光機。依照《游離輻射防護法》，進口器材須由原能會檢查、列管，才能核發使用執照。

檢測技師抵達診所後，一打開輻射偵測儀器，警報聲就大作，現場顯示出有強烈的輻射反應，然而奇怪的是，此時診所X光機根本尚未通電。輻射哪裡來？技師當場仔細偵測後，發現鈷-60輻射反應來自建築物的牆柱，超過安全值二千倍以上。

曾任職原能會的技師並未詳細告知牙科診所負責人事情真相，而是悄悄通報原能會，收到消息的原能會人員，想起兩年前的核一廠與中國商銀天母宿舍，推測可能是下落不明的鋼筋，被用在民生別墅的建造工程。雖然知道事有蹊蹺，流向不明的輻射鋼筋，可能已牢牢成為許多家庭的一分子，但不想把事情鬧大的原能會選擇息事寧人，輻防處長楊義卿為避免困擾，決定先在牆柱上加上鉛板屏蔽輻射，處理啟元牙科案，卻沒有告知民生別墅其他住戶，這棟房子其實暗藏玄機。

全球首例民宅輻射汙染事件

一九九二年臺灣房地產市場如日中天，這一年夏天，一名臺電員工帶著輻射偵測儀器，回到臺北市廈門街的宿舍，結果一進門，儀器竟發出嗶嗶警報，顯示屋內可能有不正常的高劑量輻射。住戶通報原能會偵測後，證實該棟建築的廚房梁柱受到輻射建材汙染，沒想到臺電宿舍也變成了輻射屋災區。

臺電宿舍事件遭媒體披露後不久，一封寄到《自由時報》的爆料信函，成為報紙上的一篇獨家報導，把社會大眾嚇壞了。報導指出，臺北市一個住宅社區偵測到異常高的輻射劑量，顯然受到汙染，報導內文雖匿名處理，但明眼人一看即知是一九八四年完工的龍江路民生別墅。

這則獨家消息並非住戶自行發現，而是原能會內部鬥爭的產物。為了推動核四計畫，原能會在一九九二年七月擴編，引發高層內鬥，於是有人匿名將多年前低調處理的輻射鋼筋案，洩漏給《自由時報》，輻射屋問題才躍上檯面。

新聞報導讓民生別墅住戶陷入恐慌，原能會也被迫出面處理，進行輻射偵測，在七十戶中發現三十四戶遭到輻射汙染。國際放射防護委員會（ICRP）所訂出的一般民眾每年安全輻射累積劑量安全值為「一毫西弗／年」，民生別墅受汙染戶偵測到的輻射劑量，卻從八十到一千兩百三十毫西弗都有，是ICRP標準的八十到一千兩百三十倍。[6]

以住戶代表王玉麟家為例，其家中測到的劑量，為每小時一百二十微西弗，是正常背景值的一千多倍。王家住了八年，累積的受曝量，相當於照了五百八十張胸部X光，這還不是受汙染戶中最嚴重的。民生別墅的輻射值，相較於短時間內受到高劑量輻射傷害造成的「急性效應」，雖然沒有立即生命危險，但長期曝露於低劑量游離輻射之下，累積一定的時間與劑量後，可能引發血液與

6 依照法定「游離輻射防護安全標準」，一般人每年接受劑量限度（不含天然輻射劑量）不得超過一毫西弗，核電廠或輻射從業人員上限為五十毫西弗。

基因病變，導致白血病、癌症，並影響患者的下一代，形成畸形或先天性疾病。

著急的住戶們，感受到的是主管機關原能會的冷淡態度。原能會只告知住戶房屋不適宜居住，建議搬家，或者在有輻射反應處裝設厚鋼板屏蔽，不然就是住戶間商議拆除重建。但對於多數將一生積蓄投注於這棟房產的住戶而言，要迅速搬家，或者負擔拆除重建的龐大支出，談何容易？至於裝設厚鋼板，考量有些住戶家中輻射源太多、面積太大，裝設沉重的鋼板將會有房屋結構承載不住、導致坍塌的風險。最難堪的是，原能會告訴居民，不可租售已證實遭到輻射汙染的房產，否則就是觸犯《刑法》「意圖謀殺罪」！[7]

一九九四年四月二十七日，抗議輻射屋。
（綠色公民行動聯盟提供）

繼續住？還是不住？如果當年啟元牙科發現輻射汙染疑慮時，原能會就及早通知民生別墅所有住戶進行檢測，他們也就不會白白受曝長達七、八年。面對原能會卸責的態度與處理方式，恐慌又憤怒的住戶只好集結組成受害者自救會，走上自救之路。

在自己家中成為災民

「為什麼這種事情會發生，而且還是在自己的家中？」談起當年輻射屋事件，輻射受害者自救會長王玉麟依舊憤怒不已。他從小在臺北萬華「賊仔市」成長，十三歲起就在鐵工廠做工，成年後跑船、當陸軍化學兵、從事過金屬製造業，未至中年就已經事業有成、見多識廣。一九八四年，時年三十七歲的他舉家搬進新落成的民生別墅，正逢人生最意氣風發的時候。

「我們還請風水師來看風水，覺得這裡坐北朝南，方位很好。」王玉麟在公共電視《我們的島》訪談中說，臉上滿滿得意。[8]沒想到，以為風水佳、能夠安身立命的房子，居然是身在「輻」中不知「輻」。

為了自力救濟，王玉麟購買昂貴的儀器，和其他憂心忡忡的住戶在大樓四處進行輻射檢測。偵測器外型如同新聞記者的麥克風，對著沉默的牆壁、角落、梁柱「訪問」，儀器卻回報以怵目驚心的輻射計數。王玉麟甚至發現，自己家裡最私密的空間——浴室，有高劑量輻射，這代表每一次脫褲如廁、每一次脫衣洗澡，都在以肉身直接承受輻射攻擊！

為討回公道必須健全知識。他窮盡人脈，四處請教專家學者，開始研讀一輩子沒

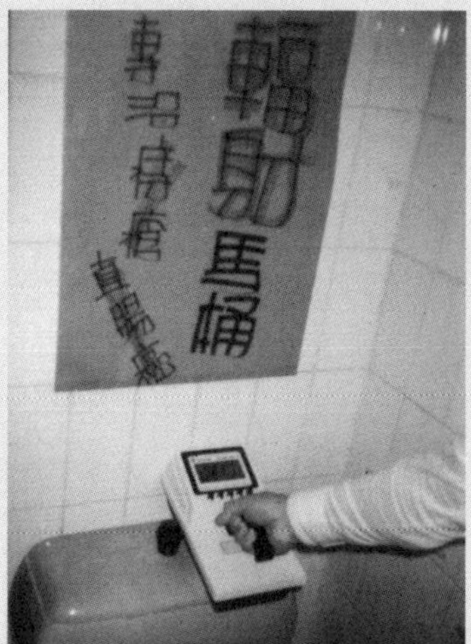

王玉麟家的「輻射馬桶」
（綠色公民行動聯盟提供）

7 王玉麟，〈輻射人的迷失〉，《新國會》月刊，一九九三年十月，頁八六至八七。
8 張岱屏、于立平，〈輻射屋二十年〉，公共電視，《我們的島》，二〇一二年十月二十二日。

碰過的原子能相關知識與法規，加上遺傳學、胚胎學、細胞學等，試圖要徹底瞭解輻射對人體的影響。此外也拚命四處演講，從大演講臺、廣播節目到社區居民住家，宣傳輻射對人體的危害，教導人們如何保護自己、避免受曝。「有時候一天跑四個電臺，講得聲音都啞了。」

王玉麟一邊抗爭，一邊蒐集資料整理成書，包括兩本《輻射汙染白皮書》，公開民間對輻射屋事件的調查真相，還有集結國內外醫學資料的《除癌祕笈》一書；另外也自掏腰包拍影片，說明輻射屋事件的來龍去脈及居民承受的風險。這些素材由東海大學教授林碧堯、前立委黃順興的女兒黃妮娜（日文名「佐藤妮娜」）等人協助翻譯成日文、引介到日本，讓當地媒體關注到這件毫無前例可循的特殊汙染事件。

王玉麟的高調與熱心，讓他接到許多不具名的祕密爆料，舉發原能會內部的人謀不臧，這些匿名情報讓他一塊塊拼湊出從一九八三年核一廠、一九八五年啟元牙科、到一九九二年民生別墅一連串輻射鋼筋問題的始末。一九九三年，「輻射受害者協會」成立，王玉麟義不容辭擔任會長，為輻射屋受害者爭取權益，展開漫長的國賠訴訟；一九九六年，專家學者、環保人士組成「輻射安全促進會」，推廣輻射傷害的知識，他也是其中重要成員。

輻射屋受害者承受罹癌與基因病變風險

在整個事件中，最啟人疑竇的就是輻射鋼筋到底從何而來？王玉麟與輻射安全促進會曾懷疑，可能是美國進口的廢鐵含有放射性核種，以及鋼鐵廠向核一廠購買廢鐵等原料來源，導致在臺灣熔鑄成的鋼筋受到輻射汙染。不過原能會的調查，排除國外進口汙染廢鐵的可能性，也駁斥核一廠廢鐵造成汙染。雖然確實有鋼鐵公司向臺電購買廢鐵，但來源是林口火力發電廠，並非來自核電廠。

原能會認為，位於桃園八德的陸軍化學兵學校在一九八二年九月曾經遺失一枚鈷-60射源，因為被證實生產輻射鋼筋的桃園中壢市欣榮鋼鐵公司，相距化學兵學校僅十公里，有地緣關係，加上射源強度吻合，原能會懷疑可能是輻射鋼筋的禍源。然而證據不足，無法直接究責，[9]只能夠暗指僅有軍方單位才能掌握放射源流出與流向的內幕。

源頭不明，只能拆彈。原能會為了回應社會疑慮，在一九九三年九月動用大型機具，開進臺北市承德路石牌地區的芭樂園，挖出十年前被中國商銀建商棄置掩埋的輻射鋼筋，打算仔細清查當年流向不明的鋼筋下落。結果挖掘結果一比對，的確少了近十五公噸的鋼筋，可能已經被業者非法盜賣，成為許多建築物的一部分。

在媒體壓力下，原能會開始進行全臺房屋輻射普查，優先以鋼筋出貨單檢查，並發放輻射熱發光劑量計（TLD）供民眾貼在家中、檢測自家房屋輻射值，再回寄給原能會記錄吸收總劑量。也有民間團體培訓輻射偵測志工，受理民眾申請到府檢測。

結果臺北縣市、桃園、基隆等地陸續爆發輻射屋和輻射馬路的消息。統計後全臺約有三百多棟輻射建物，包括幼稚園、國中、國小、辦公大樓、國宅住家等，造冊列管的

9 李宗祐，〈廢射源愛臺灣 原能會不解〉，《中國時報》，二〇〇七年十月二十二日。

汙染戶共有一六六九戶、曾經設籍在輻射屋的居民約有一萬三千三百人。[10]受汙染的建築物多是在一九八二至一九八四年建造，使用執照核發日期介於一九八二年十一月到一九八六年一月，有七成都在大臺北地區。有些屋主擔心房價下跌或者受到異樣眼光，選擇低調處理，悄悄搬家；有些屋主擔心難以面對家中孩童遭受的輻射風險與自責，寧願逃避檢查。

躍上新聞版面的，只是其中一小部分。新莊瓊林路一棟民宅被檢測出受汙染房屋中最高的輻射劑量，判定為不適合居住，最後整棟拆除重建；一九九五年，南港臺肥國宅發現一、二樓總共二十三戶為輻射屋，往後有多名住戶罹癌病逝。而中南部的輻射屋數量可能比揭露的還要多，但因為資訊落差而沒被檢測出來。由於鈷-60的半衰期較短，潛在的輻射受害者可能也難以追溯。

最令人心碎與擔憂的是孩童的受害。臺北市永春國小的低年級教室被證實為輻射屋，不少一九八〇年代中期就讀該校的兒童，在離校多年後陸續罹患白血病。王玉麟認為，許多孩子午睡的時候直接躺在地板上，脊椎部位緊鄰樓下天花板的輻射鋼筋，「像是有人直接拿槍打你的頭。」

彰化的欣欣幼稚園在一九八三年裝設了三扇大鐵窗，後於一九九五年證實遭到鈷-60汙染，隔年拆除。當年在這間幼稚園就讀的王姓學童，八年後確認罹患血癌，經歷數次化療後，仍在十五歲生日的前一天過世，是輻射屋罹難者中最年輕的一位。[11]

輻射強度、受曝時間長度、與輻射源的距離，以及人體本身的抵抗力與慢性病症，會影響受傷害的程度。造成輻射鋼筋汙染的鈷-60輻射源，半衰期約為五年半，每過五年半的時間，輻射劑量減為一半，然而低劑量輻射對人們身體的傷害，卻是隨著時間拉長，才慢慢浮現，約在受曝後的十至二十年為發病高峰。以日本廣島、長崎原子彈受害者為例，事件五十年後的罹癌發病人數持續增加，隨年紀增長而更加顯著，依此推論，輻射屋受害者罹病發作，需要長時間的觀察。[12]

輻射屋受害者最常出現的癌症種類為血癌、甲狀腺癌。關注輻射屋問題的公衛學者張武修，曾在二〇〇六年進行輻射屋受害者流行病學調查：年齡在三十歲以下、累積輻射劑量超過五十毫西弗的受曝者，癌症發生率是一般人的五・五倍、固態腫瘤發生率為九倍、乳癌發生率是十六倍；而輻射劑量在一至五十毫西弗的受曝者，癌症發生率是一般人的三・九倍，固態腫瘤發生率也是九倍。

公衛學者謝婉華的研究也發現，居民受孕能力因為輻射曝露而明顯降低。而臺大醫院針對曾在輻射屋居住的七十多位孩童，進行長達十五年的追蹤，發現這些孩童在長大後，眼睛的水晶體較未曝露族群更為混濁，日後發生白內障的機會將增加，[13] 顯示輻射也會對眼睛產生負面影響。

即使民間研究指出長期低輻射劑量率對人體的負面作用，但官方所主導的檢查或者研究卻一再淡化輻射傷害。一九九三年一月，榮民總醫院公布民生別墅受災戶的體檢結果，九十位受檢者當中，有四十三位出現

10 張岱屏、于立平，〈輻射屋二十年〉。
11 張武修，〈第一個輻射屋兒童過逝了〉，一九九六年十二月，http://www.taiwanwatch.org.tw/issue/rad/RAD1stchilddie.htm。
12 張武修，《戰勝輻射：輻射的安全與健康》（臺灣輻射安全促進會，二〇〇七）。
13 張岱屏、于立平，〈輻射屋二十年〉。

各種不同程度的血液病變，九位出現甲狀腺異常狀況。[14]但榮總認為慢性輻射與致癌之間並無必然關係，抽菸、喝酒、性生活也會導致病變，這個說法讓居民大為不滿。

原能會委託國家衛生研究院針對民生別墅住戶進行的流行病學研究報告，二〇一六年出爐，研究對象包括一千兩百名一年輻射曝露劑量大於五毫西弗的居民，每年健檢並追蹤其血液變化及致癌率等數據。報告顯示，「對比一般民眾，雖發現受輻射劑量愈高者（累積超過一百毫西弗），罹患血癌風險顯著增高，但罹患其他癌症風險卻沒增高。此外，輻射高劑量民眾，早期造血功能包括白血球數、淋巴球數、血小板數等，雖受輻射影響，但長期遠離輻射環境後，造血功能會自我修復」，[15]這項研究結果引來受害戶批評原能會企圖卸責，以避免受害者依《核子損害賠償法》求償。

活在慢暴力中

與職業災害的判定類似，法理上難以舉出足夠證據，證明身體與輻射傷害的直接關聯。一九九四年，民生別墅五十七位受害者集體控告原能會官員隱匿資料、未即時告知住戶輻射汙染事實，有瀆職罪嫌，並要求國家賠償。二〇〇二年臺灣高等法院判決原能會應付給原告共計五千五百多萬元（連同利息為七千兩百萬元）的精神賠償金，全案定讞。[16]至於被以瀆職罪起訴的原能會前祕書長李育浩、輻防處長楊義卿，終皆獲判無罪，法院認為，事件發生當時尚未有處置輻射汙染房屋的相關法源，兩人並沒有廢弛職務的故意。[17]

所謂的法源，是在一九九四年六月才公布實施的《放射性汙染建築物事件防範及處理辦法》，依據規定，原能會對於輻射屋的處置，以輻射劑量高低為標準、以「戶」為單位：年劑量在十五毫西弗以上的房屋，由政府收購，五到十五毫西弗的住戶可領到二十萬的救濟金、房屋稅減免等，五毫西弗以下的住戶則沒有任何補償措施。[18]健康檢查只提供給五毫西弗以上輻射屋居民。臺北市為了保障五毫西弗以下劑量受災戶的權益，另定地方自治條例，下修健檢標準為一至五毫西弗，並在聯合醫院仁愛院區開辦輻射屋住戶醫療諮詢服務中心，提供醫療諮詢。

原能會也提供獎勵輻射屋拆除的措施，給予最多百分之三十的容積率獎勵。但必須獲得全體住戶同意。然而「房子」牽涉到私有財產，直接關聯到社會階級差異，例如與輻射共居十年以上的租屋者，卻不能參與任何談判與賠償；政府的收購與補助，因劑量產生差異，導致住戶意見始終無法整合，造成拆除建物的困難。直到二〇一八年，理應拆除的輻射屋，僅拆除了百分之七。

除了生理健康受損、財產損失，輻射屋受害者的家庭、鄰里關係、心理健康更受到嚴重打擊，且容易遭到忽略。研究者畢恆達、郭一勤曾經對多位輻射鋼筋受害住戶進行訪談，發現許多家人之間的關係因為輻射屋受災，而遭到撕裂。有些受害戶的孩子被冠上「輻射兒」遭同學排擠、被親友要求「沒事

14 王玉麟，〈輻射人的迷失〉。
15 〈「輻射屋僅與血癌相關」稱造血功能會修復 官方報告挨轟卸責〉，《蘋果日報》，二〇一六年二月十五日。
16 臺灣高等法院八十七年重上國字第一號民事判決，司法院法學資料檢索系統。
17 王己由，〈全國首例涉隱匿輻射屋　前原能會官員無罪〉，《中國時報》，二〇一一年十二月三日，https://www.chinatimes.com/newspapers/20111203000394-260102?chdtv。
18 近藤敦子，〈輻射汙染抗爭之社會學研究：以輻射安全促進會的「反輻射」運動為例〉（政治大學社會學系碩士論文，二〇〇一）。

別來我家走動」，甚至在家也隨時處於神經緊繃狀態、無法安心休息；[19]曾有年輕的女性輻射屋受害者在媒體採訪中表示，因為擔心未來會發病，不敢談戀愛、生育，在身體疾病出現之前，社會的歧視眼光，已經對受害者形成沉重的心理壓力。[20]

輻射屋事件是核能發展過程中，過度美化科技以及「專業封閉」、沒有建立預防與管制機制的慘痛後果。隨著時間拉長，鋼筋中的輻射強度漸次衰退，但曾經的輻射影響，實實在在地留駐於居民的肉身、血液與骨頭之中，不曾褪去，「時間」詭異地既是助手，也是幫凶，而房子與人體，都成為了臺灣曾經發生的「核災」紀念碑。

19 畢恆達、郭一勤，〈科技神話的夢魘：民生別墅住宅輻射災害的社會心理衝擊〉，《臺灣社會研究季刊》第三十五期，一九九九年九月。

20 陳玉梅，〈身背未爆彈　不敢談戀愛〉，《蘋果日報》，二〇一三年三月二日。

第五部

政黨輪替與運動低潮：二〇〇〇至二〇一一

文字 王舜薇

柯金源攝

新世紀，第二個千禧年，就算是最遲鈍的人，也受到時代感的召喚，不得不正視改變的欲望。二〇〇〇年三月分的第二次總統直選，是解嚴後政治理想主義的一次總體檢，也是改革承諾站上選舉磅秤測量虛實的重要時刻。

5-1 臺灣首度政黨輪替與反核

「希望阿扁仔當選，當選啦！按呢反核就有影啦！（希望陳水扁當選，當選啦！這樣反核就有可能了！）」貢寮人目送陳水扁步入政見發表會場，一邊激動大喊。儘管對昔日的街頭夥伴民進黨多所怨言，但臺灣仍未突破一黨獨大的執政格局也是事實。有機會拿下執政權、進而兌現反核承諾，讓貢寮人對民進黨寄予厚望。至少，這一次「為自己投票」，有法律效力，不像六年前的那一次全鄉公投，雖然熱絡，卻不被認可。

總統選舉情勢詭譎，原國民黨籍的末代省長宋楚瑜，決定脫黨以無黨籍身分參選，造成國民黨內部分裂，也讓民進黨有機會從中得利勝選。反核陣營在選前卯足全力，深信唯有將民進黨推上執政大位，才有可能阻擋核四繼續興建。自救會為了爭取曝光機會，積極奔走政見發表會場，在場外的電視鏡頭簇擁下，要求候選人對核四議題表態，或者簽署承諾書。民進黨候選人陳水扁，自然是五組候選人中最有求必應的。

「立即終止核四廠興建，將核四廠區包含鹽寮灣，變更為臺灣歷史文化和生物科學園區，以替世世代代子孫保留東北角海域自然資源為先……」。[1]選前七天，陳水扁

1. 楊迪文，〈扁曾承諾：核四改建園區　貢寮鄉長出示簽名連署書　臺電表示土地須還原再變更　十年內不易達成〉，《聯合報》第五版，二〇〇〇年十月六日。

爽快簽下這份連署書，允諾民進黨「非核家園」黨綱不變，且上任後會採取積極措施。

二〇〇〇年三月十八日，陳水扁驚險以三十一萬票微幅差距，意外地勝過第二高票的宋楚瑜，以三九．三%的得票率，當選第二屆民選總統。解嚴十二年的臺灣，終於迎來首次政黨輪替，終結國民黨五十五年的一黨專政。陳水扁在貢寮鄉拿下五一．八九%的得票率，[2]顯示出「反核總統」的高人氣，也顯示貢寮人期盼多年來辛苦從事反核運動能有好結果。但接下來能夠水到渠成嗎？在五二〇新總統正式就職前，他們隱約感覺有些不太對勁。

貢寮人發現民進黨對廢核四態度模糊不明

選後盯著報紙和電視，貢寮人相當吃驚。首先是幾位民進黨籍指標人物「看風向」的態度。黨祕書長邱義仁在《路透社》採訪中說，「核五一定不會蓋」，但對核四要廢或者不廢，卻語焉不詳；立院黨團總幹事林宗男則說，核四興建與否，將重新評估後決定，如果叫停，臺電會有近千億元損失，很可能反映在電價上，轉嫁消費者。言下之意，廢核四沒那麼簡單，還要等一等；前任黨主席施明德與現任黨主席林義雄，則強烈主張陳水扁上任後應該立即停建，否則有違黨綱。至於新科總統陳水扁本人，只是重申會堅守「非核家園」的承諾，但遲未對外明確說明上任後會如何處置核四。

除了民進黨人物態度不一，承諾廢核四卻未提出務實的做法，更是令人不安，畢竟此

2. 參考自中選會選舉資料庫網站。

時的核四，的確無法貿然「說停就停」。自從原能會不顧違規情事未決，就發給臺電建廠執照後，核四工程加速推進，特別是一九九九年十二月開始進行一號機組底座灌漿作業以來，工程進度與效率就得分秒必爭，將近一千七百億的總預算已經花費四百多億工程款，且持續發包進行。[3]

「不是說民進黨當總統就可以廢核四嗎？」自救會的心急不是沒有理由，他們每天看到機具器械在核四工地忙進忙出，加速趕工跡象明顯。若五二〇新政府上任後立即決定停工，已發包工程的違約賠償金預估也需要七、八百億，但若拖延未決，隨著工程陸續進行，損失金額只會愈來愈多，自然是當機立斷、愈快停工愈好。

民進黨立委賴勁麟出身核四所在地選區，也是民進黨立院黨團「環境政策小組」召集人，在大選後三週，他代表民進黨前往貢寮召開核四政策討論會。一百多位在地居民湧進貢寮區漁會，大家都急著想知道，民進黨究竟要如何處理核四。賴勁麟羅列待討論的議題：一、核四廢止後，如何減少政府損失？二、電力替代方案；三、原址如何規劃？四、如何應付各界壓力？五、促進節能與新的能源。

議程看似條理分明，但貢寮人早不耐煩，除了強調「愈早停工、損失愈少」，幾個自救會幹部也輪番上陣，炮火猛烈地發言。「今天若國民黨不蓋核四，阿扁沒有辦法做總統。今天總統換你們做，停建善後由你們去傷腦筋，在座的老百姓沒想那麼多，照違規的處理就好。」[4] 貢寮漁民吳順良開口如連珠炮，一語中的。對貢寮人而言，過去三、四年來緊咬各種違規證據不放，達到拖延工程的效果，已經完全表明反核的態

3. 李亦杜，〈能源政策未定前核四應施工　針對民進黨立委要求緩建　國民黨立委提不同意見〉，《中央日報》第六版，二〇〇〇年四月九日。
4. 貢寮鄉民發言轉引自二〇〇〇年四月七日說明會現場錄影逐字稿。

度，為何還要來諮詢「廢核四後怎麼處理」？

吳文通說得更不客氣，「民進黨團以後發言必須考慮貢寮人反核四的立場，不要再用模稜兩可的話來發言。（貢寮）支持民進黨的（人）未必一直都支持，政策若對，我們支持，若是不對，我們也可以支持別的黨。」彷彿民進黨擋箭牌的賴勁麟當場頗為尷尬，不過也有鄉民跳出來緩頰，像是吳世明就對賴勁麟曉以大義，「我對民進黨和陳水扁非常有信心，但如果贊成繼續蓋核電廠，我會死心。」

從選前強烈期盼到選後的不滿，擔憂陳水扁無法信守選前簽下的白紙黑字承諾，貢寮人的心情像是洗三溫暖般劇烈起伏。身為民代，賴勁麟答應會在立法院邀請專家組成「廢核四評估小組」，提供新政府廢核四決策的參考資料，不過各種風聲、傳言太多，自救會仍不放心。不久後，會長陳慶塘帶著幾位自救會代表，從東北角開車近兩個小時到臺北，前往民進黨中央黨部拜會，打算提交一份六千多字的建言書，內容包括：抨擊核四地質調查、環評草率，以及土地徵收、漁業權、施工設計等種種問題，並提出「對臺灣能源政策的建議」，要求民進黨必須信守非核承諾。

當時對於廢核四後，原廠址該做什麼用途，在環保聯盟總會為首的反核行動聯盟內部也有不同意見。有專家認為可以原地改作天然氣發電廠，從高雄永安拉海底管線到貢寮輸送天然氣，但也有人認為臺灣並不缺電，開放民間經營電廠可能會衍生其他亂象，所以不宜再作電廠，應該著重節能措施，與加強電業管理、修正《電業法》等方向。貢寮人的態度是：只要能廢掉核四，其他方案都可以再討論。

然而，陳慶塘等人來到民進黨中央黨部，得到的回應卻是「祕書長沒空」，協調了半天，最後被帶到新上任社會發展部主任李文英的辦公室。

「你們知道，美國給我們多大的壓力嗎？」關起門，李文英劈頭先抱怨了起來。[5]這裡在民進黨創黨初期曾名為「社會運動部」，彰顯政黨深入草根運動和地方抗爭的姿態，卻隨著民進黨距離中央執政愈來愈近，改名為「社會發展部」。[6]李文英是社會運動生面孔，自救會成員跟她不熟，她的這番抱怨，究竟是真實的狀況還是推托之詞，不得而知。而社發部主任的發言又是否能夠代表民進黨高層的意見？也無從確認。

其實選舉結束之後，關於影響核四決策的主要力量來自美國還是國民黨，各方傳聞都有，自救會與環保團體都聽了不少，顯然有許多潛在的政治變數在暗地中左右。缺乏直接證據、又無管道直達資訊核心，自救會只能無奈以對。他們素樸地寄望民進黨執政後，核四就能畫下句點，但事情似乎沒那麼簡單。

美國的壓力並非空穴來風。核四計畫自一九八〇年代數度提出，先是核四設備原本由歐洲廠商得標，但後來政府以平衡臺美貿易逆差、維繫與美國的外交貿易為由，轉向美國採購主要設備，已得標的歐洲廠商感到恐慌。[7]美國的核能設備製造商，都在美國政壇擁有龐大政治影響力，是政黨主要政治獻金的來源，[8]這說明美國核能廠商為何對臺灣造成祕而不宣的跨國政經壓力，或許就是國民黨政府在社會輿論質疑下，依舊強力推動核四的原因之一。一九九六

5. 會面內容根據賴偉傑轉述。
6. 民進黨於二〇〇九年在野後又更名回「社會運動部」。
7. 〈核四廠主要設備擬向美商採購　原得標歐洲廠商感恐慌　紛紛透過不同途徑要求我遵守有關規定〉，《聯合報》第二版，一九八四年五月四日。另見第一部1-5〈反核運動前奏〉。
8. 謝錦芳，〈立院忙著政治角力　外商準備大賺一筆　誰是興建核四最大贏家？〉，《中國時報》第二版，一九九六年五月二十六日。

年五月美國奇異公司得標核四反應爐後，以採購、技術轉移和投資，提供臺灣廠商十多億元的合作互惠，作為在地回饋。[9]本地廠商參與工程形成利益結構，也增加了核四停建的阻力，而現在上臺執政的民進黨，必須繼續面對這樣的壓力。

社運如何面對新政府

擔心民進黨的廢核立場搖搖欲墜，反核行動聯盟決定在總統就職前一週舉辦一場大遊行，督促新政府，但是遊行調性要柔還是要剛，一時難有共識。「要像以前對國民黨那樣對民進黨嗎？」遊行前的籌備會上眾人思量。改朝換代了，社會跟國家的關係理應隨之不同，但沒有人能肯定什麼是合宜的方式。當環盟總會想把「恭賀阿扁當選」作為遊行口號時，卻遭到自救會與臺北分會反對。「如果動員幾千人去『慶賀』，最後政策轉向還是繼續蓋核四，那我們不是都要去跳澳底港了？」吳文通說。

民進黨內部對核四眾口鑠金，也反映出首度執政所面對的混亂情勢。輿論都在觀望，民進黨是否真的有治國能力，如何布局新政府人事，實現「反威權、打黑金」的政見；國際社會則關切民進黨上臺後，要如何處理跟中共的關係；社會運動組織也在忖度，究竟陳水扁選前承諾達成的各項訴求，是否真能實現？各組織不約而同把關注焦點放在反核上，畢竟這是陳水扁選前喊得最用力的承諾，若無法履行，則代表其他更弱勢的社會議題，幾乎也難逃被跳票的命運。

9. 丁萬鳴，〈核四案　國內外勢力較勁〉，《聯合報》第二十一版，二〇〇〇年四月四日。

陳水扁的勝選關鍵之一是國民黨的分裂，也是上任後所面對的麻煩根源之一。國會裡「泛藍」席次仍占過半數的絕對優勢，[10]朝小野大，想要推進改革目標，民進黨勢必將面對重重挑戰。從新的人事布局，可看出營造政黨和諧、穩定政局的企圖。

首先，陳水扁出乎意料地邀請國民黨籍的國防部長唐飛出任閣揆，背後的考量引發推敲。外省空軍出身的唐飛，在國防部長任內推動《國防法》立法、《軍事審判法》修法等關鍵法案工作，建立軍隊國家化、文人領軍的制度，改革能力和柔軟的政治身段受重視。根據唐飛的說法，陳水扁寄望他的入閣，能穩定首度政黨輪替後的政局，以及前途未卜的兩岸情勢，塑造「全民政府」格局。[11]

經濟部長則延攬無黨籍的專業經理人林信義擔任，負責直接處理燙手的核四議題。林信義曾任中華汽車總經理，商業管理專業能力頗受業界肯定，新政府期待他在經濟議題扮演中立客觀的形象；而最具象徵意味的要屬環保署長，由反核形象鮮明的生物學者林俊義出任。一九八九年他出版的《反核是為了反獨裁》一書[12]鏗鏘有力，也被嗅到新聞賣點的媒體記者緊抓不放。

「反核就是反獨裁」這句口號在剛解嚴的街頭被喊得震天價響，似乎隱含著「反對國民黨專政」先於一切社會運動目標，反核只是達成的手段之一，難道這意味著政黨輪替後就「不反核」了嗎？面對各界不斷詢問，林俊義終於不打邏輯迷糊仗，明確指出以前他主張反核，是反對公共政策黑箱作業的「決策獨裁」，不是政

10. 一九九八年第四屆立委選舉結果，國民黨以四五・四六%得票率獲得絕對多數一百二十三席，民進黨二九・四七%得票率占七十席。

11. 唐飛，《臺北和平之春　閣揆唐飛一四〇天全紀錄》（臺北市：天下文化，二〇一一）。

12. 林俊義，《反核是為了反獨裁》。

治獨裁，未來在新政府的「核四再評估委員會」中，會從過去政府都沒有考慮過的因素，參照民間團體的想法。[13]

然而決策獨裁可能比政治獨裁還要來得複雜與難解。核四議題棘手，讓新政府還未正式上任，各方交鋒就已經轟隆隆開戰。準經濟部長林信義宣布，在新政府交接過渡期，應該暫停發包核四工程，引發臺電反擊；臺電在媒體上指出，若停建核四，不但將有缺電危機、破壞臺灣的國際形象，且貢寮鄉民原本享有的回饋金與各福利將全數取消，暗指貢寮人立場可能因為回饋金而搖擺。

這些指控對貢寮人是刺耳的威脅，為了駁斥臺電，自救會開記者會極力澄清，「我們不屑臺電回饋！」所謂「回饋」只是臺電單向把錢匯到鄉公所統籌運用，根本沒有實際用到百姓身上。

總統就職前一週，二〇〇〇年五月十三日，貢寮人搭乘七臺遊覽車，抱著「最後一次反核遊行」的心情出發，與遊行群眾在羅斯福路四段的臺大第二學生活動中心集結，先走到福州街上的經濟部，再繼續走到凱達格蘭大道。陳水扁在大選前拜會鹽寮反核自救會、高喊反核四並與會長陳慶塘合影的照片，被特地放大輸出轉印成大帆布，隨著群眾上街頭；海上抗爭用過的圓頂式反應爐也再度上街，美、日國旗在豔陽下特別醒目；來自日、韓的參與者舉著標語，出現在隊伍中，聲援臺灣成為亞洲第一個非核國家。十四年前，黨外編聯會發動首次反核集會時仍身陷囹圄的人，今日已變成了總統。[14]就算對新局面心存懷疑，烈日下走上街頭的人們，仍然企盼著改變成真，為新總統吶喊加油，

13. 呂理德、張瑞昌，〈專訪內定環保署長林俊義：對反核心有戚戚〉，《中國時報》，二〇〇〇年五月十一日。
14. 一九八六年十月，陳水扁正因為蓬萊島案入獄服刑。

也讓這次反核遊行成為十多年來政治對立氣氛最小的一次。

媒體上大量出現回顧性的報導，細數臺灣從殖民地到戰後戒嚴乃至解嚴民主化的歷程，一片熱鬧，「政黨輪替之後……」成為電視談話節目、政治人物發言、社運倡議記者會的起手式，卻沒有人說得準接下來會如何發展。遊行後一週，「廢除核四、縮短工時」的標語布條出現在歌舞昇平的總統就職大典。對某些人而言，這是落實「全民作主」、告別一黨專政的時代開端，而頁寮人很快就發現，接下來的每一步，都得見招拆招，甚至吵得面紅耳赤。

核四再評估　專家溝通的無力

賴勁麟與民進黨立法院黨團邀集張國龍與多位學者歷時兩個月撰寫的《廢止核四評估報告》，在二〇〇〇年六月十二日公布，可以說是十多年來反核論述集大成。除了詳列核電風險與對環境的衝擊，這份報告在電力需求持續成長的前提下，主張替代核四的方式是擴大天然氣發電量，不僅補足用電缺口，也省下二、三十億元發電成本。相關的配套還有開放民營電廠、達成電力自由化。這些主張在二十年後，仍是反核派內部推動能源轉型路徑上意見相左的爭點。

報告特別強調核四背後的「社會總成本」過高。[15]「社會成本」泛指各種公共決策與公共建設因為忽視正義原則，而帶來的社會衝擊與外部性，例如核電讓自然生態和未

15. 民主進步黨立法院黨團環境政策小組，《廢止核四評估報告》，二〇〇〇年六月十二日，https://www.taiwanwatch.org.tw/issue/nuclear/NUpaper1.htm。

來世代陷於不義，耗損過量時間成本。不過對廢核四路徑的具體可行性而言，最關鍵的應該是報告中的最後一章「廢核四之法律問題分析」。核四廠兩部機組未經環評核可，就變更擴增裝置容量，原能會及環保署卻沒有依法督促，甚至核發建廠執照，在法學專家眼中具有重大程序瑕疵。這份報告建議數條行政救濟管道，包括可依據二〇〇〇年七月一日起實施的新版《行政訴訟法》，提起「確認許可處分無效之訴」。因為新法沒有提起訴訟時效限制，此途徑有望讓核四工程暫停，並要求相關單位「依法行政」。

報告出爐之後幾天，新上任的經濟部長林信義正式召開「核四再評估委員會」，決定用三至四個月來討論核四存廢與否。「再評估」顧名思義是「我們再一起坐下來重新想一想」，然而這個「我們」，仍是「專家限定」。林信義公布的十八位委員名單，包括六位政府官員與產業界代表、十位專家學者，其中擁核、反核派各占一半，[16]另外也邀請四大黨派代表與會。但國民黨認為核四是既定政策，沒有再評估的必要，親民黨則不想替新政府背書，兩黨都拒絕參與以示抵制，最後只有新黨、民進黨各派一名立委代表參與。[17]總共十八名委員中，僅有代表新黨的立委謝啟大一人為女性。至於期待能夠「作主」的貢寮人，則完全未被列入名單。

會議是這樣開的：六月十六日至九月十五日，每週五晚上六點半開始，往往進行到接近午夜，形式不脫：正反方代表簡報、輪流發言、僵持不下，

16. 六位政府機關首長，包括經濟部長林信義、經建會主委陳博志、臺北縣長蘇貞昌、原能會主委夏德鈺、環保署長林俊義，以及臺電董事長席時濟。專家學者分為贊成核四派與反對派，前者有臺電常務董事廖本達、中鋼董事長王鍾渝、中央研究院研究員梁啟源、臺灣綜合研院所長吳再益、清華大學核工系教授李敏；後者包括臺北大學產業經濟系教授王塗發、臺大物理系教授張國龍、臺大公衛系教授王榮德、臺大化工系教授施信民、臺大資訊系教授高成炎。

17. 呂雪彗，〈民進黨立委強烈主張廢核四：評估報告出爐　建議以天然氣發電替代　經部決定週五首度召開評估會議討論〉，《中國時報》第六版，二〇〇〇年六月十三日。

然後在無共識下宣布散會，討論的形式也了無新意。十三次會議，談核四風險、核廢料處理、環境經濟衝擊、電廠除役，總計超過七十二小時，累積八十二萬多字的會議逐字紀錄。頭兩次都是閉門會議，直到自救會前往場外舉牌抗議，第三次開始才開放由《公共電視》全程轉播，並視情況邀請核電廠地方居民列席，[18]民進黨執政後宣稱的開放參與和全民作主，顯然不是理所當然。

無法入場參與會議的反核行動聯盟只好迅速擬出對策，形成「再評估小組」、「專業智囊團」、「全國廢核會議」三組，前兩者參與核四再評估會議，不隸屬或代表反核行動聯盟，對與會的代表，不論是擁核或反核都予以同樣的監督立場；原先民間的「反核行動聯盟」則擴大連結成立「全國廢核會議」，堅持凸顯「廢核」，每次經濟部召開「再評估會議」時，就同步在場外召開「全國廢核會議」，針對當週討論議題提出民間事實與意見。但就算反核民間團體費盡心思，媒體輿論卻反應冷淡。

每週五晚都在經濟部會議室激辯的專家，似乎被困在各說各話的情境中。反核派對風險的「萬一」感到憂懼，擁核派則對「萬一」感到樂觀，並相信科技的進步一定能解決核廢料的問題；經濟學家不論反核或者擁核，說的話都有數據支持，但就連反核陣營，也是用臺電提供的數據，兩方陣營針對數據的正確性來爭執對錯，卻沒有先拆解電力產官學結構的問題，幾乎沒有「正反方資訊交鋒」的意義。全程參與並逐場記錄的立報記者廖雲章形容兩派立場是「難分難解」，[19]最終難以對話

18. 華英惠，〈核四再評估委員會　過程全都錄　第三次起開會過程全程轉播並同步上網　未來並視議題邀專家、貢寮居民出席〉，《聯合報》第二十一版，二〇〇〇年六月二十四日。

19. 廖雲章，〈核四再評估會議系列報導〉，《環境資訊中心》，二〇〇〇年九月一日，https://e-info.org.tw/reporter/vivian/reporter-vi00101801.htm。

或讓步。

而整個過程中，地方民眾的意見和生活經驗，卻不被列進主要議程。例如「再評估」會中討論電廠除役，卻沒有納入核一、核二鄰近居民；談生態問題，卻沒有納入貢寮漁民的意見；談文化遺產，則沒有邀請凱達格蘭族人出席，「專家」的大旗一再凌駕於在地經驗之上。

不想忍到「再評估」結束，自救會直搗經濟部拜會，並帶經濟部官員視察重件碼頭違法施工和亂棄土石。六月二十九日，林信義前往貢寮，鄉民擠爆仁和宮廣場，對這位核四計畫啟動二十多年來，第一個親自拜訪貢寮的經濟部長大發牢騷。溽暑中，林信義不得不捲起白襯衫的袖子，頻頻拭汗，即使親自下鄉表現願意溝通的誠意，卻也預告了執政黨後續展現的狼狽。

「核四再評估會議」最終在正反專家無共識中落幕，共同結論是：「沒有共識」，主席林信義直接宣布「建議停建」。政黨輪替了、一黨獨大的獨裁不再，會議也舉行了，為何還是無法形成共識？

「全國廢核會議」成員之一、臺灣動物社會研究會理事長朱增宏，多次在「再評估會議」進行時守在會場外，再評估會議結束後一年，他寫出一本碩士論文，以「言談分析」討論核四再評估會議。他觀察到，正是「威權」——而非權力或者權威——阻礙了公共政策形成或環境民主所需要的對話與專業理性，也阻礙了創意、整合與社會學習。[20]朱增宏定義「威權」是一種綜合偏見、意識形態、防衛機制的心理作用，形成

20. 朱增宏，〈「威權」與社會運動——社會運動參與者的反省，以核四再評估為例〉（世新大學社會發展研究所碩士論文，二〇〇一），頁二。

「否定」的態度，讓不同思想、觀念的人無法相互理解與包容。政權輪替後，執政黨對於核四的程序正義，以及實質正義的雙重違法，不願依法來究辦，而只想以體制外的方式處理，終究落入威權思維的反噬與意識形態的對峙，無法達成社會溝通。

其實另一位研究者胡湘玲在一九九五年就已在核電爭議中觀察到專家之間的「不可溝通性」：[21]一九八五年核四爭議進入公共辯論開始，「核工專家」與「反核專家」站上官方、媒體場域的第一線，爭取議題論述主導權。但各自在核四議題中發言的正當性，是來自專業知識，還是來自學者的身分地位與社會形象？兩方的資源差距與核能知識的話語權差異造成對話困難，也因為都是學者專家的身分，稀釋了一般大眾對於核能的發言權。「溝通」逐漸成為專家才能上場的競技，這樣的限制進一步排除了非專業者介入討論的機會。

「政治獨裁」離開了，但標榜專家才有資格講話的「專業科技獨裁」，卻反而更加現形。與地方民眾直接相關的疑慮，無法在專家所設定的議程和使用的語言中被妥善認識。有了「溝通」的形式，卻無法達成溝通本質，原本聽起來很有魅力的「民主」，突然跟核能一樣，變成沒有想像力的事物。

21. 胡湘玲，《核工專家與反核專家》（臺北市：前衛出版，一九九五），頁一五七。

5-2 停工又續建 一場惡鬥

真正的問題也許不是討論「要不要核電」，而是「我們為何無法互相對話」，然而政治的急躁與合約壓力，無法提供討論如此本質性問題所需要的耐心。二〇〇〇年九月三十日，林信義正式建議停建核四，拋出一記政壇震撼彈，也掀起政黨鬥爭的序幕。

這個對立氣氛，讓角色變成在野黨的國民黨見獵心喜，從總統選舉結果揭曉後就抓緊機會興風作浪。民進黨撰寫《廢止核四評估報告》，國民黨也有自己的版本，例如立法院長王金平交代立法院祕書處著手蒐集不利於「停建核四」的法律依據，以及有利於核四的論述，提供所有黨籍立委人手一本，泛藍陣營的國民黨、親民黨立委就在立法院照本發揮。

「再評估」階段的操作也是攻勢連連。國民黨一開始就質疑與否定再評估會議的合法性，拒絕與會。到了再評估會議中後期，又積極操作輿論，例如利用全國工業總會的機關刊物做會員意見調查，得出「工商業普遍支持核四」的調查結果，也被「再評估」的擁核派委員在會議中所引用。雖然調查過程粗糙，但投媒體所好，提供一個明確的意見百分比，也被進一步擴大報導。

國民黨最成功的招數，就是操弄蓋核四與「拚經濟」相關的說法。例如受邀出席中鋼研討會的前經建會主委江丙坤，在場外接受專訪，只丟出一句，「核四不建、會使臺灣成為菲律賓第二」，這句話就成為許多報紙與電視新聞連續多天熱議的重點。另外，還邀請頗具爭議性的日本六所村（六ケ所村）前村長來臺灣，分享「低放射性核廢料暫存場」在該村與地方共榮發展的經驗，形成「核廢料可以處理」的媒體效應。

在野黨中有部分人士仍站在反核這一邊。新黨的政治光譜雖然與民進黨大相逕庭，但成立初始，就批判核四的黑箱作業及利益糾葛，一九九六年曾與民進黨合作，在立法院聯手提出「廢止所有核電廠興建計畫案」提案且過關，後來行政院靠提出覆議案才挽回。[22]而代表新黨參與核四再評估委員會的該黨立委謝啟大，在再評估期間發表《新黨反核四白皮書》，從經濟、安全、替代能源等面向，獨樹一幟表達停建立場。

不過在野黨更在意的是勢力整合、組成聯盟，以便在下一次大選中贏回政權。總統大選中獲得第二高票的宋楚瑜，因為得票超越排名第三的連戰多達一百七十三萬票，選後自組親民黨另立門戶，在國會與國民黨、新黨形成占多數的「泛藍」陣營，在牽制執政黨政策中扮演要角。

政治與社會情勢瞬息萬變，新政府也走得戰戰兢兢，一方面要應對在野黨看好戲批評執政的猛烈攻勢，一方面也要面對黨內改革派虎視眈眈監督是否落實選前承諾。七月的八掌溪事件，[23]是新政府上任後第一個危機處理考驗，大眾輿論顯然對政府慢半

22. 見第三部3-1〈咱的所在〉。

23. 二〇〇〇年七月二十二日，四名工人遭洪水圍困於嘉義縣番路鄉八掌溪河床上，在媒體全程實況轉播下，受困者遭沖走死亡。全國輿論大力抨擊救援延誤，行政院副院長游錫堃因此請辭下臺。

拍與出人命相當不滿。「八四工時」[24]政策則是另一項朝野爭議的焦點，國民黨為了反對民進黨的工時縮短版本，反而一改過去偏向資本家的立場，跟勞工團體站在一起。

行政院長唐飛仍堅定表態支持核四續建，認為既然立法院已經覆議定案，行政院就無立場提出變更，[25]新政府中的矛盾愈來愈明顯，加上「一個中國」議題也吵成一團，千禧年的臺灣有太多事情要討論，要把核四談清楚，太複雜也太麻煩，所有人都只是想要盡快得到答案。這也種下民進黨粗糙行事的惡因。

一百一十天的夢魘

唐飛在任僅四個半月，就以養病為由辭職獲准，雖然外界多半猜測，終究是因為跟總統府在核四立場有所不同。唐飛請辭後，由張俊雄接掌行政院，為了尋求立法院多數泛藍政黨支持，陳水扁十月起陸續邀集在野黨領袖共商國事，公開會見親民黨主席宋楚瑜、新黨全委會召集人郝龍斌以及國民黨主席連戰。

二〇〇〇年十月二十七日上午，眾所矚目的「扁連會」上，面對核四興建爭議，連戰延續一貫主張，要求核四續建。然而，會面結束不到三十分鐘，行政院長張俊雄突然在中午對外宣布：將不繼續執行由立法院通過的核四興建預算案，等同無預警宣告「核四停建」！

24. 陳水扁於總統大選前承諾，二〇〇二年實施「單週工時四十小時」，但在勝選後，時任勞委會（今勞動部）主委陳菊，卻提出「單週工時四十四小時」，引發工運抗爭。而國民黨在過程中見縫插針，提出「雙週工時八十四小時」。

25. 唐飛，《臺北和平之春　闇揆唐飛一四〇天全紀錄》。

消息一出，一片譁然。措手不及的連戰，大罵民進黨政府「粗魯、無理、幼稚」，[26]新聞媒體也感到愕然。突如其來宣布停建，背後的決策考量到底為何？陳水扁的說法是，停建核四已有共識，跟行政院協調後決定選擇週五宣布，以減低對股市衝擊，至於張俊雄當天因為晚間另有行程，才提前在中午宣布，「剛好」碰上與連戰會面結束，並非刻意。「我預設『反核』的個人立場，卻沒有預設『廢核』的政策結論。」陳水扁在自傳中這樣表述。[27]

獲知行政院宣布核四停建，賴偉傑與幾個綠盟工作夥伴感到相當錯愕與不安，火速驅車前往貢寮。宣布過程突然且不合情理，一場政治風暴似乎山雨欲來，「多年來追求核四停建的目標看似達成，但過程就是不太對勁。」

鹽寮反核自救會陸續接到北海岸、野柳等各方反核人士的電話道賀，還有許多支持者趕來貢寮恭喜打氣。平常不太會喝酒的吳文通，和鄉親在仁和宮一起感謝媽祖保佑後，居然在隔壁鄰居家喝醉了。近半夜，他在自家水電行門口吹風，七分酒意、一臉愁容說：「核四真的停建了，過不久，社會就會漸漸忘了這件事，但停建這件事擋了多少人的財路？我其實開始擔心，一些黑道會來找鄉親的麻煩。」

這些不安，很快地在接下來的三個月成為現實中的挑戰。在野黨激烈的反應，顯示朝野政治互信崩盤：泛藍政黨紛紛大力抨擊民進黨的停建決定，親民黨喊出倒閣、國民黨立委則以背信為名，提案罷免正副總統，並迅速獲得超過一百四十位立委連署，達到連署門檻，進入罷免案第一階段；[28]在野黨並提案監察院彈劾行政院、

26. 陳建志，〈政治轉型中的社會運動策略與自主性：以貢寮反核四運動為例〉（東吳大學政治學系碩士論文，二〇〇六），頁一八三。

27. 陳水扁，《世紀首航》（臺北市：圓神出版，二〇〇一）。

28. 罷免案後來在超黨派聯盟立委撤銷連署案後告一段落。

經濟部，演變成嚴重的政治鬥爭；國民黨、親民黨、新黨組成在野聯盟，舉辦在野黨領袖高峰會，對陳水扁政府形成更大的壓力；而剛開始在臺灣蔚為風潮的電視談話性節目，則扮演煽風點火的角色，唱衰停建核四後的經濟、質疑民進黨的治國能力以及陳水扁個人的政治信用，加劇社會對立氣氛。[29]

民間組織對於停建核四引起的政治風暴，普遍感到不安，當社會焦點變成朝野互鬥的政治攻防，關於核四與能源政策的公共討論，幾乎沒有空間。由人本教育基金會、環保聯盟、臺灣人權促進會等團體發起的「非核家園行動聯盟」，在十一月十二日發起「非核家園大遊行」，全臺灣南、北同步，兩百多個民間團體，各數萬人走上街頭，以「非核家園，安居臺灣」為訴求，呼籲停建核四、朝野停止政治爭鬥、回歸民生議案。遊行隊伍中的數萬人，有數萬種情緒，到底是挺非核家園、是厭惡在野黨惡鬥、還是挺陳水扁，糾結不清。

為了平息朝野紛爭和憲政爭議，行政院決定向司法院大法官會議提出釋憲聲請。經過十七次審查會議，二〇〇一年一月十五日，司法院大法官做出釋字第五二〇號解釋文。這份釋憲文並未直接回答「違不違憲」、「核四該不該停建」，而是認為行政院單方面做出停建決定的程序和途徑有問題。也就是說，核四停建屬於國家重要政策的變更，行政院應向立法院提出報告並備質詢，立法院亦有聽取的義務。立法院如果作成反對或其他決議，應視決議內容，由各有關機關協商解決方案，或根據憲法機制，選擇適當途徑解決僵局。[30]

29. 媒體中要屬《臺灣日報》報導反核論述最完整。不過這時候的《臺灣日報》已經被臺塑王家收購，而臺塑有經營民營燃煤電廠的計畫與利益背景，對核四停建採取支持態度。

30. 司法院，釋字第五二〇號解釋，https://cons.judicial.gov.tw/docdata.aspx?fid=100&id=310701。

語氣嚴謹的釋憲文，真正要傳達的訊息是「大家沒有細緻討論」，還有其他途徑得以重啟對話。不過，朝野兩方對於釋憲文的解釋都直接認定：「核四停建違憲」。二〇〇一年一月三十一日，立法院召開臨時會，以一百三十四對七十票，通過核四立即復工決議。二月十三日，立法院院長王金平與行政院院長張俊雄在臺北賓館簽署〈核四復工續建協議書〉，協議書中記載，「我國整體能源未來發展，應在兼顧國家經濟、社會發展、世界潮流及國際公約精神，在能源不虞匱乏的前提下，規劃國家總體能源發展方向，務期能使我國於未來達成非核家園之終極目標。」[31]並確認核四預算具有法定效力。這時新黨又一反原先的反核四態度，要求行政院續建。二月十四日，行政院宣布尊重立法院與司法院大法官會議決議，恢復預算、核四復工。

從停工、聲請釋憲到復工，僅短短一百一十天。從大選開始不到一年，經歷了政黨輪替後的新希望，到停建的驚訝與不安、再到復工的失落，這些情緒重擔，對反核者而言是一場夢魘。

二月二十四日的街頭，上演了一年內的第三次反核大遊行，比起前兩次，更是一個情緒複雜且尷尬的行列。有人覺得國民黨挑起政治惡鬥、有人對民進黨草草收兵感到惋惜，最戲劇化的場面大概是陳水扁的支持者因期待落空，憤而燃燒競選期間的周邊物「扁帽」，表達強烈不滿。

遊行的主題是「核四公投，人民作主」，訴諸公投作為政黨鬥爭之外的核四解方。然而也有不少團體和個人不願加入遊行行列。來自輔大、世新、東海、中興、北大、臺

31.〈核能四廠釋憲案　立法院院長王金平及行政院院長張俊雄在臺北賓館簽署協議書〉，立法院議政博物館，https://aam.ly.gov.tw/P000011_04.do/7/1146。

大等全國各校數十名學生組成的「反核學生隊」，在遊行前一天，到民進黨中央黨部前面抗議，認為民進黨公職完全沒有資格參加遊行，因為「核四訴諸公投解決」只是又玩弄政治話術，要為草率停建核四、不負行政責任的行為解套。

行政訴訟 直面核四工程違法

激烈對立中，有人保持冷靜。二〇〇一年農曆春節期間，政治大學法律系教授陳惠馨埋首書堆，將經濟部所印的核四再評估委員會十三次會議紀錄，總共四大本一口氣讀完。幾週前出爐的大法官釋憲五二〇號解釋，讓她回想起一九八〇年代，與先生顧忠華在德國海德堡留學時，遇上蘇聯發生車諾比核災的遭遇。

「我們剛從距離俄國較近的雷根斯堡搬到海德堡，兩個城市差距約四小時的火車車程。從雷根斯堡朋友處得知，當地大多數的居民，因為擔心從俄國經由空氣傳送的輻射塵，落在地上會造成蔬菜及農作物的汙染，因此不敢吃曝露在空氣中的食物，那段時間城裡超級市場罐頭食品被搶購一空。」[32]

歐洲經驗，讓陳惠馨心中存憂，若臺灣核電廠也發生問題，人們不可能逃離危險區。釋憲文出爐後，她發現「一個釋文，各自表述」，立場迥異的法學專家，對於核四停建違憲與否，有截然不同的解讀。這些都讓她思考：「作為法律人，可以如何參與其中？」

二〇〇一年三月十七日，陳惠馨與多位法界人士，前往貢寮鄉拜訪自救會，希望能利

32. 陳惠馨，〈我的反核四經驗〉，作者個人網頁，http://www3.nccu.edu.tw/~hschen/viewpoint/unknow/2.htm。

用法律知識，協助貢寮鄉民以法律途徑爭取停建核四。除了傾向釋憲結果不等於「核四非續建不可」外，陳惠馨也蒐集到監察院糾正案、環保團體等來源的資訊，發現長期以來核四計畫涉及不同層面的法律違規爭議，例如貢寮居民所主張的「立法院通過預算程序違法在先」、「行政部門便宜行事，核四工程諸多違法」等具體違法問題，本來就是新政府應該先處理的違法事實，並不與大法官解釋衝突，卻在民進黨上臺後急於清理戰場的情況下，沒有被社會好好討論。[33]

法界人士也發現，過去針對核四違法事項，都是透過監察院來陳情告發，並沒有即時採取「法律行動」。然而要對「行政處分」表示異議，需在一定時效內提出，因此過去包括臺電違法招標、原能會違法核發建廠執照、經濟部違法核准機組變更等違法的「行政處分」，可能都已無法追溯。

二〇〇〇年七月起施行新《行政訴訟法》則提供了其他可能性，因為提起訴願不受時效影響，因此關注核四問題的法律團隊，以貢寮人長期監督政府違法與施工違法所累積的資料為基礎，提供未來的著力方向，包括替貢寮居民整理出核四審查資料列表，以申請資訊公開，並蒐集更多安全疑慮證據，因應下一個核四的行政處分關卡，也就是「使用執照」的申請核發。

這些法律訴訟策略凸顯民進黨執政後並未妥善處理核四工程的違法。如果把核四違法事證以及多次遭到監察院糾正的內容，先以行政權回應處理，並且從工程安全角度，盤點過去的疏漏，再加上要求臺電「資訊公開」，公布包括合約書在內的所有核四決策

33. 陳惠馨，〈從五二〇號解釋看核能四廠的興建案所牽涉的法律問題〉，《法官協會雜誌》第三卷第一期，二〇〇一年六月，頁五九至九〇。

相關原始資料，種種做法或許都可削弱擁核陣營的正當性，開啟社會溝通。然而缺乏這些步驟，貿然宣布停建，表面上看似展現政治威力，卻迎來凶猛的鬥爭與反撲，埋下政治風暴與停建失敗的伏筆。

核三3A級事故

更應該擔憂的狀況不是沒有，只是來得稍微遲了。核四復工後約一個月，二〇〇一年三月十八日凌晨，恆春核三廠因為季節性「鹽霧害」，使超高壓345kV輸電線跳脫，喪失廠外電源。照理而言，廠內兩部緊急備用的柴油發電機應該在十五分鐘內開始上陣作用，但其中一部自動啟動後失效起火，無法併聯供電，另一部則直接無法啟動併聯。廠內、外電力都喪失，讓核反爐的冷卻循環功能完全失去動力。這對核電廠安全而言相當嚴重，熱機狀態下的反應爐會持續產生大量核衰變熱，若無法冷卻，代表溫度將會持續上升，爐心可能熔毀，導致核輻射外洩。

這種狀況稱為電廠「全黑」(station blackout)事件，是指喪失廠外交流電源後，同時廠內緊急交流電源又失效。最後，核三廠人員在焦急了兩小時八分鐘後，總算摸黑啟動了一臺久未使用的柴油發電機，才恢復廠內動力，化解危機。

驚險中，所幸沒有釀成重大核災，否則後果不堪設想。事後原能會調查報告根據國際標準，將這次核三事故評定為無輻射外洩情況下最嚴重的「第三類A級緊急事故」（簡稱3A事故），「是國內使用核能發電二十多年來，最值得重視的一次緊急事故。」[34]如果此次事故提早三個月發生，可能整個社會就會正視核安問題，跳脫政治惡鬥，核四就不會陷入停工又復工的爭議了。

核三事故後五個月，原能會出版一本《臺灣核能史話》，由輻射專家翁寶山撰寫，詳述原子能和平應用發展史，[35]但對於曾經發生的3A級事故，該書隻字未提。

34. 原能會，《核三廠一號機三月十八日喪失廠內外交流電源事件調查報告綜合摘要》，https://www.aec.gov.tw/webpage/UploadFiles/report_file/1032313932318.pdf。

35. 翁寶山，《臺灣核能史話》（臺北市：行政院原子能委員會，二〇〇一）。

5-3 核四安全疑雲

澳底的大街上，簇新的旗幟迎風招展，分別寫著「大愛、環保、慈悲、良心、廢核四」。進行超過十五年的反核四運動，如同在原地高速轉圈圈的陀螺，突遭外力戛然而止，卻仍然留在離心力的作用裡，腳步停了，世界還在天旋地轉。

「非核家園」看似成為社會共識、執政黨口中「政治妥協後的最好成果」。二〇〇二年，《環境基本法》通過，其中第二十三條指出：「政府應訂定計畫，逐步達成非核家園目標；並應加強核能安全管制、輻射防護、放射性物料管理及環境輻射偵測，確保民眾生活避免輻射危害。」這條文擋下了蓋核五、核六的可能性，民進黨也視為十多年反核運動的成果，但貢寮人仍然要面對家門外的核四廠一天天蓋起。「非核家園」口號正當，然而對他們而言是個模糊、抽象的概念。

一股失望、無奈、尷尬的情緒，瀰漫在鄰里間。不少人心裡疑惑：「這樣堅持下去，到底對不對？」也有一些人被好事者反過來「剾洗」（khau-sé，嘲諷）：「你們不是很相信民進黨，民進黨都不反了，你們還要反喔？」停工又復工，讓反核運動歷經重大挫敗，加上是在民進黨執政之下做的決定，對地方的打擊更是加倍，除了個人期待落空，還得承受整個社會指責為拖累經濟、股市下跌、缺電的罪魁禍首。

二〇〇二年十月底，鹽寮反核自救會舉行會員大會，認真面對這個意外的結局，吳文通連任會長，除了推動會務整合、傳承與再出發之外，自救會更急切地想提醒社會大眾正視核電的安全問題，畢竟核能從來就不是成熟的科技，也不會因為政黨輪替就變得安全。

「核四，不過就是一個不好的東西，大家希望都不要做而已，反而是政客、專家把它講得很複雜，讓大家都被搞迷糊了。」吳文通說。其實，被搞迷糊的人不僅僅只是貢寮居民，也包括被攪和其中的專業者。

數位儀控系統的白老鼠

二〇〇三年某天，賴偉傑在綠盟辦公室接到一通神祕電話，對方自稱不願具名的臺電工程師，表達要提供內部機密。「我一開始還半信半疑，沒想到晚上那位工程師就帶著身分證明以及一個厚厚的資料夾來了，還說不方便進到辦公室，只好在門外的樓梯間跟他交談。」

這位工程師帶來一些臺電內部會議紀錄，當中提到核四將採購奇異公司所研發的「數位儀控系統」（DCIS），以控制進步型沸水反應爐（ABWR）。相較傳統的類比指針式控制系統，數位儀控牽涉更多網路與軟體應用，功能就像是整個核電廠的大腦。

核四並非唯一使用這套數位儀控系統的核電廠，在此之前，日本新瀉縣柏崎刈羽核電廠就使用數位儀控系統，但核四卻有另外一個獨步全球的特色：柏崎刈羽核電機組將儀控分為十三個獨立系統，臺電卻將其設計成全廠儀控要連結成單一系統，以致訊號點龐大複雜，這種獨創做法，將會使得儀控系統失去獨立性，讓整合工作更為不穩定，導致運轉風險升高。[36]

「臺灣為什麼被迫當奇異公司的展示品？很多臺電高層反對，但我們還是擋不住。」這位工程師說，臺電內部資深顧問曾經向上級反應，希望臺灣不要貿然使用這種可靠度存疑的創新技術，但奇異公司不斷施壓臺灣政府採用。這種未商轉過的數位儀控系統，讓核四廠成為幫美國測試設備的白老鼠，也導致二〇〇一年核四復工之後，許多現場整合工程不斷延宕，導致進度嚴重落後。

接到這個突如其來的爆料，賴偉傑很訝異地問他，「你知道我們是反核的嗎？」

「我是臺電核四工程師，當然支持核能，但我們希望電廠是好好地蓋，不要受到無理的干擾。所以讓你們瞭解這件事，是希望也能透過你們，多方面讓民進黨新政府知道。」

統包轉分包種下禍因

除了直接找上門的「吹哨者」揭發弊端內幕，若從新聞報導透露的蛛絲馬跡，可

36. 王美珍，〈設計前所未有，核電廠創新　風險有多高？〉，《遠見》第三一八期，二〇一二年十二月，https://www.gvm.com.tw/article/17471。

以發現核四進入現場施工「真實試煉」之後的管理亂象，反映出招標作業「統包改分包」所造成的危機。

初始的核四計畫中，最重要的核島區工程在一九九三年二月發出規範書，以統包的方式招標，包括核電反應爐機組、汽輪發電機、土木建設工程。一開始由法國法瑪通公司，和其他三家設址在美國的公司西屋、奇異、燃燒工程一起競標報價。法瑪通公司一度想退出，認為臺電開出的技術規格以美國設計為主，且無法跟臺電要到核四廠的地質資料。核四地質資料由美國公司調查，美商有業務往來管道可以拿到，對歐洲廠商而言並不公平。

一九九五年四月開標的結果，卻是西屋、燃燒工程等兩個競標者出價都超過底價百分之二十，高出太多，導致全部廢標，[37]因此，臺電便宣布把統包改成「分包」，代表要自行承擔未來整合的風險。此舉很有可能是為了讓原先沒參加的奇異公司能夠加入競標，以統包故意將底標提高、造成廢標，後再改採分包，反而讓競標者以低價得標。[38]然而得標的奇異公司當時根本已縮編核電部門、停止製造機組，因此得標後再轉包給兩家日本公司東芝、日立各做一個核反應爐，而土建工程也在「讓國內廠商有機會參與國際級建設」的理由下，由國內廠商新亞建設得標。

至於發電機，得標的廠商是日本三菱重工。三菱當時只有做過火力與水力汽渦輪機，是剛搶進核電市場的新兵，在國際核工業市場上問題頻傳，卻能夠低價搶標核四汽機標案成功，臺電內部員工覺得安全堪慮，看不過去，私底下透露消息給立委，揭

37. 鄭克興，〈兩家美商爭取出線　核四核島區工程〉，《工商時報》第四版，一九九五年四月二十五日。
38. 呂理德，〈奇異以近十八億美元標得核四設備　反核團體質疑臺電改統包為分包涉嫌圖利商家〉，《中國時報》第二版，一九九六年五月二十六日。

發這種刻意壓低資格標準，以護航三菱重工的事實。

負責介面整合的工程總顧問「石威公司」(Stone and Webster) 也大有問題。石威於一九九六年低價搶標後，臺電認為該公司的經驗不足，合作起來不甚理想，而幾年後石威母公司宣告破產，並在二〇〇〇年被「蕭集團」(The Shaw Group) 併購，雖然臺灣的分公司因為承接核四案所以還保留，但很多具有經驗的工程師陸續離開，將來恐怕會有設計與統合經驗能力不足的問題。這些惡因導致核四工程漏洞連連。

臺電面臨三種選擇來解決石威公司的問題：一是解約、重新招標；二是繼續依合約進行；三是繼續照合約走，但附加臺電人員進駐該公司輔導的條件。之後的發展是第三條路：臺電不解約，但加入協助，形同「開飛機的人兼造飛機」，喪失原本的「雙重監工」精神。統包改分包、國際廠商的弊端和品質、監工與工程整合的矛盾，多重問題埋下隱患，導致後來核四工程管理亂象叢生。

日籍核電工程師警告核四管理問題

二〇〇三年，一位日本籍的奇異公司退休資深工程師菊地洋一受邀來臺灣訪問，參觀核四工地，並在立法院公聽會中呼籲，需重視進步型沸水反應爐的風險問題。他參與過日本東海和福島核電廠的建設，有工地品管第一線的經驗，也因為奇異公司不願積極回應他對反應爐設計的疑慮，而離開奇異。

身為核工業「吹哨者」的挑戰姿態，讓臺電百般阻撓菊地進入核四工地參訪，最後是因民進黨立委強力要求，才勉為其難答應。參觀完核四工地後，在滿分一百分裡，菊地給核四工地打了「三分」，「本來應該是零分，但是因為臺電讓我們進去工地參訪，所以給了三分。」菊地說。

雖然原能會副主委對於菊地的評價不以為然，放話說「我們自己有技術，不容外國人來說三道四」，但陪著菊地拜訪原能會的賴偉傑觀察到，座談會結束後，好幾位臺電與原能會的技術人員，反而圍著菊地，請教各種專業問題，例如在海邊興建核電廠，恐怕會因為鋼筋生鏽與混凝土灌漿中水分不夠純化，而導致圍阻體結構鏽蝕，該如何解決？這些疑慮和工程難題，都讓技術人員迫切想跟菊地交流討論。檯面上的官僚與幕後的技術人員之間存在著心態的差異，也說明為何有內部吹哨者出面爆料。

一路陪同翻譯的臺灣海洋大學郭金泉教授觀察到菊地一直很憂心，並且在離開臺灣前沉痛地表示，臺電和原能會對核安超乎想像的自滿心態，將會是臺灣最大的核安問題。政府對於核安的輕忽，以及疏於整體管理，都可能讓人民生命遭受危險，這些不以為意，遠大於鋼筋生鏽、混凝土等細部技術小問題，使他「非常難過」。

5-4 自然怎麼說

電廠圍牆內部的蹊蹺與專業工程發包的漏洞，外人難以窺見，不過有些改變在留心的人眼前清晰可見。例如楊貴英發現福隆沙灘一直在流失。

這個「發現」奠基在一個累積了將近四十年的資料庫。一九六〇年代她二十出頭，在福隆海水浴場工作，當時日本人和「阿督仔」（外國人）客人最多，「到跨河拱橋的另一端，還要跑好遠好遠、越過一大片沙灘，才能接近海水，夏天沙子被陽光曬得燒燙燙，很多人邊跑邊燙得呱呱叫！」

發現沙灘變短的不只是楊貴英，在龍門從事傳統牽罟作業的漁民耆老發現，「二、三十年前在沙灘牽大型罟網，六十米的長度完全拉撐後，回頭往岸邊看，防風林都至少還在半個沙灘之外，但現在的沙灘，罟網一牽起來就差不多會碰到底了。」[39]

39. 漁民訪談部分參考自羅敏儀，《福隆沙灘監測民眾參與調查報告》。

黃金沙灘消失了

這個「發現」還來自前車之鑑的預警：距離澳底北邊僅四公里的和美金沙灣海水浴場，曾經也是一片遊人如織的黃金沙灘，但不遠處的和美漁港工程在一九九〇年耗資四千六百萬元完成後，卻產生「突堤效應」，指的是海堤、港口等大型海岸人工結構物阻擋了原先沿岸流，使海岸漂沙路徑改變，造成結構物的上游側堆積淤沙，下游側則因為輸入沙量減少，逐漸出現海岸受蝕。[40]和美漁港造成的突堤效應，讓金沙灣的沙子漸漸淤積在漁港，美麗的沙灘流失變窄，漁港則因為淤沙嚴重，還未啟用就報廢，變成蚊子港，[41]造成荒謬的「雙輸」。[42]

當福隆海水浴場北邊要準備興建核四重件碼頭時，地方人士就提醒金沙灣的環境變化，可能在福隆沙灘重演，「不過事情還沒發生之前，沒有人願意相信。」楊貴英無奈地說。

福隆沙灘離她家步行五分鐘即到，是生活的一部分，她也明白沙灘其實並非恆久不動，會隨著風向、洋流不斷改變。沿岸流將雙溪河、隆隆溪上游沖刷下來的石英砂粒搬運堆積，加上河、海聯合營力作用，日久在出海口形成沙灘。冬天強勁的東北季風，將沙子由鹽寮向南帶往福隆，甚至部分吹揚於河口後方，堆積成沙丘，高度可達二十公尺；[43]夏天的南風則反過來讓沙子由福隆

40. 參考《環境科學大辭典》：突堤效應。

41. 柯金源，《我們的島：臺灣三十年環境變遷全紀錄》(新北市：衛城出版，二〇一八)。

42. 另一個更極端的例子是宜蘭頭城的烏石港，港口在二〇〇一年擴建之後，原本面積有六十個足球場大，縱深達兩百公尺的頭城海水浴場沙灘卻因為突堤效應，逐漸遭掏空、變薄，長達兩公里的沙灘幾乎消失不見，使得一九五八年開幕的頭城海水浴場走入歷史。目前宜蘭縣政府將原地改規劃為「頭城濱海森林公園」。

43. 楊貴三、葉志杰，《福爾摩沙地形誌：北臺灣》(臺中市：晨星出版，二〇二〇)。

向北推移往鹽寮，季節性的一來一往，維持沙灘的「動態平衡」，這是楊貴英習以為常的風景。

然而一九九九年重件碼頭動工之後，沙子就開始少得不尋常，危機在二〇〇一年到來。經歷連續兩年的大型風災象神、納莉颱風之後，大量沙源被帶走，雙溪河改道，截斷福隆沙灘的外灘，加上突堤效應使得重件碼頭阻礙沙子回流，一連串力量作用導致沙灘斷裂、後退、變薄。東北角風景區管理處在該年夏天開放海水浴場前，必須使用挖土機運來沙子，進行人工補沙，才能讓遊客使用沙灘。

接下來幾年沙灘流失情況持續：二〇〇二年，拱橋左側的外灘橋墩流失大量沙子無法回填，連夏天的貢寮海洋音樂祭舞臺都無法搭起，只好改搭在內灘；隔年，沙灘已經不成形狀，拱橋暫時封閉，以大沙袋築起土堤，勉強防止沙灘繼續流失，但成效不彰。在失去沙源補助、颱風時河水又變得洶湧異常的情況下，一次颱風，就是沙灘一次的劫難，而重件碼頭動工，又使一切雪上加霜。[44]

海的回應猝不及防，突堤效應的預言一語成讖，當福隆沙灘不斷流失時，核四重件碼頭卻因淤沙嚴重，需要不停抽沙。長度達數百公尺的南、北兩個防波堤，垂直突出海上，擾亂了鹽寮海灣洋流自然的輸沙效果，加上工程在港區抽沙外運，沙源不斷流失。

沙灘遭破壞，楊貴英既心痛又憤怒。「我們都是靠沙灘吃飯啊，沙灘沒有保護好，那我們福隆的人要吃什麼？」她帶著傻瓜相機，焦急地展開傻傻的一人監測，還跑到林務局農林航空測量所，調閱不同時期的福隆沙灘衛星空拍圖。楊貴英的鏡頭記錄到原本

44.〈粗暴的工程引來浩劫　福隆沙灘見證海岸生態危機〉，《苦勞網》，二〇〇三年六月二十五日，https://www.coolloud.org.tw/node/60991。

高達十多公尺的沙丘，如同切蛋糕般垂直崩落，扎根沙地的草海桐、林投樹根系被迫赤裸外露，對照更早之前沙灘平整的舊照片，顯得狼狽。衛星航照圖或許可以從空中看出沙灘退縮程度，但像是厚度消減程度這樣的「地面事實」(ground truth)，就得仰賴現地實察才能準確。

居民拍攝的大量照片和所蒐集的證據，成為向監察院陳情的基礎。經過監察院和行政院公共工程委員會的調查，確認沙灘流失與重件碼頭工程的關聯，以及原能會、臺電未即時回應海岸變化的疏失。監察院認為，臺電在建廠前雖然有進行重件碼頭的環境影響評估，但是僅用監測和人工判斷，而非科學實質評估，並不符合「預防勝於補救」的環境保護精神。另外，臺電雖曾經委託成功大學團隊做出「核四進出水口結構對漂沙影響之研究」，由專家學者認定重件碼頭工程應不致對沙灘產生重大影響，但是這個研究結論被多位核四環境監督委員質疑，並提醒臺電應注意突堤效應。然而後來的結果顯示臺電一再漠視專家提出的警訊，未能及時因應。[45]

工程會在糾正後，曾建議臺電拆除部分防波堤，在兼顧核四廠完工運轉的時程下，減緩突堤效應的衝擊。臺電最後當然沒有同意拆除已經蓋好的碼頭，只允諾會「不定期做人工養灘」，且優先使用碼頭海域疏濬、開挖的沙子，以維繫沙量平衡。這個「不定期」，其實也只在二〇〇四、二〇〇八年分別進行兩回，後續臺電則對外界說，會待達到「歷年沙灘最大侵蝕量」才會啟動養灘，卻對如何判準「最大侵蝕量」語焉不詳，進而不作為。[46]

45. 監察院，二〇〇三年「〇九二財正〇〇二八」糾正案。
46. 監察院，二〇一九年「一〇八財正〇〇二二」糾正案。

福隆沙灘的流失，其實受到多重人為與自然力量互動的影響，除了重件碼頭導致突堤效應，颱風、雙溪河輸沙量、以及南側的福隆漁港設計不良容易淤沙等等因素，都在這片沙灘周圍不斷作用。然而無法有效進行治理，除了臺電卸責外，缺乏長期持續的基礎調查資料，或許才是致命傷。不僅一九九八年五月核四海域工程開始以前的調查資料付之闕如，後續政府委託的學術團隊即便數據精確，最長也僅進行三年調查，缺乏足夠長的觀察監測，難以累積成科學上可比較長期變化的歷史資料，保育的起點只能以「當下」為判準。在還沒有完整弄清沙灘的身世之前，它已不知不覺漸漸消逝於海水、風與人們的記憶中。

漁人的海洋改變了

重件碼頭讓連結陸地與海的沙灘縮小了，改變了潮流、海底地形，也改變了棲居此間的沙蟹、珊瑚、海藻、魚群、漁民相互的關係。

沙蟹、海藻和魚都無法受訪，只能從漁民的口述獲知海的歷史。環保署在二〇〇八年短暫納入在地居民參與沙灘監測計畫，綠盟成員因而深度走訪漁民、邀請在地人共同觀測沙灘、記錄變化，才有機會系統性整理漁民的海洋觀察。沒有人目睹過沙灘的形成，卻無人不受海洋滋養。「以前魚很多」，是共通的感受。

龍門漁民說，「雙溪河出海口有鹹、淡水交會，漁業資源特別豐富，又有一大片連綿沙灘，因此最早發展牽罟漁法，連海平面下的淺沙處都是挖取蛤貝的好地方。後來雙溪河上游設攔河堰抽去很多水，下游淡水變少，河裡鹽分濃度不同，魚就不見了，以前常常抓到的沙蝦、白蝦，現在都沒有了；夏天在（靠河）內港邊竟然抓得到手掌大的文蛤，以前只有靠海一側沙灘才會有，證明河水已經變鹹水了。」

澳底漁民說，「以前潮流會把乾淨的海水帶進三貂灣，魚群也跟著來到近海，所以龍門沙灘可以牽罟就抓到魚。後來沿海排放的汙染愈來愈多，蓋核電廠也產生很多泥沙汙染，不乾淨的水留在三貂灣迴流出不去，魚也就跟著不進來了。」

又說，「以前在重件碼頭外的淺礁潛水，都是珊瑚、海菜和魚，釣魚時候鉤子都會勾到珊瑚，但現在都是土和泥，珊瑚都被核四廠海拋的砂土砂石填起來了」，而且「以前整個海底起落大，現在變平，即使原地再冒出來的珊瑚都很小，魚原來的生活環境不見，也就搬家了」。

福隆漁民說，「以前聽父親提到，福隆挖仔港出去的一個海中珊瑚礁岩附近，可以抓到很多的黃雞魚，管那個地方叫『黃雞魚孔』，後來海底整個變動，黃雞魚孔也不見了。」

水質改變、潮流異動、海底地形變動，無一不指向人為力量的介入與影響。一望無際的海平面上出現不尋常的六根鐵柱，是核四獨有的潛盾式冷卻水出水口所在地，附近曾是貢寮漁民共同的漁場，卻再也無法捕魚。工程開挖海床，抽走大量海沙，加上水泥沉箱做的長方形人工平臺，附近海域地形、潮水、浪頭大小，都變得完全不一樣。

底下看不見的部分是漁民最憂心的，「當進水口開始一天二十四小時不停吸水，出水口不停放水，持續不斷的大水量日夜循環，一定會影響到三貂灣潮水的流向。」從岸上看浪，就可以看出海底地形改變，「以前海面進來的白浪會一直打到沙灘上，現在白浪出現後，前進一段就會消失，然後順同一股浪更靠進岸邊，才又出現白浪打上沙灘。」

碼頭、堤防、進出水口使海中地形改變，漁民作業的危險性亦增加了，「以前出海遇到風浪突然變大，可以靠近沙灘一直駛到澳底外港避風頭，現在多了重件碼頭擋住，那裡的流很亂很危險，漁船不敢再過去。澳底外港波浪變大、不穩定，港口停船不易，風浪大時纜繩都會斷掉，船隻出入也不方便。」儘管多次向臺電建議改善，都無下文。[47]

世代累積的經驗與今昔感受對照無法被科學驗證，卻是活生生的常民歷史。雖然漁民也坦言，多年來的濫漁、毒魚與炸魚行為，以及海洋垃圾汙染、甚至油價變貴，導致出海作業成本上升，都是漁獲變少、漁業走下坡的原因，但核電廠海域工程是一支力量巨大的棍棒，猛力翻攪三貂灣的既有秩序，震盪著生活其中的人與生物。

核四與海底火山比鄰

沙灘用流失和消退表達外力的影響，有些人則在幫看不見的自然說話。

一九九九年的九二一大地震災後兩個月，對於臺灣地質安全和活動斷層帶的討論方興未艾，海洋大學的地球科學家李昭興這時出面警告，貢寮以東八十公里外海深處，疑似有大片活躍的海底火山（submarine volcano），距離臺灣本島僅十公里的龜山島，更是一座萬年內曾經有噴發紀錄，且露出水面的活火山。李昭興認為，這樣的地緣關聯，隱含著海嘯的可能性，不能不輕忽核四廠蓋在貢寮所面臨的安全風險。

47. 漁民訪談部分皆參考羅敏儀，《福隆沙灘監測民眾參與調查報告》，二〇〇八年。

隔年，李昭興參與跨國研究團隊，搭乘日本的「深潛六五〇〇」潛水艇，前往龜山島以東八十公里的日本南沖繩海槽，深入海底一千多公尺處探測觀察，記錄到複雜的深海地形和熱液循環蓬勃的火山口。熱水把岩漿中的重金屬和硫化物帶出海床的表層，熱液持續噴出，堆積成如同「煙囪」的柱狀體，還有密密麻麻的深海蟹與海蛤在其上活動。海底深處通常缺乏陽光，並不適宜生物生長，但此處卻意外地生機盎然。科學家分析，這裡的深海蟹、海蛤等生物利用細菌分解硫化物，並生成碳氫化合物食用，不必行光合作用，也能自成生態系統，甚至有可能是地球生命的起源。[48]

李昭興把海底火山的景象形容成「彷若是地球的心臟在跳動」。他的研究計畫利用水下聲納探測影像，看到龜山島東部的淺海火山熱泉區兩側海床有攝氏四十五至六十度的熱泉向上噴出，如同夜間煙火齊放，隆隆震耳。海底火山群彷彿蟄伏海底的獸，在人們視線之外的漆黑深海中生猛綻放。距離貢寮如此近的海面之下，有這麼一群不安分的神祕鄰居，會不會有一天突然造訪，並帶來難以想像的災難？李昭興再度於媒體發聲，提醒政府與社會正視。[49]

其實，最初選址蓋核電廠時不是沒有地質調查，但僅限於陸地地質。一九八〇年核四計畫首度啟動時，臺電曾委託泰興公司與承攬廠商進行調查，以符合美國核管會「廠址半徑八公里內，不能有長度超過三百公尺的活動斷層」的建造規範，結果報告中提及，核四廠兩個反應爐廠房位置中間，存在一個「低速帶」(low velocity zone)，推測為一個「地質弱帶」(weak planes)。「低速帶」在地震學上是地震波傳播速度較慢的軟

48. 李昭興，〈孕育中的龜山海底火山〉，《科學發展》第四三七期，二〇〇九年五月。

49. 簡麗春，〈學者：貢寮外海有活火山　建核廠須慎重〉，《中國時報》，二〇〇〇年十月三日。

流圈，但這樣的地質狀況對於工程是否會造成影響，報告中並未明確回答。

核四計畫在一九九三年後再啟，受臺電委託調查的中華民國地質學會繼續指出，核四廠址內的低速帶並不是活動斷層，廠區內雖然發現許多不連續的剪裂帶或擾動帶，但形成機制屬於沿層面剪切或是沉積同時變形，並非大地應力，也就是板塊互相推擠而在地球內部形成的應力所造成的斷層，對地質穩定度並沒有太大的影響。[50]核四環評中的地質評估就這樣通過了原能會審核，最終臺電取得建照。

到了一九九九年核四核島區動工後，臺電人員的確就在汽機廠房區的開挖面發現破碎的岩盤，顯示原始地層受到外力擾動。這些剪裂密集帶被暫時命名為定義模糊的「S構造」，[51]顧問公司提供臺電的處理方式是「混凝土置換法」——將破碎岩塊清除並以混凝土填平即可。簡言之，臺電與其委託的地質調查單位都認為，雖然廠房區在施工中出現較弱的岩層，但並非有危險的活動斷層，不會影響廠房基礎安全，只要稍加處理即可照計畫施工。但這個神祕的S構造到底是什麼？此時尚未明朗。

海底火山則完全不在核四建廠前的地質調查項目中。探索海面下數千公尺的地殼活動，需要動用的資金、技術和研究困難度比起陸地火山要高出許多，也因此海底火山的現地探測，在國際上也是遲至一九七〇年代左右才發展的新興研究領域。李昭興的公開發聲，是為了提醒全臺灣兩千三百萬人共

50. 監察院，二〇一九年「一〇八財調〇〇七一」糾正案。

51. 〈S斷層穿越廠區，核四重啟安不安全？地質學者：做地質調查要先打掉機房、核四耐震度無法靠工程補強〉，《關鍵評論網》，二〇二一年十一月二十五日，https://www.thenewslens.com/article/159409。報導中指出，「臺大地質科學系教授陳文山表示，臺電報告絕不會出現『斷層』兩個字，在參與專家會議審查時，看到臺電為了盡可能避免出現『斷層』兩字，只稱為『S構造』、『S剪切帶』或『S低速帶』，不願說清楚實際情況。」「二〇一九年四月，臺電公開核四廠地質調查報告，並召開二次專家會議重新審查其內容，審查結果將核四廠區內的破碎帶正名為『S斷層』」。

同住在板塊隱沒帶上、且與海底火山比鄰而居的事實，並質疑蓋核電廠的適切性，但他真正想凸顯的其實是貢寮的學術研究價值。

世界上多數海底火山距離陸地遠達五、六百公里，若想前往研究，得搭許久的船，交通成本高昂，但往貢寮外海航行一百公里內，就可以抵達海底火山的「世界級研究場址」。從這個觀點來看，對貢寮而言最好的地方發展模式，不是蓋核電廠，而是成立專業海洋地質研究基地，傾力理解這項可能是地球生命起源的自然奇觀。李昭興不只是做學術研究，還親自到貢寮跟鄉親說明什麼是「海底火山」，當場就有漁民回饋，某個漁場海域水溫稍高，會聚集大量魚群，很可能就是底下有火山噴發口的緣故。

大膽的假設是科學的起點，探索未知與找出關聯性則是研究的本質。海底火山比鄰核電廠所隱含的訊息是：我們對地球的所知仍然微乎其微。海底火山與原子能都是足以重塑地球的巨大力量，但海底火山終究在深海，空間與心理上都距離人們太遙遠，難以變成「議題」。地質時間太長，人的經歷與記憶太短，在未知引起更多好奇心之前，只能等待時間展現威力，揭露它的存在。

5-5 低潮與伏流

核四工程一點一點在三貂灣海域進行，二〇〇三年六月，荷蘭籍的「快樂海盜號」貨輪從日本廣島縣吳港出發，經過兩天航行，將核四一號機組，運抵貢寮重件碼頭，吳文通跟十多位自救會成員，在港口焚燒日本國旗，無奈抗議，[52]喊出來的口號被汽艇的巨大轟鳴聲蓋過，在冽冽海風中稀釋散去。

二〇〇四年三月總統大選，陳水扁在三一九槍擊案隔日勝選連任；二〇〇五年，京都議定書生效，民進黨計劃利用國際減碳議程，修正對核四的立場，甚至規劃在全國能源會議結論納入核四續建完工，反核明顯地不再是黨內重要主張。副總統呂秀蓮在新世紀能源研討會上直言，「可以思考反核是不是落伍的觀念、應思考核電應該是綠色能源」，民進黨主要領袖態度鬆動，提出「以核減碳」。[53]

一切都在變動。東北角海岸地景加入了新成員，若登上瑞芳燦光寮山，在視野遼闊的一等三角點望向東邊，會發現鹽寮海岸多了一根巨大的煙囱；已經舉辦

52.〈核四機組抵貢寮　鄉民抗議　反核團體持火把穿核殤黑衣服焚燒日本旗〉，《中央社》，二〇〇四年七月七日。

53. 趙家緯、賴偉傑，〈「反核就是反獨裁」到「能源轉型」——從反核運動剖析臺灣公民社會發展〉，吳三連臺灣史料基金會主辦，「二〇一七走在歷史的關鍵時刻」研討會。

五年的貢寮海洋音樂祭，成為北臺灣夏天最熱門的去處之一，許多另類搖滾樂團在此初登場亮相，從小眾走向流行，慢慢擴大影響力，然而，舞臺後方延伸的福隆、鹽寮沙灘，卻日漸縮小。

許多貢寮人聽過北海岸的人說，核電廠只能讓地方在建廠初期繁榮五年，進入電廠維運階段後，工作機會、做生意賺錢的機會也就減少了。核四還在建造，尚無法證實這個說法，但他們已能觀察到澳底地景的變化：最熱鬧的仁和路上，一間閃爍霓紅燈的酒吧開張，招呼著非當地面孔的客人；濱海公路轉進石碇溪，昔日吳沙公墓對面的傳統漁村住家，也悄悄地改成一間卡拉ＯＫ。

澳底國小後方的仁愛路上，新蓋了一座公園，附設風雨球場，就算夜間也燈火通明，與此地既有作息格格不入。腹地不大的公園塞進一塊巨大石碑、花岡岩廊道、兩座涼亭、溜冰場、硬石鋪面的露天劇場，沒有一樣是地方原有生活所需；澳底往福隆的濱海公路上，出現唐突的「龍門運動公園」，前不著村、後不著店，路上車流呼嘯而過，不安全也不方便，難以想像有人會特地到那裡「運動」。這些當地人口中「不三不四」的建設，都來自臺電核四睦鄰基金，據說花了一億多元。

核電廠，會讓地方變得更好嗎？關於這片地景人事的變化，好像還有很多問題可以問，但漸漸沒有人想問了。

紀錄片讓貢寮「被看見」

反核運動多年的衝突，吸引了各種鏡頭，相關的學術研究、新聞報導、紀錄片汗牛充棟，卻少有貼近地方、以在地居民為觀點訴說運動歷程的作品，二〇〇五年的紀錄片《貢寮你好嗎？》可以說是第一部。

導演崔愫欣在外省家庭成長，家族都是軍公教，她卻獨樹一格，對社會運動產生好奇。她出生於一九七五年，比起「學運世代」小了七、八歲，就讀輔仁大學法律系期間參加學運社團「黑水溝社」，大二起在環保聯盟臺北分會擔任志工，廣泛接觸社會與環境議題。去花蓮反亞泥建廠遭警察驅離、在立法院外抗議核四覆議案遭水柱沖擊，都是直接深刻的身體抗爭經驗。

法律系畢業後，崔愫欣沒有參加司法考試，而是進入世新大學社會發展研究所就讀，成為這個標榜社會運動實踐的研究所第一屆學生。受到紀錄片導演吳乙峰主持的「全景工作室」啟蒙，她決定拍攝一部跟貢寮反核運動有關的紀錄片，作為畢業研究，開啟了既參與又旁觀的實踐角度。

一九九八年起，崔愫欣拿起攝影機，在澳底租了一間房子，跟臺北分會的同伴一起貼身拍攝自救會成員。二〇〇〇年綠盟成立後，也加入組織，一邊專職工作、一邊拍片。經過六年的拍攝和剪接，二〇〇五年四月，紀錄片《貢寮你好嗎？》在誠品書店舉行首映，接著展開全臺灣巡迴放映。崔愫欣以寫給一〇〇三事件遭判無期徒刑的「阿源」林順源的信，作為口白，述說漁村人們對抗核能電廠的漫長艱辛之路。

「紀錄片讓更多陌生人與貢寮人產生關係，也讓更多人認識鹽寮反核自救會，理解他們為什麼要不計一切走下去。」崔愫欣說。全鄉團結動員、努力監督工程、寄望政黨輪替帶來停建機會，卻一直沒有好的結果，地方充滿失敗的沉重感，並擔心遭到眾人淡忘。但對貢寮人來說，一切都沒有結束，紀錄片讓長期受主流媒體忽略的貢寮人「看見自己」，也「被看見」。

在反核運動內部凋零、沒落，外在社會又逐漸遺忘的雙重低潮之下，紀錄片適時扮演一座橋梁，引導人們通往歷史。從國內到國外，放映超過數百場次，許多觀影者在映後發言給予貢寮人回饋和鼓勵、寫明信片感謝貢寮人的付出。真實的故事提醒了更多人，如何從人與地方的角度理解反核四運動。

核四停建又復工，帶給貢寮居民的衝擊，大學剛畢業的羅敏儀也看在眼裡，「新聞每天都在報導停建核四要付出巨額賠款，貢寮被迫站在第一線面對來自社會的巨大壓力，種種莫須有的惡意和罪名，讓他們相當自責，甚至每個人都在算，自己該賠多少、是不是要為社會動盪和經濟衰退負責？即便那根本不是他們造成的。」

建構「貢寮學」

對教育工作有興趣的羅敏儀，一邊念教育研究所，一邊牽掛著貢寮，不但申請到貢寮的小學當實習、代課教師，並以「貢寮學」為碩士論文主題，開始不斷挪移實踐位置，思考「反核之外，貢寮還有什麼其他可能性？」

「關鍵還是發展與生存，」她觀察。「核四復工，對於貢寮人的影響既深遠又矛盾。在缺乏就業機會、漁業資源漸漸枯竭的情況下，若想留在家鄉混得好一點，不可避免要跟這項大工程扯上關係。即便心裡還是反核，但是生存壓力讓貢寮人在忖度良心與現實的距離後，開始依賴核四工程所帶來的利益。」

承包外圍工程、進廠打零工，或者提供電廠人員飲食、娛樂等周邊消費所帶來的收入，雖說是「利益」，但實際上並非鉅富。外界可能會批評貢寮人做核四相關生意，是違背初衷、放棄理想，但這實在是長期區域發展不均和政治動員消耗所造成的後果。

然而不可否認的是，反核的熱情，在不斷地退讓、接受核四興建的事實，以及諸如「這個工程無關核反應爐，所以去承包沒關係」的自我安慰下，漸漸遭到磨蝕。貢寮人不再提反核，甚至覺得談論反核，很丟臉。

這樣充滿失敗情緒的地方，能有什麼不同的出路？多年的反核運動，在地方社區累積了什麼？羅敏儀在反思之後，希望效法美濃反水庫運動中，當地教師藉由教育深耕公共議題的精神，在畢業後申請到貢寮任教。

當時的她，一方面是初出茅廬的國小教師，同時也是個積極想要挖掘地方資源的社區工作者。起初因為小地方新聞網、《青芽兒》雜誌等媒體邀稿，開始書寫貢寮地方風土人情，像是地方長輩採收石花、農村男性娶親困難等處境，都是她筆下記錄的故事。後來她與另一位同樣熱心地方事務的貢寮國小教師林紋翠，受到美濃社區報

54.《貢寮人社區報》於二〇〇五年開始發行，每個月一期，刊登貢寮的大小事，讓異鄉的遊子可以得知最新消息，也讓當地人透過報導與紀錄，更關心自己的家園。最早的發想者有林紋翠、羅敏儀、吳文通等人。社區報主編林紋翠，於二〇一三年成立「狸和禾小穀倉」，推動貢寮水梯田保育工作。

《月光報》的啟發，興起一同辦《貢寮人社區報》[54]的念頭，希望凝聚社區力量、更關心自身周遭的環境，讓停滯中的運動重新充實能量。

於是，從淨灘、賞鳥、淨溪、臺灣百合復育等活動開始，藉由認識在地環境，羅敏儀和社區夥伴們慢慢挖掘貢寮有意思的人事物，尋訪貢寮每月代表性的物產和農活，例如七八月的割稻趣、九月的燈火漁業、十一月的採野生山藥等，舉辦工作假期，並編寫「有反核元素」的地方旅遊指南，吸引了不少「都市俗」進入貢寮。

體驗農事之餘，許多第一次踏進貢寮的年輕人，驚異於一天天蓋起的核四，竟然距離村落如此近，也思考著「社區發展」除了迎接一座大電廠進駐、領不安心的回饋金之外，也許還有其他更貼近地方特色的方式。

紀錄片和社區報，如同隱藏地下的伏流，在反核運動的低谷中緩慢流動，不斷滋潤著記憶與土地。

愛音樂 救沙灘

另外一股更強勢的力量，則用不同角度看待「地方發展」。二〇〇〇年，臺北縣政府為了發展「一鄉鎮、一特色」，開辦「貢寮國際海洋音樂祭」，是臺灣第一個由官方主導的搖滾音樂祭，舉辦地點就在福隆海水浴場。主導發想音樂祭的，是當時的臺北縣新聞室主任廖志堅，與獨立音樂製作公司「角頭音樂」。

對臺北縣政府而言，舉辦節慶式的活動可以吸引人潮，形成地方觀光亮點；對於角頭音樂老闆張四十三而言，打造一個類似美國伍茲塔克音樂節、媲美墾丁「春天吶喊」的搖滾盛會，讓名氣不高的另類獨立樂團在大眾前一展身手，是實踐文化產業理想的好機會。[55]

於是獨立樂團圈俗稱的「海音祭」逐年寫下一章章傳奇：從第一年的八千人參與，成長到極盛時期連辦五天、五十萬人湧入沙灘的盛況。如今樂壇耳熟能詳的蘇打綠、陳綺貞、夾子電動大樂隊、張懸等歌手和樂團，都在這裡獲獎而成名。

每年炎夏的海音祭，除了蜂擁而至的觀光客、樂迷，還有大量賣小吃、涼飲、泳具的小攤販，在這幾天進駐福隆沙灘，楊貴英的「福隆三號」也在其中。「逐年就這攤上好趁（thàn）啦！（每年就這個場合好賺啦）」。攤販中還有不少來自外地，搶租攤位藉節慶人潮獲利。據縣政府統計，一場三天的海音祭為貢寮帶來高達一億五千萬元的收入，東北角整體觀光效益更是加乘。[56]

熱鬧中，不少人注意到音樂祭大舞臺後方的核四廠，一年比一年更大了；而沙灘上的金黃沙子，似乎一年比一年薄。臺電與臺北縣政府為了讓海音祭順利進行，年年都必須在活動開始前花兩百萬元以人工運來沙子，修補千瘡百孔的福隆沙灘。

海音祭第三年開始，綠盟召集關心的民眾和在地人，在海灘上舉布條、發傳單，「保護沙灘！不要核電廠！」引起樂團、樂迷及遊客注意，其中一位是海洋音樂大賞的參賽樂團「九二九」主唱吳志寧。他發現只有表演樂團才能進入的舞臺後方，竟是沒有沙子

55. 陳俐君，〈海角變樂園？臺灣東北角海岸的遊憩化治理〉（臺灣大學建築與城鄉研究所碩士論文，二〇一四）。
56. 李國盛，〈陽光、海洋搖啊搖——貢寮國際音樂祭暢快開唱〉，《臺灣光華雜誌》，二〇〇四年八月。

的海岸，還有怪手停駐，看了綠盟的傳單，才恍然大悟，「原來我們都站在運來的假沙灘上high！還唱著陳建年的〈海洋〉，真是諷刺到極點！」

震驚於這個畫面，吳志寧當下決定要在舞臺上告訴樂迷這個消息。[57]後來他為此創作跟紀錄片同名的歌曲「貢寮你好嗎」，一次一次在反核行動中與群眾同聲唱出「我們不要核電廠」。

標榜反叛、質疑權威的搖滾樂手們，試著回應眼前的環境議題。二〇〇五年海音祭前夕，薄荷葉樂團的鼓手鄭凱同、主唱林倩等人在臺北知名展演空間「The Wall」放映《貢寮你好嗎?》，串連獨立樂團及樂手，發起「愛音樂、救沙灘」連署，邀請當年站上海音祭表演的樂團，在舞臺上表態反核。

這一年的海音祭命運多舛，接連遇上海棠、馬沙與珊瑚三個颱風，二度延期，沙灘更是嚴重縮小，連沙灘拱橋端都直接沒入海中，「補了又流、流了又補」，但沙灘的法定主管機關、東北角風景管理處不願清楚對外說明，臺電則繼續否認是因為重件碼頭造成沙灘流失，花錢養灘。[58]

多年對於沙灘流失的倡議，確實引起輿論及政府的重視。二〇〇八年，行政院指示專案小組調查，首次承認核四工程的確是影響因素之一，不過也只能持續人工養灘。兩年後，海岸抽沙工程告一段落，沙灘流失趨於緩和，不過始終難以回到原狀。往好的一面想，福隆沙灘遇上海音祭，在反核運動低潮期，得以展開了另一道文化戰線。

57. 賴品瑀，〈放大街頭的公義之聲　童智偉、吳志寧回顧社運烽火年代〉，綠色公民行動聯盟二十週年講座，二〇二〇年十月三十日。

58. 〈福隆沙灘流失問題　音樂祭前中央、地方、臺電擦脂抹粉〉，《苦勞網》，二〇〇五年八月四日，https://e-info.org.tw/node/5383。

諾努客的聲音

民進黨在二〇〇四年連任執政後，反核運動繼續處於政治上的低潮。二〇〇六年，全長十三公里的雪山隧道通車，臺北往來蘭陽平原的車輛，從山體中迅速通過，取道濱海公路的車減少了，東北角不再是臺北往來東部必經之地，觀光潮略顯沒落之勢。

澳底的「海鮮一條街」人潮不再，福隆的海音祭也被強大的商業利益攻占，承辦八屆的角頭音樂敵不過其他競標者，繼任的承辦者以商業考量優先，失去最初幾屆的生猛，以及曾經標榜的獨立風格，臺電龍門施工處的黃色旗幟，鮮明地在會場飄揚。對地方而言，海音祭似乎僅是每年曇花一現的錢潮和人潮，只做生意，不談地方文化，更不要說反核了。

民進黨的第二任執政期，因陳水扁貪汙案和紅衫軍倒扁而落幕。國民黨在二〇〇八年重新上臺，遇上震盪全球的金融海嘯，社會氣氛低迷。因為看過《貢寮你好嗎？》，而對反核運動產生好奇的年輕人，仍然不時來走訪貢寮，卻意外地發現，地方人士對於反核的態度冷淡，不若紀錄片中的熱烈。

事實上，因為在地工作機會缺乏，許多貢寮人進入核四廠擔任臨時工，或者承包小型工程。政治經濟條件改變，參與反核與否，已經不是單純依照土地情感和怨憤的多寡去行事，更多是由於現實考量。

「進去核四工作的太多了，也有以前自救會的人……反核這十幾年來就是不斷地消耗，高強度動員之後，還有政治人物的背叛，帶來的是更大的失望，」吳文通相當感慨。

「貢寮作為一個具有歷史意義的環境運動指標地，卻被商業活動切割了自身與它的歷史，」崔愫欣想著，「我們不要再去海音祭了，來辦自己的音樂祭吧！」

自己的音樂祭，要叫作什麼名字呢？一群參與過「樂生保留運動」的社運青年，在此時注入新血，「既然反核是『No Nuke』，乾脆用諧音叫作『諾努客』好了！」

搞笑和實驗之下，第一個在核電廠所在地舉辦的文化活動「貢寮諾努客」，在二〇〇九年登場。綠盟跟社運夥伴「鐵馬影展」合作，在澳底市場、福隆東興宮辦露天放映會，把紀錄反彰化火力發電廠運動的《遮蔽的天空》、韓國反核廢料運動紀錄片《蒲安人的慶典》搬到貢寮人的生活空間，[59]還辦了反核音樂會與在地農產市集。[60]

得到新名字的不只是音樂祭。這一年，臺電將施工事故不斷的核四廠改名為「龍門電廠」，據說想避開「四」諧音的不祥意涵。改名還算小事，真正嚴重的是，因為工程分包導致整合困難，臺電竟然乾脆邊施工、邊設計，自行變更工地設計高達七百多處。草率行事對整體安全系統的影響，從二〇一〇年三月後，臺電聲稱進入「測試運轉」，卻不斷出紕漏可以看出：三月間，主控室不斷電系統因室溫過高，造成電容劣化與電壓波形畸變，使得顯示器等零件故障；五月二十七日，臺電員工以雞毛撢子清潔電子盤櫃引起靜電，造成主控室內儀表板起火；八月，又發生雨水滲入輔助變壓器中繼接線箱與控制箱跳電。

59. 曾芷筠，〈不再局限於電影文本，而是沿路的風景——專訪二〇〇九年鐵馬影展〉，《放映週報》，二〇〇九年七月二十四日，https://funscreen.tfai.org.tw/article/5651。

60. 呂苡榕，〈市集、影展、諾努客　反核運動再出發〉，《環境資訊中心》，二〇〇九年七月三十一日，https://e-info.org.tw/node/45646。

不過其中要數「全黑二十八小時」事件最令人擔憂。二〇一〇年七月九日，當幾萬人在不遠處的沙灘上參與熱鬧的海音祭時，號稱試運轉中的核四居然發生全廠大停電。如果是在核燃料已放入的正式運轉時發生電廠全黑，導致全廠沒有動力，很可能會使得冷卻水無法正常打入核反應爐以降低溫度。

雖然原能會強調，這次事件是因為應該提供廠內緊急電力的幾部柴油發電機，當時還在測試，無法即時啟用應急，且核四尚未插入燃料棒運轉，跟所謂嚴重的「全黑」狀況仍有差距，但這起事件很難不讓人擔憂，會重蹈二〇〇一年的核三廠3A事件。

核四全黑事件經由媒體報導擴散形成話題，為低潮中的反核運動帶來機會。二〇一〇年八月二十九日，四面八方而來的數百人，手牽手形成人鍊（human chain），從澳底仁和宮慢慢走向核四廠門口。夏日午後的滂沱大雨中，五顏六色的布條與海報，都被淋成斑駁一片，歌聲與吶喊也被淹沒在濱海公路的砂石車轟鳴與烏煙裡。眼前的情景雖已多年未見，不過隊伍裡那些開著代步車，或拄著枴杖蹣跚同行的貢寮老人，都知道這是怎麼一回事。距離上一次這麼多人參與的反核活動，也將近十年了，以為一切早已是過去式。沒有想到，外面的人一直沒有忘記。

咱擱來開自救會，咁好？

一再爆出的工安問題令人心驚，但人們仍看到行政院長吳敦義在媒體前誇下海口，要把核四運轉供電當作建國百年大禮，指示核四工程在二〇一一年十月十日前完成商轉，[61]顯然是不顧社會大眾對於安全的憂慮。連新一代的年輕人都站出來了，自救會不開不行。

誰來當領導者呢？原有自救會幹部老的老，過世的過世。長年的抗爭讓貢寮成了一方江湖。「這幾年地方上變很多，家家都在家裡看電視，不像以前會一群群坐在外面聊天，村子公共討論時間減少。」楊貴英無奈地說。「現在你要辦反核活動叫人家出來參加，沒有準備個禮物、紀念品、抽獎之類的話，很難叫大家出來啦，都被臺電養壞胃口了。」

當過會長的吳文通也推辭，擔心出頭太多會招致反效果。長輩們各有心思，但崔愫欣不想放棄，二〇一一年農曆春節剛過，她就跟綠盟同事洪申翰到貢寮走春拜年，順便協調會長人選。

幸好，或許是受到外來年輕人的激勵，二〇一一年二月十九日，自救會重啟當天，小小的自救會辦公室，很快就被習慣早到的老人家們擠滿，積極的幹部們出動數臺接駁車輛，四處去接送行動不便、年事已高，沒有自主交通方式的會員；負責接待、報到的是一九八〇年代之後出生的新一代社運青年，有大學異議社團的學生、二十多歲的NGO專職工作者，多半不諳臺語，除了幾位常見的自救會幹部，其他在場的反核老前輩多半不認識，簽到時為了要幫不識字的會員寫名字、認名單而雞同鴨講半天。

最後接下新會長大任的，是來自福隆的吳文樟，有豐富選務經驗的他開朗積極，很快就啟動接下來要開記者會的籌備工作，準備率領貢寮鄉親去臺北，表達對於核四工安的質疑。反核運動歷史太長，新舊世代如何調適彼此在文化上的差異，激盪新的組織思

61. 徐珮君等，〈賀建國百年　核四提前供電　吳揆盼在明年雙十前　環團批荒謬：出事誰負責〉，《蘋果日報》，二〇一〇年四月六日。

維，都是反核再起必須思考的新課題。

歷史的偶然性往往來得讓人措手不及，幾週後在日本發生的一場海嘯災難，徹底改變了整個世界對核電廠的看法。

第六部

福島核災後的契機與轉型：二〇一一至二〇二三

文字 崔愫欣

廖明雄攝

6-1 福島核災的震撼

二〇一一年三月十一日十四時四十六分十八秒——東日本大地震發生，這是日本有紀錄以來規模最大的地震，伴隨而來的餘震與猛烈海嘯，造成大規模損害。受災地區主要集中在東北、關東等日本東部地區，尤其是距離震央最近的福島縣、岩手縣、宮城縣，這三縣的沿海地區都遭到巨大海嘯襲擊，距離海岸數公里的地區也被淹沒，摧毀許多沿海城市與人造設施，單單是宮城縣的罹難及失蹤人數就接近一萬一千人，經濟損失更難以估量，使得該震災成為日本歷史上傷亡最慘重、經濟損失最嚴重的自然災害之一。

更加令全球震驚的是，隨後福島第一核電廠發生嚴重的爐心熔毀事故。運轉中的福島第一核電廠一至三號機自動停機，而海嘯淹沒、損毀緊急柴油發電機，造成冷卻系統無法運作，反應爐過熱，之後幾個小時到幾天內，一、二、三號爐心陸續熔毀，冷卻過程中又發生三次氫氣爆炸。日本政府發布的避難指示範圍，從核一廠半徑三公里，陸續擴增至十公里及二十公里，二十至三十公里範圍間的居民則採室內掩蔽或自願疏散，因地震、海嘯及核災的避難人數一度高達十六萬三千多人。這是一九八六年車諾比核災後最嚴重的核能事故，也是第二起在國際核事件分級表中被評為第七級（最嚴重等級）的核電廠事故。根據日本復興廳的統計，截至二〇二三年三月一日為止，因為三一一大地震及海嘯的死亡人數共一萬五千九百人；其中宮城縣九五四四人、岩手縣四六七五人及福島縣一六一四人為最多；失蹤人數共二五二三人，其中宮城縣一二一三人、岩手縣一一一〇人及福島縣一九六人為最多。宮城縣、岩手縣及福島縣的死亡人數占總數達九九．七%。因為離家避難導致身體狀況惡化等「震災關聯死」，截至二〇二二年三月底為止，共有三七八九人，其中福島縣就有二二五〇位，占了六〇%，[1]可說是一場世紀災難。

二〇一一年三月十一日，綠色公民行動聯盟的幾位幹部正好前往貢寮，拜訪新任的自救會會長吳文樟商討抗爭事宜，一路上聽說海嘯將至，不少人紛紛打電話提醒他們在海邊要小心，他們停在濱海公路邊查看手機，看到NHK空拍海嘯淹沒陸地的景象，不由得心驚。到了住在福隆海邊的吳文樟家中，所有人緊盯著電視新聞，臺灣也被列入海嘯警戒範圍，中央氣象局發布海嘯警報，花蓮、臺東、基隆等地，在傍晚五點三十二分到六點零四分之間，須警戒海嘯抵達。即時新聞跑馬燈不停顯示海嘯將至臺灣，提醒沿海地區做好準備，但該怎麼準備？要不要跑呢？

看到大海嘯橫掃日本沿海的電視轉播畫面，居民多年的焦慮變成現實，尤其是長期有著反核意識的貢寮人。海嘯到底會影響多大？電視上也說不清楚，到底是要避難還是不要？這似乎是一場尚未經過演習就要面對的問題。不少澳底、福隆居民開始簡單打

1. 〈日本三一一地震十二週年　二五二三人仍下落不明〉，《中央社》，二〇二三年三月十一日，https://www.cna.com.tw/news/aopl/202303110044.aspx。

包，準備往地勢較高的山上移動，有些居民選擇待在家中，有些居民則開車帶著家人往山上走，停留在半山腰觀察海嘯狀況。雖然後來海嘯並沒有對臺灣造成實質影響，但還是讓貢寮人心生感慨：政府從未曾讓居民演練過海嘯應對，連撤離命令與路線都付之闕如，真的發生災難的話，居民只能自尋生路。從日本的災後狀況來看，只要晚一步都是遺憾，如果未來核四真的運轉，擔心受怕的日子就要來了。

一九八六年車諾比核災後，世界各地仍發生大小不一的核能事故，如一九九九年九月三十日日本茨城縣東海村JCO臨界事故，曾導致兩名工作人員死亡、六百六十六人被輻射汙染，此事故被評為國際原子能事故等級第四級，但也不若此次福島核災震撼。以往核能事故幾乎不曾曝露在公眾注目之下，一九八六年的蘇聯一開始更是對外封鎖一切資訊，連歐洲鄰國都是事後才被告知。日本在三月十一日發生舉世矚目的大地震與海嘯之後隨即引發核災危機，全球媒體二十四小時轉播，見證事故一步步走向無可收拾的局面。福島第一核電廠發生三次氫氣爆炸事件，撤離範圍不斷擴大，必須疏散的人數逐漸增多，當號稱可抵禦飛機撞擊的反應爐圍阻體，在清楚的轉播畫面中爆炸，傳到每家每戶的電視螢幕裡，讓所有觀眾大感震驚。這不僅是對核電安全神話的一大打擊，也如同車諾比核災，成為一個世代的核災象徵。

社會關注從日本災情轉向臺灣

福島核災發生前的臺灣，核四廠興建進度宣稱已達九〇%以上，即將完工進入試運轉階段，但這仍然是一項充滿爭議的建設。

二〇一〇年三月，核四一號機組進入試運轉測試階段，意外事故達五次以上，公安事件頻傳，核四安全問題浮上檯面。在這些事件中，又以七月九日全廠停電長達二十八小時最為堪慮，因為當天正舉辦有數萬人潮的貢寮國際海洋音樂祭，[2]來自全臺各地的年輕樂迷們湧進此地，濱海公路與鐵路擠滿了人，如果真的遇上核能事故，簡直不堪設想。

吳文通長年與臺電交手，他指出這些公安事件都與儀控系統有關，跟臺電在核四廠工程採用拼裝的分包施工（而非交由同一廠商的統包施工）有關，「這些工安事件印證了貢寮人二十幾年以來的憂慮。」然而當時行政院長吳敦義仍指示核四工程在二〇一一年十月十日前完成商轉，作為「建國百年賀禮」。[3]所謂的「建國百年」指的是民國一百年，此言一出，引起貢寮鄉親的普遍焦慮，核四工程的弊端與事故已在當地口耳相傳許久，難道如今真的要強行讓這座令人不安的核四廠運轉嗎？

鹽寮反核自救會在核四續建後處於低潮、沉寂多年，但此時此刻似乎還是只有貢寮人能夠背負起保衛家鄉的責任，於是綠盟與吳文通找出往昔自救會成員名單，一個個聯繫出席，邀請這些已經邁入高齡的村民們重新聚集商討下一步戰略，竟然也成功

2. 貢寮國際海洋音樂祭（Ho-hai-yan Rock Festival）由新北市府舉辦，是二〇〇〇年至今每年夏季於新北市貢寮區的福隆海水浴場舉辦的音樂節活動。
3. 徐珮君等，〈賀建國百年　核四提前供電　吳揆盼在明年雙十前　環團批荒謬：出事誰負責〉。

召集兩百多人，而自救會重新選舉新任會長、宣布抗爭啟動的日子，正是二〇一一年二月十九日，福島核災發生前的一個月。

福島核災後第一場抗議行動，貢寮人走出來

二月十九日，鹽寮反核自救會舉辦會員大會後，新任會長吳文樟已經開始籌備抗爭行動，動員時間與遊覽車都預定好了，怎料三月十一日發生這樣一個世紀災難？箭在弦上的抗爭行動並不打算取消，三月十七日，自救會包了兩臺遊覽車到行政院前陳情，反核運動團體都現身出席，號稱是老、中、青三代反核人齊聚，而不論哪一代的反核人，都因福島災難深感震撼。布條上寫著「為日本核災祈福、停止高風險核電」，人手一枝白色百合為日本受災者祈禱，並要求臺灣政府立即停建核四，且核一、核二、核三廠不得延役。這是福島核災後第一次抗爭行動，由最具代表性的貢寮鄉親發動，阻擋核四廠建設也到了最後決戰關頭。

臺灣環保聯盟當天宣布三天後緊急發起「我愛臺灣、不要核災」大遊行，距離二〇〇一年抗議政府續建核四而發起的萬人大遊行，已經過了十年。核災之後九天就舉辦遊行非常匆促，不管在動員與宣傳上都顯然不足，最後雖然有兩千多人參加，但現場不乏政治爭議與摩擦，例如發起團體直接商借民進黨的選舉宣傳車作為遊行舞臺車，而正逢選舉期間，民進黨許多人帶著選舉旗幟、背心出席，上臺發言時也不避諱政治宣傳，彷彿核四議題在民進黨過往八年執政中的挫敗沒有發生一樣，引起部分參與者不滿，學生團體甚至舉著「核四是藍綠共業、拒成政

黨對立籌碼」標語。

綠盟在遊行中發布聲明呼籲「勿讓廢核變成藍綠對立的犧牲品」、[4]「持續嚴格監督政治人物在廢核議題上的言行，要求其必須提出真確的行動，而非作秀口號，也絕對反對將此重要的全民議題操作成符合自身政治選舉利益的籌碼」；社運界畢竟已經歷過一次政黨輪替，不再願意將運動成敗賭在政黨鬥爭上，應該與民進黨保持距離，並持續施壓國民黨重視民意，讓更多民眾站到反核的陣營，迫使朝野兩黨都能支持政策的轉變，這是許多民間團體的共識，也是這一波反核運動的基本方針。

福島核災後的運動復興

由於前次遊行太過匆促、動員不及，不少公民團體主張擴大再辦一次反核遊行。於是環保界重新召集會議，由綠色公民行動聯盟、地球公民基金會、臺灣人權促進會等四十多個環保、公民團體發起「四三〇向日葵廢核行動」，計劃北、中、南、東同步動員，四月三十日於臺北、貢寮、臺中、高雄及臺東五地同步舉行「微笑向陽、遠離核災」大遊行。

反核大遊行向來都在臺北街頭，但這次藉著福島核災後民眾的動能，在其他地區也同步發起大遊行，規模前所未有，尤其臺東因為達仁鄉作為核廢場預定選址，當地推動反核廢運動已久，這次終於能發揮動員實力。

4. 綠色公民行動聯盟，〈核災受害 不分藍綠——不要讓廢核變成藍綠對立的犧牲品〉，《環境資訊中心》，二〇一一年三月二十日，https://e-info.org.tw/node/64665。

為了避免之前的政治爭議，擔任總指揮的地球公民基金會董事長廖本全表示，雖然歡迎政黨與政治人物參加遊行，但是必須遵守「不發表談話、不插競選旗幟、不穿競選背心」三大原則，相較於過去邀請政治人物當總指揮、走在遊行第一排一起拿布條的傳統，這是反核遊行歷史上少有的政治規則。為了呈現與過去差異，二〇一一年遊行甚至提出新的口號：「核電歸零」——包含核能發電、核災風險、核廢料歸零，以及對於「臺灣經濟發展方式」的歸零思考與反省，希望擺脫過去反核議題深陷政治對立以及悲情的形象，用正面宣傳爭取更多人的認同，希望能打破藍綠鬥爭、擴大公民連結。

此次遊行重現了昔日反核運動的盛況，學界、宗教界、藝文界、學生團體紛紛公開聲援，[5]四三〇反核遊行當日，臺北有近萬人參與，高雄超過三千人共襄盛舉，臺東也超過一千五百人為反核而走。

二〇一二年大選中的非核政策方向

福島核災之後，全球反核浪潮以及臺灣反核運動再起，都導致反核民意上升，但在政治上的實質改變卻非常不容易。即使三、四月兩場反核遊行剛結束，二〇一一年六月十三日，在立法院外的靜坐與抗議聲中，立法院仍然通過核四廠一百四十億預算。隨著二〇一二年總統及立委大選即將到來，核電政策成為焦點，民進黨因二

5. 四月七日遊行發起團體聯合召開「向日葵廢核行動」記者會；四月二十五日，九個學生團體串連召開「給我乾淨能源，我要世代正義！」記者會；四月二十六日車諾比核災二十五週年，宗教界聯合召開「遠離核災祈福記者會」；四月二十七日則由藝文界十一位導演聯手宣示反核，呼籲藝術家走上街頭。

〇〇〇年核四停建又續建的決定，被國民黨攻擊多年，導致政治元氣大傷，因此對於核電議題消極，對於核四預算也擺出曖昧不反對的姿態。雖然提出二〇二五年「非核家園」政策，在核四預算案過關後，被環團嚴厲批評「在核能推動上面，民進黨與國民黨的表現幾乎是一樣的」。

執政的國民黨雖然仍堅持支持核電，卻無法不正視其對選情的衝擊，在情勢逼迫之下，捨棄原本欲推動的核電延役與新增機組計畫，轉而提出「穩健減核」的政策，當時的總統馬英九主張「確保核安、穩健減核、打造綠能低碳環境、逐步邁向非核家園」，[6] 既有核電廠依規定除役後不再延役，核四在二〇一六年前「穩定商轉」，屆時核一可配合提前「停轉」。

臺灣環保聯盟於二〇一一年十二月提出〈環保團體對總統候選人的環境與能源政策意見書〉，分別前往國民黨、民進黨、親民黨三黨總統候選人競選總部拜訪，並獲書面回應，環盟對三黨候選人的回應[7]初步表達肯定；但對三黨避重就輕之處，則表達遺憾之意。[8] 儘管民進黨的主張符合環保團體對於非核家園的期待，但是在關鍵處卻充滿矛盾，民進黨總統候選人蔡英文於二〇一一年六月提出核四「續建不商轉」，以完成「二〇二五非核家園」的主

6. 〈總統召開「能源政策」記者會〉，總統府新聞稿，二〇一一年十一月三日，https://www.president.gov.tw/NEWS/16016。
7. 在臺灣環保聯盟提出的十六項環境要求中，所有候選人只有「核一、二、三絕不研役與增設機組」與「反對山林、海岸、溼地的不當開發」這兩條難得表現共識，至於其他部分則多有分歧，尤其是有關核電的政策，國民黨還是對核四抱持高度依賴、對核安保持高度信心，不僅反對停建核四，對於擴大緊急範圍、讓民眾以公投參與決策表達也是抱持反對立場，同時，親民黨也表示現階段臺灣還是需要核能，僅強調會保證核四的安全。「全面停機體檢核一、二、三的安全性，並提高核電廠的耐震係數」只有親民黨完全同意，國民兩黨僅部分同意。就三黨回應意見來看，民進黨較為符合環保團體對於非核家園的期待，但是蔡英文並未承諾立即停建核四，而福島核災後最該重視的一點——老舊核電廠的停機檢查與提升耐震——民進黨也只有部分同意。
8. 莫聞，〈三黨總統候選人回應環保要求：核四、石化議題差異最大〉，《環境資訊中心》，二〇一一年十二月十六日。

張，「因為核四停建成本過高」。臺電估算停工要付出一百億元違約金，而續建到蓋好，至少還要再花三百多億，但民進黨擔心的是後續處理成本以及「社會成本」，這個說法並無法說服環保團體。

回顧二〇〇〇年民進黨政府上臺，二〇〇二年立法院在朝野共識下通過《環境基本法》，[9] 其中第二十三條明定，「政府應訂定計畫，逐步達成非核家園目標」，這的確是反核運動的里程碑。不過各黨對非核家園仍舊是「各自表述」。國民黨宣稱的非核家園只是不再興建第五座核電廠，其餘照舊興建運轉，福島核災後是國民黨迫於民意第一次放棄核電延役的立場，是反核運動史上最大的政治改變。老舊核電廠要按時關閉，成為朝野共識，兩大黨在核災後皆認同臺灣實質上要往「非核」的方向邁進，對臺灣社會以及國際社會來說是很重要的宣示。

核工專家提出震驚社會的〈核四論〉

雖然過去有日本反核人士提出日本與核四相同機型的機組缺失，但在藍綠對立的氛圍下，僅被視為政治攻防素材而已，[10] 反而是福島核災後，這些攸關安全的工程資料讓民眾更有感。反核運動重獲關注，核災當然是重要因素之一，但除了核四工程在二〇一一、二〇一二年爆出重大缺陷，受媒體大肆報導，

9. 民進黨主要政見之一的《環境基本法》，在二〇〇〇年十一月十九日，立法院三讀通過，十二月十日公布實施。該法主要內容包含環境治理的基本重要原則如：永續發展原則（第二條）、環境保護優先原則（第三、八條）、資訊公開、加強民眾參與原則（第十二、十五條）、世代正義及汙染者付費原則（第四、二十八條）與非核家園的建立（第二十三條）。其中，最受注目的乃是「非核家園」概念首次被制定於法律當中。

10. 矢部忠夫，〈日本核能發展的困境——柏崎刈羽核電廠ABWR之缺失〉，收錄於環保聯盟舉辦「日本核能發展的困境——核四：日本與臺灣雙方的共同問題」研討會之講稿，《環境資訊中心》，二〇〇〇年八月十七日。

其後出現核工界人士揭露內幕，更在臺灣社會投下震撼彈。

二〇一一年，核四仍處於無法完工的狀態。核四廠設計時間比核一、核二、核三要晚，且興建時間更長，理當有更進步的技術和經驗，其安全性應該比老舊核電廠好得多，所以擁核者提出，以核四來替代核一、核二的供電，較能保障安全。理論上這樣的推想或許沒錯，不過以核四廠的實際工程狀況來說，實難稱為安全。

核四廠計畫於一九八〇年提出，一九九九年取得建照全面動工興建，已經三次延期、三次追加預算，核四預算由原本的一六九七億，追加至二七三七億，增幅高達六〇%。二〇一二年底，臺電本來還要再追加至少五百多億，讓核四總預算累計可能達到三千三百億。原定於二〇〇七年完工卻一再延宕，有人將核四的延期歸咎於曾中途停建，但二〇一〇年原能會主委蔡春鴻回答立院質詢時，說明核四工期的延宕絕大部分是非技術性的因素，[11]許多安全相關設備是二〇〇五年核四復工之後才採購進來的。蔡春鴻承認核四在測試時，確實有發現一些趕工所造成的問題，這些問題是造成二〇一〇年無法商轉的主要原因。

從二〇〇六年起，就有媒體陸續揭露臺電擅改核四廠設計，違規變更達三九五處，造成安全上的重大危機。絲毫不令人意外的是，臺電仍宣稱一切都沒有問題。二〇〇八年四月至十二月間，原能會對核四工程開罰四次，罰鍰金額達四百二十萬元。二〇一二年一月，原能會再度開罰，以臺電在二〇〇九及二〇一〇年違法自行辦理核四工程設計變更並進行施工，重罰一千五百萬元，創下臺灣核子管制史以來最高罰鍰紀錄。核四廠

11. 中央社，〈原能會：核四商轉　明年不可能〉，引自《環境資訊中心》，二〇一〇年十月二十七日，https://e-info.org.tw/node/60519。

在二〇一〇年的試運轉過程中，發生多次意外事故，導致系統燒毀兩次，甚至出現控制室停電全黑事件。臺電對此總是說：「這只是試運轉階段，大家不要這麼苛求。」於是核四成為臺灣公共建設的特權怪獸，出事了，沒人敢追究，也沒有人因此下臺，唯一的懲罰手段只有罰款，而且罰款還是人民的納稅錢，國營的臺電公司高層無關痛癢。

核四工程的結構性、安全性問題，長期躲在「藍綠對決」背後，未能獲得足夠關注，直到二〇一一年七月二十五日，核四安全監督委員會委員之一，也是核工專家的林宗堯，上書總統府與行政院，希望總統能夠下令暫緩興建核四，並提出一份名為〈核四論〉[12]的文件公布於媒體，文長五千字，分成十三大項。文件細述核四從興建之初就因臺電自行設計成「舉世罕見的特殊廠」種下混亂因子，歷經工序紊亂、系統倉促移交、控制室失火、纜線敷設錯亂、試運轉測試雜亂無章等缺失；林宗堯在報告中明白指出：「核四真正的事實是：臺電不知核四廠完工日期，亦無能力估測。日後臺電再向政府或國人宣告之任何完工日期亦是純屬臆測，並無實務及事實依據。」七月二十九日，在由原能會召開的核四安全監督委員會中，林宗堯要求變更議程，直接討論他四天前在媒體上提出的〈核四論〉文件，將核四建廠至今的結構性錯誤一一指摘出來，並表示如果不根本性地「換一個方式做」，核四絕對不可能安全運轉。

林宗堯一九六九年畢業於清大核工系，擔任過美國奇異、貝泰公司的顧問，曾受聘擔任核四安全監督委員會委員長達八年，過去從未在媒體公開發表言論。核二、核三建廠時，林宗堯就是美方顧問公司的代表，關於蓋核電廠的經驗，不少原能會、臺電主管

12. 林宗堯，〈核四論〉，《環境資訊中心》，二〇一一年八月一日，https://e-info.org.tw/node/69036。

員工，都還算是林宗堯的後輩。為了讓核四可以安全運轉，他撰寫千言書〈核四論〉，首度公開痛陳核四在設備、施工、品保、監督有不同於前三廠的嚴重問題。原能會副主委、核四安全監督委員會主席謝得志也同意，這份報告「非常重要」。由於從未有核工界的人敢直陳此事，尤其林宗堯一直以來是支持核能的一方，這次針對核四弊病建言，是為了安全優先，臺電也完全無法否認其中所指摘的事實，而原能會終於開始有官員承認核四碰到困難，臺電當下並沒有能力解決工程問題。[13]

隨後林宗堯將他所認為的具體解決之道另寫成〈核四之計〉，[14]提出七項改善建議，二〇一一年八月十日原能會召開「核能四廠安全監督委員會」，監督委員們於會議中做出「臺電若不改善，將建請核四年底前停工」的決議，表達核四安全問題已經無法再拖延的堅決態度，認為必須將報告呈報給總統府與行政院，但被主委蔡春鴻拒絕，原能會副主委謝得志則在此敏感時刻自行請辭，監察院針對核四工程二度提出糾正彈劾，[15]包括臺電公司未依法令規定，逕自核准核四廠千餘項變更設計，又無視原能會之要求改正及裁罰，執意續辦變更設計，輕忽核能安全；以及臺電公司未依核四廠一號機設計圖說及相關規範，確實監督承包商鋪設纜線並落實檢驗，致部分纜線過近或交雜，造成儀控信號易遭干擾，虛耗近一年重新整線及測試，影響試運轉等後續期程及徒增營運成本，顯有疏失；並彈劾接受廠商賄賂的臺電核電工程處副研究員周吉村。核四工程的黑盒子終於被揭開。

13. 〈五千言〈核四論〉震撼 原能會：乾脆停建〉，二〇一一年八月一日，《環境資訊中心》，https://e-info.org.tw/node/69038。該報導指出，「據民間與會者轉述，原能會核能管制處處長陳宜彬數度對臺電大罵：『你們如果再這樣作，現在就該停工 。』『你們根本沒能力作！』

14. 王美珍，〈核四有沒有救？　林宗堯：有救，但須總體檢〉，《遠見》第三一八期，二〇一二年十二月。

15. 監察院，〈臺電公司違規辦理核四廠設計變更　輕忽核安　監察院糾正〉，監察院新聞稿，二〇一一年六月八日。

核四不安全成為社會共識

福島核災的效應、核工專家的證言、媒體對於核四工程的追蹤報導，終於讓反核團體長期呼籲的核四安全問題獲得應有重視。二〇一二年三月十一日，環團選在日本三一一大地震週年時，在臺北、臺中及高雄三地舉行「告別核電」遊行，主打「核四停建、現有核電廠應盡速除役」等訴求，有上萬人參與，展現充沛的廢核民意。然而臺電立即回應表示，「臺灣若立即廢核，會有停限電之可能」，中華核能學會隔天在報紙上也買了半版廣告大肆宣傳核電不可或缺，但是已經難以抵擋核四開始被大肆檢討之勢。

三月十四日，蔡春鴻到立法院報告並備詢，國民黨立委蔣乃辛質疑，臺電在核四安全總體檢報告中指出，核四無重大或立即弱點，試運測試後應可安全運轉，並進一步詢問蔡春鴻是否相信這份報告。蔡春鴻回答：「目前我不相信。」他強調從來不諱言核四興建、施工、測試過程中有很多問題，引起媒體譁然。國民黨立委丁守中也在立法院總質詢時首度表達反核態度，承認核四是錢坑；國民黨立委羅淑蕾接受採訪時說，「既然安全有問題，總統的政策應該隨著改變」，「心態上不要墨守成規」。她說馬英九應約見以〈核四論〉揭發核四種種缺失的林宗堯等持反對立場的專家，好好談一談，傾聽他們的意見。

三月十六日，核二廠一號機爆出史無前例的反應爐底座錨定螺栓斷裂事件，[16]

16. 楊宗興，〈核二錨定螺栓斷　臺電：已自行修復〉，《新頭殼》，二〇一二年四月十三日。該報導指出：「核二廠一號機，發現反應爐支撐裙板的錨定螺栓有一支斷裂、兩支接近斷裂、四支出現裂紋，總共一百二十支錨定螺栓中就有七支出現問題。臺電今（十三）日上午在立法院向立委報告時表示，已經對斷掉的螺栓進行修復，花費達三百萬美元。臺電也坦承，各國核電廠從未有錨定螺栓斷裂的情況，這次情況將成為其他國家同型號反應爐的重要參考。」

核二廠的事故顯示，臺灣不只有核四廠運轉的安全性問題，老舊核電廠也有極高風險的事實。綠盟從五月二十日發起「反對核二強行運轉」緊急連署活動，超過二萬八千人次寄出網路連署信，更號召民眾赴原能會抗議，「錨定螺栓在設計上應該是要『與爐同壽』直到除役，四十年都不應該出問題，如今原能會不追查真正原因，僅要求臺電每十八個月進行螺栓檢測，還要全民接受，這很荒謬！」綠盟副祕書長洪申翰痛批，核二廠錨定螺栓斷裂事故，是全球史無前例的重大核安事故，但臺電在調查過程中不斷隱匿真相。知名導演柯一正、戴立忍也在臉書上轉貼連結表態反核立場，引發藝文界繼二〇一一年後進一步的行動。

十月三十日，新北市長朱立倫在市政會議聽取消防局防災報告後，四度指出「沒有核安就沒有核能」，公開表示，「只要我當新北市長一天，未經新北市府同意、沒有確保全民有核安保證，核四絕對別想要啟動、運轉，原能會、臺電不能再有任何僥倖心理。」十一月三日，臺北市長郝龍斌也跟進表態，「沒有核安就沒有核四」。[17]政治風向已經開始轉變，國民黨黨內競爭的微妙態勢，讓朱、郝兩人開始走自己的路，不再唯黨意是從，外界推測極有可能是爭取總統大位的兩位政治明星，已在政策議題上公開較勁。民進黨主席蔡英文隨後發布新聞稿指出，[18]用「安全」與否作為核四興建與運轉的前提條件，仍是「有條件地支持核四」，核四不運轉才有真正的安全，呼籲國民黨不應模糊詮釋

17.〈朱立倫：只要我在任　核四別想運轉〉，《蘋果日報》，二〇一二年十一月一日。朱立倫在市議會強調：「只要我在任的一天，市府、市民沒有同意，核四就不要想運轉。」民進黨議員鼓掌叫好，送上象徵核四不安全的爆竹致意。但當議員拿出反核四公投連署書，朱立倫卻以市長身分不宜連署，當場拒簽，被質疑誠意不足。郝龍斌也跟進表態說，核四一定要在安全無虞的情況下，才能同意商業運轉，「沒有安全，什麼都不用說。」

18.〈隔海較勁！蔡英文：用「安全」當前提只是模糊焦點〉，《ETtoday新聞雲》，二〇一二年十一月二日，https://www.ettoday.net/news/20121102/122484.htm。

「非核」。

至此，反核議題已經聚焦在核四身上，反核運動也開始出現新一批「不一定反核，但是反核四」的群眾，因為核四廠變成了一個錢坑與執政包袱——核四不安全已經成為社會共識。

6-2 反核運動成為風潮

臺灣社會受到日本反核風潮影響

日本社會在福島核災後，產生極大的變化。社會運動已經沉寂許久的日本，從三一一到隔年六月，各種街頭行動據統計至少出現一千場以上。日本的社會運動歷史、結構與臺灣十分不同，一九六〇年代之後的社運宛如寒冬，缺乏組織動員與傳承，以致核災後這波反核行動發起與參與者幾乎都是「素人」，素人指的是沒有參加過社會運動、無政治經驗的一般市民，不論在年齡層或屬性上，都與日本以往逐漸老化、缺乏年輕人參與的社運形象有極大差別。三一一使得日本人再度走上街頭訴求廢除核電，而不是一如既往地對社會運動避之唯恐不及，輿論的龐大壓力迫使日本政府不得不逐一停下核電廠，重新做安全檢查與評估。

除了既有的民間反核團體陸續向電力公司表達訴求，二〇一一年四月，在東京高圓寺商店街的二手商店聯合組織——「素人之亂」，以推特等網路社群，號召了一萬人走上街頭，參加者以四十歲以下「特立獨行」的年輕人居多，他們邊走邊放搖滾樂喊口號的形象，有別於傳統左派與工會動員的群眾，成為當年最有動員力的街頭遊行。隨後諾貝爾文學獎得主大江健三郎、作曲家坂本龍一、作家鎌田慧等藝文界人士，與反核團體共同發起群眾集會、音樂會與連署，著名的動畫導演宮崎駿，也以「吉卜力要用非核電力製作電影」的反核立場，聲援「核電再見！千萬人連署」行動。[19]

核災後日本境內的核電廠大部分都停止運轉，等待進一步安全檢查，二〇一二年五月，隨著北海道的泊核電廠進入歲修，日本正式進入五十年來第一次沒有核電運轉的時刻。日本在福島核災發生前，共有五十四座核子反應爐，核電占比二五％，數量僅少於美國、法國，排名全球第三，未曾料到核災後，核電全部停止運轉。日本首相野田佳彥以因應夏季用電高峰為由，試圖重啟大飯核電廠三、四號機，引起民眾強烈反彈，首相官邸前接連好幾個週五，都聚集了十萬人潮。七月十六日，在東京澀谷區的代代木公園舉辦高達十七萬人參加的集會，是日本規模最大的一次反核遊行。

日本在災後的一舉一動，都受到臺灣媒體高度關注，臺灣以全球最高額捐款救災的實際行動，表現出對於日本的關心與同感。災民的悲慘處境、核電的停止與重啟，以及日漸活躍的反核運動都影響著臺灣社會，尤其是日本藝文界一反過去政治冷漠的狀態，現身大聲疾呼，如藝術家奈良美智創作一幅小女孩拿著「NO NUKES」標語的作品，讓民眾免費下載，成為日本反核遊行中的代表性圖像。

作家村上春樹於二〇一一年六月九日前往西班牙接受「加泰隆尼亞國際獎」，他以

19. 曹姮，〈大江健三郎反核　籲千萬人連署〉，《中央社》，二〇一二年二月八日。

〈非現實夢想家〉為題發表演說，[20]認為有過核爆慘痛經歷的日本人，應該對核能繼續說「不」。他批評日本長期以來「效率優先」的思維模式，政府和電力公司將核電廠這個高效能的發電系統當成國家戰略在推動，讓地震頻仍的日本成為世界第三大核電使用國。村上春樹表示，對於曾經歷過長崎、廣島兩次原子彈轟炸的日本來說，福島核災等於是「第二次受到大規模的核災難」。他稱，「這次核災根本是搬石頭砸自己的腳」，並批評把質疑核電的人稱作「非現實夢想家」的說法，表示「我們必須成為奮勇向前的『非現實夢想家』，集思廣益在國家層面推進取代核電的能源開發工作，這才是對廣島和長崎的死難者負責任的做法」。

旅居東京的臺灣作家劉黎兒也積極響應，她原本擅長書寫兩性關係，在福島核災發生後重拾記者角色，深入瞭解核電議題，發現核電的真相長期受到掩蓋與忽視，於是開始在《蘋果日報》、《自由時報》專欄及個人新聞臺，以深入淺出的問答方式撰述核電議題，並在二〇一一年七月與綠盟合作策劃出版《核電員工最後遺言：福島事故十五年前的災難預告》，[21]為福島核災後第一本呈現核電員工內部告發的中文書，後續更撰寫一系列反核專書。

藝文界起義：我是人，我反核

臺灣藝文界開始擴大參與反核，是在二〇一二年五月二十八日，導演柯一正號

20. 村上春樹，〈身為一個非現實的夢想家：村上春樹的反核演講〉，《環境資訊中心》，二〇一一年六月二十一日。
21. 平井憲夫、劉黎兒、菊地洋一、彭保羅著，陳炯霖、蘇威任譯，《核電員工最後遺言：福島事故十五年前的災難預告》（臺北市：推守文化，二〇一一）。

召藝文界六十餘人，其中包含導演陳玉勳、戴立忍及作家駱以軍等人，無預警在總統府前凱達格蘭大道上，趁著紅燈時段，躺在地上排起大大的「人」字，並高喊「我是人，我反核」。雖然快閃行動全程只有數分鐘，還來不及驚動警方驅離就結束，不過已經引發媒體與網路關注，警方原定要約談導演柯一正等人，被媒體披露之後又矢口否認，「我是人，我反核」的臉書帳號在短短幾天內吸引大量點閱。

「我是人，我反核」這句話是起於馬英九總統在五二〇宣示就職前夕的記者會上，回應媒體提問時表示，「我們的感覺是當時（核能政策）並沒有引起任何人的反對，因此我們還是會照這個方式來做。」如此避重就輕的回覆，隨即引發民間批評。

導演柯一正受訪時表示，「我很早就想行動了，只是正好因為這句話，我們就得到一個創意，想讓他（馬英九）看到很多人反核，而且集合人們排出『人』字，強化這件事情。」[22]其實柯一正對核能的關注並非源自福島核災，早在十年前看了紀錄片《貢寮你好嗎？》，其中描述貢寮居民反對興建核四的故事便深受感動，還號召公司和劇團的朋友，一起到中正紀念堂發送紫絲帶給民眾，但「沒什麼效果，還滿失望的」。柯一正感覺這次不同，因為福島核災就發生在鄰國，核災不再只是模糊的歷史事件。一同籌劃活動的還有紀錄片導演吳乙峰（他同時也是紀錄片《貢寮你好嗎？》的製作人），在福島核災後受山形影展之邀，赴日參與三一一核災後影像紀錄的座談，回臺後將福島災民的心情傳達給柯一正，兩人都覺得行動刻不容緩，他們發揮電影人的專長，規劃這一場以影像傳播為號召的創意街頭行動，並鼓勵大眾跟著拍攝相似的照片或影片，上傳到「我是人，我

22. 鄭淳予，〈熱血導演柯一正：反核是為了你我子孫〉，《今周刊》，二〇一一年六月二十一日。

反核」的網路頁面，這場行動如野火蔓延，陸續有人自發性地響應。

另一個成功的藝文串連，不是知名人士，而是出自素人之手。二〇一二年十月十日，臺北一家咖啡店的負責人阿發，設計了「反核，不要再有下一個福島」旗幟，發起反核掛旗活動。[23]阿發接受採訪時表示，福島核災慘狀怵目心驚，臺灣又發生核二廠螺栓斷裂事件，她一直關注新聞，心裡極感不安，感覺應該要做些什麼事情，因此有了國慶日掛反核旗的構想。原本預計號召三百家店，最後反應熱烈共售出了一千一百五十面反核旗，讓她大感意外。除了串連一般店家，阿發也將部分旗幟捐給長期關注此議題的綠盟，轉贈給貢寮、臺東、蘭嶼等地的反核人士，阿發也在網路上發起「反核百景照片募集」的網路串連，許多民眾、店家主動上傳掛反核旗的照片，有的背景是小吃攤、有的是住宅，也有人特別跑到觀光景點或核電廠門口，在婚禮上甚至潛水到海底拍照，充滿無限創意。由於想購買旗幟的人太多，阿發主動跟綠盟聯絡，授權給環保組織接手後續販售，索取反核旗的電話不斷湧入，綠盟統計共製作了兩萬多面旗，這面旗幟意外成為臺灣反核的象徵。

媒體人黃哲斌撰文形容，「對核災的憂心，對核四的反感，也觸動城市中產階層的警鈴。從去年導演與作家『我是人，我反核』的快閃行動開始，反核意識滲透至傳統社運不易動員的民間角落，五月天等音樂人及藝人表態、以母親為名的中產市民成立監督團體，擴大了反核民意的漣漪效應；原本對公共議題沉默疏離的上班族，開始焦慮於親人安危，焦慮於身家產業，焦慮於水泥圍阻體與燃料棒冷卻池。」[24]

23. 劉力仁，〈反核旗發起人阿發小姐　溫情感召店家〉，《自由時報》，二〇一二年十月十一日。
24. 黃哲斌，〈那些核四教我們的事〉，《天下獨立評論》，二〇一三年三月十日。

媒體、網路的傳播

在福島核災之前，以揭弊聞名的《壹週刊》就已數次追蹤核四試運轉的狀況，關注核四工程問題，如二〇一〇年六月九日〈臺電恐爆三哩島危機——核四主控制室重大火災〉專文報導；二〇一〇年七月七日，再度爆出核四主控室電纜鋪設設計錯誤，嚴重的話可能會引起控制系統訊號干擾，反應爐失控；二〇一一月三月九日則發布〈臺電漠視核安遭法辦，擅改核四七百多項安全設計〉。《壹週刊》的調查能力與爆料強度，經常成為話題。福島核災後《壹週刊》也持續追蹤報導，如二〇一二年六月二十一日〈管線不防輻射，包商：核四運轉會大爆炸〉，十一月報導，「臺電自爆新「十八大」地雷，並將於年底再度追加五百億來拆雷，總造價將超過三千五百億的核四，將成全球最貴的核電廠。」這一連串的弊案追蹤，成為社會大眾瞭解核四真相的來源之一。

二〇一二年，愈來愈多主流媒體逐漸質疑核電安全問題，《天下》雜誌刊出報導〈臺灣核電廠全停掉，電都夠用〉，引言說道，「福島核災後，『不要核電，就得省電』成為日本社會的民意共識。參照日本，臺灣是否也能走向零核時代?」《商業周刊》以一連四期的專欄連載，刊出城邦出版集團首席執行長何飛鵬親自執筆的〈核四我見我聞我思〉。[25] 何飛鵬是資深媒體人，他自承當年在《中國時報》也對核四做了許多批判，深知核四的安全有問題，他以自身採訪經歷，在第一篇專欄標題寫下〈核四終將無法安全商轉〉，表示這是自己追蹤核四廠三十年所得到的結論，連續四期文章痛陳「核四的錯誤，大到沒人敢

25. 何飛鵬，〈核四我見我聞我思〉一至四篇，《商業周刊》第一三〇三期至一三〇六期，二〇一二年十一月。

認錯、沒人敢說真話，然後錢繼續花，危機繼續存在」。《遠見》雜誌則推出重量級專題〈八任總統都搞不懂的核四風暴〉，[26]訪問林宗堯、環團代表、立委、原能會等相關人士，直指工程進度已達九三%、興建以來就問題重重的核四，未來該何去何從，似乎已到了抉擇的關鍵時刻。核四計畫從一九八〇年開始，歷經蔣經國、李登輝、陳水扁、馬英九共八任總統任期，長達三十二年，幾乎是臺灣史上延宕最久的公共投資案。因為專題暢銷，甚至在二〇一三年三月再出版《遠見核四專刊》，其中一篇的標題是〈全民有權討論決定未來，核四不只是政治問題，反核正在成為公民運動〉。

長久以來，在資訊嚴重不對等的條件下，政府與臺電幾乎壟斷核電政策的發言權，也壟斷能源思維的詮釋權。福島核災之前，核電似乎是一般人碰觸不到的專業知識，因此留給專家與政府決定，核災後則開始陸續大量出版關於核電爭議的書籍，[27]也隨著社群網路的普及，網路上的討論逐漸成為影響社會的重要管道，關於核電的新聞與知識大量出現，社運組織也透過網路社群讓資訊擴散出去。當反核成為公民運動顯學，積極的網民蒐集、拆解與編輯資訊，然後以不同創意，重新詮釋核電，這些無私自發的各種懶人包、影片創作，都獲得相當的關注。例如二〇一三年反核遊行前，一群動畫師參考林宗堯提出的〈核四論〉，自費製作動畫短片《戲說核四》；臺灣公民媒體文化協會也募資製作一系列反核短片，以輕鬆有趣的方式介紹核電相關科學知識，希望讓大家對核電的危險有更深刻的瞭解。

26. 王美珍，〈八任總統都搞不懂的核四風暴〉，《遠見》第三一八期，二〇一二年十二月。

27. 福島核災之前，臺灣出版關於核電爭議的書籍不多，較代表性的有《天火備忘錄》（新環境出版，一九八七）、《核能馬戲班》（唐山出版，一九九一）、《核工專家V.S.反核專家》（前衛出版，一九九五）。

規模最大的影片創作，是受到「我是人，我反核」的行動號召，十位電影導演自費拍攝以反核為主題的創作短片，[28]有劇情、實驗、紀錄等不同片型，其中導演鄭有傑的反核短片《不再平凡的幸福》、導演楊雅喆的《反核卡到天王篇》，邀請音樂人跨刀演出、配樂，透過社群網站不斷傳播出去，成為傳統政治公關與政客話術難以防堵的新媒體窗口；加上社運團體也逐漸嫻熟於網路操作，以圖表及數據靈活反駁官方說法，新媒體與網路的傳播，也為反核運動創造民意的高支持度。

國民黨拋核四公投

從二〇一二年開始醞釀的反核風潮逐漸成為主流民意，讓政府深感壓力，面對「直接停建核四」的聲浪，二〇一三年二月即將開議的立法院，將審查五百億的核四追加預算，眼看預算表決會是一場硬仗，二月十八日接任行政院長的江宜樺拋出政壇炸彈，宣布府院正式定調核四將由全民公投表決。江宜樺表示，因為社會上對於是否要停建核四有不同意見，行政院願意主動推動公投，正面接受核四停建公投的檢驗。國民黨長期以來視公投為洪水猛獸，如今第一次主動提出核四公投，讓各界震驚不已。二〇一三年三月，政府宣稱預計二〇一四年核四將放入燃料棒正式試營運，對反核運動者來說，不得不進入緊急動員階段。

國民黨打的如意算盤是，公投一旦沒有超過投票門檻遭否決，就得以順理成章續建

28. 鄒念祖、王郁惠，〈導演楊雅喆　無償拍反核短片〉，《自由時報》，二〇一三年二月二十五日。

核四，依法八年內不得再對此提出異議。因此，國民黨立院黨團公布核四公投案主文，內容為「你是否同意核四廠停止興建不得運轉？」堅持興建核四的執政黨不願正面表述，以「是否同意核四續建」為公投主題，讓核四接受民意檢驗，若沒有多數人民同意，核四不得續建，卻是以反向命題，製造公投陷阱，意圖讓「是否同意核四停止興建」被高門檻否決。

時任臺灣守護民主平臺會長、法律學者徐偉群表示，從責任政治的原理來看，政府應該「拿自己的政策出來讓人民檢驗」，才符合責任政治的邏輯。是政府向人民負責，而非人民向政府負責。國民黨提案的公投主文採反向命題，如果同意這個主文，無異就是容忍這個政府「喧賓奪主」，容忍責任政治的倒錯。[29]其次，當時《公投法》的高門檻難以反映真實民意，[30]必須同時達到九〇四萬三二二八人以上投票（二〇一二年總統選舉投票權人數的五〇%以上），且同意者多於不同意者才能通過。

江宜樺一再宣稱，核四公投前會「先確認安全」、「讓人民在充分瞭解核四資訊的狀況下再做選擇」，事實上卻是迴避核四的政治責任。明知道以《公投法》的高門檻規定，公投要通過非常困難，但當時國民黨立委過半，只要「公投提案」在立院表決通過即可推動，甚至不用連署，政治成本不高又可以立於不敗之地，在反核遊行前宣布更可能打消民眾上街的意願，看似一著政治妙棋，不料，實際上卻導致反效果，國民黨機關算盡的姿態讓民眾不滿，引發

29. 徐偉群，〈核四公投的門檻與主文——一場「資訊落差」與「正當性」的鬥爭〉，《司法改革雜誌》第九十五期，二〇一三年四月二十九日。

30. 二〇〇三年立法院完成《公民投票法》立法，但高門檻備受批評，被稱為鳥籠公投。二〇一七年立法院三讀通過《公民投票法》修正案，大幅鬆綁公投限制，經表決，提案僅需最近一次正副總統選舉總人數的萬分之一、成案門檻由百分之五下修到百分之一點五，通過門檻則是有效同意票達投票權人總額四分之一後，同意票相對多數就算通過。

的媒體效應更為遊行宣傳加溫。反核團體表示，公投是弱勢議題或在野黨訴諸直接民意的方式；執政黨掌握行政權與立法院的多數資源，應負起責任呼應人民的訴求，直接停止編列預算或是在立院中刪除核四預算，終止核四開發案，而非推給公投決定。

二〇一三年三月九日，福島核災將屆兩週年，三〇九廢核大遊行在臺北、臺中、臺東、高雄四地同步舉辦，臺灣民眾為反核走上街頭。在臺北的反核隊伍，分成「核電災民大隊」、「藝術行動大隊」、「陽光親子大隊」、「我是人大隊」、「社團大隊」、「政黨大隊」，足見這兩年運動醞釀出的多元性。

主辦單位估計臺北場超過十萬人參加，臺中有三萬人，高雄來了七萬多人。最後全臺各地合計超過二十二萬人上街遊行，創下反核運動史上最多的遊行人數。三〇九大遊行之後，北、中、南、東部數百個民間團體共同組成「全國廢核行動平臺」，為了面對可能到來的核四公投，發起募集全臺廢核行動據點，籌備迎戰公投。

企業界表態

二〇一一與二〇一二年的遊行人數僅約萬人，但二〇一三年卻直衝二十萬人，成長幅度大得驚人，為什麼會如此？回顧歷史，核災後各國的反核運動支持度上升，許多國家也有街頭遊行，但人數會隨著時間而退燒遞減，然而臺灣反核運動卻從二〇一一年之後漸趨轉熱，在二〇一三年達到高峰。除了政治風向轉變、核電事故不斷、藝文界號召、主流媒體高度關注之外，企業界的表態也是影響因素之一。

二〇一三年，富邦文教基金會執行董事陳藹玲號召兩百多位媽媽組成「媽媽監督核電廠聯盟」，[31]召開記者會呼籲「停建核四」，共同發起人包括主持人吳淡如、陶晶瑩、臺灣好基金會執行長徐璐、導演李烈、主播方念華、臺中市文化局長葉樹姍，以及表演工作坊行政總監丁乃竺等人，這是反核運動前所未有的參與者。

願意表態的還有長榮集團的張榮發父子，在福島核災發生後，長榮集團總裁張榮發公開發表臺灣不宜發展核電的言論。[32]二〇一三年，時任長榮航空董事長張國煒在春酒上炮火全開，不僅公開表態支持廢核，更直言「打死都不能讓它運轉」，如果發生核災可是「亡國」。企業界的社會影響力讓政府不能用對社運團體的態度應付，連經濟部、能源局、臺電與原委會的高階主管都紛紛當面拜會陳藹玲溝通。遊行結束後不久，三月三十一日媽媽監督核電廠聯盟受邀到總統府與總統馬英九會面，入府前媒體一度臆測企業出身的代表是否會被摸頭，也有環團表示憂心，但媽媽監督核電廠聯盟入府提出的是與遊行幾乎一致的四大訴求，包括臺電應透明揭露所有資訊、針對全臺核電廠進行總體檢、落實能源政策以及核四安全議題，政府應直接停建核四，而非以公投決定。直接否決府院的公投提案，幾乎讓總統府無法招架。

過去臺灣企業很少針對社會爭議問題發表意見，更不用說與政府唱反調，以工總、商總的一貫態度來說，向來支持發展核電。少數例外如臺塑董事長王永慶曾在二〇〇〇年表態反核四，原因是臺塑在雲林麥寮工業區已蓋了燃煤電廠，他對外表示，

31. 二〇一二年底，「媽媽監督核電廠聯盟」開始運作，在二〇一三年三月八日舉行成立大會，強調「守護孩子的未來」。希望能以連署等行動阻止核四預算及興建工程。二〇二二年八月更名為「媽媽氣候行動聯盟」。

32. 曾鴻儒、高嘉和，〈張榮發捐十億日幣　公開反對核能電廠〉，《自由時報》，二〇一一年三月二十四日。

「如果國家社會有需要，麥寮電廠可以替代核四。」

國民黨版核四公投案失敗

似乎沒有人覺得國民黨提出的核四公投是個好主意，甚至國民黨內部也出現反對聲音。反核成了主流民意，許多國民黨政治人物見風轉舵。臺北市長郝龍斌針對核四公投發表看法，認為如果絕大多數民意都傾向同一個目標，甚至可以不用公投，直接透過立院決議或協商的方式來解決爭議，更表示「如果明天就要公投，以現在的狀況，我會支持核四不續建」。國民黨高層踢到鐵板，不到一個月的時間，江宜樺原本信誓旦旦表示「沒有核安就沒有公投」，又改口「公投前無法完成安檢」，說法反覆，已凸顯馬政府無法掌握政治風向與社會真實狀況。

二〇一三年四月開始，全國廢核行動平臺一週三次到立法院進行抗議，喊出「安全無法公投」的口號，反對國民黨版核四公投案，但國民黨立委仍打算以多數表決通過，臺灣環保聯盟舉辦「五一九終結核電大遊行」，並在立法院門口搭棚舉行「反核四、饑餓二四」靜坐活動，反對國民黨核四停建公投提案。眼看公投成案箭在弦上，無奈之餘，民間團體甚至預先做好了為公投宣傳的準備。二〇一三年七月，引發軍中人權爭議的洪仲丘案爆發，[33]一群素人組成的「公民一九八五行動聯盟」在網路上號召，兩度發動大遊行要求政府改善軍中人權，並還給洪家公道與真相，八月三日，超

33. 二〇一三年七月爆發震撼全臺的國軍醜聞。陸軍下士洪仲丘原預定於七月六日退伍，卻在七月三日於禁閉室遭凌虐死亡，由於涉及濫用職權、不當管教、毀滅證據等軍事醜聞，引發社會關注。各方輿論開始抨擊軍方，並串連聲援洪仲丘家屬。

過十萬人的「萬人送仲丘」在凱道上集會，媒體稱為「白衫軍運動」。這場突如其來的公民運動打亂了執政黨的計畫，核四公投提案受到連帶影響，立法院臨時會緊急變更議程，以最快速度修正《軍事審判法》並三讀通過，回應白衫軍的訴求，最後並未排入核四公投案。

核四公投案因國民黨內部意見不同，黨籍立委也未全力推動，不但已無原初之氣勢，甚至變成燙手山芋，九月十日提案人國民黨立委李慶華在未事先告知黨團下，靜悄悄地主動撤回核四公投案，李慶華的聲明中解釋撤案原因為「政局變化，立法院陷入嚴重紛擾，目前非推動核四公投的時機」云云。此案在外界眼中除了失去正當性之外，總統馬英九與立法院長王金平的內部鬥爭也隱然浮現。

6-3 核四裝填燃料關鍵年

失去公信力的核四安檢

二〇一三年國民黨版核四公投案雖然撤案，但是核四廠仍持續朝運轉的程序進行，經濟部長張家祝甚至邀請發表過〈核四論〉的林宗堯擔任經濟部顧問，列席參加專家小組會議，負責協助「核四強化安全檢測小組」工作。張家祝說，核四安檢預計二〇一四年六月底完成，「安檢完成即代表核四整體安全性沒有問題」，經濟部會要求臺電向原能會申請放置燃料棒，展開核四商轉前約為期一年的試運轉測試。

綠盟批評核四安檢的真相是「假安檢、真續建」，根本沒有安檢不合格的選項，最後一定會合格。核四安檢爭議仍在火線上，但還未等到報告出爐，林宗堯又再度公開批評，於二〇一三年七月三十一日公布〈核四摘要報告〉[34]直指多數安檢仍有疑慮，分析核四難達安全標準，引發經濟部強烈不滿，揚言不排除解除其專業顧問職務。但林宗

34. 林靜梅，〈核四摘要報告 林宗堯：安全問題難解〉，《公視新聞》，二〇一三年八月一日，https://news.pts.org.tw/article/246632。

堯表示七月二十六日就已遞出辭呈，發布報告是個人行為，「年薪一百八十萬元也不會讓我封口！」林宗堯在接受不同媒體訪問時一再表示，解決核四問題之上策是徹底檢查，先不要考慮工期和預算，他也無法預估，而是隨著檢查的過程，工期及預算就會浮現出來，中策則是停建核四，而目前臺電這種瘋狂趕工的做法是最下下策。但這樣的說法經濟部無法接受，國家的公共建設怎麼可能不考慮工期與預算，而且經濟部服從上意，趕著在既定期限內完成安檢，讓核四「順利運轉」。

公民不服從的社會氛圍

二〇一三年，苗栗縣長劉政鴻動員大批警力強拆大埔四戶，以及勞委會編列預算請律師告關廠工人，都引起社會強烈反彈。八月，臺灣農村陣線號召「八一八拆政府行動」，超過兩萬民眾聚集凱道，活動結束後轉進內政部前靜坐，堵住出入口，占領內政部長達二十小時。十一月十日，由包括全國關廠工人連線、產業工會、環保、農業與反迫遷等團體組成的「社運連線」，帶著從全臺各地募集的五千多雙鞋子，至國民黨全國代表大會會場外「丟鞋抗議」。社會上充滿民怨以及「公民不服從」的氛圍，而政府始終沒有善意回應。

二〇一四年，反核團體頂著「七月之後核四就會強行運轉」的壓力，做最終決戰的準備，因此擬定更加激進的行動策略，企圖採取更高強度的抗爭策略以「實質干擾政府運作」。

三月八日，全國廢核行動平臺號召民眾上街頭採取「不核作」行動，十三萬人走了出來，遊行隊伍在大雨中經過行政院時，突然大轉向，民眾直接攻占忠孝東路跟中山北路十字路口，並拉起封鎖線癱瘓交通，核災警報響起，民眾模擬核災事故躺在地上，以預演「占領忠孝西路」，並發表〈二〇一四不核作運動聲明〉。雖然只占領道路二十分鐘，但對參與的團體來說，這是面對七月核四即將運轉傳聞，未來可能發動大規模占領抗爭的模擬演習。聲明中表示，「不核作運動是一個和平而堅定的聲音，是弱勢以身體實踐的抵抗，是公民以行動表達的訴求」，「現在，我們已經不想再忍受掌權者躲在體制後的濫權、操弄與凌駕民意，我們才是這個國家的主人，核電不該是『必要之惡』，而是『不該被忍受之惡』，掌權者力量的來源，是人民的服從與合作，要反對掌權者的壓迫與獨裁，需要人民起而以各種不服從與不合作的方式抗爭，如果人民拒絕合作的決心堅定而徹底，就會給予掌權者強大的壓力。」

此時，沒有人預想到就在十天之後，另一場公民抗爭即將點燃。

接續反服貿運動餘波的反核行動

二〇一四年三月十八日，由於《海峽兩岸服務貿易協議》強行通過審查，上百名青年、「反黑箱服貿民主陣線」等團體於立法院前靜坐抗議，晚上九點，群眾突然攻破立法院議場大門，開啟「占領國會」行動。透過網路傳播，議場外陸續聚集上萬名聲援民眾，這是自一九八〇年代以來最大規模的「公民不服從」行動。[35]

三月二十三日晚間，抗議群眾一度嘗試占領行政院，隔日凌晨警方強制驅離、導致暴力濺血事件。反黑箱服貿民主陣線，於三月三十日發起「人民站出來行動、譴責國家暴力」集會，逾五十萬人占據臺北市中山南路與博愛特區，媒體稱之為「三三〇民主黑潮」。在極短時間辦起集會大遊行，正是前幾年負責籌辦反核大遊行所有行政事務的地球公民基金會、臺灣人權促進會、綠色公民行動聯盟等團隊及志工所累積的經驗，地球公民基金會執行長、也是三三〇集會主持人李根政表示，「占領國會行動的最大後盾來自社運團體」，中生代社運工作者放下原本在環境、人權、勞動、性別、教育、藝文、政改等社運業務，每天二十四小時輪班主持、安排演講與演出，在警察攻堅、黑道恐嚇的壓力下，更要隨時應付各種狀況。經此一役，社運的團結與合作比過去更緊密，也培養了一批年輕、有街頭抗爭經驗的幹部與志工，成為下一波反核大型抗爭的力量。[36]

四月十日，為期二十四天占領立法院的反黑箱服貿運動（也稱三一八運動或太陽花運動）告一段落。早在之前就打算再次為反核、廢核四一搏的林義雄，四月二十二日決定在臺北義光教會開始無限期禁食行動。

在整個社會因反服貿運動仍然餘波蕩漾之際，選擇這麼快開啟反核運動的戰場，的確是一計險招。林義雄在反服貿運動時就屢次到現場慰問學生，甚至在一旁靜坐觀察情勢，他認為這是一個極佳的政治時機，必須接續施加壓力，不能讓政府有喘息的時間，因此不顧眾人擔憂他身體狀況，宣布禁食，他表示，「為了合理解決核四紛爭，更為了維護與落實我們好不容易得來的民主體制，

35.《海峽兩岸服務貿易協議》為臺灣與中國於二〇一〇年六月簽署的「海峽兩岸經濟合作架構協議（ECFA）」第四條所簽署的「服務貿易協定」的後續協議。簡稱「服貿協議」。反對者認為執政的國民黨政府黑箱作業，此協議極不對等、且傷害國家利益，直接影響服務業、製造業六百多萬勞工，也直接影響全臺灣人民。反黑箱服貿民主陣線，後改名為「經濟民主連合」，簡稱「經民連」，由三十七個臺灣公民團體組成的社團聯盟，成員長期致力於臺灣的民主、人權、勞工、農民、環保、婦女、社福、教改與青年運動。

36. 李根政，〈學運與社運共構的民主運動〉，地球公民基金會，https://www.cet-taiwan.org/node/1955。

讓掌權者遵從多數國家主人的意志，我將自四月二十二日起開始『禁食』行動，以此懇請臺灣人民採取各種積極有力的方法，共同來敦促權責機關停建核四。」[37]

火車頭已經鳴笛開出去了，決心與林義雄一起奮鬥的全國廢核行動平臺，於凱達格蘭大道舉辦「停建核四、還權於民、全國串連、遍地烽火」記者會，宣布「與林義雄先生同步，發起遍地烽火全國串連行動」，進駐凱道一週。以環保聯盟為主的臺灣反核行動聯盟、公投護臺灣聯盟各自發起行動，公投護臺灣聯盟總召蔡丁貴號召民眾包圍立法院，逼立委「響應」林義雄反核四的禁食運動。全臺包括離島各地紛紛掛起黃色布條聲援，果真遍地烽火，各界發起聲援、探視、連署，要求「廢核四，爭民主」，向林義雄這位民主前輩致敬。

《天下》雜誌在四月二十三日至二十五日，連三晚進行全臺電話民調，結果顯示，五成九民眾表態贊成停建核四，支持續建者有二成七，未表態比例為一成四。然而一系列反核行動，並未取得政府積極回應，四月二十六日，林義雄禁食的第五天，全國廢核行動平臺憂心年歲已高的林義雄無法再撐下去，在晚會上宣布，隔日「廢除核四，還權於民」廢核大遊行將占領忠孝西路，逼使政府盡快做決定。二十七日下午五點，核災警報響起、超過五萬群眾模擬核災發生實況，瞬間或坐或躺在道路上，並在臺北車站前的旗竿升起反核旗。這場在三月初預演過的道路占領行動，在數萬人的響應下成真，臺北車站前雙向道路全被民眾占領，忠孝西路現場搭建起簡易舞臺，公民團體上臺短講，民眾則以持續靜坐呼應廢核意志。

群眾在始終得不到實質回應的狀況下，帳篷、睡袋等物資陸續進駐，準備進行長期抗

37. 林義雄，〈落實民主，停建核四——為「禁食」行動敬告親友〉，二〇一四年四月十五日。

戰。晚間九點，全國廢核行動平臺宣布持續占領忠孝西路，提出二大訴求：一、應由權責相符的行政院長江宜樺出面說明核四停工決策；二、堅持訴求修改公投法。二十八日凌晨，仍有近五千名民眾堅守現場，臺北市長郝龍斌下令，凌晨三點鎮暴警察、大型鎮暴水炮車開始強制驅離，強力水柱毫不留情地撞擊群眾的身體，連在天橋上的記者也都被強硬推擠離場，不少人受傷，大約早上七點警方才完全清空忠孝西路和周遭路段。此次驅離事件發生，僅僅發生在「三二四行政院暴力驅離事件」一個多月後，但政府面對人民上街表達訴求仍以暴力處理，最後共有十七人願意具名控訴因此次驅離行動受傷，司法改革基金會提供的義務律師平臺有三十六位律師協助當事人提起自訴。另有十五名受到身體或財產損害的民眾，因警方執法過當，出動水車噴強力水柱、徒手拖拉、警棍和盾牌毆打致傷，對臺北市政府及臺北市政府警察局提出國賠請求。

活動後警方也以主嫌之名傳喚遊行指揮地球公民基金會臺北辦公室主任蔡中岳、綠色公民行動聯盟祕書長崔愫欣、臺灣人權促進會祕書長蔡季勳、公投護臺灣聯盟的蔡丁貴等四人，而後他們在二〇一五年獲不起訴處分。[38]二〇二〇年一月，控訴警方暴力鎮壓的一審判決大部分原告獲得了國家賠償。[39]二〇二三年八月，臺灣

38. 警方以《集會遊行法》第二十九條首謀者違法不解散、《刑法》第一百四十九、一百八十五、三百零四條之公然聚眾不遵令解散、妨礙公眾往來安全以及強制罪為由，移送地檢署偵辦。臺北地檢署調查後認為，反核遊行的訴求與國家政策、公共利益及人民權益相關。集會遊行屬於表達意見自由，也是人民與政府溝通的方式。而當天的集會遊行尚屬和平，蔡中岳等人並未演說或鼓譟群眾不為解散、也未對執勤警員有任何強暴脅迫之舉。且當天路口皆有警察疏導並維持交通秩序，僅造成行車不便而未有妨礙公眾往來安全的情事。綜合判斷下，檢察官認定本案不起訴。

39. 民間司法改革基金會新聞稿指出：「一〇三年四月二十八日凌晨，於忠孝西路靜坐表達反核訴求的民眾，遭到警方以不法暴力及高壓水炮車等方式驅離，其中，有十五名受到身體或財產損害的民眾，對臺北市政府及臺北市政府警察局提出國賠請求。臺北地方法院民事庭於二〇二〇年一月二十二日就此事件進行一審宣判。判決結果臺北市政府應賠償共十二名原告共約四十二萬元，北市警局則要賠償其中一名原告財產損害三萬四千元。義務律師團對於大部分原告能夠獲得國家賠償表示欣慰。」

高等法院判決市府確定至少要賠四十二萬元、警局賠償三萬四千元，九名民眾仍可上訴。[40]

核四終於停工封存

在禁食行動以及社會動員帶起的龐大壓力下，總統馬英九在四月二十七日召開的縣市首長會議後，首次提出「核四一號機不施工、只安檢，安檢後封存；核四二號機全部停工」，以及「行政院承諾盡速召開全國能源會議，以確保未來供電無虞」，以「核四封存」回應反核聲浪。直到三十日，行政院長江怡樺具體提出封存的程序。林義雄於三十日的公開信〈感謝你！臺灣人！——為停止禁食敬告親友〉，宣布停止禁食行動，隨即被送至臺大醫院。全國廢核行動平臺也以訴求獲得階段性回應，結束凱道活動。

回顧核四興建過程，從一九八五年立委提案要求暫緩，至二〇一四年封存，近三十年的反核運動，終於用非暴力抗爭的方式，以群眾力量爭取到封存停工。核四從二〇一四年六月開始正式停工，國民黨政府願意妥協讓步，實是迫於無奈，因為同年十一月即將面臨九合一大選，若不回應反核運動的訴求，就有輸掉選舉的政治危機；但即使如此，國民黨在選舉中依然大敗，[41]是自二〇〇八年國民黨執政以來最大的一次政治衝擊，選後行政院長江宜樺和國民黨祕書長曾永權辭職。二〇一五年七月，核四

40. 林孟潔，〈強制驅離反核遊行群眾不合法　北市府、警局確定至少國賠四五・四萬元〉，《聯合報》，二〇二三年八月二日。

41. 二〇一四年九合一選舉，國民黨在二十二個縣市長中僅獲六席，其中六都市長僅獲一席。

正式封存。當初原本只宣布封存三年，是為了留到二〇一六年總統大選後決定，國民黨抱著若是仍取得執政權就可解封動工的打算，但二〇一六年由民進黨取得執政權，進入第二次政黨輪替，核四持續封存。

反核運動的跨界串連

臺灣因鄰近發生核災的日本，民眾體認到核災的受害者不分身分，反核支持者因此跨越政治上的藍綠與地域，形成受害者邊界較模糊的「公民運動」。自三一一福島核災之後，臺灣積極參與反核的公民團體更加百花齊放，過去以傳統社運團體為主體，但二〇一一年後，許多新成立的民間組織與民間人士加入運動行列，如前國策顧問郝明義所發起的「開放臺電」研究小組，呼籲讓民間以系統分析、管理與財務分析的方法調查研究臺電數據；宜蘭人文基金會董事長陳錫南發起「非核家園大聯盟」，針對核廢與核安議題遊說新北市議會各政黨支持，新北市長朱立倫因而成立「新北市核安監督委員會」；二〇一二年十二月，富邦文教基金會執行董事陳藹玲發起的「媽媽監督核電廠聯盟」，號召許多影視名人共同參與，且遊說前後兩任臺北市長郝龍斌、柯文哲出席反核記者會；旅日作家陳弘美發起的「地震國告別核電日臺研究會」，從二〇一三年陸續邀請日本前首相菅直人、核災受害者、國會議員、核能專家來臺分享核災第一手經驗；而由綠色公民行動聯盟、地球公民基金會等環保團體組成的「全國廢核行動平臺」，從二〇一一年開始成為反核運動的串連中心。

反核運動不再只是社運團體的「專利」，公民以各種方式參與社會運動，柯一正發起以一般市民為主體的「反核四、五六運動」，延續「我是人、我反核」行動的精神，每週五晚間六點吸引上百人聚集在自由廣場，柯一正撰文表示：「（二〇一三年）三月九日反核大遊行，二十多萬人走上街頭，高舉反核旗幟。遊行結束後，小野、吳乙峰、王小棣十幾位導演和作家留在原地徹夜討論：反核會不會變成像是一年一度的遊行、結束後就曲終人散？我們要如何延續這一股集結起來的力量？」[42]

在日本，二〇一一年三月福島事故發生後，每週五日本首相官邸前的馬路都聚集抗議人群，從二〇一二年三月二十九日開始，為了抗議核電重啟，在東京有一群由上班族、藝術人、音樂人、自由工作者組成「首都圈反核連盟」（首都圏反原発連合），每週五到首相官邸前抗議，集會人數少則兩、三百人，多則五、六千人，日本各地也開始仿效開展「金曜日（週五）行動」，他們相信「每一個人的小改變，就會是強大的力量」，強調他們的行動不會有結束的時刻。柯一正表示受到影響，「三月九日反核上街頭的氣氛，心中對於政府忽視人民心聲的怒火，在在讓我們覺得反核必定得堅持下去，我們打鐵趁熱，在遊行結束後，真正的延長賽才要正式開始。」

二〇一四年核四停工後，「不要核四、五六運動」轉型為「五六運動、公民論壇」，每一週都以當時正在發生的時事進行討論，柯一正回憶，「一開始只單純地反核，隨著時序推移，漸漸有更多人上臺分享各種事件，我們歷經了松菸護樹、大埔張藥房事件、士林文林苑、洪仲丘事件、太陽花運動等等……，無形中也認識了更多人……每個公民

42. 小野、張大魯，〈序：小蝦米的巨大力量〉，收錄於《在每一個可以改變歷史的時刻》（臺北市：有鹿文化，二〇一四）。

都可以上臺發聲，每個角落都可以被看見。我們與志工如流動的、透明的泉水般，盡力瞭解每一樣社會議題，盡可能提供無私的協助。」從無間斷直到第一百個夜晚，二〇一五年「五六運動」宣布將活動轉型，不再每週固定在自由廣場集合，最後一場的五六運動，參與者包含在日本持續活動四年的「首都圈反核連盟」代表，兩地為了反核而不畏風雨的人終於相會了。[43]

值此之際，與群眾對話、擴大社會群眾支持，是反核運動續存的關鍵，作家劉黎兒、醫師楊斯棓等意見領袖也發揮影響力，在各地巡迴講演。綠盟發起「零核電跨界串連計畫」，試圖主動促成更多跨界合作，包括學界串連的「大學教室討論核電的一百種方法」；自二〇〇一年貢寮海洋音樂祭啟動的音樂界串連，包括集結獨立樂團的核電歸零音樂會、發行《不核作》創作合輯、歌手陳昇寫反核歌〈應該是柴油的〉；受到日本藝術家奈良美智開放其反核插畫下載的啟發，小路映画工作室負責人黃米露發起臺灣反核插畫行動，募集到一百多張反核插畫串連；由尖蚪咖啡店主阿發創作「反核 不要再有下一個福島」旗幟。電影、舞蹈、劇作家、詩人、漫畫家等藝文界的創意行動、表演，讓臺灣反核運動光采齊放。

力圖復活的核四公投

二〇一六年大選民進黨再度取得執政權，新興小黨也跨越選舉門檻，取得影響力，

43. 賴品瑀，〈為反核每週相聚 日臺「五六運動」相見歡〉，《環境資訊中心》，二〇一五年一月三十一日。

社會氛圍促成政治版圖改變，使新世代獲得更多政治機會。二〇一九年老舊核電開始陸續除役，核四燃料棒也逐批運出，反核運動多年來好不容易有實質進展，但是「後核能時代」的關鍵在於「能源轉型」。轉型是辛苦、緩慢的，臺灣社會長期缺乏關於能源政策的公共討論與社會教育，扭轉既有的觀念非常困難。核電並未心甘情願地退場，在轉型過程中遇到的各種爭議與反挫，讓擁核勢力與國民黨找到可趁之機，而保守勢力的反撲，讓所有人措手不及。

二〇一八年是《公投法》門檻降低後的第一次民主實驗，過程匆促混亂，假訊息滿天飛，顯然出現負面效應，直接民主機制被濫用，甚至當作政治動員操作的工具。理論上，付諸於公投後，正反雙方、執政黨與在野黨都應該分別提出論據來說服民眾，民眾可以依據理性的辯論、客觀的數據來決定支持或反對。但令人遺憾的是，現實上公投討論並不是如此理性，當十個公投案上場競逐，一個月內五十場以上的電視辯論形同兒戲，選舉公報上密密麻麻的理由書也乏人問津。

二〇一八年十一月二十四日的九合一大選併行十項公投，其中擁核派提出的「第十六號公投案」通過，[44]讓被稱為「二〇二五非核家園條款」的《電業法》九十五條第一項「直接失效」，核電設備不必在二〇二五年後退場。但法律上取消核電退場期限，是指核電可以不用到期除役，但老舊核電若要延長使用期限，另需要專業審查把關，包括核安技術、地質安全等都需要重新審查，意外頻傳的電廠是否堪用、地震是否影響安全，都不是公投可以決定的。

44. 第十六號公投案主文：「你是否同意，廢除電業法第九十五條第一項，即『廢除核能發電設備應於中華民國一百一十四年以前，全部停止運轉』之條文？」共有一〇八三萬二七三五人投票，同意得票五八九萬五五六〇票，占五四・四二%；不同意得票四〇一萬四二一五票，占三七・〇五%。有關於公投，可繼續參見6-4「公投的理想與落差」的討論。

公投綁大選的激情過後，為瞭解民眾對能源政策的意見及接受度，臺綜院在二〇一九年三月進行問卷民調，公布《能源政策民意調查報告》，其中包括民眾對當前能源結構、供電穩定、公投回應以及核能議題之看法。[45]根據經濟部能源局的公開資訊，臺灣在二〇一八年主要電力供應來源為「燃煤」四六・三%、「燃氣」三四・六%，「核能」排序第三，占一〇・一%。然而卻有高達五八・八%的民眾認為主要電力來源是「核能」，其次才是「燃煤」，占五五・九%，而實際上位居第二名發電量的「燃氣」僅有四・三%的民眾認為是主要電力來源。即使經過公投前的討論以及公投後大量的媒體報導，民眾對於能源政策的認知還是有誤的，顯然多數民眾是在缺乏基礎能源知識的情況下投票。

歷史容易被遺忘，二〇一一年核災過後雖引發民眾的反核意識上升，但過了七年，影響轉弱，二〇一八年公投結果已有明證，公投如果沒有建立起好的審議機制，民眾並無法在公投過程中有公開討論思辨的機會。反核運動仍須努力推展非核家園的主張和完整內涵，如何讓能源轉型可以獲得社會由下到上的捲動與支持，不讓核電復辟，是運動下一階段艱鉅的挑戰。

45. 臺綜院能源政策民意調查報告的調查時間為二〇一九年三月二日至三月五日，調查對象為臺閩地區一般家戶內年滿十八歲以上的國民，透過電腦輔助電話訪問法，完成樣本數達一五一五份，在九五%信心水準下，抽樣誤差介於正負二・五二%之間。

6-4 能源轉型

本節文字　王舜薇

「氣候變遷」像個時髦術語，大家都在談，但往往是在措手不及地親身經歷暴雨、乾旱、野火後，才能體會箇中意義。對氣候的焦慮成為國際主要議題，各國激烈討論如何降低對化石燃料的依賴與減少二氧化碳排放，才能減緩下一個世代必須為此付出的代價。這首以「減碳」為主旋律的進行曲並不總是昂揚輕快，節拍時快時慢、調性時高時低，每個音符都是在凌亂中的嘗試。

倡議「用電零成長」

趙家緯手握著簡報筆，比劃著螢幕上的長條圖，跟臺下聽眾解釋「能源密集度」：「簡單說就是『賺一塊錢，需要用多少能源？』若密集度低，代表能源使用效率愈好，這是衡量能源政策和產業轉型很重要的參考依據。」對非學術圈的人講解能源議題，是這位環境工程學者過去十五年發展出來的能力。

二〇〇五年，執政的民進黨政府召開第二次全國能源會議、[46]立法院也開始提案審議《溫室氣體減量法》（簡稱《溫減法》）草案，以回應剛生效的《京都議定書》減碳標準，[47]這時的趙家緯剛從南部北上就讀臺大環工所不久。懷抱對環境議題的興趣和熱情，他一直想著如何能用環工專業者的角色參與環境運動。在身為博士生的趙家緯眼中，「一些環團中的『專家』，仍限於『反核就是反獨裁』的運動論述，雖然認知到反核電應該要挑戰整體能源政策，卻無法提供科學性的論述支援，提出的數據也太容易被辯駁。」

平時大量蒐集國際氣候新聞的他，看到德國在一九八〇年代就展開「能源轉型」（Energiewende）相關討論：探討過度依賴核能和化石燃料的環境後果，並訴求逐步轉向再生能源作為主要能源，讓燃煤、核能退場，除了減少碳排、空汙、減緩氣候變遷，也保障能源安全、促使產業技術變革；福島核災後，德國更是積極展開廢核措施，目標在二〇二二年完全停止使用核電。[48]

趙家緯注意到，德國的環保團體有專業的研究團隊，還有大量獨立智庫提供數據資料，讓轉型討論有科學根據，不只是空談。羨慕之外，他開始在各種場合練習轉譯專業知識、發揮分析環境政策的專才。

例如二〇〇七年立委田秋堇等人舉辦《溫減法》草案公聽會，[49]邀請各環保團體代表參與，「但發現就算是環團，大家也普遍對這個議題陌生。」趙家緯於是動手協助整理分析國際碳排放制度與資料，供環團與不願積極減碳的產業

46. 關於全國能源會議的背景和會議結論，可參考臺大風險中心，《日常生活的能源革命：八個臺灣能源轉型先驅者的故事》（臺北市：春山出版，二〇一九）。
47. 〈從京都議定書到巴黎協定　歷屆氣候峰會結論與進度一覽〉，《中央社》，二〇二一年十一月一日。
48. "Germany's Energiewende," World Nuclear Association, https://world-nuclear.org/information-library/energy-and-the-environment/energiewende.aspx.
49. 林修卉，〈溫室氣體減量　產業界槓環保團體〉，《中國時報》，二〇〇七年五月一日。

界辯論。這一年，聯合國氣候變遷政府間專家委員會（IPCC）發布氣候評估報告，預測二十一世紀末的全球平均溫度，可能上升超過攝氏六度。[50]若預言成真，將威脅人類生存；年底的十二月八日，臺灣首度加入全球串連的抗暖化遊行，有人主張改善大眾運輸取代開路，有人主張留下都市綠地，有人主張吃素抗暖化，並正視臺灣的碳排成長率為世界第一。[51]

到了二〇〇九年，國民黨政府召開第三次全國能源會議，動員官方單位企圖讓核電扮演減碳的超級英雄，[52]這時趙家緯為環保團體的志工，協助撰寫各類說帖、政策建議、媒體投書。二〇一〇年，《遠見》雜誌評選第一屆「環境英雄獎」，趙家緯以綠色公民行動聯盟能源與氣候變遷小組召集人的頭銜入選，算是向環工同業昭告自己既支持減碳管制，又反對核電作為氣候變遷解方的立場。

然而，這時的臺灣社會受國際金融海嘯影響，景氣低迷，加上臺灣並非聯合國成員，國際氣候協議中訂定的溫室氣體減量時程與標準，對本地產業和政治並無約束力，環保界想談的非核、減碳論述，並不太受青睞。

恐懼核災和批判工安之外，另一條科學反核論述

福島核災讓全球譁然，也重新燃起臺灣反核的社會動力，過去對能源議題無感的大眾，開始焦慮於核電的安全與工程弊病。「但談核四不該只是恐懼動員。」趙家

50. IPCC, "AR6 Synthesis Report: Climate Change 2023," Intergovenmental Panel Climate.Change, https://www.ipcc.ch/report/sixth-assessment-report-cycle/.
51. 陳誼芩，〈千人抗暖化大遊行　呼籲減碳臺灣不缺席〉，《環境資訊電子報》，二〇〇七年十二月九日。
52. 馬康多，〈分岔路口的全國能源會議〉，《環境資訊中心》，二〇〇九年三月三十一日。

緯和綠盟研究小組想乘勝追擊告訴大眾：續建核四貴又危險，且反核不能只關注核災與安全，更要談經濟轉型。

對趙家緯而言，要做出不同電力結構的排碳量和空汙排放差異的「情境推估」並非難事，二〇一三年初，綠盟發布的第一份報告《核四真實成本與替代方案報告》，是首度大膽以「用電需求零成長」作為給定條件：若二〇二五年的用電量相較二〇一〇年並無成長，在核四不運轉、且既有核電廠都如期除役之下，只要能做好相關配套，如提升能源效率、增加再生能源，及實施能源稅等政策工具，不僅不會缺電，溫室氣體還能減量至二〇一〇年的三八%。兼顧減碳和非核家園的目標，並非辦不到。[53]

這份報告試圖證明核四並非未來能源的唯一選擇，也不是避免缺電和漲電價的唯一救星。其實官方經常用來強化核四正當性的「缺電」，是建立在未來十五年內會有近五成的用電成長量，相當於五・二座核四，以此推估，就算只蓋一座核四也遠遠不夠。

至於民眾最關心的「不用核四電價會大漲」，則被臺電內部資料不攻自破。[54]事實上核四發電量僅占六%，對電價漲幅的影響甚小，真正影響電價的是能源轉型的走向及替代能源成本，即使繼續推動核四，還需投入鉅額且被嚴重低估的費用，電價仍會漲，且必須付出可觀代價，包括高額核廢料處理與除役土地復育的成本，還必須承受未知的核災風險。[55]

53. 綠色公民行動聯盟，《核四真實成本與替代方案報告》，二〇一三年，https://docs.google.com/file/d/0B8QNT4OPVkJ3TTZkWVJxR0VIejA/edit?resourcekey=0-gO15OZ7-tU9TSg0QrosQqQ。
54. 管婺媛等，〈政府嚇死人　蓋核四　電價仍漲七成〉，《中國時報》，二〇一二年二月二十八日。
55. 綠色公民行動聯盟，《為什麼我們不需要核電？》（臺北市：高寶出版，二〇一三）。

但是電力若不成長，經濟能發展嗎？同年底綠盟發布第二份報告《從核電爭議中撥雲見日：綠色經濟報告》，企圖直接挑戰「GDP（國內生產毛額）至上」的經濟發展思維：仰賴大量耗電、依靠化石燃料和核電的「褐色經濟」，雖然讓GDP看似年年成長，但是利潤分配不正義，廣大基層勞工薪資未增加，卻反而要承受因經濟發展造成的負面外部成本，例如水與空氣汙染、生物多樣性消失等環境惡果。[56]

綠盟認為，若要跳脫這個困境，發展「綠色經濟」，才有可能兼顧發展跟永續，且必須把投資於核電的龐大支出，轉投入發展再生能源、改善能源效率和研發節能措施。若不放棄核電，再生能源會持續遭到排擠。也就是說，若不仔細思考電力需求與經濟模式的典範轉移，社會將不斷一直陷入擁核、反核的對立泥淖，不利於綠色經濟轉型。

這兩份報告，是國內環保團體首度將能源議題延伸至挑戰傳統發展主義。趙家緯坦言，在報告發布的二〇一三年，即使是反核派民眾，多半還是對核災風險、工程安全較有感，根本性挑戰經濟發展模式，不易在短時間內讓大眾接受。不過當「用電零成長」變成該年三〇九反核遊行的群眾口號，讓他倍增信心：「原來環運可以不只是高喊抽象價值，科學論點也有機會讓大眾朗朗上口。」

趙家緯始料未及的是，不到五年，臺灣的再生能源如離岸風電快速發展，政策制訂的能源轉型力道，也遠超過當初報告所預估。「從此看出，能源政策不是命定，而是選擇。」二〇一四年政府決定封存核四後，關於轉型的選擇才正要開始。

56. 綠色公民行動聯盟，《從核電爭議中撥雲見日：綠色經濟報告》，二〇一三年，https://gcaa.org.tw/3246/。

省下一座核電廠

核四暫時封存，讓反核運動獲得些許喘息空間，也有機會來談「綠色轉型」。然而並未「死透」的核四，彷彿變成擁核派的神燈，有需要的時候召喚核電之靈現身，負責扯能源轉型的後腿。

馬英九政府宣布核四封存不久後，於二〇一五年一月舉辦第四次全國能源會議。會議的主題「未來電力哪裡來？」，明顯是執政黨要為核四復辟鋪路，甚至為此更改智庫提供的數據：根據工業研究院研發的「臺灣二〇五〇能源供需情境模擬器」的原始分析，從二〇一一至二〇二五年間，若GDP成長率三・一四％，且節能技術面採行強制淘汰耗能家電、更換高效率設備等「前瞻情境」，每年用電需求成長率為一・〇七％，就算沒有核電，電力備用容量也充足。[57]

然而，到了官方大會簡報，前述數據卻置換為「二〇一三至二〇三〇年，GDP成長率二・八四％，用電需求成長率為一・四三％，而在核四封存、核一二三屆齡除役下，電力備用容量率預估從一〇・二％下降至四・一％」因而得出結論：「即使竭盡所能節電，未來仍將面臨缺電。」[58]

於是兩方又陷入各執一詞、在數字上打轉的迷障，後果則是會議耗費大量時間在「核廢料優先放擁核者住家」、「缺電時反核者優先停電」的譏諷性辯論，而無法產生建設性共識，至於改革企圖強、替代核電的意見全部變成「其他意見」。[59]

57. 黃佩君等，〈能源會議今登場 環團批為核廠延役鋪路〉，《自由時報》，二〇一五年一月二十六日，https://news.ltn.com.tw/news/life/paper/850513。

58. 湯佳玲等，〈全國能源會議 環團控官方擅改資料護航核電〉，《自由時報》，二〇一五年一月二十七日，https://news.ltn.com.tw/news/focus/paper/850937。

要立場不同的兩造理性對話，可能比舉辦一場上萬人的大遊行更為困難。

「這樣下去，會拖延轉型的腳步，民間團體是否可以提出更可行的替代方案？」一場ＮＧＯ討論會上，大家焦慮著。怎麼做呢？南韓首爾的「減少一座核電廠」經驗，成為借鏡的行動案例。

南韓的核電提供高達三成的電力，且因應減碳與電力需求，韓國政府持續規劃興建更多核反應爐。多年來民間對核電安全雖多所質疑，但因占比高，反對更為不易。福島核災後，反核的人權律師朴元淳當選首爾市長，強調公民參與節電行動，反向思考「開源」的必要性和合理性。

朴元淳在市府成立新單位「市民能源合作課」，在城市社區、公共單位甚至宗教廟宇等大型場域和住商部門，推動創新的節電計畫，例如補助家戶與公共建築裝設太陽能板、更換省電的ＬＥＤ燈泡、並高額獎勵社區節電。[60]實行僅兩年，整個首爾市的節電成效，幾乎等同省下一座核電廠的發電量。「如果沒有市民的積極參與，不可能成功。」首爾大學環境學院教授尹順真表示。

首爾模式給了臺灣環保團體靈感。在荒腔走板的全國能源會議後，趁著在野黨的地方首長紛紛表態挺綠能，加上行政院祭出總預算高達三十億元的地方住商節電計畫，包括綠盟、地球公民基金會等十多個團體趁勢成立「民間能源轉型推動聯盟」，[61]期待藉由監督縣市節電績效和預算分配，扭轉過去節電行為僅止於道德呼籲，而未在制度面落實的困境。

59. 賴品瑀，〈「其他意見」滿天飛　能源會議延宕無共識　改革看不見〉，《環境資訊中心》，二〇一五年一月二十七日，https://e-info.org.tw/node/104892。
60. 王舜薇，〈市民就是能源　首爾能源轉型〉，《經典雜誌》第二一四期，二〇一六年五月。
61. 參考能源轉型推動聯盟網站，https://citizenergy.github.io/。

其中，新北市堪稱各縣市中的節電標竿。根據能源轉型推動聯盟的縣市節能治理政策評比，新北市在全臺十九個縣市中排名第一，主要亮點就是從管理到治理的創新模式，以及民間參與的開放程度。[62]市府不僅成立專責單位綠色產業科，主動規劃能源政策，還藉由智慧節電城市推動委員會，推動參與式預算，捲動更多民眾透過工作坊、說明會，來決定公共預算支出的優先順序。[63]

上億元預算擺在眼前，公私部門要如何一同協作來合理運用人民納稅金，是很大的挑戰。深耕三重、蘆洲的蘆荻社區大學，就扮演重要的地方媒介之一。「因為能源議題，我們接觸到很多社區新面孔。」蘆荻社大主任李易昆長期投入社運，以成人教育作為實踐改革的場域。二〇一五年起他跟社大夥伴推動全蘆洲的節電參與式預算，發現一般民眾對能源討論的熱絡程度超過勞工、性別議題，可見能源跟每個人的生活息息相關。「有些社大學員說，過往僅知道臺灣的糧食自主率低，沒想到原來能源也是高達百分之九十八都靠進口。」參與者還結合社大既有的水電班，繼續成立自學社群，組團參觀各類型電廠、DIY手作發電裝置等。

苑裡反風機　凸顯再生能源發展缺乏社會溝通

節電是能源轉型的基本功，而增加再生能源，以取代燃煤和核電，則是另一個轉型主軸。二〇〇九年《再生能源發展條例》通過後，雖然制定躉售價格收購綠電，鼓勵

62. 參考能源轉型推動聯盟，《二〇一五年全臺縣市節能治理政策評比報告》，https://citizenergy.github.io/。
63. 陳喬琪，〈有環保靈魂的公務員們：新北市經濟發展局綠色產業科〉，《日常生活的能源革命》。

廠商投入，但進步有限，從二〇〇一至二〇一四年，再生能源增加比例只有一%。[64]

有經濟誘因，為何動不起來？臺大風險中心主任周桂田認為，在整體能源結構過度仰賴化石燃料、形成「路徑依賴」的狀況下，對社會造成碳鎖定（carbon lock-in）效應，若轉投資再生能源，將影響既得利益者，還須承擔轉型風險。[65]例如化石能源需建設成本高昂的油管、運煤碼頭等基礎設施，回收成本需要一定時間，且難以因為轉換能源型態而拆除，或另作他用，阻礙了轉投資再生能源的意願。

然而，對環保運動者而言，阻礙再生能源的最大因素，恐怕還是有缺陷的社會溝通。二〇一三年，設籍人口僅七千餘人的苗栗苑裡鎮，共有四千多位居民連署，反對德商英華威公司在該鎮海岸線建置陸域風力發電機，原因是風機預定位置距離民宅過近，最近處僅六十公尺，居民擔心會帶來噪音、葉片眩影等傷害。[66]

當地自救會成員與聲援的大學生為了阻止廠商施工，曾用肉身沾滿豬糞——另一種能源——綁上鍊條，阻擋工程機具進入，引發激烈肢體衝突，英華威公司還因此對居民求償兩千萬元。整件爭議最終在英華威讓步拆除十多座預定風機中的兩座後，暫時落幕。[67]

「苑裡居民並不反對綠能、也不反對興建風車，但風車機座距離民宅實

64. 周桂田，〈臺灣能源轉型的結構困境〉，臺大風險中心，二〇一六年八月九日，https://rsprc.ntu.edu.tw/zh-tw/m01-3/en-trans/403-the-problem-of-taiwan-energy-transform-2.html。
65. 黃曉君，〈斷開碳鎖定的鎖鏈！面對國際競爭，減碳才有活路〉，《研之有物》，二〇一九年十二月二十五日，https://research.sinica.edu.tw/kuei-tien-chou-carbon-lock-in/。
66 風機的低頻噪音對人體可能造成身心不適，而形成「風車症候群」，症狀例如失眠、耳鳴、暈眩、憂鬱等。
67. 黃靖文，〈風車、瘋車　苑裡為何而反？〉，《環境資訊電子報》，二〇一三年七月八日，https://e-info.org.tw/node/87147。

在太近了。」自救會幹部陳薈茗強調。[68]爭議的前因，是國民黨政府從二〇一一年起推動的「千架海陸風機計畫」，吸引廠商在風場條件優良的西部沿海投資設置，然而只有資本進場，卻沒有充分納入利害相關人的溝通和參與。

更關鍵的是，作為主管機關的經濟部能源局在苑裡爭議前後，均未針對風機距離訂立明確規範，僅以距離住宅兩百五十公尺作為需提交環評的條件，導致陸域風機爭議至今仍在西部沿海其他鄉村地區繼續上演。[69]

號稱對環境友善的再生能源落地興設，卻與核電廠一樣遭到反對，非是環保團體所樂見的。研究氣候政治的臺大政治系教授林子倫指出，這牽涉到「社會接受度」等「非技術」課題。[70]再生能源與民主並不自動畫上等號，苑裡爭議反映了臺灣地狹人稠的宿命，在政府缺乏全盤發展規畫之下，任憑資本進占鄉村空間，反而讓綠能變調為鄰避設施。

國際減碳焦慮與轉型陣痛

苑裡爭議並非特例。當國際行動者呼籲：「氣候緊急時代來臨！」另一方面「以環保為名」而將生態系統商品化、挪用邊陲土地開發綠能，或將原住民領域納為保育區的「綠色掠奪」(green grabs)，[71]正隨著人們對氣候變遷的焦慮，不斷在世界各地上演。

68. 黃靖文，〈風車、瘋車 苑裡為何而反？〉。
69. 陳佳利，〈大風機進庄頭　居民與風機的安全距離〉，《我們的島》，二〇二一年八月二日，https://ourisland.pts.org.tw/content/8086。
70. 林子倫，〈苗栗苑裡反風車爭議〉，收錄於周桂田主編，《臺灣風險十堂課：食安、科技與環境》（臺北市：巨流圖書，二〇一五）。
71. James Fairhead, Melissa Leach & Ian Scoones, "Green Grabbing: a new appropriation of nature?," *The Journal of Peas-ant Studies*, 39:2(2012), p.237-261.

二〇一五年底，聯合國一百九十五個成員國在《氣候變遷綱要公約》(*The United Nations Framework Convention on Climate Change*) 締約國大會簽署《巴黎協定》(*The Paris Climate Accords*)，決議將地球升溫幅度在二十一世紀結束前控制在攝氏兩度以內，各國要承諾國家自定貢獻的減碳目標，否則地球將面臨難以想像的氣候災難風險。上萬抗議者在大會會場外高喊「要系統變遷！不要氣候變遷！」(System Change, Not Climate Change) 相較上世紀末的京都峰會，參與巴黎峰會的人們更能感受末日的緊迫。

不認同氣候災難的人叫作「氣候懷疑論者」，其中又有不少是掌握權力的人，隔年當選美國總統的川普(Donald Trump)就是其一。他認為氣候變遷是一場謊言，減碳承諾有礙經濟發展，上任後立刻宣布退出《巴黎協定》，拒絕履行美國的減排責任。

此時的臺灣社會，也在等待新任掌權者擔負起諾言。二〇一六年初，民進黨蔡英文在異常寒冷的冬天，當選為臺灣有史以來第一位女性總統，也讓民進黨二度執政。政黨輪替除了顯示臺灣社會對「中國因素」日漸高漲的憂慮，承諾履行「非核家園」是讓蔡英文當選的主因之一。

跟十六年前相比，社運與民進黨的關係、國會生態都已大不相同。太陽花運動後新興小黨如時代力量，跨越選舉門檻；環保運動人士也進入國會成為立委，如曾任主婦聯盟理事長的陳曼麗擔任民進黨不分區立法委員，[72]有不小的影響力，而民進黨則是絕對多數的國會第一大黨，挾帶高人氣與各方監督壓力，讓蔡英文政府上任後就開

72. 前後陸續有環保運動人士擔任立委，如臺灣環境保護聯盟的王塗發教授，成為民進黨的第六屆不分區立法委員；臺南市環境保護聯盟的理事長陳椒華，成為時代力量第十屆不分區立委；綠色公民行動聯盟副祕書長洪申翰，成為民進黨第十屆不分區立委。

始推進能源轉型政策。

這次民進黨謹慎行事，不直接喊廢止核四，而從制度法規著手。二〇一七年，《電業法》完成五十年來最大修正案，除了綠電優先併網、開放電力交易市場之外，還增加第九十五條第一項：「所有核能發電設備應於二〇二五年以前全部停止運轉」，被稱為「非核家園條款」。[73] 二〇二五年是核一到核三廠運轉許可滿四十年完全除役的既定時限，在核四不續建的前提下，等於順勢宣告臺灣將如期進入非核家園。

繼《電業法》之後修訂的能源政策綱領，也大幅上修太陽能與離岸風電發展目標，提升天然氣占比以取代燃煤。在能源局的規畫中，到二〇二五年的理想能源配比為：天然氣提升至五〇%、燃煤降低為三〇%、再生能源二〇%，已退場的核電自然沒有占比。此外，在民間組織的要求下廣納各領域代表，啟動「能源轉型白皮書」的擬定工作。

然而轉型並非易事，干擾的力量暗潮洶湧。國際減碳趨勢之外，國內中南部的嚴重空汙是最主要隱憂。二〇一五年以來，臺灣年年有反空汙遊行，PM2.5、霧霾等詞彙進入大眾日常對話，「用肺發電」更成為抗議燃煤電廠汙染空氣的口號。發電量最大的臺中電廠、高雄興達電廠成為眾矢之的，數度在冬季空氣品質預報不佳時降載以減緩汙染。

對「電力不夠」的焦慮也不斷來攪局。蔡英文上任第一年的初夏，就因為高溫提前報到，備轉容量低至警戒線；[74] 二〇一七年八月十五日晚間發生無預警全臺大停

73. 趙家緯、賴偉傑，〈「反核就是反獨裁」到「能源轉型」——從反核運動剖析臺灣公民社會發展〉，臺灣歷史學會與吳三連臺灣史料基金會舉辦，二〇一七走在歷史的關鍵時刻研討會。

74. 尹俞歡，〈廢核與穩定供電　兩個願望能否一次滿足？〉，《風傳媒》，二〇一六年十二月二十八日，https://www.storm.mg/article/204638?page=1。

電，雖肇因自人為操作疏失，但幾個小時的不便利，就讓民怨四起。而隨著再生能源逐年大量併網，太陽能與風力發電的間歇性，這些變動讓用電型態出現夜尖峰，對穩定供電與電力調度管理都帶來新挑戰，如果又加上氣候異常導致的乾旱，讓水力電廠無法如期供電，就會發生短期供電吃緊，如二〇二一年五月就因此緊急輪流停電。其實，每一次停電都涉及複雜的系統問題，不易在三言兩語內說明清楚，然而一旦造成人們日常生活的中斷，往往被擁核派再三拿來當作「停用核電導致缺電」的輿論操作，加劇社會對能源轉型的不信任。

衝突的另個高潮點在二〇一八年。東北角瑞芳海岸的深澳電廠更新改建案，欲增設使用「超超臨界」技術的燃煤新機組，[75]「反環保」的逆風決策引發連串爭議。反對者認為，新增機組對平衡供電貢獻不大，卻會帶來北部空汙風險。面對輿論抨擊，年底行政院長賴清德又宣布撤案停建，並改以興建桃園大潭第三天然氣接收站為替代方案，卻又埋下日後天然氣與藻礁保育的爭議。

其實能源轉型是一套環環相扣的系統變革，當能源供給組合改變、再生能源占比增加，電網是否能靈活調度配合其間歇特性？智慧電表的覆蓋率是否持續提升？氣候異常增加穩定供電的風險該怎麼辦？儲能技術如何創新與降低成本？使用者行為如何調整？需量反應和電力交易如何應用？而臺灣長期以來採取的低電價政策，也是造成節能效果始終不彰的主因，過去臺灣工業電價長期以來低於主要生產大國，[76]在全球各國紛紛調漲電價的趨勢下，臺灣始終「凍漲」，每當討論電價調漲

75 「超超臨界」指的是燃煤電廠鍋爐內蒸汽的參數，也就是主蒸汽溫度、再熱蒸氣溫度在566℃以上及主蒸汽壓力在24.1MPa以上，就稱為超超臨界。由於壓力愈大、溫度愈高，燃煤的效率也愈高，被認為能降低汙染。

76.〈國際能源總署調查臺灣工業電價全球第六低〉，《中央社》，二〇二二年六月二十七日，https://www.cna.com.tw/news/afe/202206270284.aspx。

時，部分企業大戶抨擊調漲將對生產成本造成衝擊，導致企業出走，也會造成民怨，成為各政黨都不敢觸碰的敏感議題，更使得電價無法作為反映環境外部成本及調節社會能源需求的政策工具。除此之外，國際減碳規範也扮演牽制力量。臺灣產業在國際供應鏈多屬代工位置，必須配合上游品牌的減碳規範，進行產業轉型。積體電路龍頭臺積電在二〇二〇年加入國際「RE100」，[77]宣示在二〇五〇年之前將百分之百使用綠電，且憑藉資本實力跟離岸風電外商簽訂綠電保證購買契約。當綠色轉型成為數據競賽和交易商品，大型資本仍在市場取得絕對優勢。

公投的理想與落差

能源轉型有進展，但不算順遂，那還在封存中的核四呢？二〇一八年起，臺電把在核四廠內靜靜貯放了近二十年的一七七四束核燃料棒，開始分批運至美國待售，至二〇二一年初全部運送完畢，幾乎宣告核四不可能運轉了，但還是有人念念不忘，要為已經封存近七年的核四廠再度尋求復活之機。

二〇一四年起從社群媒體崛起的擁核團體「核能流言終結者」（簡稱「核終」）在核四封存後，主張「以核養綠」，字面上看起來是以核電作為從化石能源轉型至再生能源的橋接選項。但在核終的定義裡，核能就是綠能，是「對環境衝擊最小的安全清潔能源」，他們的訴求是將舊核電廠全部延役、重啟核四作為能源選項，壓低再生

77. RE100是由氣候組織（The Climate Group）與碳揭露計畫（Carbon Disclosure Project, CDP）所主導的全球再生能源倡議，加入企業必須公開承諾在二〇二〇至二〇五〇年間達成百分之百使用綠電的時程，並逐年提報使用進度，https://www.re100.org.tw/。

能源的成長，而其他能源比例則與現況沒有太大不同，這從核終所提議的未來能源配比可以看出——一〇％再生能源、二〇％核電、三〇％天然氣、四〇％燃煤。[78]

核四在民進黨執政下繼續封存，清華大學原子科學院特聘教授李敏及核終發起人黃士修決定訴諸公投解決。這個被擁核、反核雙方都使用過的訴諸民意方式，即使遊戲規則又歷經幾次修改，但本質上還是以多數決來決定公共議題，就算議題本身不一定適合用全國多數決來決定。

二〇一八年十一月的九合一地方選舉，是《公投法》歷經幾次修法降低連署、成案與通過門檻後的第一次大選，[79]也是史上公投案成案最多的一次。黃士修領銜提出第十六號公投案主文：「你是否同意，廢除電業法第九十五條第一項，即廢除『核能發電設備應於中華民國一百一十四年以前，全部停止運轉』之條文？」

提案連署到成案的時間點，正值蔡英文政府首屆任期的中場，剛經歷了八一五大停電、空汙危機與深澳電廠擴建案爭議，整個社會對能源轉型抱持質疑和批評，擁核派趁機藉由公投連署，聯合國民黨，鼓動反對民進黨施政者支持這項公投案。有些反核的民眾，看到公投主文有「廢除」兩字，就以為等於廢核，而投下同意票。

翻開選舉公報，除了第十六號公投案，還有其他包括反對同性婚姻、反對同志性平教育、反對核食進口、奧運正名等多達十項公投案上場爭奪關注，關於能源的就有三案。

最後投票結果，第十六案公投以五百八十九萬餘票通過，根據《公投法》規

78 二〇一七年臺灣能源配比為再生能源五％、核電八％、天然氣三五％、燃煤四七％。

79. 二〇一七年十二月十二日，立法院三讀修正通過《公投法》部分條文，大幅下修公投提案、成案及通過門檻，有效同意票達選舉人總數四分之一以上即為通過；廢除公投審議委員會，公投年齡由二十歲降為十八歲，並可不在籍投票。參考〈公投法三讀 打破鳥籠公投大幅下修門檻〉，《中央社》，二〇一七年十二月十二日。

定，非核家園條款「直接失效」，隔年五月由立法院刪除。在法律上的意義是「取消核電退場的期限」，但這並不等於老舊核電可以直接延役，仍需對核安技術、地質安全進行審查。已過了延役申請期限的核一至核三，並不受條文刪除的影響，仍朝除役方向進行，公投效力也不及於尚未興建完成的核四。

臺大風險中心在公投後一週公布的「能源轉型公眾感知調查」結果顯示，雖有超過八成以上民眾自認關心能源政策，卻僅有三二％正確瞭解燃煤火力為臺灣目前主要發電方式，有四十四％誤認為是核能。[80]也就是說，雖然多數民眾自認關心能源，對能源資訊的理解與現實落差卻頗大，在錯誤的認知下投票，顯然有違公投應該在充分的溝通審議後，實踐直接民主的理想。

資訊混戰還沒收拾好，擁核派又趁勝追擊，試圖複製二〇一八年的經驗，黃士修於二〇一九年再度提出「核四重啟」公投，主文：「您是否同意核四啟封商轉發電？」

在此之前，立法院針對前一次公投亂象，修改《公投法》部分條文，明定往後公投日固定為八月第四個星期六，並自二〇二一年起每兩年舉辦一次，錯開選舉年。因此，黃士修原本預計在二〇二〇年總統大選合併舉辦公投，但未能如願，最後民進黨以八百萬高票再度獲得執政權，蔡英文成功連任，擊敗國民黨候選人韓國瑜。[81]這一年的十二月三十一日，核四廠建照到期失效，依法不得繼續興建，如果要重啟，須重新申請建照、進行環評、地質審查等程序，到能夠真正發電之前，預

80. 臺大風險中心新聞稿，〈臺灣風險社會論壇：公投試煉後，如何重建臺灣能源轉型的社會信任？〉，二〇一八年十二月五日，https://rsprc.ntu.edu.tw/images/phocadownload/107/1205/20181205press-2.pdf。

81. 韓國瑜一九九四年任立委時曾被反核團體提起罷免案，當時因高門檻而罷免未成，二〇二〇年六月再度於高雄市長任內遭提案罷免，並被罷免成功，成為臺灣地方政治史上首位被罷免的縣市長。

計還需要十五年。

新冠肺炎疫情影響下，延後四個月的公投在二〇二一年十二月十八日舉行，四百二十六萬多張反對票，否決了核四重啟。依據《公投法》，遭否決的提案，不得在兩年內再提出類似議案，再度降低了核四重生的機率。

短短三年內，兩次核電公投，似乎又讓結果回到原點，「二〇一八年的公投對反核派而言，沒有全輸；二〇二一年的公投，也沒有全贏。」綠色公民行動聯盟祕書長崔愫欣說。第一次公投，選民拒絕核食、卻要核電，邏輯並不統一；三年後的投票，仍然是政治板塊象徵性的投票——民意調查其實顯示民進黨皆落下風，但反對政府政策的人，並不積極投票，反而是民進黨支持者認真動員。兩次公投並非針對政策和替代方案充分討論的結果，仍然是政治動員，而不盡然是對於議題有充分瞭解的表達。

「歷史容易被遺忘，二〇一一年核災過後雖引發民眾的反核意識上升，但過了七年，影響轉弱，」崔愫欣感慨。公投如果沒有建立起好的審議機制，社會議題並無法在公投過程中有好好公開討論思辨的機會。

亞熱帶島嶼能否繼續見到冬天？

不論出自理性思考或片面判斷，每一個選擇都累積成我們正在經歷的當下。從「反核」到「轉型」，並非平直的線性歷程，而更像是一團糾纏了用電、減碳、汙染、經濟發展的複雜結構，既全球，又在地。

二〇二一年八月，中研院環境變遷研究中心根據IPCC最新推估，發布臺灣氣候變遷評析報告，指出未來如果在沒有減緩碳排放的「最劣情境下」持續升溫，臺灣到了二〇六〇年，可能不會有冬天。[82]報告口吻平靜，數據圖表令人心驚。

而當現代生活將對電力的依賴視為理所當然，與環境之間的矛盾就會層出不窮，於是在面對氣候焦慮的同時，眼前還有綠能建設的選址衝突、停滯的產業轉型、以及政治人物都不敢處理的過低電價。二〇二二年三月底，國家發展委員會發布淨零路徑圖，宣示二〇五〇年要達到排放量與清除量相抵消的「淨零碳排」，再生能源占比必須達到六成。二〇二三年一月立法院終於修法通過《氣候變遷因應法》，[83]中小企業則面臨歐盟碳關稅挑戰產業規範。當「地球工程」[84]已成為資本另一個風險未知的出口，[85]在地的、社區的、微小的社會工程還在緩慢匍匐前進……。

82. 臺灣氣候變遷推估資訊與調適知識平臺，〈IPCC氣候變遷第六次評估報告之科學重點摘錄與臺灣氣候變遷評析更新報告〉，二〇二一年八月十日，https://tccip.ncdr.nat.gov.tw/km_abstract_one.aspx?kid=20210810134743#Pic8。

83 二〇二三年一月十日，立法院三讀通過《溫室氣體減量與管理法》修正草案，正式更名為《氣候變遷因應法》，是臺灣首部納入因應氣候變遷政策的法律，明定二〇五〇年淨零排放，並啟動碳費徵收配套措施等。

84. 地球工程（geo-engineering）指「直接處理」氣候變遷效應的計畫，通常是從大氣中移除二氧化碳，或是限制到達地球表面陽光量的工程。目前大規模的地球工程仍處概念階段。

85. 娜歐蜜・克萊恩（Naomi Klein）著，洪世民譯，《刻不容緩》（臺北市：時報出版，二〇二〇）。

6-5 核電除役的嚴峻挑戰

北海岸率先無核

二〇二三年三月十四日，核二廠二號機依法除役，「北海岸反核行動聯盟」執行長郭慶霖受訪時對媒體說，核二廠長期以來讓居民不能安心，停機是大家長久以來的期盼，除役後居民心中的大石終於能放下，「真的等很久了」。

受到日本福島核災的震撼與影響，開始投入家鄉反核運動的郭慶霖，這十多年來不但要追隨前輩腳步保衛鄉土、抗爭核安的行動，更憂心除役之後的風險與威脅。郭慶霖是土生土長的金山人，國中畢業後前往臺北讀書、就業十多年，返鄉後創辦魚路美術人文藝術工作室、金山文史工作室，有感於地方文史資料保存不易，著手蒐集金山老照片及文史資料，訪談在地居民因核電廠徵收土地而被迫搬遷的家族史。他認為家鄉有很多美好的生態、人文、聚落，因核電廠而損失、破壞甚至消滅，在核一、核二廠包夾下，臺灣北海岸可說是「核害重災區」，更深刻地感受到核電廠難以抹滅的影響。

郭慶霖接任北海岸反核行動聯盟執行長以來，歷經多次核安事件，從這些異常事故的紀錄可看出老舊的核一、核二廠已進入高風險的老化期，如福島核電廠正是已經運轉三十多年的老電廠，「反對老舊核電延役」成為近年反核運動的重要訴求，郭慶霖陪著反核老前輩一起組織北海岸居民到臺北街頭，拉起布條走在反核大遊行的最前線。由於核一、核二廠運轉多年，居民已經習慣與核為鄰，但對核災的擔憂讓當地人再度思考能做些什麼。

在金山高中任職圖書館主任的江櫻梅說，可能對從小生長在這裡的人來說，已見慣了核電廠，但她回想起福島核災那天，仍心有餘悸，在電視上看到核電廠爆炸，心想如果發生在北海岸到底該怎麼辦？所以她一直關注日本的消息，也反思臺灣發展核電三十多年，但是大家卻沒有防範核災的知識。江櫻梅開始在圖書館辦核電主題書展，到綠盟報名講師培訓課程，也結合社區資源在地方上放片、討論和講課，並拜訪曾經活躍於家鄉的反核前輩。

核四經常是全國反核運動主要聚焦之地，反觀涵蓋三芝、石門、金山、萬里，擁有核一、核二的北海岸地區，即使在一九八八年左右就成立臺灣環保聯盟的北海岸分會，開始在地舉辦反核遊行，早期更因為發現祕雕魚而受到關注，但運動後期的北海岸分會因為內部人事紛擾，飽受「誰暗地裡其實有拿了臺電的錢」之類的流言，而互相猜疑，地方頭人間互相攻訐與流言蜚語，使得組織運作大不如前，僅剩下幾位成員如蔡森、許爐等人苦撐，在金山持續發出微弱但堅定的聲音。二〇一三年三月三日，北海岸分會在金山發動三〇三遊行，約有五百多位民眾參加，是當地沉寂十年後再次有反核行動，人群穿越金山市區後，走到核一、核二廠遞交陳情書，遊行的訴求是核一、核二、核三廠立即停機、核四停建、核廢料撤出北海岸，此外要求臺電應制定符合實際狀況的緊急疏散計畫，並且發放緊急救難包及自救手冊。

從小在金山長大的青年導演蔡宇軒，以北海岸反核行動聯盟召集人許富雄、環保聯盟北海岸分會前會長許爐等人為主角，將北海岸的反核抗爭拍成紀錄片《北海老英雄》。藉著拍攝紀錄片，蔡宇軒開始理解這些老前輩為何投入反核運動，也重新認識自己的故鄉。二〇一五年完成以核災演習為主題的紀錄片《演習》，不但拍攝金山學生、居民參與核災演練的狀況，更前往日本福島核災區採訪當地居民及專業人士，希望透過日本災後的切身之痛，檢視臺灣社會如何面對核災演習，及是否有所準備。蔡宇軒受訪時開玩笑說，「不敢拍得太真，演得太真人民會怕，核電廠就要關閉了。」他說，臺灣的演習規畫大多是紙上談兵，政府根本不認為會發生核災。日本福島縣雙葉町前町長井戶川克隆在片中無奈指出，「核災發生的前一年也演練過，災難來臨時什麼也派不上用場。」

核一廠燃料束早已有多次構件斷裂或受損的問題，二〇一四年十二月核一廠大修期間，其中一束舊燃料從爐心吊起、欲移到用過燃料池時，竟發生燃料束把手鬆脫意外，吊掛作業無法自爐心取出燃料束，是過去從未發生的狀況，甚至必須花費千萬急邀美、法專家專機來臺解決。核二廠過往事故更是嚴重，二〇一二年三月一號機爆出錨定螺栓斷裂七支，二號機也曾有錨定螺栓斷裂及爐心側板裂開等問題；二〇一六年五月二號機發電箱避雷器爆炸，停機六百多天後，重啟旋即再次跳機；二〇二一年七月又因不慎碰撞而跳機……。這些紀錄不但讓居民不能安心，也是當地反對核電繼續運轉的主因。北海岸反核行動聯盟召集人許富雄認為「核電廠與人同款（一樣），壽命一到，毛病會一直跑出來」，而兩座核電廠運轉都已超過三十年，因此主張核一、核二廠立即停機，甚至若再發生工安意外，除役時間就應再提前。

核電廠設計的運轉年限原本就在二十至四十年之間，各國情況不盡相同，核電業為增加電廠經濟價值，主張再延長使用十五至二十年，但在二〇一一年福島核災發生後，核電安全性受到極大質疑，各國政府紛紛嚴加進行電廠安全審查甚至駁回延役申請，即便是推動核能政策的國民黨政府，也不得不改變原本要延長運轉年限的立場。

如今隨核二廠屆齡除役，金山、萬里終於要迎來零核的新時代，經歷數十載抗爭的北海岸率先達成停止核電的目標，但是核能的影響沒有結束。臺灣社會為了是否使用核電爭議多年，但對於核電該如何關廠除役，卻沒有太多關注與理解。這個建於戒嚴時期，長期制約當地各個面向發展的龐然大物，除了實體的除役，郭慶霖直指，更應該「社會除役」。

臺灣首次核電除役

二〇一六年五月，核一廠除役計畫依法進入二階環評審查，對於環保團體來說，這是首次核電廠除役環評，各方都在摸索學習，不能輕忽懈怠，才能為後續核二及核三除役計畫提供完善的範例。環境法律人協會、北海岸反核行動聯盟、蠻野心足生態協會、綠色公民行動聯盟、地球公民基金會等團體組成研究小組，在環評過程提出民間建議與訴求，認為環評應納入下列事項作為評估參考：

- 除役計畫不應包含其他電力事業用途之開發計畫，除因應除役需要的設施，不應有其他開發。如有，應切割出本計畫。
- 除役後土地應回復到開發前狀態，如要開發再利用之規畫，應與當地居民進行諮詢，並尊重當地居民之意見。
- 實質除役應該包含二十五年後的拆除物的高低階放射性廢棄物移出計畫。
- 高低階核廢料之貯存及運送應有嚴格管制。
- 除役作業的監測應讓在地居民及環團參與。
- 公民必須能實質參與，有效監督管制體系及核廢料之管理。
- 臺電應負起企業社會責任，對當地居民、社會經濟及自然生態在四十年來因核電廠所遭受之損害，提出回復及補償計畫。

環團認為臺電必須從地方居民的角度，思考核電除役可能帶來的影響，並且要將在地居民的意見納入考慮，盡可能減少民眾對核電廠除役的疑慮。核一廠安全有效的除役，是北海岸居民多年的衷心期盼。與以往阻擋開發案的情況不同，環團期待除役計畫的環評能過關，但也不容許急就章、虛應形式的審查。二〇一七年六月，原能會通過臺電提出的「核一廠除役計畫」，在歷時三年審查後，環評大會於二〇一九年五月十五日決議通過核一除役環評。

核一廠運轉屆滿四十年正式除役，一號機於二〇一八年十二月五日停機，二號機於二〇一九年七月十五日停機。二〇二二年八月十日，核二廠的除役環評也審查通過，臺灣第二座核電廠也正式邁向除役之路。依據原能會「核能電廠除役管理方針」，核能電廠之除役應採拆廠方式，使廠址土地資源能再度開發利用，並且最遲應於永久停止運轉後二十五年內完成。換句話說，除役一座核電廠最保守估計必須耗時二十五年，如果不順利的話可能還要延長，二〇一八年十二月五日是臺灣首次核電除役，臺灣過去完全沒有除役的經驗，因此，整體社會面臨著一個全新且未知的巨大挑戰。

核電廠除役工程的漫長、複雜性與困難，並不下於核電廠的興建和運轉。核電除役牽涉多項專業技術，如輻射除汙與拆除工程、輻射防護等，除役過程需要大量的人力與預算，此外，工作區域也因輻射殘留，將讓第一線工作人員面對高健康風險。核電廠設備解體工作，很有可能在過程將輻射排放到周遭環境，讓核電廠附近居民及第一線除役工作人員直接曝露在輻射中。影響除役是否可以順利進行的因素，包括：是否已有確定的高低階核廢料最終處理場址、是否已有有經驗及訓練有素的除役工作人員、嚴謹的環境監測確保輻射不在除役過程擴散、輻射廢棄物管控不會外流、除役經費是否足夠等。由於臺灣沒有相關專業經驗，除役必須聘請國外廠商擔任技術顧問，全球的第一波核電廠壽命也大多進入除役期，除役電廠數量在二〇二〇到二〇三〇年達到高峰，國際除役技術仍在發展階段，未能稱為完全成熟，未來可能會有更多安全與技術問題和環境爭議產生。

核一廠進入除役狀況連連

郭慶霖無奈地說，除役後的核電廠仍然令人不安。二〇二〇年發生因除役工程圍標引起黑道砍殺包商事件，同年十二月，核一廠在調查除役相關土壤參數時，不慎毀損核電機組冷卻水管，要不是消息被揭露，臺電和承包的中興工程顧問公司，仍然不打算主動公布。

核一廠除役工程經費預估至少要一千五百億元，臺電先行編列三百億預算，作為整地、興建臨時儲存倉庫等工程之用，成為黑道眼中的肥肉。郭慶霖說，地方傳聞為了除役工程，各方人馬時常相聚餐敘「喬生意」，酒杯乾到都快破了，龐大的「核能發電後端營運基金」引起各方垂涎覬覦。他投書媒體並邀請環團一起召開記者會，指出臺電在除役專業和組織管理的缺失，質疑到底臺電對於除役工程的掌握度，是否足以勝任長達二十五年的除役工作？郭慶霖在地方上陸陸續續收到來自臺電內部人員的陳訴，提出除役工作面臨幾大問題，包括黑道綁標、思維老舊、人才缺乏、高層消極等，核一廠員工的平均年齡超過五十歲，以臺電國營事業的風氣，恐有一部分人是抱持著等退休的心態，不願意學習新技術。除役期間最重要的內部工作環境，主事者消極應對、資深員工不願配合，甚至抵抗年輕主管的指令，整個電廠瀰漫著核工業沒有未來的言論，讓電廠內有心做事的底層主管與基層執行者受到壓迫。看不到未來，如何有動機和能力來進行除役工作？整體的工作進度也恐將因此而延後，若不深思電廠經驗傳承與除役人才培育，將來人民的安全將受到嚴重影響。

過去臺電和原能會培養的核工人才都是以發電為目標，如今面對除役工作，必須要有足夠的專業技術人力來支持。除了培訓專業技術人才，臺電內部組織架構也必須進行系統性的調整。臺灣的核電政策討論只著重經濟利益，即使二〇二三年核二廠也開始進入除役階段，朝野政黨的口水戰仍只停留在除役後缺不缺電、是否要考慮重啟核一、核二？除役的種種問題卻沒有被重視。

未來難題

核電除役還有十分漫長的路要走，但郭慶霖認為，「對於留下這樣的環境給子孫，覺得很愧對祖先」，他思考的是二十五年之後呢？最理想的狀況當然是電廠拆除後核廢料得到處置，土地得以復原，環境可以修復，生態得以復育，地方可以重生。他認為實質的除役，應該是還給北海岸居民一個乾淨的土地，包含二十五年後所有拆除的放射性廢棄物的移出計畫，但實際狀況並不樂觀。江櫻梅則預見必須為此繼續努力，在漫長的核電廠除役和核廢料處置過程中，金山人得繼續面對核輻射的威脅，「這真是與核為鄰的無奈。」

在高階核廢料最終處置場未出爐前，電廠內將興建高階核廢料的乾式貯存場作為過渡時期的存放方式，臺電原本計劃核一廠的乾式貯存場是採戶外露天存放方式，但因緊鄰山坡地及乾華溪，且未考量臺灣溼度高又有颱風、同時海邊空氣鹽度高的氣候環境因素，安全性受到環團與居民的質疑並引發抗議。二〇一三年，新北市長朱立倫與新北市議會接受民間反核團體建議，主動採取反對立場，並以不符水土保持為由，不核發水土保持設施完工證明，讓乾式貯存場無法啟用，雖然國民黨主張使用核能，但福島核災後，擁有三個核電廠的新北市必須回應民意，朱立倫以及接替者侯友宜公開表示「沒有核安，沒有核電」，儘管態度曖昧，不主張反核，但主張以地方政府權責監督核安，與當時大力推動核四的馬英九政府做出政治區隔，以行政程序卡住乾式貯存場，並且成立「新北市核安監督委員會」，邀請學者專家、民間團體擔任委員，嚴格監督新北市內各核能電廠安全問題。

民進黨政府取得中央執政權後，二〇一六年九月，行政院長林全來到金山聽取居民心聲，並要求臺電改變戶外貯放計畫，在廠區內設置室內乾式貯存場。在反核運動抗爭多年後，好不容易獲得政府首肯改設室內乾貯。臺電公司於二〇一六年開始規劃核一廠第二期室內乾貯設施，但宣稱即使順利興建，亦需至二〇二八年才能完工啟用，被民間團體認為刻意拖延。臺電認為室內乾貯進度來不及，因此始終不願放棄已於二〇一三年興建完成的第一期乾式貯存場，水保計畫變更歷經新北市政府五年十三次審查，始終未獲通過，臺電於二〇二〇年提起行政訴訟，至二〇二三年三月十六日臺北高等行政法院判決臺電勝訴。但是否真的就能順利啟用，還要看新北市府未來的政治態度。

二〇二三年八月，新北市長侯友宜被推舉為國民黨總統候選人後，第一次召開能源政策記者會，再度回歸國民黨傳統政策方向，過去曾說「一定要讓核一、核二廠準時除役，不要等事故發生後才做緊急避難，要先事先防範」，如今卻主張進入除役關廠的核一、核二要重啟，核三要繼續用，連已經被公投否決、沒有完工的核四也要評估重啟，看到侯友宜多年所說的「核安」優先，如今卻為了選舉改變，引發各界譁然。新北市自成立「新北市核安監督委員會」以來已運作十年，一直都以核電到期關廠除役為監督原則，委員會內的民間團體代表媽媽氣候行動聯盟理事長徐光蓉、綠盟祕書長崔愫欣辭去委員職務，抗議侯友宜的立場轉變。

核一廠的乾式貯存場多年來無法啟用，核二廠乾式貯存場又因規劃缺陷、地方溝通不良而持續卡關，連興建都尚未開始。核一、核二廠內的燃料池都已經爆滿，導致核一廠的反應爐停機後仍有八百一十六束用過核燃料棒無法移出，核二廠一號機也因此在二〇二一年七月一日不得不提前停機。如今二號機雖然是依照執照日期停機，但事實上也面臨燃料池空間不足的問題，無法繼續運轉。核二廠用過燃料池歷經三次改建擴充，用過燃料棒愈塞愈密，遠超過原始設計貯量，最後因空間不足，反應爐無法退出燃料束，亦無乾式貯存設施可以接替使用。臺電長期漠視核廢料妥善處置的重要性，而高階核廢料的處置延宕，是造成核二廠不可能繼續使用的主因，「無法處理核廢料，就無法繼續使用核電」，核二廠的現況無疑是這句話的真實寫照。核一及核二廠沒有空間放燃料棒，在現實上已無法延役，在無法解決核廢料的處置問題前，談核電廠的延役、重啟都顯得荒腔走板。

未來核電除役，受輻射汙染的設備拆除和解體後，所生產出的大量低階核廢料，只能暫時存放在廠區內無處可去，高階核廢料當然更難找到去處，也只能存放在廠區內的乾式貯存場，但乾式貯存場在四十年執照到期之後，若還是找不到地方移出，可能會一直留在原地；即使二十五年除役結束，只要核廢料一天不移出去，廠區就要維持人力長期管制與監測，除役流程就無法稱為執行完畢，土地也無法恢復原狀。雖然核電廠除役的管制規定並未要求核廢料必須完全遷離，國際上大部分國家的核電廠除役後，廠區部分範圍仍會保留必要的處理及貯存設施，等待最終處置場完成後再移出，但北海岸居民擔心的是，核廢料最終處置場址在過去核電運轉的四十年期間都無法找到合適地點，又如何能期待接下來的四十年能夠找到？會不會便宜行事就留在當地？如果永遠移不出去，核電廠不就直接變成核廢料場？

二〇二一年十月，核三廠開始進入除役的環評審查，二〇二三年四月，原能會審查通過「核三廠除役計畫」，不同於核一、核二廠，核三除役已承諾採用室內乾貯以降低輻射風險，同時核三廠因當年設計較新，燃料池容量足夠，也未出現如核一、核二廠燃料池爆滿狀況，照理核三除役應該會比前兩個廠順利。但也代表核三廠有延長運轉年限的空間，許多擁核者甚至臺電部分人士，想藉此鼓吹核三延役。但有貯存空間並不代表適合繼續運轉，核三廠鄰近的恆春斷層長達五十五公里，因過去曾有活動證據，已被中央地調所認定是活動斷層。根據最新地質資料，恆春斷層直接從核三廠大門下穿過，距離核島區僅一公里，但核三廠的設計並未考量恆春斷層因素，安全風險堪憂。

臺大地質系陳文山教授指出，三座老舊核電都緊鄰活動斷層，核一、核二分別距離北臺灣最大的活動斷層——山腳斷層只有七公里跟五公里，而恆春斷層更是直接經過核三廠內。這些地質事證都是在一九七〇年代三座電廠興建時所未知的，一直到二〇二〇年後才陸續發現。因此，當年建廠時的安全設計也未考慮，未來若有地震發生在核電廠半徑四十公里內時，核電廠內的地表加速度必定會大於當時設計的耐震係數。而臺電近年所宣稱做的耐震強化，僅針對臺電自己定義的「停機路徑」，是小規模的局部補強，並無法根本性地解決新發現的地質風險。

核三廠一號機預計於二〇二四年停機，核三廠二號機預計於二〇二五年停機，面對活動斷層的巨大風險，如果可以如期除役，為什麼還要承擔風險？

除役和核廢料最終處置方式是一體兩面，兩者都被稱為「核能後端處理」，無法分開討論。核工業為了保持核能發電便宜的印象，一直低估除役與核廢成本，核能後端處理的經費未來是否真的足夠使用，也是各國普遍面臨的難題。目前臺灣的經費來源是由核能發電每度提撥約〇・一七元的「核能後端發電營運基金」支應，過去臺電評估到除役時預計可收到三三五三億元，足夠支應除役。但由於除役過程中的種種不確定性，都會進一步影響除役經費增加，臺電對除役經費的估算一直被詬病為紙上作業、不切實際，多次在立法院遭質疑嚴重低估。目前臺電估算核一廠除役就至少需一千五百億元，未來加上核二、核三廠，基金根本不足支應；加上核廢料處理費用，經費翻倍至六千兩百億。除役經費暴增，經濟部與臺電承認，由於目前核後端基金認列數明顯不足，未來可能採年金方式，每年挹注一定資金撥補，這將成為國家財政的沉重負擔。

二〇二二年十月，監察院提出調查報告，認為「用過核子燃料最終處置計畫」進度延宕，此計畫於二〇〇四年由臺電提出，二〇〇六年經原能會核定，執行至今已逾十五年，預計再執行三十五年，總共將耗資近六百億元，但這項計畫的選址調查僅是「為了工作而做，並沒有真正要去解決問題的重要關鍵」。報告指出計畫執行至今，臺電公司跳過地下實驗室等關鍵計畫，在欠缺本土地質參數下執意繼續發包，進行虛擬的安全評估及驗證工作，形成按計畫進度在花錢，而非按進度完成計畫目標的荒謬現象。「長此以往，我國用過核子燃料最終處置計畫恐將因欠缺地下實驗室驗證而難以續行，導致臺電公司自民國九十四年起所做之一切調查研究終將空轉。」

當最後一座核電廠於二〇二五年停機後，臺灣將是亞洲第一個宣示廢除核電的國家，全球都在看臺灣如何走到核電歸零這一步。核工業早期太過低估核電廠除役與核廢料處置會面臨的艱難挑戰，使得現在這一代、甚至下一代都必須付出高昂的環境與社會成本，經歷無數次政治風暴、政策反覆，臺灣真的要開始嚴肅面對三座核電廠的除役工作了。如今面臨的困境，正是臺灣這四十年來使用核電的代價，不管立場是反核還是擁核，都不得不共同面對。

回顧國際原子能總署於一九九五年所訂立的「放射性廢棄物管理原則」，第五條明定「放射性廢棄物的管理方式不應造成後代的過度負擔」。這是基本的道德認知，我們是否認知到那百萬年的世代責任是什麼？我們這一代沒有解決的難題，當然就會留給下一代，是否該冷靜下來想一想，如何不造成後代過度負擔？

當前最急迫的是除役如何進行、核廢何時遷移。眼看高、低階核廢料最終處置場仍遙遙無期，臺灣欠缺高階核廢料選址法規，國外選址普遍要耗費數十年，臺灣卻仍原地踏步。民間社會開始著手推動核廢立法，希望能借鏡過去失敗的選址經驗，將公民參與納入政策機制，讓相關資訊公開透明，督促政府盡快完整法制框架規範，恢復民眾信任。面對核廢這個萬年尺度的難題，唯有啟動立法與修法的社會討論，逐步聚焦與釐清問題，才能凝聚各界不同意見與智慧，建構民主且可行的解決方案。

番外篇

夢想一個非核的亞洲

文字　王舜薇

對佐藤大介而言，支持他長年來多次往返臺灣和日本、戮力於兩地反核交流的動力，其實是一幅平凡的畫面：他帶著妻小去福隆拜訪自救會楊貴英，阿英姐一看到小孩雙腳嚴重的皮膚病，拿出早上去福隆後山上採的新鮮草藥，蹲在店門口，花了將近兩小時搗碎、研磨、萃取，裝好一罐讓孩子塗抹。互相關切中，他們邊聊著臺日反核運動的最新進展，一起憂心、也一起樂觀面對。正是這樣超越國籍、語言隔閡的共同體意識，將運動推進一個又一個世代。[1]

日本廣島縣西南邊的吳（くれ）港，是日本海軍重鎮，也是二次世界大戰重要軍事樞紐，戰爭末期遭到美國猛烈空襲。二〇〇三年，一艘載運日立製核子反應爐的船，從吳

1　賴偉傑轉述。

港出發；隔年，從東京橫濱港出發的另一艘船隻，載運著東芝製的反應爐，航向海洋另一端。

兩艘船的目的地都是臺灣東北角貢寮，二十年後的現在，它們所載運的核四一號機、二號機，仍靜靜封存，未曾啟動。除了海島民眾負隅頑抗，也遭受來自家鄉的反制。

創辦非核亞洲論壇

一九五七年出生的佐藤大介，成長年代正值日本左派運動興盛之時。高中時期，他在課堂上讀到韓國異議分子詩作，開啟了對獨裁政權和戰爭的思考，而後選擇在大學主修朝鮮語。一九八〇年五月，韓國發生慘烈的光州事件，他在校園發起絕食運動，表達對韓國學生與工人的支持。[2]

滿懷淑世理想的佐藤步出校園後，進入大阪政府旗下的法人組織工作，從事日僱派遣工的勞動諮詢、職災處理等事務。因工作關係，經常接觸核電廠臨時工，發現他們面臨極高的輻射受曝風險，卻只有薄弱的職場保障，為了協助維護勞動權益，佐藤說服上司，停止轉介核電廠工作給工人。

一九八六年蘇聯車諾比核災發生，佐藤大介關注的焦點也擴及到電廠興建，除了與日本左派工會「全日本港灣勞動組合」（全日本港湾労働組合，簡稱「全港湾」）密切合作、持續關注核電廠勞動者權益，也開始與韓國反核團體接觸。這時的歐洲多國政府迫於反核壓力，停止新建核電廠計畫，導致核工業發展受阻，新興的亞洲經濟體，成為核電業者尋求新市場的目標。法商阿海琺（Areva）、法國電力公司（EDF）、美商西屋等廠商，都試圖在亞洲開疆闢土。

日本政府也不例外，在一九九〇年召開

首屆「亞洲地區核能協力國際會議」（アジア地域原子力協力国際会議），邀集中國、泰國、菲律賓、馬來西亞、南韓等國參與，表面上是與各國商討發展核電的專業問題與人才訓練，實則利用宣傳素材，極力美化日本核電經驗，以利輸出核電技術，例如稱核電廠旁環境優美、在地住民獲得優良福利且大力擁抱電廠，還試圖傳授隱惡揚善的地方溝通技巧。

為了向亞洲各國傳達日本核電的真實情況，佐藤大介開始與韓國夥伴組織串連、籌組跨國平臺，在一九九三年創辦「非核亞洲論壇」(No Nukes Asia Forum, NNAF)，[3] 第一屆論壇在東京召開，有來自七國三十多人參與，在日本兵分七路，參訪核電廠所在社區。臺灣方面由環保聯盟派出十名代表參加，包括郭建平、廖彬良等人，報告蘭嶼反核廢與貢寮反核四狀況。往後該論壇每年在亞洲國家間輪流舉辦，並定期彙整各國反核動態、發行刊物維繫各團體動能。[4]

一九九五年，非核亞洲論壇首度在臺灣舉行，各國反核人士組團造訪臺灣，除了核電廠所在社區之外，也遠赴蘭嶼，瞭解反核廢料議題，並參與臺北的反核遊行，對當時法國正在南太平洋玻里尼西亞進行的核武試爆提出批判。核電發展與核武、國家安全、

2 佐藤大介訪談，張建元翻譯，二〇一九年九月二十一日。

3 第一屆「非核亞洲論壇」於一九九三年六月二十六日至七月四日在日本舉行，至二〇二三年共舉辦二十屆。

4 「非核亞洲論壇」日本事務局設於大阪，由事務局長佐藤大介負責召集論壇並製作定期通訊，刊載亞洲各國的反核運動資訊，維持彼此的聯繫。通訊一年發行六次，收取會費作為印刷寄送之用，亞洲各國參與過會議的夥伴至今都定期收到紙本通訊。

二〇〇〇年五月十三日，非核亞洲論壇成員到臺灣參加反核遊行，右一為佐藤大介。
（廖明雄攝）

國際政治角力脫不了關係，具有機密性質，加上核工業高度掌控在國家、公營單位或者少數大型財團手中，要與之對抗，必然需要國際性的倡議與結盟發聲，對於國際地位曖昧不清的臺灣而言，更是突圍的必要手段。非核亞洲論壇是支持臺灣最主要的國際反核串連網絡，截至二〇二二年為止，曾六度在臺灣舉辦。

臺日核電命運共同體

「日本政府總是宣稱日本是『世界上唯一承受過兩顆原子彈轟炸的國家』，彷彿這樣說就代表日本很懂得處理核能，事實上，日本核電都是建立在資訊選擇性公開、謊言、矇騙所堆積出來的假象之上。」佐藤大介曾多次氣憤地在非核亞洲論壇中指出。

臺灣曾受日本殖民的歷史，以及文化與

地緣的親近，讓日本成為臺灣反核運動最重要的外國盟友。許多來訪交流的日本人得知一八九五年日軍從鹽寮海濱登陸，展開五十年的殖民統治，而日本製的兩個核反應爐，亦從鹽寮海濱上岸抵臺的歷史事實後，對貢寮居民深深一鞠躬：「對不起，這是二度殖民。」

日本社會對於核能的討論、倡議與動員一直沒有停歇。戰後日本遭國際制裁，禁止進行核能相關研究，直到一九五五年，日本制訂《原子力基本法》，才確認發展核電的方針（但禁止軍事相關研發），並在茨城縣東海村設立原子能研究所。一九六六年，第一座商用核電廠「東海發電所」在此設立運轉，周邊還有約十五座核能設施陸續興建，東海村成為名符其實的「核能村」。接下來四十年間，日本總共設置了五十四座核反應爐，地點遍布北海道、東北、本州、四國和九州，供應全國三成左右的電力。一九九七年《京都議定書》簽訂後，日本計劃興建六十三座核反應爐，作為減碳手段。

一九九九年，東海村的JCO核燃料再處理工廠因為人員作業程序疏失，發生鈾燃料「臨界事故」，兩名工人遭到嚴重輻射灼傷死亡，多人受曝，是二〇一一年福島核災前日本最嚴重的核能事故；二〇〇七年七月，日本新潟縣發生芮氏規模六．八級強烈地震，有七座反應爐、規模為世界最大的新潟縣柏崎刈羽核電廠，因此發生輻射物質與冷卻水外洩，遭勒令停機，為日本核電廠首度因為地震影響而停機。由於柏崎刈羽核電廠第六、七號機使用的進步型沸水式反應爐（ABWR），與輸出到臺灣的核四廠機組同型，這次核安事故所凸顯出的電廠耐震度不足、電廠緊鄰斷層等問題，格外受到臺灣反核團體重視。

一九九六年，美商奇異公司得標核四反應爐，再將機組訂單轉給日立、東芝公司，也讓臺灣成為日本核工業對外輸出核電機組的首個國家。然而，日本身為《核不擴散條約》(NPT) 簽署成員國，理應遵守國際原子能總署規定，與核能輸入國簽署正式協議，規範輸入國不得將核設施或原料用於製造核武。但由於臺、日之間無正式邦交，這項白紙黑字的協議簽署被規避，為日本反核團體所詬病與擔憂。

在日本反核盟友的穿針引線之下，多位日籍專業者來臺指出核四安全問題，例如曾為奇異公司設計反應爐的日本核電工程師菊地洋一，於二〇〇三至二〇一三年間三度訪臺，公開指出核四工地品質低落、包商施工問題重重，並質疑臺電並無因應地震的能力；地質學家鹽坂邦雄於二〇一〇年來臺，揭露核四廠附近存在活斷層的事實。這些專業舉證在反核運動陷入低潮時，仍能持續提醒公眾監督核四，不因社會關注退燒而鬆懈。

至於對臺灣反核運動迴響最熱烈的一群日本人，也許是位在日本山口縣瀨戶內海的小離島「祝島」的居民。僅有五百多位人口的祝島，多數居民靠海維生，從一九八〇年代初期就開始反對四公里外離島的「上關核電廠」計畫，持續抗議行動超過三十年。每週一傍晚，島上居民固定繞島遊行，以驚人的耐力持續兩千多次，至今未間斷。

二〇〇六年，吳文通與崔愫欣帶著紀錄片《貢寮你好嗎？》，共同拜訪祝島放映交流，由關心核電議題的臺灣留學生陳炯霖擔任翻譯。當看到片中貢寮漁民駕駛漁船，進行海上抗爭的畫面時，祝島居民紛紛驚呼，「我們這裡也有一模一樣的事情發生！」

福島災後東亞反核緊密交流

除了日本，民主化和經濟發展歷程與臺灣相近的南韓，也是反核運動的重要盟友。自從第一座核電廠於一九七八年在釜山建造以來，韓國反核運動亦高度與民主運動進程扣連。韓國政府發展核電的野心更為旺盛，車諾比核災後，各國暫停核電計畫，南韓反而藉機向美國談判轉移技術，打造垂直整合體系，奠定日後成為核電輸出國的基礎。全盛時期有二十四座核反應爐、供應國內三分之一電力的規模，在東亞僅次於日本。

李明博主政下的韓國政府（二〇〇八至二〇一三年），將輸出核電作為刺激經濟的方案，計劃在二十年內輸出八十座核電廠，創造三千億美元的獲利。二〇〇九年，韓國電力公司拿下阿拉伯聯合大公國首座核電廠標案，得標金額高達兩百億美金，在首都阿布達比的巴拉克（Barakah）電廠同步興建四座機組，已有三座在二〇二三年三月開始運轉。[5]這項韓國首次的核電廠出口案，被官方塑造成經濟奇蹟與韓國本土核工業的成功。

二〇一一年福島核災後，日本五十四座核反應爐一度全面停機，全球反核運動有了新的施力點。出身社運界的韓國律師朴元淳，在同一年當選首爾市長後，啟動「減少一座核電廠」倡議計畫，鼓勵市民節電、提高再生能源比例，以用電減量思維，包裹廢核目標。這套由地方政府主導的模式，也吸引臺灣團體前往取經交流，為後福島時代的

5 "Nuclear Power Plant Business," ICEPCO, https://home.kepco.co.kr/kepco/EN/B/htmlView/ENBJHP005.do?menuCd=EN020804.

能源轉型倡議鋪路。

亞洲其他國家，例如菲律賓、印尼、越南、印度等國的反核運動，則受各國國內社會運動和言論自由開放程度所影響，相較於臺、韓、日本，這些國家的反核運動者所面對的政治打壓更為嚴峻。而在沒有言論自由與公民運動權利的中國，核能幾乎是不能公開談論的禁忌議題，一般公民無從表達對於核電的質疑。

地球另一端的歐洲，反核運動起步較早，許多抗爭形式和文化行動，成為臺灣的借鏡，例如德國的人鏈（human chain）堵路、裸體反核等抗爭形式，都曾為臺灣反核運動所借用。

臺灣反核成敗　亞洲標竿

「雖然這樣說可能對福島的人很不敬，但福島核災的確讓反核運動更進一步，接下來臺、日都要一起努力。」二〇一九年九月，第十九屆非核亞洲論壇在臺北舉辦，佐藤大介語重心長地說。

二十五年來，他見證了臺灣從解嚴、政黨輪替、核四停建又復工，乃至核一廠進入除役的戲劇性過程，幾乎已是臺灣政治通。「運動能傳承，是臺灣跟日本最大的不同。」相較於臺灣在後福島時代發展出多元的抗爭形式，吸引許多三十歲以下的年輕人參與，日本的社會運動在一九七〇年代的學運風潮之後就出現斷層，難以培養出新血。隨著「廢爐」（除役）的時代來臨，日本、韓國、臺灣第一代的機組，紛紛面臨除役的棘手難題，後續的除汙、輻射廢棄物處理等問題，需要借鏡他國除役經驗。對於毫無除役核電廠經驗的臺灣而言，更為重要。

二〇二三年是「非核亞洲論壇」三十週

二〇二三年，非核亞洲論壇於韓國舉辦，綠色公民行動聯盟及臺灣環境保護聯盟亦與會。（非核亞洲論壇提供）

年，輪到韓國舉辦，佐藤大介受邀在韓國「氣候正義遊行」的舞臺上致詞，不但對於日本排放核廢水一事道歉，並且說「我們將繼續對抗核電，最終一定會獲得勝利，這就是歷史的必然性。但我們必須盡快成功，因為必須在車諾比和福島等重大事故再次發生之前關閉核電廠。臺灣將於二〇二五年淘汰核電，讓我們跟著臺灣一起努力。為了我們的子孫後代，讓我們共同努力消除核電」。

「臺灣是亞洲各國中，率先以政策宣示落實非核家園理念的國家，臺灣的非核政策，也牽動著整個東亞的能源政策發展。」佐藤說。未來路仍長，亞洲各國仍要持續藉由交換訊息、發起行動，共同學習成長。

終節

漫長的告別

文字　王舜薇

二〇二一年十二月十八日，江櫻梅在住家附近的學校投完公投票後回到家，翻起剛買的書，讀到美籍猶太哲學家史坦納（George Steiner）以「漫長的星期六」（Un long Somedi），來描述一種希望與絕望並存的人類現況。她陷入沉思。

史坦納引述《新約聖經》寫道：

禮拜五耶穌去世，夜晚降臨，之後信徒在充滿不確定與折磨的禮拜六中，等待救世主彌賽亞在星期日到來。

這未知的星期六，這沒有保證的等待，就是我們的歷史。這星期六，是一種既包含絕望，又充滿希望的機制。[1]

江櫻梅感到微微觸動，拿起筆為這個句子畫下底線，還特別在這一頁貼上螢光綠的標籤。對她而言，公投結果是一回事，但核電廠除役，就像是處在漫長的星期六當中，對遙不可及的星期天，懷抱著微小希望。

那麼，這個漫長、未知的星期六該如何度過？這是史坦納的提問，也是江櫻梅的焦慮。

二〇一八年十二月，運轉屆四十年的核一廠兩部機組，正式進入除役作業。核電廠除役的基本定義，是指將用過核燃料棒退出反應爐妥善貯存，再拆除結構、廠房，並且

1. 引自喬治・史坦納（George Steiner）著，秦三澍、王子童譯，《漫長的星期六：斯坦納談話錄》（廣西師範大學出版社，二〇二〇）。

使原場址的輻射劑量符合安全標準，最終要回復為建廠前的原本狀態。相較於一般電廠，核電廠除役要困難許多，並非任意拆廠、關廠就好，最保守估計，至少需要耗時二十五年。[2]

為何需要這麼久？除役是開發行為，要先通過環評才能執行，且審查過程涉及地質、大氣、風向、工程、材料、輻射等各種專業以及法律程序，拆除廠房也必須非常謹慎，以免輻射外洩。

當世界第一批核電廠於一九五〇年代在歐洲、蘇聯開始運轉時，當時的科學家並非不知道發電將連帶產生大批具高放射性的廢棄燃料棒。他們相信，等到四十年後電廠除役的那一天，核廢料處置就有解了，朝向「再生利用」的目標，將核廢料提煉為可再利用的核燃料，或者炸開堅硬的岩石，往地底下深達四百公尺挖隧道，深層掩埋高階核廢料，祈禱往後數十萬年無人聞問。

也許他們一開始沒有料到，核廢料需要更長的埋葬時間，和特殊的葬禮與墓穴，[3]也沒有想到高階核廢料無處可去的困境，將會變成除役標準作業程序的阻礙。核電似乎是人類刻意創造以便考驗自身能耐的事物。

「現在不為高階核廢料選址立法、推進選址，三十年後待核電廠完成除役了，還是會面臨找不到去處的窘境，所以我們真的很急，要跟時間賽跑。」崔愫欣無奈地說。核廢料處理如此困難，理應傾國之力來解決與討論，現在卻只有區區幾個人單力薄的環保團體，要設法想出一個龐大問題的解方，足見荒謬之處。

2. 根據臺電核一除役計畫，除役過程包括除役過渡階段、除役拆廠階段、廠址最終狀態偵測階段及廠址復原階段等四個階段，應於取得除役許可後二十五年內完成。

3. 引自羅伯特・麥克法倫（Robert MacFarlane）著，Nakao Eki Pacidal譯，《大地之下：時間無限深邃的地方》（新北市：大家出版，二〇二一）。

除役並非結束，而是更多難題的開始——開始面對科技樂觀主義所製造的廢棄物、開始迎接核子時代倒數。這個倒數是十萬年，遠遠超過人類可以掌控的歷史尺度，要如何判斷處置成功與否？臺灣缺乏除役經驗和技術，如何建立工程技術和規範，也是一大挑戰，然而在環保團體、甚至臺電內部人員的專業經驗均有限的狀況下，只能朝著沒有盡頭的終點緩慢前行。

「但我們的生活仍要繼續。我們是生命的客人，要繼續奮鬥，試著一點點改善身邊的事物，試著做得更好。人類會等到星期日的來臨嗎？我們對此表示懷疑。」[4]

江櫻梅繼續讀著史坦納的文字，懸置的時間感容易使人悲觀，但她明白自己沒有停滯的理由。從金山高中退休後，她繼續透過演講、推廣閱讀、參與會議、發表文章來實踐反核，一邊祈禱離家不遠的兩座老舊核電廠安全下莊。

新冠疫情後無法辦大型活動，乾脆在家鄉策劃自己的遊行。

二〇二一年三月十一日，江櫻梅跟住在三芝的反核夥伴何萱約定，各自從住家走往核一廠會合，紀念福島核災十週年。從金山崙仔頂出發，她特別注意沿途經過的每一座橋梁。

「之前讀到日本前首相菅直人講核災疏散，[5]萬一碰到橋梁斷掉阻礙交通，都會影響疏散和救災物資進入災區。我就想如果核災發生在北海岸怎麼辦？所以走路時特別注意沿途的橋，從金山磺溪的第四十號橋開始，到核一廠大門附近的第二十九號橋，再加上出水口的十八王公橋，這一路共有十三座。」

4. 喬治・史坦納，《漫長的星期六：斯坦納談話錄》。
5. 菅直人著，林詠純等譯，《核災下的首相告白》（臺北市：今周刊，二〇二一）。

下午一點四十七分，會合的兩人在核一廠門口默哀，然後步行到海邊，朗讀各自挑選的文學作品。江櫻梅面向山，朗讀詩人吳晟的詩作〈他還年輕〉，何萱面向海，朗誦吳明益的散文集《家離水邊那麼近》中的段落。以身軀銘記家鄉的輪廓，以步行測度家鄉的紋理，借文學表達對山林、海洋和土地的愛與感謝。步行與文學都是「無用」之物，卻擔負維繫希望的大用。

「在我有生之年，都不可能走到核電廠完全除役的那一步。現在最擔憂的，就是不知道如何傳承反核經驗給年輕人，讓下一個世代見證與監督後續的除役工作。」江櫻梅說。即使無垠的核廢料令人絕望，在漫長的星期六中，仍要繼續等待希望的到來。

社會除役

要除役的不只是電廠，還有社會與人心，且過程同樣困難。

對郭慶霖而言，核電廠的高牆有多重隱喻，它阻絕了專家和常民、電力設施與鄰里街坊，還造成精神上的傷痕。「戒嚴時代，地方被迫接受核電廠，加上資訊不對等、知識有落差、還要跟核廢料共存數十萬年，然後整個社會被『核電是自有能源、成本低、沒有危害』的觀點所禁錮……」

「這些也都是需要被『除役』的觀念，」郭慶霖說。由核電廠除役延伸，他自創「社會除役」一詞，試圖表達核電造成的無形壓抑，更為隱晦複雜。「就像是臺灣歷經殖民與威權統治，太多族群和政治上的矛盾與傷痕，需要對話平復，不只是停掉核電廠而已。公投雖然是人民權利，但絕對不是最好的解決方案。」

他透露出身為創作者的敏感，覺察「反核」的一詞多義：反對「邊陲必須為中心犧牲」的邏輯、反對經濟發展仰賴便宜電力、反對獨尊科學進步主義，又或者，把核電廠蓋在北海岸，就是從根本直接否定此間一切美麗風土，讓地方發展命繫於一個看不清的核電廠，阻斷了其他可能。近年臺灣各地社區興起的「地方創生」郭慶霖也參與其中，但有所反省：「講地方創生其實還太早，沒有復育，也就沒有再生、創生。」

電廠除役不是終結，而是開始，還是郭慶霖解謎地方文史的線索來源。他發現北海岸在日治時期曾有臺灣唯一的海岸線臺車輕便鐵路，往來基隆載送人與貨物，還發生過從基隆來金山表演的藝妓翻車死亡的軼事。鐵路中有一段遲未找到的隧道遺址，應該就在核二廠內，電廠除役會議上郭慶霖提出探勘需求，如同打開黑盒子，終於有機會在過往的禁區做田野調查。

還有好多想做的事情。「我在會議上要求每一個電廠除役都要有紀念碑，詳細記載臺灣走向非核家園的過程與想法，社會太容易遺忘了。」不遺忘之餘仍要向前看，他串連綠盟和金山的露營區業者，以群眾募資打造了國境最北的太陽能公民電廠，也熱切關心金山豐富的溫泉地熱，能否成為穩定有經濟效益的發電產業。

沿著同一條海岸線往南走，始終沒有運轉的核四也準備迎接另一個開始。近年因為新冠肺炎疫情，福隆觀光業生意大受影響，海洋音樂祭連續停辦數年，楊貴英的泳具店生意清淡許多，乾脆把店面縮減一半重新裝潢，讓家人有更舒適寬闊的生活空間。她最在意的還是持續流失的福隆沙灘，以及重件碼頭到底要不要拆。

「沙灘養了我們家四代，有沙灘跟海水浴場，我才能養媽媽、養大孩子、孫子，沒有沙灘，我會沒有安全感。」她的反核意義之網中不能沒有沙灘。「我有繁衍下一代，就要為他們的生存負責。資源都是跟祖先借來的，用太多，就是毀掉下一代的資源。」

公投結果暫時降低了核四啟用的可能性，讓她多了些餘裕收整和回顧，「公投之前我問先生，當初我們放下生意、放棄一天賺的錢去走街頭反核，試圖留給後代子孫乾淨的環境，還是繼續做生意賺錢，留錢給子孫，但不去反核讓核四運轉，哪一種才是對的？我先生想了一下說，還是要去走街頭。」

講到核廢料仍然搖頭。「放在原住民的地方，真的是欺人太甚，沒有地方願意接受。如果是好東西，為何要補償和回饋金？這是一個大謊言！」她又嘆了口氣：「臺灣就這麼小，核廢料有哪裡可以去？臺電還騙我們有其他地方可以放。日本、美國有可能拿回去嗎？如果臺灣人都可以接受每個人公平分配核廢料，那就可以蓋核四沒問題。」

楊貴英想起一九九七年第一次、也是唯一一次去日本，就是為了去抗議三菱、日立公司輸出核電廠到臺灣，緊湊的抗議行程中，哪裡也沒去玩，只記得去參拜了東京的明治神宮。「我跟神明祈願，日本要輸出核四的機器到臺灣，請幫我們阻止機械到臺灣不能用，讓核四無法蓋成。」她停頓了一下再說：「希望疫情緩和後可以再去日本，我要回去神社參拜還願……」

仍在澳底街上經營電器行的吳文通，每年一到炎熱夏季就忙得團團轉，到處去客戶家裝修冷氣，馬不停蹄。但他還是會盡量撥空接待來訪的學生、記者、社會團體。「你們關心自己的家鄉嗎？」他總是這樣反問訪客。

核四若不啟用，廠區和土地怎麼處置？改作他用？或者拆廠？當初徵收土地的目的已消失，要返還地主還是另作公共使用，仍是爭議的問題。

至於地上物，包括核四廠和碼頭，是否要拆除，或者另闢用途，也必須要由臺電先進行資產評估、賣掉有價值資產，由經濟部提出拆廠預算送立法院審查。

跟核四纏鬥了一輩子的吳文通怎麼想？「儲能對環境破壞少，也是未來再生能源的重要條件，加上核四廠區的輸配電線路已經齊備，我認為可以考慮改成儲能廠，比作火力和天然氣廠來得好。」

他還記得多年前，地質學者對貢寮地形的讚揚：「貢寮有世界級的海底生態、地質研究場域。有沒有機會乾脆把基隆的海洋大學搬到貢寮，讓四百多公頃的核四廠區，變成專業的海洋養殖研究基地？這樣沒有工業汙染，能夠真正發揮臺灣的特色。」

個性嚴謹的他，先說完大目標，才悠悠回想當初搬來貢寮的理由，「我不是在貢寮出生的，我是來這邊好好生活的，早期這邊海岸線真的很美，天然的景觀很好。結果搬來沒過幾年，就都因為核電廠變調了。」

問他會不會後悔？「有的時候也會覺得會後悔欸，我們還算幸運，真的看過太多人全心全意投入社會運動，最後卻下場潦倒。」這個不假思索的「後悔」說出口後，吳文通臉上閃過一抹惆悵，隨即又正色：「反核運動不是只有貢寮人付出，不是只屬於某些人。反核運動是全臺灣人的。」

反核運動是一個全球故事，也是一個地方故事，在發展的競速中，提醒人們煞車停步思考，是否有他種生活方式的可能。四十年，是核電廠在臺灣運轉的時間，以自然的尺度而言，不過眨眼一瞬。一個漫長的告別儀式才正要開始。

沙灘上的生物又是如何看待核電廠呢？觀察是建立關係與連結的基礎，讓我們回到那片金色沙灘，轉換一下視角吧。在縮減而陷落的沙丘上，你可能會遇見死掉的河豚，寄居蟹剛剛脫下的殼，說不定會看到有人蹲在還未崩落的沙丘上，尋覓疏花佛甲草的細緻小黃花，或者瀕危植物海米，就像一百多年前的博物學家，在鹽寮海灘上發現的，正開著如百年前一樣細緻的小黃花。

找不到也沒關係，常見的濱防風、海埔姜的淡紫色花朵會迎接你。寄居蟹在沙灘上留下淡淡的行跡，海水一來就收回。幸運的話，還能發現在空中翱翔的大冠鷲，不經意掉落的羽毛。

二〇〇〇年，核四工地與重件碼頭。(柯金源攝)

二〇一三年三月九日，三〇九廢核遊行在北中南東同步舉辦，超過二十萬人走上街頭。上圖為陳明章、柯一正、戴立忍等藝文界人士大合唱，表達反核訴求；下圖為遊行群衆於凱道夜宿，隔天一早三千人一起做「反核國民健康操」。（綠色公民行動聯盟提供）

上：二〇一三年三月九日，南臺灣廢核大遊行，七萬人參加，由孩子們帶領遊行。
(何俊彥攝，地球公民基金會提供)

下：二〇一四年三月八日，全國廢核行動平臺號召民眾上街頭採取「不核作」行動，遊行隊伍占領忠孝東路跟中山北路十字路口，民眾模擬核災事故躺在地上。
(綠色公民行動聯盟提供)

二〇一四年四月三十日，反核遊行五萬人占領忠孝西路。（綠色公民行動聯盟提供）

二〇一四年四月三十日，反核遊行群眾占領忠孝西路直到深夜，半夜遭警方以水柱驅離。(綠色公民行動聯盟提供)

日本福島核災後，由市民自發組成的「首都圈反核連盟」，每週五到首相官邸前抗議。(崔愫欣攝於二〇一九年)

臺大農化系張則周教授開設的通識課「生命與人」，十幾年來帶年輕學子們到反核的故鄉貢寮，傾聽當地的故事。圖中站立者左起為吳文通、張則周。後方綠色建築為核四。（賴偉傑攝於二〇一五年十一月十五日）

後記

愛的勞動

王舜薇

親愛的惠敏：

終於完成了。經歷十年，才得以成形出版。當初開始的時候，應該怎麼也想不到吧。妳記得嗎？作家吳晟老師和記者阿潑的提案，為這本書起了頭。二〇一三年三月，二十萬人走上街頭反核，我們都躬逢其盛，也感受到敘事的必要性。寫新聞稿、刊物文章、想口號標語，是我們在社運組織的基本工作。文字要簡潔俐落、敵我明確，以達成快速溝通。然而久了，卻流於乾澀。

於是出現寫書的念頭：希望這個走過臺灣劇烈轉型期、動態多元的「老」社會運動，不至於淪為扁平化的單薄論述。能夠滋潤、填補鏗鏘口號以外的空白地帶，唯有敘事。

這個宏大的目標確實超過我們的能力，卻一直有助力隱隱推進。二〇一三年八月底，社運夥伴王佳真牽線，我們與莊瑞琳總編輯第一次見面。小瑞的熱切鼓舞了我們，擬出架構、寫了幾篇初稿之後，卻告停頓。雖然內在有感覺，但身體跟不上——那陣子身體都在街上，哪有可能靜下心寫作？彼時街頭熱鬧，各種第一手運動現場書寫，經由社群媒體傳播擴散，大家讀臉書，但不讀書，連我們自己都是，遑論寫書。

小瑞時不時寄來標題名為「進度」、「是否要重啟？」的郵件，持續追蹤進度，表達不放棄。我忙著完成拖延許久的碩士論文、迫不及待進入Gap Year去印度旅行，妳則是用自由工作者身分活躍於各種合作案，還要分心照顧年邁的父親。待各自狀態趨於穩定，是二〇一六年了。我們一起寫計畫書，想出《海島核事》為標題，以妳的名義投件——妳是資深醫藥記者，社運資歷也相對豐富——順利申請到國藝會補助，是這個計畫獲得的第一個肯定與起點。

真正開始寫，才知道比想像得還要難。讀者是誰？寫到多細？深描哪些人？一本組織策劃的書，應用什麼口吻說話？單憑我們兩人無法解決，必須加入愫欣、偉傑一同討論，不斷調整觀點與架構，在二〇一八年分工完成初版草稿。那時我們都覺得，正式成書之前還可以慢慢磨吧，直到妳突如其來的發病把身邊所有人都嚇壞的那一天：肺腺癌四期，腫瘤擴散腦部，損及語言功能。而妳還不到四十歲。

癌症治療剝奪妳的體力，難以負荷統籌與改稿，出書計畫再度停擺。二〇一九到二〇二一年，《海島核事》進度微小，外在變化很大：小瑞離開衛城另創春山出版，做出更多厲害的書；臺灣最早的核反應爐停機開始除役；世界因為美中敵對與新冠疫情劇烈變動。我們每年在春山的小會議室見一兩次面，稱得上是進度的，只有確認彼此都還不想放棄的心意。

妳用僅存的精力服務癌友、出版長期照護書籍、演講、甚至教瑜珈，風一般與癌共存，旁人驚嘆，也不捨。妳努力抗癌三年半，在二〇二一年六月某天清晨辭世，我們知道，妳臨終前仍心繫《海島核事》。

沒有完成的懸念終究膨脹成困擾，面對它，成為唯一的解方。妳離世半年多後，我們再度重啟計畫，把既有內容打掉重練，重新訪談和撰寫。

細數至此，我終於明白：這本書就是一場社會運動，仰賴集體合作、世代接棒，以及無數個人意志撐持，並接受沒有所謂完美，才有抵達可能。

因此本書的書寫勞動，既集體又個人。好想與妳分享我後來重寫的狀態：梳理龐雜資料的煩躁、約訪談前的彆扭、忍受笨拙與自我懷疑，硬著頭皮下筆——這種追溯歷史的大事，怎麼輪得到我這種軟弱的呆瓜來做？對於二〇〇〇年代才上大學的我而言，還得先幫自己補課不熟悉的一九八〇、九〇年代臺灣政治史。真的是，小時不讀書，長大來寫書啊。

除了回顧我未曾參與過的時代、重新認識歷史，寫作過程也是一場自我重整。二十幾歲時需要身體性的行動，去人群中找情緒出口。但為了寫書、靜下心來梳理資料，得先面對過去在運動現場沒能處理的疑問，重新省視自己的價值觀，收整妥當，才能持續忍受長篇寫作的孤單與耗神。

十年耶。小瑞說，這是她編輯生涯做最久的書，她的耐心到底從何而來？我真心好奇。妳沒來得及認識的責編舒晴，是重啟計畫後每一版書稿的第一位讀者，她問重要的問題，給予鼓勵和讚美，讓容易鑽牛角尖的我得以對成書持續保有信心。

幫我們審訂全書的劉華真老師跟綠盟很有緣，早在二〇一二年就曾協力串連學界，發信廣邀同行，將核電爭議設計成教案，帶入大學課堂。老師當時在email中謙稱，因尚未有核能議題學術成果，只出力不掛名召集人。近年，劉老師已陸續發表戒嚴時期核武與核電發展關係的研究，回溯臺灣核能開發體制的特殊性。行動需要果斷，學術需要耐心，劉老師於兩者都傾力實踐，真是太佩服了。

我想，每一位參與這本書的人都因為「出於愛的勞動」(labor of love)，才讓出版成真。可能是對理想的愛，可能是對於承諾的愛。當然，還有對妳的愛。組織力量則支持著這本書的集體面：綠色公民行動聯盟承載著社會的信任與期盼、支持寫作計畫，偉傑、愫欣的包容，讓團隊中資歷最淺的我，負擔最多寫作篇幅。

而我相信妳一定同意，如果沒有各個世代、各個地域的行動者挺身而出，這本書所敘述的故事無能成真。其中一些人甚至願意貢獻寶貴時間，在過去幾年間接受我們的提問。幾乎所有受訪者都曾在訪談中的某個時刻陷入回憶和興奮，而欲罷不能。有些說起家人對投入運動的抱怨而流淚，有人說受訪如同談話治療。我在談話之間的停頓與嘆氣、微笑和岔題中，彷彿看到他們正跟年輕的自己重逢。回憶參與社會運動，不就是回憶生命中的選擇、衝動、期望與失望嗎？

惠敏，妳和我也都曾經歷過這些情緒吧。身為一個採訪寫作者，在他人珍貴的回憶時刻凝神傾聽，是幸福的特權，也是沉重的責任與焦慮。寫作讓我理解自己的有限，為了敘事，必定產生遺珠與未竟，太多沒能寫進本書的人事與脈絡、沒有關照到的議題與群體、沒有深入挖掘的歷史線索。希望這本書能作為一個謙虛的起頭，邀請歷經核子世代的人說出更多元、更豐富的故事。

寫作期間我不時會往東北角一帶爬山，在稜線上望向陌生的汪洋、海岸與核電廠。世上有很多事物的尺度跟人之間有著永恆時差。核能是令人最不安的那種，山則是令人篤定——這個篤定提醒我，所有匯聚是偶然也是必然，每個當下都不斷變動。我相信妳正在另一段時間裡，用美麗的雙眼與笑容看待一切。

舜薇　二〇二三・十一

後記

莫失莫忘，致反核長路上的同志們

崔愫欣

今年是「非核亞洲論壇」第三十年，我們前往韓國與疫情後久違的各國運動同志們相聚，互相學習，互相勉勵。日本的組織者佐藤大介先生致詞時說：「這是亞洲人民與推行核電的統治者鬥爭的歷史篇章，這是為實現無核而進行的鬥爭。」

這場漫長的鬥爭不光只是能源技術的選擇而已。核電長期被塑造成經濟開發與工業文明的象徵，諷刺一如福島縣雙葉町放在牌樓上待拆除的標語：「核能是光明未來的能源」，從十九世紀末人類發現X射線至今，百年來仍難以從人類的印象中拆除，直到發生無可否認的災難，才迫使情況有些微改變。

社會運動能改變什麼？臺灣社會真的能有所改變嗎？我想起二〇〇九年在日本山口縣上關核電廠的抗爭帳篷現場，祝島的漁民領袖跟我說，面對龐大的開發壓力，他們很清楚反抗是困難的，只能跟貢寮反核四運動一樣以拖待變，以肉身阻擋大大小小的工程。福島核災後，的確讓兩地都有機會停下核電。這些反抗者的付出，用時間換來改變的可能，在歷史的長流中顯出意義。如果沒有他們過去多年不懈的努力，將會建造更多核電廠，發生事故的比例也會增高。

臺灣的反核運動雖然曾經歷數次低谷，但因為反抗火種並未消失，才能在二〇一一年福島核災後，星火燎原，逐漸形成沛然難擋的社會力量。如果以臨近的亞洲反核運動作為觀察對象，核災捲起一波反核運動浪潮，但並不是每個國家都能成功推動廢核，相較之下，臺灣的反核運動展現了強大的影響力。

從反核運動的歷史可以看到，社會的腳步永遠都在政治前頭，少數的先行者不懼威權，勇於反抗、質疑，促成社會的反省，進一步改變政治，取得社會支持。支持核能與反對核能者始終對誰有「社會共識」爭執不下，但所謂的社會共識不是數人頭的民調數據，而是在社會運動的推展過程中，多少人願意參與改變既有的思考模式與行動方式，並且在過程中得到自主的力量，引發改變社會的行動。達致目標的關鍵，來自民間團結的社會力。

近年老舊核電陸續除役，逐步朝向非核家園的目標，核四燃料棒也逐批運出海外，難以重啟，沒想到又再度面臨兩次擁核公投的考驗，讓我們感到憂心。我們不希望好不容易有進展的能源改革重挫倒退，社會已經因核電反覆不斷的爭議，延誤推動能源改革的時間。未來新能源的藍圖雖然在前，但沒人敢說轉型容易，正好相反，轉型是辛苦的、緩慢的，要扭轉既有體制的觀念非常困難，推動再生能源的過程中，也有許多爭議與問題需要調整及修正。核電的退場，踩到很多人的痛腳；再生能源的進場，也惹來很多資源競爭的煙硝戰。臺灣社會夾雜著激烈的政黨鬥爭，缺乏關於能源政策的公共討論，時常淪為互相攻訐，使對能源政策有憂慮的人，也分不清哪一方才是對的。

每次大選，核電議題都會浮上檯面成為主要爭議，占據大部分的能源政策討論，幾乎讓人誤以為核電是臺灣的主要能源。其實核電占臺灣發電比例逐年降低，二〇二二年只有八．二％，核電在全球商業總發電量的占比也已低於一〇％，卻被當成一種經濟信仰。推動核電發展的政客和產業界過去不斷重複「核電安全、廉價」，現在則增加「核電是應對氣候危機的替代方案」這種看似進步的說詞。反核，不只是為了擺脫核電的威脅與恐嚇，也是為了開展新的能源政策，更是為了不讓既得利益者繼續主導臺灣的能源未來。如何做到能源民主、能源正義？我們有長期的工作與挑戰要面對。希望在大眾重新聚焦能源選擇的同時，將關心化作促成能源轉型的行動。期待新一代的行動者加入此一行列。

轉眼間，反核運動紀錄片《貢寮你好嗎？》已經問世二十年。至今還是遇到不少朋友告訴我，當年曾在何時、何地看過這部片，因而開始接觸反核。影片作為傳播與對話的媒介，效果實在令人驚異，但也常常被抱怨很多人事物沒有放進來。影像很殘酷，沒有拍到，或是沒有拍好，也剪輯不出來。我慚愧於能力有限，讓這段歷史在紀錄片中被局限、簡化了。然而文字相對自由，許多只有口述的記憶、故事，以及運動遇到的課題、困境，終於可以好好梳理放入本書中，彌補些許當年的遺憾。

《海島核事》能夠完成，得到許多人的協助。感謝春山出版社不離不棄；感謝綠盟所有夥伴的支持；感謝曾在綠盟一同工作的劉惠敏、王舜薇，願意挑戰書寫反核史的艱難任務，而惠敏中途先離席，悲傷之餘，有幾年的確讓我們茫然不知該如何繼續，在編輯莊瑞琳、莊舒晴的督促與鼓勵下，我們勉力重新進行訪談與改寫，再度挑戰這個任務；感謝本書的主要作者舜薇，一力承擔起寫作的辛勞與責任，而我只承擔了第四、六部的章節，奉獻微薄之力；雖然《海島核事》已與最初的寫作企畫不同了，但感謝惠敏、阿潑早期的採訪與寫作協力，奠定本書的基礎；更感謝的是，一起走在反核長路上的同志們。

如果你是想瞭解反核運動背景與歷程的讀者，希望《海島核事》能提供幫助，但不要把它當作歷史教科書，它只是環境運動團體綠色公民行動聯盟的觀點與視角。反核運動有多少人參與，就有多少種視角，我們期待不同的視角碰撞產生火花。我們只是把自己所看到、所參與的歷程如實記錄下來，但有更多我們無法細緻處理、記錄的部分，有更多在運動中付出努力的組織、個人無法一一寫出，請各位同志們體諒我們的書寫有所局限。在反核運動中，每個章節、每個運動轉折、每個行動策略與論述都無比豐富，足以寫出許多本書，期待更多人書寫自己的反核運動史。

歷史要怎麼保留下來？該以什麼形式呈現？不同世代的人們留下的共同記憶是什麼？在臺灣這座海島上，歷史容易被遺忘，寫《海島核事》的目的，是為了在臺灣社會累積反核運動的歷史經驗，作為未來社會對話的基礎。請不要忘記運動中真實存在的人們——讓這本書能在時間長流中繼續述說海島上的人、事，讓反抗的精神能夠傳遞下去。

誌謝

本書的出版有賴於各個階段不同前輩、夥伴、朋友們的協助，和反核運動一樣，反核運動史的書寫也是漫長與集體的工程。我們要特別感謝這些人：

書成之際，追思與感謝本書發起者之一，也是重要的夥伴劉惠敏。在過去十年中，本書架構多次變更，二〇一六年還曾以《海島核事──臺灣反核運動的那些年、那些人》獲國家文藝基金會文學創作補助專案。本書即在這個基礎上又經歷數年的大幅改寫、擴充。

本書初步建構上，我們也以工作坊或拜訪的形式，由以下幾位前輩提供我們寶貴意見，感謝張國龍、徐慎恕、林瓊華、楊憲宏、李三沖與何榮幸。在最後完成階段，感謝劉華真的審訂與寶貴建議。

成書過程中，最重要的，是參與這段歷史並願意與我們分享的每位受訪者，包含蘭嶼反核廢運動的前輩與夥伴希楠·瑪飛洑、謝來光、施幸霏、張海嶼、董森永、夏曼·威廉斯、希瑪都布史、魯邁、郭建平、夏曼·藍波安；臺東的反核夥伴戴明雄、那布、巴奈、蘇雅婷；持續守護貢寮的前輩吳文通、楊貴英、吳杉榮、賴文成、吳幸雄、高清南；堅守北海岸的江櫻梅、郭慶霖、李國昌、何坤；守候在恆春的袁瑞雲、張清文；揭露核電問題的專家學者林俊義、張國龍、施信民、黃提源、林正修、楊渡、曹啟鴻；從學生時代就和我們一起參與運動的呂建蒼、林志侯、包玉文、趙家緯、羅敏儀；因輻射屋發出不平之鳴的王玉麟；與我們在國際上持續互相勉勵的非核亞洲論壇夥伴佐藤大介。

也要感謝諸多攝影者為反核運動留下精采的紀錄，後人才能更具體地「看見」這段歷史。感謝鹽寮反核自救會的成員兼攝影師廖明雄，以及柯金源、關曉榮、潘小俠、王顥中、呂建蒼、何俊彥、黃瑋隆，及照片提供者吳文通、潘采辰、地球公民基金會、非核亞洲論壇。

主要負責完成這本書的作者與主編，也各自特別致謝：

舜薇感謝所有在綠色公民行動聯盟共事過的夥伴、陳歆怡在寫作上的陪伴與討論，以及父母親的支持與包容。

愫欣感謝吳晟老師、阿潑的發起與鼓勵，劉惠敏、王舜薇的堅持與認真，賴偉傑、莊瑞琳、莊舒晴的陪伴與支持，還有一起共事的綠色公民行動聯盟的夥伴，與地球公民基金會的夥伴。

偉傑感謝綠色公民行動聯盟與環保聯盟臺北分會的夥伴、鹽寮反核自救會、臺灣環境保護聯盟、張則周、高成炎、方儉、郭金泉、日本非核亞洲論壇的奧野律也（Toach）等前輩，在許多運動現場的協作砥礪，也特別感謝春山出版的夥伴驚人的耐心、專業與堅持。

最後，感謝讀完這本書的你們，與我們一同見證反核運動的歷史。

製表：林正原、賴偉傑、崔愫欣、王舜薇、莊舒晴。

	臺灣社會大事	世界大事
	•五月三十日，美軍發動高雄大空襲。 •五月三十一日，美軍發動臺北大空襲。	•七月十六日，美國試爆第一顆原子彈。 •八月六日，美國在日本廣島投下原子彈。 •八月九日，美國在日本長崎投下原子彈。 •八月十五日，日本宣布無條件投降，第二次世界大戰正式結束。 •十月二十四日，聯合國成立。
		•美國總統杜魯門簽署《原子能法案》，設立「原子能委員會」。 •七月一日，美國「十字路口」行動，在太平洋比基尼環礁進行空中核試及水下核試。
	•二月二十八日，二二八事件。	
	•五月十日，實施《動員戡亂時期臨時條款》。	•十二月十五日，法國首座核子反應爐EL-1正式運轉。
	•國民黨政府遷臺 •五月二十日，實施戒嚴。 •七月十三日，澎湖七一三事件。 •十月二十五，金門古寧頭戰役。	•八月二十九日，蘇聯成功試爆自製的鈽彈RDS-1。 •八月十五日，英國第一座核子反應爐GLEEP開始運轉。 •十月一日，中華人民共和國成立。
	•六月十三日，《戡亂時期檢肅匪諜條例》公布施行。	•六月二十五日，韓戰爆發。
	•一九五一至一九六五年，臺灣進入「美援時代」。 •六月七日，實施《耕地三七五減租條例》。	•五月十二日，美國第一顆氫彈爆炸試驗成功。 •十一月二十九日，美國進行第一次地下原子彈爆破試驗。
		•五月及十一月，美國在埃內韋塔克環礁試爆氫彈。
	•一月，實施「耕者有其田」。	•七月二十六日，古巴革命爆發。 •十二月八日，美國艾森豪總統在聯合國發表〈原子能和平用途〉。
	•十二月三日，臺灣與美國簽下《中美共同防禦條約》。	•一月二十一日，第一艘以原子能為動力的潛水艇「鸚鵡螺號」在美國下水。 •三月一日，美國在太平洋比基尼環礁海域執行「喝采城堡」行動，第一顆實用型氫彈試驗成功。 •九月二十九日，歐洲核子研究組織成立。

反核運動大事記

年分	臺灣反核大事
1945	
1946	
1947	
1948	
1949	
1950	
1951	
1952	
1953	
1954	

	臺灣社會大事	世界大事
		•四月十八日，第一次亞非會議（萬隆會議）。 •十一月一日，越戰爆發。
		•五月二十一日，美國B-52同溫層堡壘轟炸機在太平洋試驗場比基尼環礁投下已知的第一顆機載氫彈。 •十月十四日，英國科爾德霍爾核電廠開始啟用，為世界第一個達到商業規模的核電廠。
		•五月十五日，英國在太平洋聖誕島上進行首枚氫彈的試爆，成為第三個擁有氫彈的國家。 •七月二十九日，國際原子能總署成立。 •九月二十九日，前蘇聯車里雅賓斯克州克什特姆生產核子武器用途的鈽工廠與核燃料再處理工廠發生重大核子事故，被評為國際核能事故等級第六級。
	•八月二十三日，金門八二三炮戰。	
	•六月十八日，美國總統艾森豪訪問臺灣。	•二月十三日，法國測試第一枚原子彈，成為世界上第四個擁有核武器的國家。
		•古巴危機
	•九月十一日，葛樂禮颱風。	•八月五日，蘇聯、英國、美國在莫斯科簽署《在大氣層、太空和水下進行禁止核試驗條約》。
		•十月十六日，中國試爆原子彈成功。
	•制定《電業法》	•五月十四日，中國首次空爆原子彈試驗成功，也是中國的第二次核試驗。
	•撤除山地管制，蘭嶼正式對外開放。	•六月十七日，中國大陸進行空投試爆第一枚氫彈，爆炸當量三三〇萬噸TNT炸藥。
	•七月，民主臺灣聯盟案。	•七月一日，《核不擴散條約》。 •八月二十四日，法國在南太平洋試爆氫彈。

年分	臺灣反核大事	
1955	•七月，駐美大使顧維鈞與美國國務院簽訂《中美合作研究原子能和平用途協定》，同年行政院成立原子能委員會。	
1956	•清華大學成立原子科學研究所	
1957		
1958	•清華大學核子反應爐開始興建	
1960		
1961	•十二月二日，清華大學核子反應爐開始運轉，是東亞第一座反應爐。	
1962		
1963		
1964	•清華大學核子工程學系大學部首屆招生	
1965		
1966	•總統核可軍用與民用並行的核能開發架構 •行政院主張向美國進出口銀行貸款籌建核電廠，轉呈蔣中正總統核可。	
1967		
1968	•五月九日，《原子能法》公布。 •七月一日，原能會成立核能研究所，委託中山科學研究院運作。	

臺灣社會大事	世界大事
• 二月八日，泰源事件。 • 四月二十四日，刺蔣案。	• 十月十四日，中國在羅布泊進行核子試驗。 • 十二月二十六日，中國第一艘核潛艇長征一號下水。
• 十月二十六日，臺灣退出聯合國。 • 保釣運動	
• 九月二十九日，臺灣與日本斷交。 • 十二月至一九七五年六月，臺大哲學系事件。	• 一月七日，中國第一枚實用氫彈試驗成功。 • 聯合國制定《防止傾倒廢棄物及其他物質汙染海洋的公約》。
	• 第一次全球石油危機 • 尼克森訪問中國
	• 印度首度成功試爆原子彈
• 四月五日，蔣中正逝世。	
• 十一月十九日，中壢事件。	
• 十二月二十六日，臺灣與美國斷交。	
• 一月二十二日，橋頭事件。 • 十二月十日，美麗島事件。 • 米糠油多氯聯苯中毒事件	• 三月二十八日，美國三哩島核電廠事故。 • 第二次全球石油危機
•《中美共同防禦條約》廢止	• 五月十八日，南韓光州事件。
• 七月三日，陳文成事件。	• 十一月三十日，美國與蘇聯在日內瓦會談，談判減少兩國部署在歐洲的核武器數量。
•「黨外編輯作家聯誼會」成立	

年分	臺灣反核大事	
1969	• 十一月，行政院核定核能政策，指出將發展核能和平用途。	
1970		
1971	• 十二月，核一廠一號機獲建廠許可。	
1972	• 臺灣與美國簽訂《臺美核能和平利用合作協定》 • 原能會開始研議核廢料處置方式 • 十二月，核一廠二號機獲建廠許可。	
1973	• 行政院核定「臺灣地區能源政策」 • 十二月，蔣經國宣布十大建設，其中包含核一廠。	
1974	• 五月十一日，原能會展開「蘭嶼計畫」，將蘭嶼作為核廢料貯存場預定地。	
1975	• 八月，核二廠一號機、二號機獲建廠許可。	
1976		
1977		
1978	• 四月，核三廠一號機、二號機獲建廠許可。 • 十二月，行政院核定「蘭嶼計畫」，蘭嶼核廢料貯存場動工。 • 十二月六日，核一廠一號機商轉。	
1979	• 七月，核一廠二號機商轉。 • 六月，林俊義以「何能」為筆名在《中華雜誌》發表〈核能發電的再思考〉。	
1980	• 三月，臺電向經濟部申請鹽寮成為核四預定廠址。 • 五月，臺電第一次提出核四計畫，選定鹽寮為廠址。	
1981	• 核四工程第一次招標 • 十月，行政院正式同意核四設置於鹽寮。 • 十二月，核二廠一號機商轉。	
1982	• 三月十八日，行政院函准徵收鹽寮土地。 • 五月十七日，蘭嶼貯存場完工啟用。 • 五月十九日，第一批核廢料首次移入蘭嶼。 • 七月，行政院指示不定期延後核四計畫。	
1983	• 三月，核二廠二號機商轉。	

	臺灣社會大事	世界大事
	•六月二十日，海山礦災。 •七月十日，煤山礦災。 •九月，行政院宣布推動十四大建設。 •十月十五日，江南案。 •十二月五日，海一礦災。	•十二月三日，印度中央邦博帕爾市（Bhopal）的農藥廠，發生氰化物洩漏事件，死亡人數超過一萬，為史上最嚴重工業化學事故。
	•新環境雜誌社成立，並發行《新環境月刊》。 •四月，臺中縣大里鄉三晃農藥廠毒氣事件。 •七月三十日，《勞動基準法》公布實施。	
	•九月二十八日，民進黨成立。 •六月，鹿港反杜邦抗議事件。	•三月二十一日，中國宣布暫停大氣層核試驗。 •四月二十六日，蘇聯車諾比核災，是首例被國際核事件分級表評為最高第七級事件的事故。
	•二月二十七日，新竹李長榮化工廠汙染抗議事件。 •七月，高雄後勁反五輕抗爭。 •七月十五日，解除戒嚴。 •十一月一日，臺灣環境保護聯盟成立。 •十二月，貢寮鄉民連署發動臺灣自治史上第一次民代罷免案。	
	•一月十三日，總統蔣經國過世，李登輝接任總統。 •五月二十日，五二〇農民運動。	

年分	臺灣反核大事
1984	•五月，臺電第二次提報核四計畫。 •七月，核三廠一號機商轉。
1985	•三月二十七日，五十五位立委連署提案，要求暫緩核四興建案。 •五月，核三廠二號機商轉。 •七月七日，核三廠一號機汽機葉片斷裂導致火災，停機達一年兩個月修復。
1986	•一月，核一廠內測出超量輻射背景值，而疏散員工。 •七月十一日，立法院通過預算附帶決議暫緩興建核四廠。 •十月十日，黨外編聯會發動民眾到臺電大樓前抗議，並舉行反核電政策的公開演講。
1987	•三月二十六日，新環境雜誌社、人間雜誌與各地反公害團體在恆春國中舉辦「從三哩島到南灣」反核說明會。 •四月二十六日，新環境雜誌社等民間團體在核四預定地鹽寮，首次舉行室外演講及反核四遊行。 •九月二十日，金山居民舉辦大型反核說明會，並開始籌組北海岸反核團體。 •十二月七日，蘭嶼達悟族青年阻止鄉代、縣議員赴日考察，是為「機場事件」，蘭嶼反核廢運動拉開序幕。
1988	•一月，張憲義赴美向美方「指證」中科院暗中研發核武。 •一月十五日，美方進入桃園龍潭的中山科學院核能研究所（中科院核研所），將「臺灣研究反應爐」的重水抽走，並將設施灌入水泥漿封閉。 •二月二十日，蘭嶼舉辦首次「二二〇驅逐惡靈」遊行，反對核廢料場設置。 •二月二十四日，臺電第三次提出核四計畫。 •三月六日，鹽寮反核自救會成立，有一千五百名當地居民參加。 •三月十二日，鹽寮反核自救會從貢寮澳底仁和宮遊行到核四預定地，並燒毀臺電贈送的月曆。 •三月二十六至二十七日，適逢三哩島九週年，三十個民間團體聯合在金山、鹽寮、恆春舉行說明會及遊行，聯合提出〈一九八八反核宣言〉。 •五月，經濟部指示臺電核四計畫暫緩執行。 •四月，蘭嶼達悟族旅臺青年至臺電抗議。

臺灣社會大事	世界大事
•四月七日，鄭南榕於軍警攻堅中被迫自焚。 •五月十九日，詹益樺自焚。 •十二月二十日，縣市長與立委選舉，是解嚴後第一次大型地方選舉，尤清當選臺北縣長。	•六月四日，中國天安門事件。 •十一月九日，柏林圍牆倒下。
•三月十六至二十二日，野百合學運。 •五月，「反對軍人干政」遊行。 •五月六日，臺灣首次民間舉辦五輕建廠公民投票。 •五月二十日，李登輝就任總統。 •六月一日，郝柏村就任行政院長。	•八月二日，波斯灣戰爭爆發。第三次全球石油危機。 •十月二十四日，蘇聯在俄羅斯北部進行最後一次核試驗。
•四月二十二日，廢止《動員戡亂時期臨時條款》。 •五月九日，獨臺會案。 •廢除《刑法》一百條運動 •十二月二十一日，國民大會全面改選。	•九月二十六日，英國在內華達試驗場進行布里斯托（BRISTOL）核試驗，為英國最後一次進行核試驗。 •十二月二十五日，蘇聯解體。
•八月二十二日，臺灣與南韓斷交。 •十一月七日，金門、馬祖解除戰地政務。 •十二月十九日，立法委員全面改選。	•三月九日，中國加入《核不擴散條約》。 •六月，《氣候變遷綱要公約》。 •八月，法國加入《核不擴散條約》。 •九月二十三日，美國在內華達試驗場進行最後一次核試驗。

年分	臺灣反核大事
1989	•二月二十日，蘭嶼舉行第二次「二二〇驅逐惡靈」反核遊行。 •四月二十三日，五千人反核遊行。 •六月，臺電第四次提報核四計畫。 •環保聯盟「東北角分會」、「萬金石分會」成立。 •「主婦聯盟環境保護基金會」成立
1990	•四月二十二日，響應世界地球日及紀念車諾比事件，發起南北反核大遊行，分別於恆春及貢寮舉行。 •十一月，臺北縣議會通過反對興建核四的提案。 •十一月，核四列入國家六年經濟建設計畫。 •十二月二十日，四十位貢寮鄉民赴立法院遞交萬人反核四連署書，並舉辦「節約能源、告別核電」請願活動。
1991	•一月，臺電第五次提報核四計畫。 •一月八日，臺北市議會繼臺北縣議會之後，通過反對核四提案。 •二月二十日，蘭嶼舉行第三次「二二〇驅逐惡靈」反核廢遊行。 •五月五日，反核救臺灣大遊行，近二萬名群眾上街頭。 •八月二十六日，臺北縣政府發表臺北縣對核四環境影響評估的審查報告。 •九月二十四日，原能會公布「核四廠環境影響評估報告」審查報告，即有條件通過核四環境影響評估報告。 •九月二十五日，為反對核四環評通過，貢寮居民於核四預定地搭建核四廠告別式場帳篷，準備長期抗爭。 •十月三日，自救會與環保團體在核四廠區前抗議，警方違反協定強拆棚架，引發警民衝突，意外導致一位員警身亡，是為一〇〇三事件。 •十月二十五日，環保聯盟舉行鹽寮追思反省活動，表達「不要悲劇、不要核四」立場。
1992	•一月十日，原能會同意臺電核四改善計畫呈報經濟部。 •一月二十三日，臺電向原能會提報「增加核四單機容量為一百三十萬千瓦」，原能會當日即准予核備。 •一月二十五日，經濟部同意核四案。 •二月二日，行政院正式通過「核四計畫」。 •二月二十日，行政院同意核四復工，並要求立法院解凍預算。 •三月二日，一〇〇三事件宣判，高清南六年，林順源無期徒刑，其餘十五名被告判三到十月不等。 •三月十三日，反核民眾至立法院舉辦「全民反核立院請願」，反對解凍核四預算。

臺灣社會大事	世界大事
•八月十日，新黨成立。	•「非核亞洲論壇」(No Nuke Asia Forum)成立 •三月十二日，北韓宣布退出《核不擴散條約》。 •十月，《倫敦公約》禁止任何種類的核廢海拋。 •十一月一日，歐盟成立。
•十二月三日，大型地方選舉，包含臺灣省長、省議員直轄市市長及市議員。民進黨籍陳水扁當選臺北市長。 •《環境影響評估法》公布 •國民黨政府修改《選舉罷免法》，提高罷免案各項門檻。	•九月二十日，《國際核安全公約》簽署。

年分	臺灣反核大事	
1992	•四月二十六日，反核大遊行，近萬人參與。 •五月十二日至六月三日，環保聯盟在立院門口舉辦「反核四 饑餓二十四」靜坐活動，長達二十三天。 •六月三日，立法院解凍核四預算。 •七月，爆發輻射鋼筋事件。 •九月，環保聯盟「臺北分會」成立。	
1993	•三月二十六日，反核群眾到立法院外靜坐抗議，要求重審預算。 •四月二十五日，原能會主委許翼雲在立法院答詢時表示「蘭嶼不再增建任何核廢料場工程」。 •四月二十九日，核三廠數萬加侖燃料池水外洩，造成恆春南灣海岸及海域汙染，臺電連日搶挖海沙。 •五月三十日，全國反核大遊行。 •六月二十一日，發起「全民監督核四預算重審」立院靜坐，約千人參加。 •七月九日，立法院以七十六對五十七票決議核四預算解凍案不重審。 •七月三十日，北海岸漁民范正堂在臺電核二廠出水口左彎處，發現大量暴斃魚（祕雕魚）。	
1994	•貯放在蘭嶼的核廢料有四千多桶發生鏽蝕，安全亮起紅燈。 •一月七日，核四核島區及核燃料標截標並開啟規格標，國外三家廠商所送之單機容量均為一百三十萬千瓦。 •一月二十九日，貢寮鄉鄉長選舉投票，反核陣營推出的廖彬良以三千五百多票對三千八百多票敗給國民黨籍趙國棟。 •三月二十六日，輻射受害者協會成立。 •四月二十八日，反核團體發動立法院請願，要求凍結核四預算，重做核四機組擴增環評。 •五月七日，輻射受害者及環保聯盟臺北分會等團體發起「反輻射、救家園」社區遊行。 •五月二十二日，貢寮鄉公所首次舉辦核四公投，投票率五八%，不同意興建者占九六%。 •五月二十九日，反核大遊行，約三萬人參加。 •六月二十三日，環保聯盟發動五百位貢寮鄉親前往立法院請願、監督，要求立法委員尊重公投民意，刪除核四預算。 •六月二十五日，發起「罷免臺北縣擁核立委」行動。 •六月三十日，立法院審查「核四八年預算一次編列」引發爭議，最後以七十三比五十九票通過。 •七月十一日，反核群眾在預算三讀前一天赴立法院抗議，林義雄絕食並發起「核四公投、十萬簽名」。	

	臺灣社會大事	世界大事
	•三月一日，實施全民健保。 •六月七至十二日，李登輝訪問美國。 •七月，第三次臺海危機。	•一月一日，世界貿易組織成立。 •第三屆非核亞洲論壇在臺北舉行
	•三月，臺海飛彈危機。 •三月二十三日，臺灣首次總統直選投票，李登輝當選。 •七月八日，臺灣綠黨成立。	•一月二十七日，法國在法屬玻里尼西亞進行代號Xouthos的核試驗，為該國最後一次核試驗。 •七月二十九日，中國在新疆羅布泊進行該國第四十五次也是最後一次核試驗。 •九月十日，聯合國通過《全面禁止核試驗條約》，但至今尚未生效。

年分	臺灣反核大事
1994	•七月十二日，立法院三讀通過核四八年預算一一二五億元。 •七月十七日，林義雄停止絕食。 •九月十三日，核四公投促進會成立，林義雄任召集人，副召集人為張國龍、高俊明、釋昭慧。 •九月二十一日，核四公投促進會由龍山寺出發，開始歷時一個多月的環島「千里苦行」，宣揚「人民作主、核四公投」的理念。 •十月十七日，臺北縣選委會宣布罷免案連署人數超過法定人數，罷免案宣告成立。 •十一月二十六日，環保聯盟等團體舉辦「公投反核四、罷免作主人」大遊行，約三萬人參與。 •十一月二十七日，臺北縣公投罷免日。歷史性第一次核四公民投票與罷免擁核立委，反核四者八九％，同意罷免者八五％，罷免案因投票率低於規定而不成立。
1995	•五月二十五日，核四公投促進會於立法院舉辦「千人守夜」活動。 •五月二十七日，鹽寮反核自救會、反核行動聯盟與環保學生工作隊於貢寮舉行「反核大露營」，約有五百人進駐鹽寮海濱公園，第二天進入核四預定地，並遊行至澳底。 •六月一日，蘭嶼發動「一人一石」封港行動，阻止臺電核廢船上岸。 •六月十九日，蘭嶼達悟人在立法院召開記者會，隔天下午於臺電大樓前靜坐抗議。 •六月二十一日，立法院審查臺電預算，反核民眾近千人至立院靜坐，要求凍結核四及蘭嶼核廢場六條壕溝預算，民眾以繩索拉開立法院大門。 •九月三日，「終結核武，拒絕核電」國際反核大遊行，近三萬人參加。 •九月十五日，監察院對「核四擴大機組容量未經環評、預算編列不當」等違失，通過對經濟部及原能會等七個單位的糾正案。
1996	•三月十七日，全國反核行動聯盟在總統大選前一週，發起反核遊行。 •三月二十三日，臺北市政府舉辦臺北市核四公投，投票率為五十八％，反對核四為五十四％，贊成為四十六％。 •四月二十九日，蘭嶼達悟人阻擋低階核廢運輸船「電光一號」入港，從此結束核廢料輸入蘭嶼。 •五月十九日，核二廠居民圍廠抗爭，抗議低階核廢料運回核電廠。 •五月二十四日，立法院院會以七十六票比四十二票通過「廢止所有核電廠興建計畫」案。 •五月二十五日，臺電宣布美商奇異公司以四九三億元取得核四反應爐標案。 •六月八日，環保聯盟舉辦「為了孩子，不要核子」廢核大遊行，約一萬人參加。

	臺灣社會大事	世界大事
		•十二月十一日，聯合國通過《京都議定書》。
	•九月二十一日，九二一大地震。	•九月三十日，日本茨城縣東海村JCO核燃料製備廠發生臨界事故，輻射物質外洩，五十五人遭輻射汙染，三百五十公尺內居民緊急疏散，十公里內居民禁止外出。被評級為國際原子能事故等級第四級。

年分	臺灣反核大事
1996	•六月十日，行政院提出「廢止所有核電廠興建計畫」覆議案，送達立法院。 •十月十四日，鹽寮反核自救會與環保聯盟臺北分會發起「反核義勇軍」，占領核四預定地。 •十月十八日，「廢止核電案」被行政院覆議成功而撤銷，鹽寮反核自救會、反核團體及學生團體數百人衝破立法院大門，遭到鎮暴警察驅離。 •十二月三十一日，臺電公司公布五處「低放射性核廢料最終處置場」初步評選場址：臺東金峰、臺東達仁、花蓮富里、屏東牡丹及馬祖莒光。
1997	•一月十一日，臺電與北韓簽訂密約，擬將低階核廢料六萬桶送往北韓貯存。 •一月二十九日，南韓環保團體Green Korea到臺北臺電大樓靜坐抗議反對臺臺灣核廢料擬運往北韓。 •三月一日，臺灣反核人士與鹽寮反核自救會代表赴日本大阪和東京抗議核電輸出臺灣，並參加「日本核電輸出研討會」。 •九月二十一日，鹽寮反核自救會、貢寮區漁會、環保聯盟臺北分會舉辦「反核反登陸、海上圍堵核四機組」模擬演練活動，組成「海上義勇軍」出動一百二十艘漁船及三百多位反核人士，模擬未來阻擋核四機組從海上登陸。 •十月八日，鹽寮反核自救會及貢寮區漁會抗議省都委會變更核四出水口地目，並成功地將該案阻擋下來。 •十月十四日，鹽寮反核自救會及貢寮區漁會動員赴國營會抗議徵收漁業權；隨後轉赴農委會漁業處請願，要求保護漁民漁業權。 •十月十五日，民生別墅輻射屋案國家賠償一審勝訴。
1998	•四月二日，「東排灣反核廢料自救會」成立。 •四月二十六日，反核大遊行。 •五月二十六日，經濟部召開第一次「全國能源會議」。 •十二月五日，「宜蘭核四公投」投票率四成四，同意票四萬八三六五，占三成六；反對票八萬五六九七，占六成四。 •臺電向原能會提報金門縣烏坵鄉小坵嶼（烏坵）為「優先調查候選場址」，並評選出「候補調查候選場址」五處，包括臺東縣達仁鄉南田村、小蘭嶼、澎湖縣東吉嶼、基隆市彭佳嶼和屏東縣牡丹鄉旭海村。
1999	•三月十六日，貢寮漁民赴立法院為捍衛漁業權、生存權請願。 •三月十七日，原能會核發核四廠建廠執照。 •三月二十六日，反核學生團體赴監察院絕食靜坐，抗議原能會違法核發核四建照。 •三月二十八日，反核大遊行。 •三月二十九日，經濟部長王志剛在立法院施政報告表示「核四是最後一座核電廠，不會再有核五廠」。

	臺灣社會大事	世界大事
	•三月十八日，總統大選，民進黨籍陳水扁當選，臺灣首次政黨輪替。	
		•九月十一日，美國九一一事件。

年分	臺灣反核大事
1999	•四月七日，監察委員康寧祥對核四廠擴大機組，再度提出糾正案。 •四月二十三日，監察委員黃煌雄、馬以工對「原能會辦理臺電核能建廠執照審核程序不當，環保署未盡環保執行監督之責」提出糾正案。 •六月二日，核二廠附近居民成立「野柳反核廢料自救會」。 •六月三十日，貢寮漁會舉辦第二次海上圍堵模擬演練活動。 •九月一日，臺電核一廠運輸卡車翻覆，核廢料桶全部掉落乾華溪中。 •九月十日，陳水扁以民進黨總統候選人身分到蘭嶼，提出與原住民新夥伴關係政見，並答應將核廢料遷出蘭嶼。 •十月二十三日，「野柳反核廢料自救會」發動數百名居民前往核二廠進行抗爭。 •十一月，監察院通過「臺電未對凱達格蘭文化遺址依法保護並加速破壞核四廠址之文化遺跡」糾正案。
2000	•三月七日，民進黨總統候選人陳水扁簽署反核四承諾書。 •五月十三日，全國反核大遊行。 •六月十六日，「核四計畫再評估委員會」召開第一次會議。往後每週一次，直至九月十五日結束。 •七月十五日，臺北縣政府舉辦第一屆貢寮國際海洋音樂祭。 •九月三十日，經濟部長林信義建議停建核四。 •十月二日，行政院長唐飛表示核四要續建，但可廢核一、核二。 •十月三日，行政院長唐飛辭職獲准。 •十月四日，張俊雄出任行政院長。 •十月二十七日，行政院長張俊雄宣布停建核四。 •十一月十二日，人本教育基金會等團體舉辦「非核家園，安居臺灣」反核大遊行。
2001	•一月十五日，大法會議五二〇號核四釋憲文公布，認為行政院停建核四決策過程中有程序瑕疵。 •一月二十九日，環保團體發起「堅持非核家園，看守立院三十小時」活動。 •一月三十一日，立法院以一百三十四對七十票，通過核四立即復工決議。 •二月十四日，行政院長張俊雄宣布核四復工續建，並將成立非核家園推動委員會。 •二月二十四日，環保團體發起「核四公投、人民作主」遊行，要求政府舉辦核四公投。 •三月十八日，核三廠發生內外電源喪失的3A級緊急事故。

	臺灣社會大事	世界大事
	•一月一日，臺灣加入世界貿易組織。	•第十屆非核亞洲論壇在臺北舉行
	•SARS疫情爆發 •十一月二十七日，立法院通過《公民投票法》。	
	•三月十九日，三一九槍擊案。 •三月二十日，總統大選，陳水扁連任。 •三月二十日，舉辦「防衛性公投」，投票數未達門檻遭否決。	
	•二月五日，《原住民族基本法》公布施行，第三十一條規定「政府不得違反原住民族意願，在原住民族地區內存放有害物質」。	•第十一屆非核亞洲論壇在臺北舉行 •《京都議定書》正式生效
		•十月九日，北韓疑似進行核武試驗。

年分	臺灣反核大事
2002	•四月九日，「澎湖東吉島反核廢料自救會」成立。 •五月一日，臺電承諾蘭嶼簽出核廢跳票，引發蘭嶼發動「全島罷工罷課反核」遊行。 •五月四日，經濟部長林義夫和行政院長游錫堃親赴蘭嶼與達悟族人溝通，達成制定遷場時間表、成立遷場推動委員會等六項協議。 •六月四日，核四反應爐基座工程，遭檢舉使用焊條不合規格，臺電要求中船拆除重作。 •七月十三至十四日，第三屆貢寮海洋音樂祭，由於福隆沙灘沙源流失嚴重，只能改在內灘舉行。 •九月二十一日，核四公投促進會發起「核四公投 千里苦行」遊行。 •十月三十日，臺電興建核二廠第三座低階核廢儲存倉庫，北海岸在地居民開挖土機到核二廠門口抗爭。 •十二月十一日，《環境基本法》公布施行，第二十三條規定政府應訂定計畫，逐步達成非核家園目標。 •十二月二十五日，《放射性物料管理法》公布施行。
2003	•一月十六日，鹽寮反核自救會與環團，前往行政院拜會院長游錫堃，院長裁示由行政院組成「核四廠鹽寮福隆沙灘變遷調查委員會」，組成專案調查小組。 •二月十四日，〈核能四廠鹽寮福隆沙灘變遷調查報告〉出爐，認為重件碼頭是造成鹽寮至福隆海岸、福隆沙灘消失主因之一。 •三月，核四公投促進會前往行政院，發表「誠信立國—核四公投、人民作主」，要求行政院實踐公投承諾。 •三月，日本核工專家菊地洋一來臺前往核四工地察看。 •五月七日，「東排灣反核自救會」成立。 •六月二十日，核四反應爐運抵貢寮。 •六月二十七日，行政院舉辦「全國非核家園大會」，陳水扁總統宣布將於下屆總統選舉時或之前舉辦核四公投。
2004	•六月一日，屏東縣恆春鎮民眾反對核三廠興建低放射性廢棄物倉庫，發動五百多人到核三廠前抗議。 •七月六日，核四廠二號機反應爐運抵核四。
2005	•三月二十日，核四一號機安裝反應爐壓力槽。 •四月十五日，反核紀錄片《貢寮你好嗎？》展開巡迴放映。 •六月二十日，經濟部舉辦第二次「全國能源會議」。
2006	•五月二十四日，《低放射性廢棄物最終處置設施場址設置條例》公布施行。 •六月二十六日，環保聯盟於福隆沙灘舉行裸體反核行動，以人體排成「No Nuke」。

	臺灣社會大事	世界大事
	•總統大選，馬英九當選，國民黨取得執政權。	•全球金融危機
	•八月八日，莫拉克風災。	
		•第十三屆非核亞洲論壇在臺北舉行
		•三月十一日，東日本大地震後，後續釀成福島核災。 •九月，美國占領華爾街運動。

年分	臺灣反核大事
2007	•六月十八日，旅臺澎湖同鄉會及澎湖、望安鄉民抗議臺電有意將核廢料最終處置場設在東吉嶼。 •十二月十日，「屏東臺東排灣族反核誓師大會」於臺東縣大武鄉舉辦。 •十二月十三日，為了處理蘭嶼核廢料桶鏽蝕與爆裂問題，臺電展開為期四年的正式檢整重裝工作。
2008	•四月五日，「達仁鄉反核廢聯盟」成立。 •六月，行政院核定「永續能源政策綱領」。 •八月二十九日，經濟部公告核廢料最終處置場潛在場址，臺東縣達仁鄉、屏東縣牡丹鄉、和澎湖縣望安鄉東吉嶼為「潛在場址」。 •十二月七日，「排灣族反核聯盟」反對臺電在達仁鄉設置核廢料處置場。
2009	•三月十七日，經濟部發布「低放射性廢棄物最終處置設施場址遴選報告」，澎湖縣望安鄉的東吉嶼和臺東縣達仁鄉並列為「建議候選場址」。 •四月十五日，經濟部舉辦第三次「全國能源會議」，環保團體參與會議並於場外抗議，反對政府將核能列為低碳能源的選項。 •六月五日，環保聯盟臺東分會舉行反核遊行，抗議核廢料選址臺東。 •六月十二日，核三廠火災意外。 •七月三十一日至八月二日，鐵馬影展與綠色公民行動聯盟於澳底、福隆舉辦諾努客文化行動。
2010	•四月五日，行政院長吳敦義公開表示，核四將在民國一百年國慶日前正式運轉，作為建國百年賀禮。 •七月九日，系統試運轉測試中的核四廠發生電廠全黑事件。 •八月二十九日，綠色公民行動聯盟在澳底仁和宮舉辦第二次「諾努客文化行動」，兩百位參與者從仁和宮遊行至核四廠門口，組成人鏈抗議核四安全問題。
2011	•三月二十日，反核遊行。 •四月三十日，向日葵廢核遊行。 •六月四日，「臺東廢核・反核廢聯盟」成立。 •六月十三日，立法院通過核四工程一四〇億預算，反核團體場外抗議。 •六月二十七日，民進黨主席蔡英文表示核四續建不運轉。 •十一月三日，馬英九總統公布能源政策：核一、核二、核三不延役，核四於二〇一六年前商轉。 •十一月二十四日，「非核家園大聯盟」成立。 •十一月三十日，中研院研究報告指出，蘭嶼周遭微量放射物質數據連續三年異常升高，恐有輻射外洩疑慮。

	臺灣社會大事	世界大事
	•一月十四日，總統大選，馬英九連任。 •行政院核定「能源發展綱領」	
	•二月五日，「全國關廠工人連線」於臺北車站臥軌抗爭。 •七月，洪仲丘事件。 •八月，大埔反拆遷運動。 •十一月十日，「社運連線」至國民黨全代會丟鞋抗議。	•二月，美國加州漢福德核廢料處理場輻射廢水外洩。 •二月十二日，北韓宣布成功進行一次地下核試驗。
	•三至四月，反黑箱服貿運動（又稱三一八運動或太陽花運動）。	•二月，新墨西哥州WIPP核廢場爆炸事件。 •九月至十二月，香港雨傘運動。 •第十六屆非核亞洲論壇在臺北舉行

年分	臺灣反核大事
2012	•二月二十日，蘭嶼達悟族人舉行第四次「驅逐惡靈」遊行。 •三月十一日，告別核電大遊行。 •四月十六日，核二廠發現反應爐錨定螺栓斷裂。 •七月三日，經濟部公告「臺東縣達仁鄉」及「金門縣烏坵鄉」為低放射性廢棄物最終處置設施建議候選場址，但臺東縣與金門縣政府表示不會主動辦理公投。
2013	•一月十二日，「媽媽監督核電廠聯盟」成立。 •二月二十五日，行政院長江宜樺宣布核四是否興建交由全民公投。 •二月二十六日，新北市政府成立「核能安全監督委員會」。 •三月三日，北海岸反核行動聯盟發起「反核在金山」活動。 •三月七日，國民黨由立委李慶華提出核四公投案。 •三月九日，廢核大遊行，約二十多萬人走上街頭。「全國廢核行動平臺」成立。 •三月二十二日，藝文界開始舉辦「不要核四、五六運動」。 •四月三十日，「四三〇反核遊行」，北中南東同時舉辦。 •五月十九日，五一九終結核電大遊行。 •五月二十六日，全國廢核行動平臺反對鳥籠公投，發起包圍立法院活動。 •七月九日，行政院承諾並啟動民間與官方核廢處置協商平臺，但一年後無進展而破局。 •七月二十五日，反對乾式貯存場草率啟用，北海岸反核行動聯盟於核一廠前抗議。 •九月十日，國民黨立委李慶華撤回核四公投案。 •十月二十二日，國內第一起核電行政訴訟，主張撤銷核一乾貯熱測試案。
2014	•三月八日，三〇八廢核遊行。 •四月二十二日，林義雄為訴求核四停建，開始禁食。 •四月二十七日，「終結核電、還權於民」大遊行，五萬人占領忠孝西路一夜，隔日被警方強制驅離。 •四月二十八日，行政院記者會宣布：核四一號機不施工、只安檢、安檢後封存；核四二號機全部停工。 •四月三十日，林義雄停止禁食。 •六月十三日，北海岸當地居民與民間團體前往經濟部，要求核一廠除役。 •十二月二十八日，核一廠一號機因燃料組件把手鬆脫，歲修延期。

	臺灣社會大事	世界大事
	•反高中課綱微調運動	
	•一月十六日，總統大選，蔡英文當選，民進黨取得執政權。 •八月一日，總統蔡英文代表政府向原住民族道歉。	•一月六日，北韓宣稱進行氫彈試驗。
	•一月十一日，立法院通過《電業法》修正案。 •八月十五日，八一五停電事故。	•七月七日，聯合國通過《禁止核武器條約》。 •九月三日，北韓宣稱進行核試驗。
	•十一月二十四日，九合一大選、十項公投。	
	•六月十八日，立法院通過修正《公民投票法》部分條文，新增公民投票日，使公投與大選脫鉤。	•香港反送中運動 •新冠肺炎疫情爆發 •第十九屆非核亞洲論壇在臺北舉行

年分	臺灣反核大事
2015	•一月二十六日，行政院舉辦第四次「全國能源會議」。 •二月三日，原能會審查通過核四封存計畫。 •四月二十七日，核三廠二號機汽機廠房外的輔助變壓器起火。 •六月十一日，經濟部與臺電擬將高階核廢料送境外再處理案，遭立院凍結再議。 •七月，核四正式開始封存三年。 •七月，「民間能源轉型推動聯盟」成立。
2016	•三月十二日，「告別核電、面對核廢」廢核遊行，臺北、臺中、高雄、臺東齊響應。 •三月至十月，全國廢核行動平臺舉辦「民間核廢論壇」。 •八月十五日，總統蔡英文到訪蘭嶼，蘭嶼青年聯盟提出〈蘭嶼達悟族共同宣言及聲明〉。
2017	•一月二十五日，核三機組冷卻水泵斷線、反應爐急停 。 •三月十一日，三一一反核遊行。 •六月二日，豪雨造成核一廠邊坡高壓電塔倒塌，核一廠二號機停機。 •六月，原能會通過臺電所提出的「核一廠除役計畫」。 •八月，蘭嶼青年行動聯盟發起「全島豎旗 核廢遷出蘭嶼」行動。
2018	•二月五日，臺電提核二廠二號機再轉申請。 •三月十一日，三一一反核遊行。 •三月二十八日，核二廠二號機跳機。 •六月五日，核二廠二號機再起動。 •十月二十三日，「廢除電業法第九十五條第一項非核家園條款」公投案連署成案，列為第十六案。 •十一月二十四日，第十六案公投通過。 •十二月二日，《電業法》第九十五條第一項（二〇二五年達成非核家園）失效。 •十二月五日，核一廠一號執照到期，是首座進入除役階段的機組。 •十二月二十日，原住民委員會公告「核廢料蘭嶼貯存場設置真相調查報告書」。
2019	•五月十五日，核一廠除役計畫通過環境影響評估。 •七月十六日，核一廠二號機執照到期，核一廠正式進入除役工作。 •十二月十三日，中選會公告「您是否同意核四啟封商轉發電？」（第十七案）全國公投案成立。 •十一月十五日，監察院發布核四廠址選址調查報告，糾正臺電選址不當。 •十一月二十二日，經濟部公布編列回溯補償金二十五・五億元給達悟族，成立基金會管理。

	臺灣社會大事	世界大事
	•一月十一日，總統大選，蔡英文當選，由民進黨繼續執政。 •七月三十日，李登輝逝世。	
	•公投法修法後首次單獨舉辦公投，不與大選合併。 •五月十三日，五一三停電事故。	•一月二十二日，《禁止核武器條約》生效。
	•三月三日，三〇三停電事故。	•一月三日，核武器主要擁有國中國、俄羅斯、美國、英國和法國共同發表《關於防止核戰爭與避免軍備競賽的聯合聲明》。 •二月二十四日，烏俄戰爭爆發。 •三月四日，札波羅熱核電廠遭俄軍占領。 •十一月，中國白紙運動。
		•四月十五日，德國關閉最後三座核電廠，正式進入非核家園。 •八月二十四日，日本排放第一輪福島核廢水。 •九月六日，北韓第一艘「戰術核攻擊潛艦」下水。 •十月七日，以巴衝突爆發。

年分	臺灣反核大事
2020	•十月二十日，原能會通過核二廠除役計畫。 •十二月十四日，核二廠一號機因冷卻水流量不足引發汽機跳脫，反應爐急停，並於十七日重啟。
2021	•三月二十九日，核四最後一批一二〇束燃料棒運往美國。 •七月一日，因燃料池容量不足，核二廠一號機停機，比原定除役日期提早近半年。 •七月二十七日，核二廠二號機因工作人員移動椅子不慎，誤觸主蒸汽隔離閥關閉，導致主汽機跳脫及反應爐急停。 •十二月六日，全國廢核行動平臺、綠色和平等團體發起「核四大爆走」行動，從貢寮徒步到凱道近七十公里。 •十二月十八日，公民投票第十七案「重啟核四」未通過。
2022	•八月十日，核二廠除役計畫通過環境影響評估。 •再生能源全年發電量占比八・三％（二萬三八四三百萬度），首度超越核能八・二％（二三七五四百萬度）。
2023	•三月十四日，核二廠二號機執照屆滿停機，核二廠進入除役階段。 •三月十六日，臺北高等行政法院判決，新北市政府應核准臺電「核能一廠用過核燃料中期貯存計畫」的水土保持變更計畫。 •四月二十四日，原能會通過核三廠除役計畫。 •五月二十九日，原能會核能所改制為「國家原子能科技研究院」。 •九月二十七日，行政院原子能委員會改制為中央三級獨立機關「核能安全委員會」。

參考資料

〈反核四運動大事記〉，《焦點事件》，https://eventsinfocus.org/issues/2674。

〈臺灣反核運動大事記一九七八至二〇二三〉，《環境資訊中心》，https://e-info.org.tw/node/10598。

施信民，《臺灣環保運動史料彙編（二）》（臺北市：國史館，二〇〇七）。

劉華真，〈因核而生？臺灣與南韓的核能開發體制（1960s-1990s）〉，《臺灣社會學》第四十四期，二〇二二年十二月，頁一至六〇。

綠色公民行動聯盟，〈核廢重大事件年表〉，《認識核廢：一趟萬年的旅程》，二〇一九年，https://gcaa.org.tw/3547/。

Voice
春山之聲
055

海島核事：
反核運動、能源選擇，與一場尚未結束的告別

作　　者　王舜薇、崔愫欣
協力作者　劉惠敏
主　　編　賴偉傑
圖片提供與授權　廖明雄、吳文通、柯金源、闕曉榮、潘小俠／潘采辰、王顥中、呂建蒼、何俊彥、黃瑋隆、崔愫欣、賴偉傑、地球公民基金會、綠色公民行動聯盟、非核亞洲論壇
總 編 輯　莊瑞琳
責任編輯　莊舒晴
行銷企畫　甘彩蓉
業　　務　尹子麟
封面版畫製作與設計　印刻部 P&C dept.
內文排版、地圖繪製與設計　丸同連合 UN-TONED
法律顧問　鵬耀法律事務所戴智權律師

出版　春山出版有限公司
地址　116臺北市文山區羅斯福路六段297號10樓
電話　(02)2931-8171
傳真　(02)8663-8233

總經銷　時報文化出版企業股份有限公司
電話　(02)23066842
地址　桃園市龜山區萬壽路二段351號
製版　瑞豐電腦製版印刷股份有限公司
印刷　搖籃本文化事業有限公司

初版一刷　2023年12月
定價　620元
ISBN　978-626-7236-74-1（紙本）
978-626-7236-73-4（EPUB）
978-626-7236-79-6（PDF）

國家圖書館出版品預行編目(CIP)資料

海島核事：反核運動、能源選擇，與一場尚未結束的告別／王舜薇，崔愫欣著－初版－臺北市：春山出版有限公司，202312，528面；17×23公分－（春山之聲；55）
ISBN 978-626-7236-74-1（平裝）
1.CST：核能汙染　2.CST：反核　3.CST：臺灣
449.68　112017606

春山出版
Email　SpringHillPublishing@gmail.com
Facebook　www.facebook.com/springhillpublishing/

填寫本書線上回函

封面版畫設計團隊

印刻部成立於二〇一九年十月，由對版畫有興趣並且關注社會議題的成員組成，不只發表個人或團體作品，我們也持續探索集體創作的發展可能，藉此加深社會議題之中的參與、交流與互動。

我們發起版畫行動的目標是繼續進入社群與團體，邀請人們協力創作，以流動集合來實踐群體的自我發聲與掌握藝術詮釋的主權。

All Voices from the Island

島嶼湧現的聲音

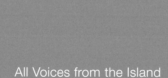